数字化工厂与智能制造丛书

# 智能制造系统设计

李　勇　刘训臣　韩善灵　高建刚　著

机械工业出版社

"智能制造系统设计"是新工科智能制造专业的核心课程。本书以作者提出的"深度运筹学"为底层逻辑，构成完整的智能制造系统设计体系。

　　设计基础介绍智能制造设计体系的底层建模逻辑。设计目标介绍设计落脚点是质量、效率与安全并最终落实到产品成本上，掌握提取问题与约束的方法。设计对象介绍体系各模块的概念、功能、运行原理和机制。设计方法介绍深度运筹学，以复杂网络建立系统模型，通过图深度学习寻找智能制造系统的"满意解"，从而创新系统运行准则。设计过程介绍以 8D 报告为模板、PyTorch 为平台的智能制造系统项目设计。

　　本书是一本以"智能制造系统设计"为主题的专著，特点是白话数学、可视化逻辑和简明算法技巧，尤其适合培养以高等数学为起点的应用型人才的需要。本书可作为机械类、智能制造类、工业工程类、应用数学类、人工智能类和计算机类的本科生及研究生用书，也可作为研发人员的项目设计参考书。

**图书在版编目（CIP）数据**

智能制造系统设计 / 李勇等著. -- 北京：机械工业出版社，2025.3. --（数字化工厂与智能制造丛书）.
ISBN 978 - 7 - 111 - 77617 - 8

Ⅰ. TH166

中国国家版本馆 CIP 数据核字第 2025K0P811 号

机械工业出版社（北京市百万庄大街 22 号　邮政编码 100037）
策划编辑：吕　潇　　　　　　责任编辑：吕　潇
责任校对：郑　婕　刘雅娜　　封面设计：马精明
责任印制：刘　媛
北京中科印刷有限公司印刷
2025 年 3 月第 1 版第 1 次印刷
184mm×260mm · 19.75 印张 · 539 千字
标准书号：ISBN 978-7-111-77617-8
定价：79.00 元

电话服务　　　　　　　　　　网络服务
客服电话：010-88361066　　机　工　官　网：www.cmpbook.com
　　　　　010-88379833　　机　工　官　博：weibo.com/cmp1952
　　　　　010-68326294　　金　书　网：www.golden-book.com
**封底无防伪标均为盗版**　　机工教育服务网：www.cmpedu.com

# 前　言

　　我国要以智能制造为主攻方向推动产业技术变革和优化升级，推动制造业产业模式和企业形态根本性转变，以"鼎新"带动"革故"，以增量带动存量，促进国内产业迈向全球价值链中高端。在智能制造等重点领域持续发力，引领制造业向智能化方向转型，是加快形成新质生产力的重要方面。在国家发展改革委、工业和信息化部、科技部和财政部推动下，先后授予了4300多家国家级智能制造示范企业；但各企业享受硬件红利后，面临数据爆炸带来的创新焦虑。智能制造专业就应运而生，357所开设该专业的高校根据自己专长，分别形成侧重软件设计、自动化、深度学习或机器人方向的培养体系。

　　本人曾担任上市公司总经理6年，曾建成了全国首个轮胎行业的智能制造工厂，荣获智能制造示范等12项国家荣誉。刚开始很兴奋，觉得企业方方面面都数字化了，企业研发会上一个新台阶。但是慢慢发现，这一屋子数据硬盘对创新并没有起到多大的促进作用，问题出在哪里呢？①制造过程中数据"躺"在机房，缺乏大海捞针的工具，现有软件大多处于"智能Excel"模式而难以挖掘深层特征。②智能制造理论"散装"在机械、数学、计算机和经济管理等专业，缺乏系统研究的整体框架。③直觉/经验式创新"困"在产品本身而忽视了制造系统之间的内在影响。

　　陈左宁院士认为，人工智能的核心特征就是对关系的研究。因此，智能制造系统本质上是一门"关系学"，用于挖掘系统内各要素隐藏的深层联系。"智能制造系统设计"课程是传统工科的再升华：从分析形状到分析关系，从设计产品到设计准则。比如，要想提高产品质量，需要建立供应链、设备状态、生产过程等各要素节点的控制流程，每个节点包含订单、资金、质量等异构数据，形成一个复杂的层析网络系统。智能制造系统的目标就是挖掘深藏其中的问题来创新准则。

　　如果说微积分是分析产品形状的理论基础，那么分析关系的理论基础是什么？——图论。大家从小学到大学学习了初等数学和高等数学，熟悉了欧几里得几何和笛卡儿坐标系，已经习惯了具有长宽高的欧氏空间，习惯了坐标系确定要素位置，习惯了微积分进行形状的演化。但所有这些在关系研究中失去了效力，因为智能制造系统甚至不需要坐标系来进行各要素的节点表示、要素关系的边表示、子系统的社团表示以及整个系统的复杂网络。智能制造系统的"关系"数学包括：图论→复杂网络→运筹学→图深度学习，都是传统工科学生难以接触到的，但设计和运营智能制造系统的主体恰恰是他们，这种错位造成"不知道如何下手"的困惑。

　　制造系统成千上万的节点，如何"智能"找到深层规律？对于新兴的智能制造，其系统数据的收集、处理，各企业处于"野蛮生长"阶段，导致了底层逻辑不统一，给关系研究带来困扰。为此，作者提出了深度运筹学：以运筹学为底层逻辑，以质量流、资金流、信息流、物料流表征智能制造系统节点的异构张量，建立系统的社团化、层次化复杂网络，提出具有智能制造特征的图神经网络算法来进行特征提取，寻找要素间内在联系来创新系统运行准则。从而，明晰智能制造系统的 MES、ERP、APS、CRM、WMS 和 PLM 等构成的异构层析复杂网络，围绕生产调度优化、物流路径规划、客户关系优化、产品研发以及网络安全等，实现对工业大数据的深度挖掘，掌握以深度运筹为核心、PyTorch 为平台的智能制造系统设计。

本书从工科角度，以微积分、线性代数和概率论为起点，在作者"智能制造系统设计"讲课 PPT 基础上，采用形象化语言和可视化图示手法，以深度运筹学为主线，将浩如烟海的人工智能知识凝练成简单明了的创新技巧。本书具有以下五大优势：

1）**可视化关系数学，浅显易懂**。线性代数、概率论和图论是人工智能的三大数学基础，并由此进阶到现代数学。但严格的数学语言晦涩难懂，让人学到崩溃。本书将数学名词"庸俗化"，如：随机过程 = 概率 + 时间，很容易理解随机过程的作用；泛函在复杂网络中最重要的用处就是"距离"。本书精心绘制了 300 多幅示意图，将严格的定义、枯燥的公式可视化。比如图论，一般书籍从柯尼斯堡桥讲起，令人感到困惑；而本书则从外卖最短路线图的"破圈法"讲起，没有专业知识背景的人也能明白图论是干什么用的。工科学生学习现代数学，可以遵循"粗通数学体系，不求甚解"的原则，广比深更重要，深是数学家的事。比如，知道身份证用到数论、魔方用到群论、导航用到图论、投标用到运筹学就已经学得很好了；再进一步，能把上述"场景变矩阵"，你就很出色了。

2）**目标中提取问题，庖丁解牛**。企业的目的是创造效益，从远古到近代都是靠信息不对称赚钱，再到现代则靠专利不对称赚钱，而智能时代则是靠准则不对称赚钱。如何从浩如烟海的数据中挖掘出看似不相关的准则呢？比如，智能手机影响口香糖销量。李政道教授指出，能正确地提出问题就是迈开了创新的第一步。质量、效率、安全与成本不仅是智能制造系统设计的目标，更是问题的来源。那么，从哪里下手？质量从 CPK、效率从八大浪费、安全从能量、成本从制造费用入手。如何下手？本书介绍了大量的分析工具，如鱼骨图、SWOT、事故树、PDCA、FMEA、投资回收期等来透过现象看本质，找到问题背后的问题。

3）**统一的底层逻辑，行稳致远**。智能制造系统包括 ERP、CRM、SCM、MES、PLM、APS 和 WMS 等模块，期望各司其职、相互配合，从而提升企业的整体运营效率和市场竞争力，而现实是各模块觉得自己举足轻重导致对同一事件的评判不一致。路线问题是智能制造系统的首要问题，本书采用统一的深度运筹理论作为底层逻辑，将各模块整合为统一的层析复杂网络来更好地科学决策。比如，通过端到端学习将某台设备的质量流、资金流、信息流、物料流等整合成一个"数（节点表示）"，再通过池化将所有设备管理信息汇聚来形成对整个设备系统的评判。

4）**完整的设计体系，授之以渔**。智能制造系统设计的产品是准则，那么如何让系统成为产业大脑呢？本书全面总结出智能制造系统的设计基础、设计目标、设计对象、设计方法和设计过程五章内容，从而形成完整的设计体系，成功解决了智能制造系统设计"是什么、为什么、怎么办（what、why、how）"问题。掌握本书内容，读者就可以自我丰富和发展智能制造系统设计体系了。

5）**理论紧扣智能制造，知行合一**。虽然人工智能正在渗入到制造业的各个角落，但智能理论书籍的讲解却很少涉及制造业。作者具有丰富的企业工作经验，理论联系实际驾轻就熟。本书设计的图、例全部都与智能制造相关，并且每节最后都专门讲解"××与智能制造的关系"，说明该理论的实际应用。这有利于读者加深对理论的消化吸收。

本书的每一节内容都是一门课程甚至一个专业。在每节短短十几页中总结核心内容、融入智能制造、提出深度运筹方案，是一项费心劳力的繁杂工程，期望能为读者提供学习的方向和研究的线索。不足之处，恳请批评指正。

　　本书能够完成，离不开王佳辰、狄亚奥、袁封杰、姚金帅、李晓东、张思辰、赵文浩、殷杰、郭芳开、张连彪、李启状、马雪、崔振、王涛、王浩、孟国民、张腾文、董文铮、平凯、付岩、尹义豪、闫俊铭、殷方祥、刘书圣、成铭圣和王理贺的大力支持，他们为本书的出版付出了宝贵的时间和精力。

　　在智能制造飞速发展的时代背景下，本书旨在推进该领域前沿技术研究，为推动深度运筹在智能制造中的应用发挥积极作用。期待本科生、研究生和科研工作者们，共同丰富和发展深度运筹学，为智能制造系统设计贡献一份力量！

李勇

**2025 年 1 月**

# 变量符号表

| 符号 | 注 释 |
|---|---|
| $A$ | 每年净收益 |
| $\boldsymbol{A}$ | 邻接矩阵 |
| $\overline{\overline{A}}$ | 彼此对等的集合归于同一集类 |
| $\boldsymbol{A}_{i,j}$ | 第 $i$ 行第 $j$ 列的元素 |
| $\widetilde{\boldsymbol{A}}_{i,j}$ | 重构的邻接矩阵元素 |
| Aggregate | 聚合邻居节点的信息函数 |
| $\text{AGG}_k^{\text{pool}}$ | 第 $k$ 层的池化聚合操作结果 |
| $\boldsymbol{a}$ | 加速度 |
| $\boldsymbol{B}_{i,j}$ | 关联矩阵 |
| $\text{BC}_{V_i}$ | 点 $V_i$ 的数中心性 |
| $\boldsymbol{b}$ | 偏置向量 |
| $b_j^{(k)}$ | 用于计算 $h_i^{(k+1)}$ 的偏置项 |
| $\boldsymbol{C}$ | 全局贡献信息 |
| $C_1$ | 存储成本 |
| $C_2$ | 缺货成本 |
| $C_3$ | 订货成本 |
| $\text{CC}(i)$ | 节点 $i$ 的接近中心性 |
| CI | 现金流入量 |
| $(\text{CI} - \text{CO})_t$ | 第 $t$ 年净现金流量 |
| CO | 现金流出量 |
| Cp | 制程精密度 |
| $\boldsymbol{c}$ | 四阶弹性张量 |
| $c$ | 阻尼系数 |
| $c_0$ | 声速 |
| $c_c$ | 临界阻尼系数 |
| $c_{ij}$ | 运输单位物品的运价 |
| $\text{con}(v_i)$ | 卷积操作的输出 |
| $\boldsymbol{D}$ | 度矩阵 |
| $D$ | 系统的耗散 |
| $\text{DC}(i)$ | 节点 $i$ 的度中心性 |
| $\boldsymbol{D}_v$ | 节点度矩阵 |
| $D(x)$ | 狄利克雷函数 |
| $d$ | 维度 |
| $d(i, j)$ | 节点 $i$ 和 $j$ 之间最短路径的长度 |

| 符　号 | 注　释 |
| --- | --- |
| $d_{ij}$ | 度矩阵中的元素 |
| $\mathrm{d}W_t$ | 标准布朗运动的增量 |
| $\deg^+(v_i)$ | 节点 $v_i$ 的出度 |
| $\deg^-(v_i)$ | 节点 $v_i$ 的入度 |
| $\deg(v_i)$，$\mathrm{d}(v_i)$ | 节点 $v_i$ 的总度 |
| $E$ | 边集合 |
| $EC(i)$ | 节点 $i$ 的特征向量中心性 |
| $E_{w_i \sim P_n(w)}$ | 从负采样分布 $P_n(w)$ 中抽取的负样本的期望值 |
| $e_{ij}$ | 节点 $i$ 和节点 $j$ 之间的边 |
| $\mathrm{e}^{\mathrm{i}\frac{2\pi}{n}tw}$ | 复指数函数，是傅里叶变换的核函数 |
| $F$ | 多面体的面数量 |
| $\boldsymbol{F}_i$ | 分力 |
| $F^{-1}\{\cdot\}$ | 傅里叶变换逆变换 |
| $F(w)$ | 频域上的信号 |
| $\boldsymbol{f}$ | 信号 |
| $\hat{\boldsymbol{f}}$ | 信号 $\boldsymbol{f}$ 的傅里叶变换，记作 $F\{\boldsymbol{f}\}$ |
| $f_d(\ )$ | 特定维度 $d$ 的映射函数 |
| $f_k(s_k)$ | 从第 $k$ 阶段状态 $s_k$ 采用最优策略 $p_{k,n}^*$ 到过程终止时的最佳效益值 |
| $f(t)$ | 空域上的信号 |
| $G$ | 群 |
| $G(V,E)$ | 图 |
| $G_u$，$G_v$ | 节点集 $U$ 和 $V$ 生成的图 |
| $\boldsymbol{g}$ | 卷积核 |
| $g$ | 前馈网络 |
| $\hat{\boldsymbol{g}}$ | 卷积核 $\boldsymbol{g}$ 的傅里叶变换，记作 $F\{\boldsymbol{g}\}$ |
| $\boldsymbol{g}_1$，$\boldsymbol{g}_2$ | $x^1$ 和 $x^2$ 坐标轴的单位矢量 |
| $\boldsymbol{g}_{i'}$ | 协变转换系数 |
| $\boldsymbol{g}^{i'}$ | 逆变转换系数 |
| $g_{ik}$ | 一个 $N$ 节点的网络中从节点 $i$ 到节点 $k$ 最短路径的总数 |
| $g_{jk}(i)$ | 最短路径经过节点 $i$ 的总数 |
| $\boldsymbol{g}_\alpha$ | 协变基矢量 |
| $\boldsymbol{g}^\beta$ | 逆变基矢量 |
| $\boldsymbol{g}_\theta$ | 可参数化的卷积核 |
| $H$ | 分析集对 |
| $\boldsymbol{H}$ | 输入到函数 $f$ 的向量或矩阵 |
| $\boldsymbol{h}_u^{(k)}$ | 节点 $u$ 在第 $k$ 层的表示 |
| $h_{u_i}^k$ | 邻居节点 $u_i$ 在第 $k$ 层的隐藏特征表示 |
| $\boldsymbol{h}_\nu^{(k)}$ | 节点 $v$ 在第 $k$ 层的表示 |

（续）

| 符号 | 注　释 |
|---|---|
| $h_v^{(k-1)}$ | 节点 $v$ 在第 $k-1$ 层的表示 |
| $I$ | 总投资 |
| $I_0$ | 基准声强 |
| $I_d$ | 每个维度 $d$ 的共现关系提取 |
| $I_u$, $I_v$ | 图中提取的共现信息 |
| $i_c$ | 基准收益率 |
| $k$ | 负样本的数量 |
| $\kappa$ | 调整系数 |
| $L$ | 拉普拉斯矩阵 |
| $L_{Ai}$ | 第 $i$ 次测量的 A 声级 |
| $L_{dn}$ | 昼夜等效声级 |
| $L_{peak}$ | 峰值声压级 |
| $Lr_0$ | 初始学习率 |
| $Lr_f$ | 最终学习率 |
| $L_u$, $L_v$ | 重构 $I_u$ 和 $I_v$ 的两个目标 |
| $m$ | 分形维数 |
| $N_r$ | 长度值 |
| $N(v_i)$ | 节点 $v_i$ 的邻域 |
| $N_{(\phi_e((v^{(k-1)}, v^{(k)})))^{(v^{(k)})}}$ | 节点 $v^{(k)}$ 依据某种时间特征或其他条件可以访问的邻居节点集合 |
| $n$ | 衰减周期的次数 |
| $1/n$ | 对求和结果进行归一化的因子 |
| $P$ | 图嵌入矩阵 |
| $P_m$ | 声压幅值 |
| $P_n(w)$ | 负样本分布 |
| $P_t$ | 静态投资回收期 |
| $P'_t$ | 动态投资回收期 |
| $P(\text{context word} \mid \text{target word})$ | 在给定目标词的情况下生成某一上下文词的概率 |
| $p_0$ | 基准声压 |
| $p_j(t)$ | 对应于广义坐标 $q_j$ 的广义激振力 |
| $p(t)$ | 声压 |
| $p(v_{(i)}, v_{(j)})$ | 节点 $v_{(i)}$ 排在 $v_{(j)}$ 前的概率 |
| $Q$ | 热量 |
| $q_j$ | 振动系统的广义坐标 |
| $\dot{q}_j$ | 振动系统的广义速度 |
| $R$ | 振幅 |
| $r$ | 位移 |
| $r$ | 长度为 $r$ 的"尺" |
| $r_{d,i}$ | 捕获维度 $d$ 中的信息的表示 |

（续）

| 符号 | 注　释 |
|---|---|
| $S^2$ | 样本方差 |
| $S_k$ | 第 $k$ 步或者第 $k$ 个维度上的输入规模 |
| $S_t$ | 时间 $t$ 时的某产品的价格 |
| $S_\alpha$ | 相关矩阵，用于表示图嵌入之间的关系 |
| $s(\cdot,\cdot)$ | 两节点间相似度的度量 |
| $T$ | 原系统动能 |
| $T_e$ | 等效系统动能 |
| $\boldsymbol{T}[i,j]$ | 二维张量 |
| $U$ | 原系统势能 |
| $U_e$ | 等效系统势能 |
| $\boldsymbol{u}_c$ | 上下文词 $c$ 的词嵌入向量 |
| $\boldsymbol{u}_c^{\mathrm{T}}\cdot\boldsymbol{v}_w$ | 上下文词和目标词的嵌入向量的点积 |
| $\boldsymbol{u}_{c'}^{\mathrm{T}}\cdot\boldsymbol{v}_w$ | 反映二者的相似度 |
| $\boldsymbol{u}_{d,i}$ | 节点 $v_i$ 的维度 |
| $\boldsymbol{u}_i$ | 集合 $U$ 中节点的嵌入 |
| $u_i\in N(\nu)$ | 节点 $u_i$ 是节点 $v$ 的一个邻居 |
| $\boldsymbol{u}_{w_i}$ | 负样本词 $w_i$ 的词向量 |
| $V$ | 节点集 |
| $V_i$ | 节点 $i$ |
| $V_{nt}$ | 由类型为 $nt\in T_n$ 的所有节点组成的集合 |
| $\boldsymbol{v}$ | 速度 |
| $v_0$ | 流体体积 |
| $\boldsymbol{v}_i$ | 集合 $V$ 中节点的嵌入 |
| $v^{(k)}$ | 当前节点 |
| $v^{(k+1)}$ | 从 $v^{(k)}$ 选择的下一个节点 |
| $\boldsymbol{v}_w$ | 目标词的词向量 |
| $\boldsymbol{W}$ | 权重矩阵 |
| $W$ | 外力做的功 |
| $W_{\mathrm{cen}}$ | 映射函数的参数 |
| $W_{\mathrm{con}}$ | 映射函数的参数 |
| $W_{j,i}^{(k)}$ | $h_i^{(k)}$ 和 $h_i^{(k+1)}$ 间连接的权重 |
| $\boldsymbol{W}_{\mathrm{pool}}$ | 与池化操作相关的权重矩阵 |
| $W,W_1,\cdots,W_D$ | 要学习的映射函数的参数 |
| $w_j$ | 卷积核的权重 |
| $X$ | 距离空间 |
| $X_t$ | 系统状态的函数 |
| $X(t)$ | 某流水线从开工（$t=0$）到时刻 $t$ 为止的累计次品数 |
| $X(n)$ | 第 $n$ 次掷骰子时出现的点数 |

（续）

| 符号 | 注　释 |
| --- | --- |
| $x$ | 特征向量 |
| $\|x\|$ | 范数 |
| $x_1(t)$ | 自由振动响应 |
| $x_2(t)$ | 不随时间衰减的稳态振动响应 |
| $x_d$ | 图信号 |
| $x_{i+j}$ | 输入数据 $x$ 在 $i+j$ 的值 |
| $x_j$ | 邻居节点的特征值或表示向量 |
| $\hat{x}(\gamma_l)$ | 在某个特定参数 $\gamma_l$ 处的估计或变换结果 |
| $\hat{y}_d$ | 过滤后的优化信号 |
| $\alpha$ | 平衡计算成本和检测速度的权重系数 |
| $\beta$ | 动力放大因子 |
| $\Gamma$ | Christoffel 符号 |
| $\delta$ | 标准差 |
| $\varepsilon$ | 二阶应变张量 |
| $\zeta$ | 阻尼因子 |
| $\mu$ | 价格的平均增长率（漂移率） |
| $\mu(X_t,t)$ | 漂移项，描述系统的确定性部分 |
| $\mu_l(i)$ | 与 $\hat{x}(\gamma_l)$ 相关的权重函数或基函数 |
| $\rho_0$ | 平衡状态下气体密度 |
| $\rho(x,y)$ | 距离 |
| $\sigma(s,t)$ | 节点最短路径数量 |
| $\sigma()$ | Sigmoid 函数 |
| $\sigma^2$ | 真实方差 |
| $\sigma(s,t \mid V_i)$ | 经过点 $V_i$ 的最短路径的数量 |
| $\sigma$ | 二阶应力张量 |
| $\sigma(X_t,t)$ | 扩散项，描述系统的随机性部分 |
| $\varphi$ | 初相位 |
| $\phi_v$ | 映射函数 |
| $\chi^2(\varepsilon,b)$ | 卡方概率密度函数 |
| $\aleph$ | 阿列夫数 |
| $\psi$ | 位移响应落后于激振力的相位差 |
| $\omega_n$ | 固有角频率 |
| $\odot$ | 哈达玛乘积（按位乘法） |
| $\cup$ | 拼接操作 |
| # | 节点之间的共现次数 |

# 目 录

# 第 1 章

# 绪　　论

新一代人工智能正在全球范围内蓬勃兴起，要以智能制造为主攻方向推动产业技术变革和优化升级，推动制造业产业模式和企业形态根本性转变，以"鼎新"带动"革故"，以增量带动存量，促进我国产业迈向全球价值链中高端。

## 1.1　方向——立足机械，赋能实体

截至 2023 年底，国家级智能制造示范企业的数量已经超过了 4300 家（见图 1-1）。其中，国家发展改革委牵头的四部委共批准 2187 家企业为国家级智能制造示范企业；工业和信息化部通过开展两化融合、工业互联网试点示范和新一代信息技术与制造业融合发展等项目，授予 1283 家企业；国家发展改革委通过开展大数据产业发展试点示范项目的评选工作，授予 813 家企业；科技部通过开展新一代人工智能示范应用场景的评选工作，授予 17

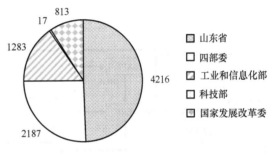

图 1-1　截至 2023 年底政府批准智能制造的示范企业数量

家企业。山东省作为制造大省，其智能制造示范企业数量超过了 4200 家，包含 1161 家省级智能制造示范企业、183 家工业互联网标杆企业、2332 家数字经济"晨星工厂"和 76 家"数字赋能"智能化改造标杆企业。这些企业通过数字化转型和智能化改造，提高了企业的生产效率和创新能力，同时也为制造业转型升级和高质量发展做出了重要贡献。

智能制造（Intelligent Manufacturing，IM）是一种由智能机器和人类专家共同组成的人机一体化智能系统，它在制造过程中能进行智能活动，诸如分析、推理、判断、构思和决策等。通过人与智能机器的合作共事，去扩大、延伸和部分地取代人类专家在制造过程中的脑力劳动。它把制造自动化的概念更新、扩展到柔性化、智能化和高度集成化。智能制造系统不仅能够在实践中不断地充实知识库，而且还具有自学习功能，还有搜集与理解环境信息和自身的信息，并进行分析判断和规划自身行为的能力，主要包括（见图 1-2）：

1）信息物理系统（Cyber Physical Systems，CPS），智能制造系统的总称，将实体进程和计算进程统一、实现虚实结合的新一代智能系统。

2）客户关系管理（Customer Relationship Management，CRM）指利用软件、硬件和网络技术，为企业建立一个客户信息收集、管理、分析和利用的信息系统。

3）产品生命周期管理（Product Lifecycle Management，PLM）面向产品创新的系统，管理从人们对产品的需求开始到产品淘汰报废的全部生命历程。

4）企业资源计划（Enterprise Resource Planning，ERP）将企业所有资源进行整合集成管理，将企业的物料流、资金流、信息流进行全面一体化管理的管理信息系统。

5）制造执行系统（Manufacturing Execution System，MES）作为一种全面管理和优化制造过程的系统，以提高生产效率为核心，优化订单、设备、人员、质量、采购和库存等要素，从而降低企业的制造成本。

6）高级计划与排程（Advanced Planning and Scheduling，APS）指优化和管理生产过程以更有效地规划与执行生产计划，以满足客户需求并最大化资源利用率的系统。

7）实验室信息管理系统（Laboratory Information Management System，LIMS）是指利用信息化技术管理和优化实验室工作流程，为研发、质量和供应服务的系统。

8）仓库管理系统（Warehouse Management System，WMS）是按照仓储运作的业务规则和运算法则，对信息、资源、行为、存货和分销运作进行更完美的管理，提高效率。

9）供应链管理（Supply Chain Management，SCM）执行从供应商到最终用户的物流的计划和控制等职能，整合供应链中的信息流、物料流、资金流以获得运营效率。

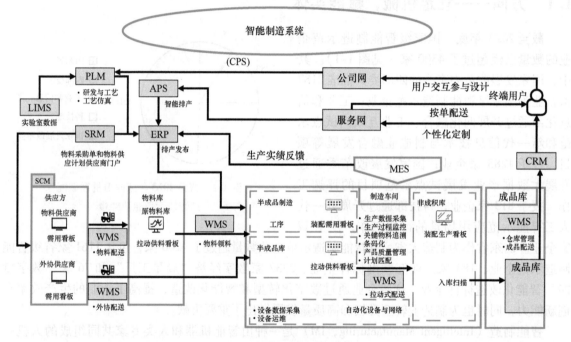

图1-2　智能制造系统各模块

智能工厂标志并不是机器人，而是各家都有一座神秘的、恒温恒湿的硬盘存储间。刚开始很兴奋，觉得企业方方面面都数字化了，智能制造工厂在质量、效率与安全方面得到非常明显的提升，企业研发也会上一个新台阶。但是慢慢发现，这一屋子数据对创新并没有起到多大的促进作用，问题出在哪里呢？大家在新的起跑线上享受硬件红利后，面临数据爆炸带来创新焦虑问题。

根据上述分析可知，智能制造已成为实体企业转型升级的重要方向和关键动力。然而，智能制造的应用和推广会带来海量数据，如何充分利用这些数据成为解决信息过载和创新焦虑问题的关键。因此，为了更好地引领和推动智能制造的发展，迫切需要构建适于智能制造特点的先进的数据挖掘理论体系与方法。"智能制造系统设计"旨在通过对深度学习、运筹学、复杂网络和图神经网络等理论体系的综合运用，构建智能制造深度运筹理论体系，实现对海量数据的深度分析和挖掘，即数据CT诊断（如同医用CT诊断病因），进而发现隐藏在数据中的价值，能够在决策支持、创新挖掘、生产流程优化等方面为企业提供重要的指导，有力助推企业在新起点的竞争中脱颖而出。

**1. 数据——制造过程中数据"躺"在机房，需要"大海捞针"的工具**

在智能制造的浪潮下，数据已经成为制造业的核心资源。然而，许多企业在实际生产过程中，大量的数据仅仅"躺"在机房中，没有被充分挖掘和利用。这些数据就像散落在茫茫大海中的无数根针，缺乏有效的工具和方法去寻找和利用问题点。造成这一困境的主要原因之一是在制造业这样复杂的环境下，现有的工具往往难以应对海量的、多维度的数据。这就好比我们虽然拥有了一个大网，但在大海里捞针仍然是一项极具挑战的任务。通过充分发挥数据的潜力，致力于推动制造业的数字化转型和高质量发展。我们相信，数据不仅是智能制造的核心资源，更是引领制造业未来发展的关键要素。

**2. 理论——智能制造理论"散"在机械外，需要系统关系研究的整体框架**

自 2019 年以来，已有 315 所高校开设了理、工、经、管多学科交叉的智能制造专业。智能制造课程内容精彩纷呈但属于物理组合，智能制造理论"散装"（见图1-3），缺乏系统关系研究的整体框架，这些课程之间的联系和逻辑关系尚未得到很好的融合。

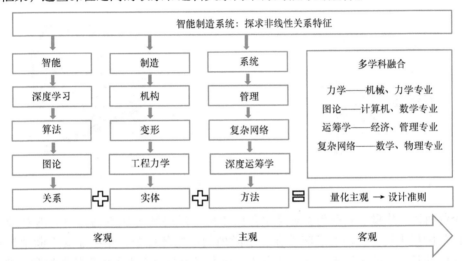

图 1-3 智能制造理论"散装"

对于新兴的智能制造，其系统数据的收集与处理，各 IT 企业处于野蛮生长阶段，导致了底层逻辑不统一，给关系研究带来困扰。目前缺乏将智能制造各要素网络化、异构数据正则化的系统理论体系。复杂网络是一种高度复杂的系统，由众多相互关联的节点和边构成，具有非线性、自组织和动态演化的特性。在智能制造中，用复杂网络来描述制造过程中的各种关系和交互作用，从而更好地理解和优化整个制造系统。

**3. 内卷——直觉/经验式创新"困"在产品本身，需要突破产品同质化的利器**

在传统的制造模式下，企业往往只关注产品设计本身，而忽视了产品与制造系统之间的相互作用和整体性。这种局限性的视角使得企业在面对复杂制造过程时难以实现高效、精准的控制和管理。而智能制造的出现，打破了这一局限，它更加注重挖掘制造系统中所蕴含的规律和内在联系。通过深入挖掘制造系统中的数据，智能制造能够发现隐藏在其中的问题和瓶颈，从而为优化生产流程、提高产品质量和降低成本提供有力支持，例如，智能手机导致口香糖销量下降，因为在付款时大家在刷手机，只需将口香糖挪到付款处就可以恢复销量，就是一个很好的例证（见图1-4）。

图 1-4　智能手机导致口香糖销量下降

对于企业而言，质量、效率与安全是永恒的主题，最终转为成本的竞争。内卷是"智能制造系统设计"的最大机会。内卷意味着在竞争激烈的市场环境中，企业需要不断地进行创新和进化，以适应不断变化的市场需求和竞争态势。而本书为企业提供了创新的框架和思路，通过深入挖掘制造网络的内在规律和动态行为，企业可以发现新的商业模式、产品设计和制造方法，从而在激烈的市场竞争中获得优势。

## 1.2　思维——从设计产品到创新准则

传统制造系统研究的对象往往是事物形状，比如从研究圆柱的曲面公式到轴的加工误差以及到轴的形状优化，研究目标也是客观的，不会因为研究人员的不同而改变。而智能制造系统研究的对象发生了巨大的变化，从事物形状转到要素关系。比如，图 1-5 所示为青岛地铁地图，图 1-5a 是实际的运行图，但大家为什么喜欢看图 1-5b 的路线图呢？因为大家并不关心列车具体路线，而希望明确在哪里换乘、坐几站、什么时间到；并且路线、换乘都受个人偏好影响，具有浓厚的主观色彩。

马克思指出人的本质是一切社会关系的总和，人性是社会关系的产物。陈左宁院士指出，人工智能的核心特征就是对关系的研究。因此，智能制造系统本质上是一门"关系"学，用于挖掘系统内各要素隐藏的深层联系。本书就是传统工科的再升华：从分析形状到分析关系，从设计产品到创新准则。比如，要想提高产品质量，需要建立供应链、设备状态、生产过程以及质量控

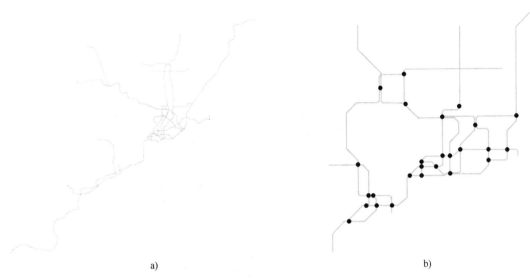

a)                                                               b)

图 1-5    青岛地铁路线图简化为路线图之间的关系

制与反馈各个要素节点的流程，每个节点包含订单、资金、质量等异构数据，形成一个复杂的层析网络系统。智能制造系统的目标就是找出其中的关键节点和关键流程，从而创新产品质量的运营准则。如果说微积分是分析产品形状的理论基础，那么分析关系的路径是什么？——图论。

# 1.3    路径——图论为基石

从小学到大学学习了初等数学和高等数学，从欧几里得几何到笛卡儿坐标系。我们习惯了具有长宽高的欧氏空间，习惯了坐标系确定要素位置，习惯了微积分进行形状的演化。但所有这些在关系研究中失去了效力。比如，图 1-6 中的节点，并没有长宽高、位置的度量，也不能进行微积分运算。从现在开始，思考方式应该发生巨大改变，智能制造系统设计的理论基础应该转向图论，建立智能制造系统各要素的节点表示，要素关系的边表示，子系统的社团表示，最终形成整个系统不同层次的复杂网络，历经图神经网络的深度学习，最终形成智能制造系统（见图 1-7）。智能制造系统的理论路线图中，图论的核心作用是将错综复杂的非欧场景转化为矩阵，以后就是数学处理过程了。

几乎所有书籍都从柯尼斯堡七孔桥开始讲解图论，这是数学家欧拉都研究了好久的问题，初学者并不好理解。我们更愿意从日常应用场景的最短路径开始，比如图 1-8a，顶点 $V$ 代表地点、边 $E$ 代表距离，那么该图可以是导航、送外卖、自来水管网、电话线等场景，问题是如何规划最短路线连接 6 个地点。该问题属于非欧空间，微积分解决不了；排列组合太繁琐。图论中的"破圈法"可以轻松解决：只要形成圈（如 $V_1$，$V_2$，$V_4$），去掉最长边（如 $V_1V_2$（5）），最后剩下的无圈图就是最短路线（见图 1-8b）。

如前所述，图论最重要的作用就是场景变矩阵。图 1-8a 中，规定两个顶点连接为 1，不连接为 0，就可以得到其邻接矩阵 $A$，见式（1-1）。

$$A = \begin{bmatrix} 0 & 1 & 1 & 1 & 0 & 0 \\ 1 & 0 & 0 & 1 & 0 & 0 \\ 1 & 0 & 0 & 1 & 1 & 1 \\ 1 & 1 & 1 & 0 & 1 & 1 \\ 0 & 0 & 1 & 1 & 0 & 1 \\ 0 & 0 & 1 & 1 & 1 & 0 \end{bmatrix} \qquad (1-1)$$

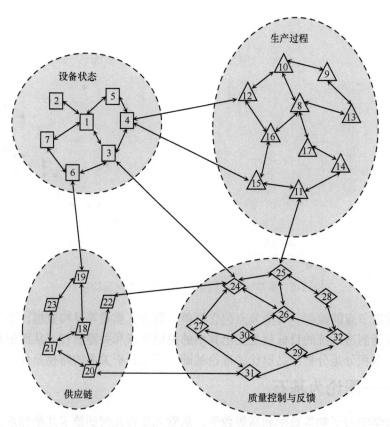

图 1-6　从分析形状到分析关系，从设计产品到设计准则

图 1-7　智能制造系统设计的理论路线图

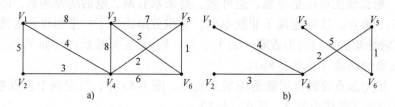

图 1-8　破圈法获得最短连接路线

如何计算从 $V_1$ 到 $V_6$ 总共有多少条道路？有公式（1-2）：

$$P = A + A^2 + \cdots + A^n \tag{1-2}$$

此处，$n=6$，从 $V_1$ 到 $V_6$ 总共有 $p_{16}$（矩阵 $P$ 的第一行第六列元素）条道路。读者可以自己计算。如果考虑距离，可得权矩阵 $W$，见式（1-3）。

$$W = \begin{bmatrix} 0 & 5 & 8 & 4 & 0 & 0 \\ 5 & 0 & 0 & 3 & 0 & 0 \\ 8 & 0 & 0 & 8 & 7 & 5 \\ 4 & 3 & 8 & 0 & 2 & 6 \\ 0 & 0 & 7 & 2 & 0 & 1 \\ 0 & 0 & 5 & 6 & 1 & 0 \end{bmatrix} \tag{1-3}$$

理解邻接矩阵 $A$ 和权矩阵 $W$ 这两个最基本概念，不但基本能看懂图1-7中的图论、深度运筹学、复杂网络、图神经网络等知识，而且现在就可以开始练习设计智能制造系统的最关键步骤：场景变矩阵。至于怎么解矩阵，数学家们准备了大量算法，我们合理选择运用就可以了。

## 1.4　逻辑——深度运筹学

通过图论，将场景变为矩阵后，如何分析决策呢？这就用到运筹学。运筹学是一门以数学为主要工具，用系统的观念，多学科的综合，应用模型技术，为经济、军事、管理等部门提供最优的决策方案的学科。"夫运筹策帷幄之中，决胜于千里之外"，朴素的运筹学思想在中国古代文献中有不少记载，如田忌赛马和北宋丁渭修复皇宫等事例。运筹学将不同的实际问题归结为不同的数学模型，不同的模型构成了运筹学的各个分支，主要有十大分支：线性规划（Linear Programming）、非线性规划（Nonlinear Programming）、运输问题（Transportation Problem）、整数规划（Integer Programming）、动态规划（Dynamic Programming）、网络分析（Network Analysis）、存储论（Inventory Theory）、排队论（Queueing Theory）、对策论（Game Theory）和决策分析（Decision Theory）。运筹学各个分支与智能制造各个模块几乎一一对应，成为智能制造系统设计的底层逻辑（见图1-9）。

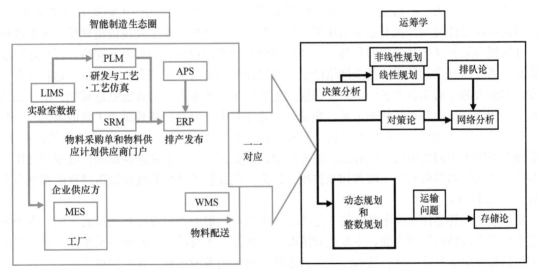

图 1-9　智能制造各模块与运筹学各分支几乎一一对应

智能制造系统研发和运营从业人员多以工科为背景，而工科专业几乎不开设运筹学课程。在智能制造系统设计中缺乏理论指导，会走很多弯路；运筹学则准备好了成熟的模型与算法。比如在智能排产 APS 中，确定关键流程与工序是保证 QCD（质量、价格、交货期）的重要步骤。在运筹学的网络分析中（见图1-10），节点代表工序，边上天数代表权重，所需权重最长的路称为关键路，关键路上的工作称为关键工作。图1-10中，路线①→②→③→④→⑥→⑦→⑧权重，排产时最优先考虑。

但对于制造系统成千上万的节点，如何"智能"找到关键路径？为此，我们提出了深度运筹学的概念：以运筹学为底层逻辑，利用复杂网络建立系统模型，通过图深度学习寻找智能制造系统的"满意解"，从而创新系统运行准则。具体来说，分为三个步骤：

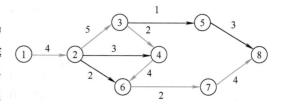

图 1-10　网络分析是 APS 的底层逻辑

1）实现节点的四流表示。以质量流、资金流、信息流、物料流表征智能制造系统节点的异构张量，并通过正则化实现节点的自编码。

2）系统的层析复杂网络。基于运筹学，建立系统的不同模块进行社团化和层析化复杂网络的边结构。

3）图深度学习量化决策提高运行效率。创新提出具有智能制造特征的图神经网络算法，进行特征提取，寻找要素间内在联系。

深度运筹是一种基于大数据、人工智能等先进技术的科研方法，它通过对海量数据进行深度挖掘和分析，揭示事物之间的内在规律和联系。在智能制造领域，深度运筹可以应用于设备故障诊断、生产过程优化、供应链管理等全系统，帮助研究人员更加深入地理解智能制造系统的运行机制和性能瓶颈；通过构建基于深度运筹的科研体系，能够更加系统地开展研究工作，提高研发效率和质量。

## 1.5　智能——六大关键

在熟悉本书的基本内容后，那么如何着手构造一个新项目呢？智能工厂建成后，摆脱传统经济增长方式、生产力发展路径，产业深度转型升级而催生新质生产力，大幅提升全要素生产率。智能制造系统设计目标是提升企业的质量、效率和安全，其核心在于发现内蕴规律、创新准则。

如果说有限元是产品分析的利器，复杂网络就是智能制造系统的有限元网格，深度运筹就是智能制造系统的有限元分析。复杂网络的引入为智能制造带来一场革命性的变革。这种全新的思维方式和强大的分析工具为我们提供了摆脱内卷时代束缚的机遇，为智能制造赋能，引领制造业迈向更为智能、敏捷和可持续的未来。在这一理论体系中，复杂网络被赋予了新的角色——智能制造系统的有限元网格。我们将复杂网络理论应用于智能制造领域，将制造系统中的各种实体、要素和关系抽象为网络中的节点和边，进而构建出一张庞大的智能制造网络图。这张网络图不仅揭示了制造系统内部的复杂关联和相互作用，还为我们提供了分析和优化制造过程的新视角和新工具（见图 1-11）。

制造系统的智能体现在哪里？核心是算法，但它与一般的程序设计算法最大不同，在于智能制造系统具有很强的管理功能、主观色彩浓厚。正如图 1-3 所示，智能制造系统的算法实质上是在企业目标导向下量化主观，从而形成创新准则、科学决策的过程。其关键点如下：

**1. 异构张量——实现四流融合**

异构（Heterogeneous），原意为不同的元素或部分组成、不均匀的意思，可以简单理解为具有不同单位的参数。就好比一个人，由年龄（年）、身高（米）、体重（千克）、收入（元）、学历（？）等参数描述。那如何用一个分数评价一个人？一般做法是对每一项设定总分的比例，这就是权重，并随评价目的而改变，如入职、贷款、商品推荐等。有限元分析中的节点，实质只有一个参数：位移；而智能制造系统中，每一个节点都有质量流、资金流、信息流和物料流等多个参数，并且参数单位也不统一，构成了节点的异构张量。对于工业大数据来说，通过"端到端

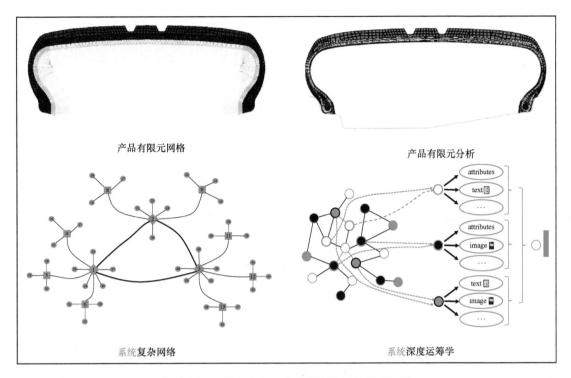

图 1-11　系统复杂网络为智能制造系统的有限元

学习"算法，系统可以自动得到节点的最佳特征表示，随后嵌入到整个网络中，为整个模型的分析奠定基础。要想提高系统的智能化水平，节点异构张量和参数权重是提高系统的智能化水平的一个关键环节（见图 1-12）。

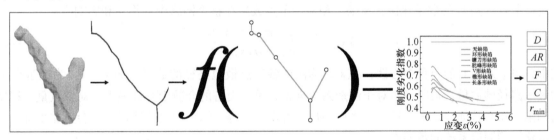

图 1-12　系统建模、节点表示到端到端学习，确定节点正则化异构张量参数

#### 2. 标签——利用经验提升预测能力

在工业大数据时代，如果不利用行业或企业的经验，仅仅依靠机器学习或人工智能，就会陷入概率统计或非线性拟合的漩涡，得出的结论也站不住脚。数据标签就是对智能制造系统要素各种属性的真实刻画，比如企业常用的 FMEA（Failure Mode and Effects Analysis，故障模式与影响分析，见图 1-13），就对产品质量问题进行了详细标签，如果改造为异构张量，就能成为机器学习和人工智能应用的重要输入，提高模型的分类和预测准确性。在充分利用行业和企业经验，对智能制造数据进行（部分）标签基础上的模型才具有长久的生命力，成为企业"准则不对称"创新的独门绝技。

#### 3. 中心性——量化节点重要程度

复杂网络是在没有深度学习的情况下发展起来的，诞生了很多堪称天才的概念与算法，如中心性、相似度、社团、关键点等，与运筹学和深度学习相结合会实现爆发性创新。凭直觉上述

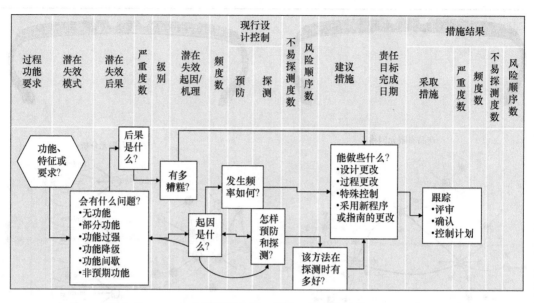

图1-13 FMEA标签质量问题，提高了模型准确性和泛化能力

图1-11中的节点 $V_1$、$V_2$、$V_3$ 的重要性要超过其他点。那么如何量化呢，就要用到复杂网络中的度中心性——指该节点拥有的边的个数，如节点 $V_1$、$V_2$、$V_3$ 的度分别为10、8、9，远超其他节点。但是，度中心性大的节点在系统中的地位不一定重要。比如，组装工序的设备需要很多半成品，与很多工序相联系，即该设备的度中心性大，但该类设备有很多台，停产一台对整个系统影响并不大。但如果对单一设备工序，其度中心性并不大，但停产会导致整个系统瘫痪。介数中心性（Betweenness Centrality）则从路径的角度衡量节点的重要性，是指网络中所有的最短路径中经过该节点（边）的数量比例，反映了相应的节点或边在整个网络中的作用和影响力。

$$BC_{V_i} = \sum_{s \neq V_i \neq t} \frac{\sigma(s,t \,|\, V_i)}{\sigma(s,t)} \tag{1-4}$$

式中，$BC_{V_i}$ 为点 $V_i$ 的介数中心性；$\sigma(s,t)$ 为图中各节点最短路径的数量；$\sigma(s,t \,|\, V_i)$ 为经过点 $V_i$ 的最短路径的数量。很明显，对于制造系统来说，单一设备的介数中心性最大。对节点重要程度的刻画，还有特征向量中心性、紧密中心性、群聚系数等。综合运用这些概念，会更加系统全面地量化智能制造系统的各要素。

**4. 层析池化——多级网络的信息汇聚**

层析指系统由多个层级网络组成，称为层析网络或跨尺度网络，如图1-14所示。多尺度问题一直是科学研究的挑战，而图神经网络的三大优势之一就是处理多层问题。海因里希安全法则指出：每一起严重事故的背后，必然有29起轻微事故和300起未遂先兆以及1000起事故隐患，说明事故蕴含的隐患权重是不同的。智能制造系统各模块分为多个层级，比如质量管理：质检员→车间质量室→质量处→质量部→质量总监→总经理。下级不能把掌握的数据事无巨细地汇报给向上级。那么如何作取舍呢？就用到层析池化概念。池化是将图作为输入，生成节点更少的粗化图。池化操作生成粗化的图结构（或邻接矩阵）及其节点特征，关键是池化算法，比如图1-14中的四个数字2、1、3、8，如何池化为一个数字 $W$？如果池化算法取最大值，$W=8$；如果取平均值，$W=3.5$。根据目标不同，选择或创新合适的池化算法。

**5. 图预测——智能制造系统的求解工具**

智能制造系统求解工具是什么？最趁手的是图深度学习。智能制造系统的数据表示是不规则

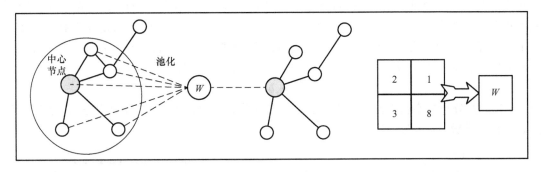

图 1-14　层析池化实现关键信息汇聚

的，属于非欧空间：图中每个节点的邻域结构各异且节点具有无序性；数据仅仅具备局部平稳性，且具有明显的层次结构；数据不符合独立同分布。这不同于产品形状、图像和文本等简单有序的序列数据或者栅格数据，可以在欧氏空间处理。图神经网络是一种将图数据处理和深度学习网络相结合的技术，它先借助图来表达错综复杂的关系，当节点以某种方式局部聚合其他节点信息后再做数据深加工，实现节点预测，推断节点的状态、属性，用于异常点、分类等；边预测，确定两条边是否有关系，发现深藏的管理断点，找出看似不相关的两点之间的关系；图预测，明确整个图的属性，适用于社区发现小团体，如某个车间存在问题等（见图 1-15）。

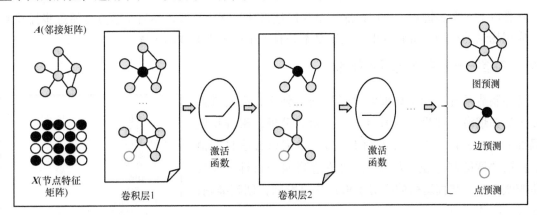

图 1-15　图深度学习进行点预测、边预测和图预测

### 6. 符号回归——发现大数据中的深层规律

大家发现没有，事物的本质规律是以简单的形式出现的，如牛顿第二定律、质能方程、过程能力指数 CPK、投资回收期等。如果仅仅是表面数据的回归，多是无物理意义的高次方拟合，导致模型泛化能力弱。智能制造系统不缺数据和样本，如何在海量数据中总结出规律？符号回归是一种强大的机器学习工具，旨在发现隐藏在数据中的数学表达式或函数，以最佳地拟合给定的数据集。与传统的回归方法不同，符号回归不仅仅是找到一个数学模型的参数，而是通过搜索和组合基本数学运算符和函数库，自动构建出一个数学表达式。这个函数是从一个事先定义好的函数库中进行选择的。这个函数库可以包含各种可能的函数，例如对数函数、三角函数、多项式函数等。通过对这些函数进行组合和基本算术运算后生成一个函数，使其最好地拟合数据。深度符号回归的目标是找到一个简单且具有解释性的数学表达式，以便更好地理解数据之间的关系，而不仅仅是建立一个黑盒模型。

如图 1-16 所示，6 种变化曲线通过深度符号回归，确定以卡方分布概率密度函数 $\chi^2(\varepsilon, b)$、指数项 $e^{-d\varepsilon}$ 和常数项 $k$ 三项建立回归方程 $R_{die}$，其中，$\chi^2(\varepsilon, b)$ 确定曲线的整体形状，指数项的增加用来捕捉数据的非线性特征，能够更好地拟合数据中的指数增长或衰减趋势，常数项的增加用于调整模型的基线水平或平移，以更好地匹配数据的整体形态。其表达式为

$$R_{die} = a \cdot \chi^2(\varepsilon, b) + c \cdot e^{-d\varepsilon} + k \tag{1-5}$$

式中，$a$ 为卡方分布概率密度函数的系数；$b$ 为卡方分布的自由度参数；$c$ 为指数函数的系数；$d$ 为指数函数的指数；$k$ 为常数项。

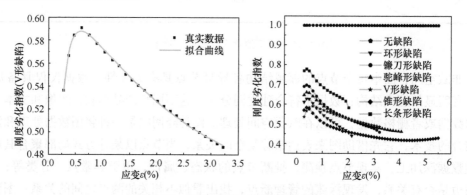

图 1-16　深度符号回归发现数据特征

熟悉以上 6 个关键点，就可以庖丁解牛般地将项目逐级分解，然后从节点开始逐步搭建起最符合应用场景的模型。讲到这里，大家是不是有了小试牛刀的冲动了呢？

## 1.6　内容——系统设计框架

智能制造系统设计是典型的多学科交叉创新，需要掌握的知识浩如烟海。如果只守着自己的一亩三分地，很容易困于局部最优而无益于全局（见图 1-17）。本书以最浅显的语言，白话"智能制造设计框架"，力争达到四个目标：宏观视角俯瞰企业；掌握运行的底层逻辑；学习准则，创新准则；领导设计智能项目。

本书是新工科——智能制造专业的核心课程。本书以李勇教授提出的"深度运筹学"为理论基础，打破制造、管理中的信息孤岛，形成智能制造系统设计体系。本书后面主要分为五部分：第 2 章主要讲述设计基础，包括智能制造系统

```
模型：大脑
图论：细胞
算法：基因
运筹：器官
振动：耳朵
图像：眼睛
力学：肢体
平台：PyTorch
方向：立足机械，赋能各行业
目标：质量、效率、安全、成本
关键：场景变矩阵
```

学习准则，遵守准则，建立准则

图 1-17　智能制造系统与人

的数学（图论、复杂网络、运筹学、随机过程）和感知（力学、振动与噪声、数字图像处理）等，阐述系统建模的底层逻辑；第 3 章主要讲述设计目标，包括质量工程、工业工程、安全工程和成本管理，熟悉智能制造系统的运行准则、学会问题分析工具和掌握应用场景建模；第 4 章主要介绍设计对象，包括智能制造系统各模块，掌握质量流、资金流、信息流、物料流的流向及分析工具；第 5 章主要介绍设计方法，掌握在 PyTorch 平台上的深度运筹学来揭示智能制造系统的内蕴规律与创新准则；第 6 章主要介绍设计过程，掌握智能制造系统设计步骤来完成项目。这五部分层层推进，形成智能制造系统设计的基本框架。

在智能制造飞速发展的时代背景下，本书以推动前沿技术研究为己任，促进深度运筹成为智

能制造的新质生产力，成为智能制造领域的产业大脑。作为智能制造新工科，在连教材都没有的条件下，逐步形成了复杂网络与深度运筹智能制造教学科研体系。在企业欣喜的眼神中，深感国家的高瞻远瞩！选择智能制造就是选择国家战略，愿读者把论文写满祖国大地！

## 习　　题

1. 构建本校保研标准的异构张量。
2. 确定本人在校主要活动轨迹（宿舍、教室、食堂、超市、操场等）的最短路径。

# 第2章

# 设计基础——底层建模逻辑

智能制造系统设计的理论基础是应用数学、力学及数字图像处理。本章介绍"关系数学：图论→复杂网络→运筹学"及感知中与智能设计相关的基本概念、原理、定理、规律，能够提取制造系统中的复杂网络问题并进一步转换成数学模型而实现场景变矩阵，从而学会智能制造系统的底层建模逻辑。本章采用通俗化语言描述各数学理论在智能制造系统中的用途；将智能制造系统比作人来解释各理论的功能，希望将枯燥的理论变得有趣。

## 2.1 数学简介——建模百宝箱

### 引言

现在已想象不出，还有哪一个数学理论没有在人工智能中应用。数学就是一座金山，微积分仅仅是山腰，现代数学才是山峰。通过了解数学全貌，形成个人的稀疏但全面的数学网络图，在场景建模过程中能够做到"哎，这个场景我可以试试××数学"就可以了。智能制造系统中，数学百宝箱提供了基础性的工具和方法，贯穿于整个制造过程的各个环节。数学更是一种思维方式，它为智能制造系统创新提供了理论支撑和方法论基础，推动着制造业的数字化、智能化和高效化发展。

### 学习目标

- 了解数学全貌，尤其是高等数学之后的近现代数学。
- 理解现代数学在智能制造系统中的基本原理和核心概念。
- 掌握数学方法在制造过程优化、生产计划与调度、质量控制等方面的具体应用。

### 2.1.1 数学全貌

大家是否有一个感觉，百度、高德预测路程和时间越来越准确；抖音、京东的推荐越来越合你心意，这背后的算法就建立在现代数学的基础上。高等数学的精髓是1665年创立的微积分；同年为清朝康熙四年，网上能查到的学术成就是杨光先批判西洋历法的《不得已》（见图2-1）。康熙四年时的中国与现代中国的差距，就是微积分与现代数学的差距。

#### 1. 数学树与数学史——了解数学全貌，形成概况

号称最后一位全能数学家的有：亨利·庞加莱（1854—1912）、戴维·希尔伯特（1862—1943）、赫尔曼·外尔（1885—1955），但外尔之后就没人这样号称了。数学大会上数学家听不懂数学家的发言是常态，因此，不要为自己看不懂"关系数学"而沮丧。数学就像迷宫，"横看成岭侧成峰，远近高低各不同"；了解数学全貌后，就好比站在数学沙盘前，拨云见日。

#### 2. 数学的分类

数学的二级学科共25个，三级学科共144个，小项5100个。按照《中国图书馆分类法》分为

（1）结构数学

O14 数理逻辑、数学基础：演绎逻辑学、应用数理逻辑、数学基础、元数学、递归论、模型论、集合论。

O15 代数、数论、组合理论：代数方程论、线性代数、群论、环论、模论、格论、范畴论、同调代数、微分代数、差分代数、解析数论、代数数论、超越数论、丢番图逼近、概率数论、计算数论、组合数学、离散数学、模糊数学。

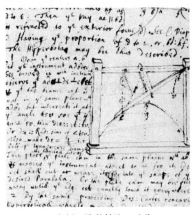 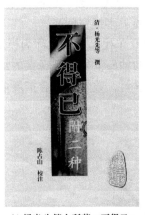

a) 牛顿《流数简论》手稿　　　　　　b) 杨光先等人所著《不得已》

图 2-1　1665 年：牛顿手稿与杨光先《不得已》

（2）分析数学

O17 数学分析：微积分、级数论、实变函数、逼近论、复变函数、微分方程、积分方程、变分法、泛函分析，非标准分析。

O18 几何：解析几何、张量分析、非欧几何、射影（投影）几何、仿射几何、分形几何、微分几何、代数几何；拓扑：点集拓扑学、代数拓扑学、同伦论、低维拓扑学、同调论、维数论、格上拓扑学、纤维丛论、几何拓扑学、奇点理论、微分拓扑学。

O19 动力系统理论：整体分析、流形上分析、突变理论、微分动力系统。

（3）应用数学

O21 概率论与数理统计。

O22 运筹学：规划论、统筹方法、最优化的数学理论、对策论（博弈论）、排队论、库存论、更新理论、搜索理论。

O23 控制论、信息论：控制论、最优控制、逻辑网络理论、学习机理论、模式识别理论、信息论。

O24 计算数学：数值分析、数学模拟、近似计算、图解数学、数值软件、数值并行计算。

O29 应用数学。

如果进一步了解上述数学各分支的研究对象、核心理论和应用，会大受裨益。图 2-2 所示为数学发展历程的树结构图。数学因应用需求分为代数、几何和分析：代数主流为线性代数，而线性代数的推广则形成了泛函分析；几何延伸为拓扑学和图论等分支；实分析和复分析是分析学的两大支柱，实分析的应用延伸至数值分析和计算数学，复分析把分析学方法从实变数推广到复变数。图论、概率和线性代数构成了人工智能的三大数学基础，而工科学生较少接触图论。

这么多的数学知识，该如何进行了解学习呢？答案就是阅读数学史，陈省身教授指出"了解历史的变化是了解这门科学的一个步骤"，数学史是最系统的数学知识合集，可以通过阅读数学的定义以及应用来了解某一数学学科。个人推荐李文林著的《数学史概论》、理查德·埃尔威斯（Richard Elwes）著的《图解数学简史》和张奠宙著的《二十世纪数学经纬》。

**3. 数学的定义**

1）公元前 400 年：数学是量的科学（强调"数"）。

2）18 世纪：数学是研究顺序与度量的科学（扩展：几何）。

3）19 世纪 50 年代：数学是研究现实世界的空间形式与数量关系的科学（扩展：运动）。

4）20 世纪 50 年代：数学是各种量之间的可能的，一般说是各种变化着的量的关系和相互联系的科学（扩展：多维空间）。

5）20 世纪 80 年代：数学被称为模式的科学（science of pattern），其目的是要揭示人们从自然界和数学本身的抽象世界中所观察的结构和对称性（扩展：研究对象）。

区别于其他学科，数学家只会扩展前人的成果，而不会推翻前人的成果。

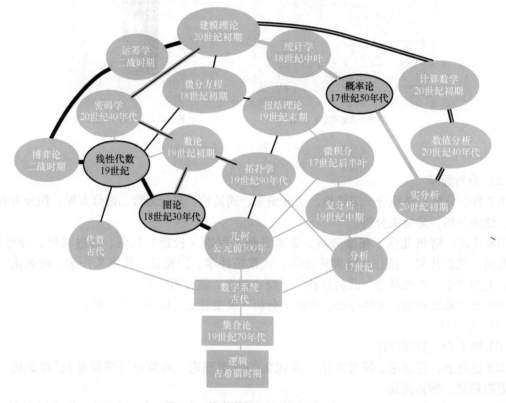

图 2-2　数学发展历程的树结构图

**4. 数学的演化**

数学作为一门探索抽象概念、推理和模式的学科，其发展历程可以追溯至远古时代。从最早的计数和测量开始，数学随着人类社会的进步和需求不断演化和发展。从古代文明的数学起源到现代数学的丰富分支，揭示数学如何成为解决科学、工程和日常生活中复杂问题的重要工具，见表 2-1。

**5. 数学家职业——我们也可以学好数学**

1）优秀的物理学家也是数学家：亚里士多德、开普勒、牛顿、爱因斯坦、霍金、杨振宁、钱学森（创建系统工程）。

2）优秀的数学家很多为力学家：阿基米德、洛伦茨（混沌之父）、伯努利、傅里叶、冯·

卡门（导弹之父）、泊松。

3）数学家的职业多为大学老师，也有例外：祖冲之—长水校尉（四品）；笛卡儿—律师；傅里叶—军官；费马—议员；狄康尼斯—魔术师；陈景润—中学老师。

4）数学家的专业：柯西—道路与桥梁工程；黎曼—神学；冯·诺依曼—化学工程；莱布尼兹、费马、笛卡儿—法律；约翰·伯努利—医学；外尔斯特拉斯—财务管理（中学体育老师）。

表 2-1 数学的演化

| 初始活动 | 演化 | 学科 |
| --- | --- | --- |
| 收集 | 集体 | 集合 |
| 观察 | 对称 | 群论 |
| 测量 | 距离、面积 | 范数 |
| 估计 | 逼近、附近 | 极限 |
| 挑选 | 部分 | 布尔代数 |
| 论证 | 证明 | 逻辑 |
| 选择 | 机会 | 概率 |

### 2.1.2 集合——现代数学的共同基础

现代数学涵盖了众多纷繁复杂的分支领域，均根植于一个共同的基础——集合论。集合论为数学这一庞大的学科体系提供了一种统一的语言表达。集合论的创立者康托尔（Cantor，1845—1918，德国）给出的定义为：把一定的并且可以彼此明确识别的事物（这种事物可以是直观的对象，也可以是思维的对象）放在一起，称为一个集合。

由罗素悖论所引发的数学危机介绍，还有一种非常重要的知识就不见得那么家喻户晓了，那便是"选择公理"（Axiom of Choice），这是在集合论中的一个主要公理，它陈述了从非空集合中选择元素的能力。这个公理的意思是"任意的一群非空集合，一定可以从每个集合中各拿出一个元素"。但是，伯特兰·罗素提出了罗素悖论：一个集合会是自己的元素又不是自己的元素。比如：图书馆编制了一本书名词典，该词典收录了馆内所有不含其自身名称的书籍。那么，这本词典是否也会包含它自己的名称呢？在 1908 年，数学家恩斯特·策梅罗（Ernst Zermelo）基于自己的原理，提出了首个公理化的集合论体系。这一系统在很大程度上弥补了康托尔朴素集合论的不足。随后，经过亚伯拉罕·弗兰克尔（Abraham Fraenkel）的进一步改进，形成了我们今天所知的 ZF 公理系统，它规定集合中的元素不得包含自身。

#### 1. 无限集合

无限集合是一种特殊类型的集合，其特点是其元素的数量是无限的。在数学中，一个集合 $A$ 被认为是无限集的充分必要条件是 $A$ 能够与它的某个真子集 $B$ 实现一一对应的配对关系。为了更形象地解释这一点，可以考虑数学上的一个典型例子：集合 $A$ 可以是所有自然数的集合，而集合 $B$ 可以是所有偶数的集合。在这个例子中，可以发现，自然数集合中的每一个元素都可以与偶数集合中的一个元素相对应，反之亦然。具体来说，自然数集合中的每个奇数都可以与偶数集合中的一个特定偶数相对应，而自然数集合中的每个偶数也同样可以与偶数集合中的一个特定偶数相对应。结果就是，尽管自然数集合的元素数量是无限的，仍然可以通过这种一一对应的关系，将自然数集合与偶数集合配对起来，从而证明了自然数集合是一个无限集。当然，实数和自然数也可以一一对应。

#### 2. 势——比较无穷大（∞）的大小

说到势，常见的有电动势，电源提供的电势差，推动电荷在电路中流动；还有重力势能，也就是物体在重力场中的储能情况，可以看出势是用来衡量能量的大小。集合论中的势是描述集合大小，即集合中元素的数量无穷大的等级。

在数学中，使用势来比较集合的大小，即使这些集合的元素可能来自于不同的类型或无穷大。它的定义为：彼此对等的集合归于同一集类，记为 $\overline{\overline{A}}$，称为这类集合中任何一个集合的势（或基数），如：$A = (x | 0 < x < 1)$，则 $\overline{\overline{A}} = \overline{\overline{R}}$。所以说，势是有限集中元素个数的推广，对于无穷集中自然数 $N$ 的势最小。那其他集合的势谁大谁小呢？

在数学领域，数的无穷大之间很少进行直接比较，但在探讨集合的规模时，也就是集合势的大小，却常常需要对无穷大进行考量。无穷大这一概念可细分为可数无穷和不可数无穷，这两者代表了截然不同的无穷等级，其间的大小差异极为显著。可数无穷是无穷序列中最小的无穷大。可数集，即那些能够与自然数集建立一一对应关系的集合，其包含的元素数量被定义为可数无穷。当两个无穷集合之间能够建立一一对应关系时，它们的大小被认为是等价的。相比之下，不可数无穷则显著地超越了可数无穷的大小。无穷大的层级采用阿列夫数（希伯来字母 $\aleph$）进行表示。其中，阿列夫零 $\aleph(0)$ 指可数无穷，如自然数，作为无穷序列的起始点。$\aleph(1)$、$\aleph(2)$ 等后续阿列夫数，则代表更高级别的不可数无穷，每一级均比前一级更大。在同一层级内，无穷大的大小是相等的，如自然数和有理数都为 $\aleph(0)$。作者曾用势概念证明了平面裂纹分形维数的区间为 $[0, 2)$，而不是数学意义上的 $[1, 2]$。

### 3. 模糊集合

模糊集合是由美国人扎德（Zadeh，1921—2017）于 1965 年创立，用于描述那些不容易明确定义的对象或概念。与传统的集合理论不同，传统集合要么包含一个元素，要么不包含，而模糊集合允许元素的隶属度介于 0 和 1 之间，表示其属于集合的程度。

举例来说，考虑"高矮"这个属性。在传统集合中，可能会定义一个集合："所有身高大于 180cm 的人"。然而，实际上有些人的身高介于 180～190cm 之间，难以明确归类为"高"或"不高"。这时，引入模糊集合的概念："身高高于 180cm 的人"，通过隶属度函数描述身高在 180～190cm 之间的人，如他们可能以 0.75 的概率属于这个模糊集合。这种灵活性使得模糊集合能更好地适应现实世界中那些难以精确定义的情况。它的定义是：设 $x$ 是非空集，$A: X [0, 1]$ 是映射，称映射 $A$ 确定了 $X$ 的一个模糊子集 $\tilde{A}$。映射 $A$ 在 $X_0$ 点的值叫作 $X$ 的元素 $X_0$ 关于模糊子集的隶属程度。映射 $A$ 叫作 $\tilde{A}$ 的隶属函数。比如：$A = \{高个子 | 身高大于 180cm\}$，$B = \{身高大于 178cm\}$，隶属度为 0.8。

（1）与逻辑回归相结合　逻辑回归是一种用于解决分类问题的统计学方法。它通过对数据进行线性回归并应用逻辑函数（如 Sigmoid 函数）来预测一个事件发生的概率。对于特征的定义或数据预处理阶段，以处理特征的模糊性或不确定性。然后，可以使用逻辑回归模型来基于这些特征进行分类预测。这种情况下，模糊集合的概念帮助了解特征之间的模糊关系，而逻辑回归则用来建立数学模型和进行具体的预测任务。

（2）与异构张量的权重相结合　异构张量是跨维度或数据源包含不同类型和结构的数据集合。在机器学习和数据分析中，需整合处理异构数据源。其权重反映了数据源或特征的重要性。在复杂数据建模中，可能同时考虑模糊集合和异构张量的权重。例如，自然语言处理任务中，模糊集合用于表示词语语义相似度，而异构张量整合不同文本源信息，并赋予各数据源不同权重。

（3）与概率图相结合　概率图是表示复杂概率分布和变量关系的图形工具，有助于理解变量间的依赖关系和概率分布，对大数据和复杂网络特别有用。可引入模糊集合思想处理模糊性，定义模糊依赖关系。处理复杂网络时，需同时考虑模糊性和概率性，可探索在概率图中集成模糊集合理论，增强模型能力。

### 2.1.3　张量——现代数学的共同语言

张量分析是深度学习的重要的工具，由黎曼（Riemann，1826—1866）在 19 世纪提出。从爱因斯坦的广义相对论开始，在理工科得到广泛应用；随着人工智能发展，现已深度渗透到文科领域。张量属于几何的范畴，是多维几何的表示方法，通过研究张量在不同坐标系下的求导法则来理解。在直角坐标系中，笛卡儿张量适用于处理小变形和线性问题；而黎曼张量的精髓在于曲线坐标系下，能够处理大变形和非线性问题，而深度学习就是寻求系统的非线性特征，因此，张量分析就显得尤为重要。

在深度学习中，张量是一种可以表示和处理多维数组的数据结构。张量的应用非常广泛，其中就包括 Word2vec。Word2vec 的核心思想在于：借助庞大的文本序列，根据上下文单词来预测目标单词共同出现的概率。

在深度学习中，张量的应用不仅限于 Word2vec，还包括许多其他的技术和方法。例如，循环神经网络（Recurrent Neural Network，RNN）也是一种基于张量的深度学习方法，它可以用于处理序列数据，如语音识别和自然语言处理任务。此外，深度学习中的优化算法和张量运算也有着密切的关系。例如，梯度下降算法是一种常用的优化算法，它可以用于调整神经网络的权重和偏置，以最小化损失函数。而张量运算则可以用于计算梯度，从而更新神经网络的参数。

**1. 协变基矢量与逆变基矢量**

$$\boldsymbol{P} = x^1\boldsymbol{g}_1 + x^2\boldsymbol{g}_2 = P^a\boldsymbol{g}_a \tag{2-1}$$

式中，$\boldsymbol{g}_1$ 和 $\boldsymbol{g}_2$ 为沿 $x^1$ 和 $x^2$ 坐标轴的单位矢量（见图 2-3），但$\boldsymbol{g}_1 \cdot \boldsymbol{g}_2 = \cos\varphi \neq 0$，为方便起见，引入对偶的参考矢量，见式（2-2）：

$$\boldsymbol{g}^1 \cdot \boldsymbol{g}_2 = \boldsymbol{g}^2 \cdot \boldsymbol{g}_1 = 0$$
$$\boldsymbol{g}^1 \cdot \boldsymbol{g}_1 = \boldsymbol{g}^2 \cdot \boldsymbol{g}_2 = 1 \tag{2-2}$$

式中，$\boldsymbol{g}_\alpha$ 为协变基矢量；$\boldsymbol{g}^\beta$ 为逆变基矢量。

只有大小没有方向的物理量称为标量，既有大小又有方向的物理量为矢量，具有多重方向性的物理量称为张量。

矢量：

$$\boldsymbol{P} = x^1\boldsymbol{g}_1 + x^2\boldsymbol{g}_2 = P^a\boldsymbol{g}_a = P_b\boldsymbol{g}^b \tag{2-3}$$

张量：

$$\boldsymbol{T} = T^{ij}\boldsymbol{g}_i\boldsymbol{g}_j = T_{ij}\boldsymbol{g}^i\boldsymbol{g}^j$$
$$= T^i._{\cdot j}\boldsymbol{g}_i\boldsymbol{g}^j = T_i^{\cdot j}\boldsymbol{g}^i\boldsymbol{g}_j \tag{2-4}$$

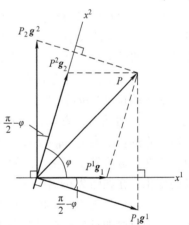

图 2-3　协变基矢量与逆变基矢量

**2. 张量的定义**

基矢量可在两个不同的坐标系之间转换。

协变转换系数：

$$\boldsymbol{g}_{i'} = \beta_{i'}^j\boldsymbol{g}_j \tag{2-5}$$

逆变转换系数：

$$\boldsymbol{g}^{i'} = \beta_j^{i'}\boldsymbol{g}^j \tag{2-6}$$

满足坐标转换关系的有序数组成的集合，称为张量（见图 2-4）。

$$\boldsymbol{T}(i',j') = \beta_k^{i'}\beta_l^{j'}\boldsymbol{T}(k,l) \tag{2-7}$$

**3. 张量的商法则**

商法则：判定一个张量的阶数，见式（2-8）。

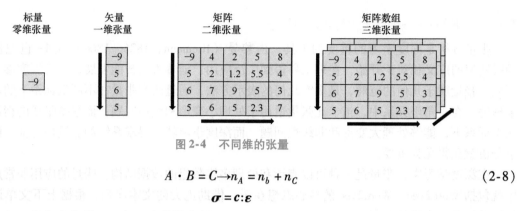

图 2-4　不同维的张量

$$A \cdot B = C \longrightarrow n_A = n_b + n_C \tag{2-8}$$

$$\boldsymbol{\sigma} = c : \boldsymbol{\varepsilon}$$

式中，$\boldsymbol{\sigma}$ 为二阶应力张量；$c$ 为四阶弹性张量；$\boldsymbol{\varepsilon}$ 为二阶应变张量。

**4. 曲线坐标张量**

非线性与大变形中必须采用曲线与曲面坐标张量；通过 Christoffel 符号，实现张量在曲线坐标系中的求导。

$$g_i = \frac{\partial r}{\partial x^i} \xrightarrow[\text{笛卡儿坐标转换}]{\text{曲线坐标}} \frac{\partial g_j}{\partial x^i} = \Gamma_{ij}^k g_k \tag{2-9}$$

其中，$\Gamma$ 为 Christoffel 符号。

**5. 拉格朗日坐标系与欧拉坐标系**

研究某材料的棒料拉伸时，观察到棒料随着拉伸的增大，棒料的截面积会缩小，这时候就涉及应力 $\sigma = F/A$ 的大小，当棒料为小变形时，棒料受到的应力可以近似认为是工程应力 $\sigma = F/A$，即认为棒料的截面积 $A$ 近似不变；当棒料为大变形时，棒料的截面积变化巨大，再使用初始截面积计算的应力已经不能真实反映棒料的实际状态。

对于欧拉（Euler）坐标系，比如图 2-5 中，一个一维的拉伸，初始时，方块初始长度定义为 $a_0\boldsymbol{i}$，当方块拉伸后，它的长度变为 $(a_0+b)\boldsymbol{i}$，可以看出，欧拉坐标系是单位不变，数值发生变化，比如 1cm、10cm、100cm 等这样的变化，在如图 2-6a 中 $(x,y,z,t)$ 坐标系中 "$x$" "$y$" "$z$" 变，基矢量与 Christoffel 符号不变。计算用欧拉坐标系，因为拉格朗日坐标系只能是曲线坐标，计算不方便。

拉格朗日坐标系与其不同，如图 2-5 所示，在方块拉伸后，用欧拉表示它的长度为 $(a_0+b)\boldsymbol{i}$，在这里如果用拉格朗日表示其长度，则为 $a_0(\boldsymbol{i}+b\boldsymbol{i})$，可以看出，拉格朗日坐标系是数值不变，单位发生变化，比如 1mm、1cm、1dm 等这样的变化。在如图 2-6b 中 $(x,y,z,t)$ 坐标系中

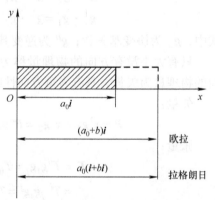

图 2-5　分别用欧拉坐标系与拉格朗日坐标系表示方块拉伸长度

"$X$" "$Y$" "$Z$" 不变，基矢量与 Christoffel 符号变。所以，推导公式常常采用拉格朗日坐标系，因为它的初始值没有变化，并且 "$X$" "$Y$" "$Z$" 对 $t$ 的导数为零，即只对单位求导，这有固定的算法。

**2.1.4　泛函——网络距离的度量**

线性代数的简洁性主要源于其在有限维空间内的应用，但有限维空间在描述现实世界的复杂性时显得力不从心。尤为关键的是，函数作为线性空间的一种表现形式，其本质属性在于其无限维性。例如，函数的核心运算，如傅里叶变换和小波分析，均在无限维空间内展开。这一现象深

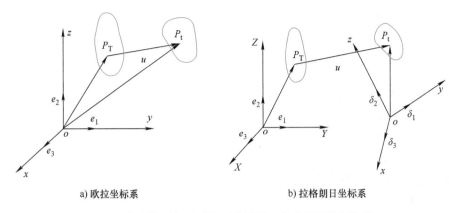

a) 欧拉坐标系　　　　　　　　b) 拉格朗日坐标系

图 2-6　参考构形与瞬时构形采用同一个或者不同坐标系

刻揭示了函数研究（或连续信号）的本质，必须突破有限维空间的局限，转而进入无限维的函数空间。而实现这一转变的首要步骤，便是掌握泛函分析的基本原理和方法。

**1. 泛函分析的实质**

泛函分析创立于 20 世纪初，是在变分法、线性代数、微分方程、逼近论、数值分析的基础上，将其具有共同特征的问题进行抽象概括、发展而来的。$n$ 维空间只可以用来描述具有 $n$ 个自由度的力学系统的运动，这需要新的数学工具来描述那些具有无限多自由度的力学系统。例如，梁的振动问题便是这类无限多自由度力学系统的典型例子。一般来说，从质点力学过渡到连续介质力学，就要由有穷自由度系统过渡到无穷自由度系统。研究无穷自由度的系统需要无穷维空间的几何学和分析学，这正是泛函分析的基本内容，其实质：泛函就是定义域是一个函数集，而值域是实数集或者实数集的一个子集，推广开来，泛函就是从任意的向量空间到标量的映射。也就是说，它是从函数空间到数域的映射。泛函是一种"函数"，自变量为函数（称为宗量），函数的值也是函数，故称为函数的函数。例如速降线问题，如图 2-7 所示，求从高处 $A$ 点到低处 $B$ 点用时最短的线路曲线方程，由能量守恒得 $\frac{1}{2}m\left(\frac{\mathrm{d}s}{\mathrm{d}t}\right)^2 - mgy = 0$，其宗量是 $y(x)$ 函数，其值为参数方程 $x = \frac{C_2}{2}(2\xi - \sin 2\xi)$，$y = \frac{C_2}{2}(1 - \cos 2\xi)$。

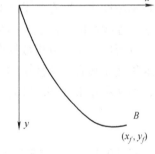

图 2-7　速降线

**2. 实变函数——在实数理论和测度理论上建立起现代分析**

实变函数是指变量和函数值都是实数的函数，是由实数理论、测度理论和勒贝格积分构成的。实变函数为泛函分析提供了必要的数学工具和理论基础，而泛函分析则在这些工具的基础上，进一步扩展到更广泛的函数空间和算子理论。

（1）勒贝格积分　实变函数由勒贝格（Lebesgue，1875—1941）创立，是对黎曼积分的推广：以测度为基础建立，扩大了可积函数类，降低逐项积分的条件和降低交换积分顺序的条件。勒贝格积分将积分条件由"处处连续"改为"几乎处处连续"，几乎的意思是存在可列个断点［如积分曲线上有理数为 $a$，无理数为 $f(x)$］，而可列个断点的"长度（测度，势）"为零。例如，黎曼积分需要函数处处连续（见图 2-8a）；而根据勒贝格积分，这些可列个断点的面积为零，不影响积分的计算（见图 2-8b）。

（2）测度　随着对实数集合理解的不断深化，人们开始探索如何准确度量一个点集的大小这一深奥问题。在这一探索过程中，勒贝格这位杰出的数学家以其独到的见解和创造力，开创了测度理论（Measure Theory）这一数学新领域。

在区间 [0,1] 内，有理数和无理数的分布情况是不同的。一个有理数是可以通过整数操作得到的数字，它们可以用分数或小数形式表示；而一个无理数则不能用有限个整数操作表达。所以，有理数是可列的，即可以按照自然数进行编号，其势皆为 $\aleph(0)$。然而，无理数是不可列的，即不能一一对应到自然数集合。因此，如果在区间 [0,1] 中随机选择一个点，落在有理数上的概率是零，而落在无理数上的概率是1。

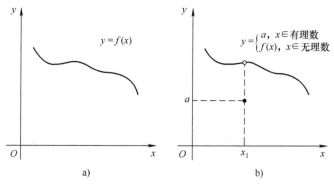

图 2-8　黎曼积分与勒贝格积分

这个问题涉及测度论的基本概念。测度论是数学中研究集合的大小、长度或者概率的理论。在这里，可以把 [0,1] 看作一个测度空间，其中有理数集合的测度为零，而无理数集合的测度为1。所以说，测度是长度、面积的推广，推广到 $n$ 维空间上，是用"点集"的概念表示"长度"，如：

$$m(I) = \prod_{i=1}^{n} (b_i - a_i) \tag{2-10}$$

当 $n=1$ 时，测度 $m(I)$ 就是长度；当 $n=2$ 时，测度 $m(I)$ 就是面积；当 $n=3$ 时，测度 $m(I)$ 就是体积。

像上述 [0,1] 这个测度空间，在实变函数中，"有限个间断点——几乎处处连续"是这样一种函数性质，即在几乎所有点上都是连续的，但可以在一个可忽略的测度为零的集合上有有限个违反连续性的点。这种函数性质在图像处理的边缘检测和数据异常点的处理中非常有用，因为它可以帮助定位和分析数据中的不连续性或者突变点，这些点通常对于数据分析具有重要意义。而这种使用具有特殊性质的函数来描述或者处理现象，也叫作计算病态函数，也称扩大可积函数类，如狄利克雷（Dirichlet）函数：

$$D(x) = \begin{cases} 1 & x \text{ 为}[0,1]\text{上的有理数} \\ 0 & x \text{ 为}[0,1]\text{上的无理数} \end{cases} \tag{2-11}$$

在区间 [0,1] 上：有理数的测度为0，无理数的测度为 $1-0$。

在数学分析中，降低逐项积分和降低交换积分顺序的条件是重要的讨论点。降低逐项积分的条件是指一致收敛——几乎处处收敛，如有奇点的函数就是对狄利克雷条件的扩展。

**3. 距离**

（1）距离空间（Banach 空间）　在泛函分析的领域内，尽管在空间中我们仍然使用"向量"这一术语，但线性变换的描述更倾向于使用"算子"（Operator）。除了基本的加法和标量乘法运算外，该领域还引入了其他运算概念，例如利用范数来衡量"向量的大小"或"元素之间的距离"。具有这些特性的空间被特别称为"赋范线性空间"（Normed Space）。其中，距离空间就是完备的赋范线性空间，完备是指对柯西收敛的推广，指 $X$ 中的点列收敛于 $X$ 中的点。

距离空间描述了如何计算或度量空间中两个点之间的距离。这个距离可以根据不同的背景和需要有所不同，比如在平面几何中可以用欧几里得距离（直线距离）来衡量，而在更抽象的数学结构或者数据分析中，可能会使用其他类型的距离度量，比如曼哈顿距离或者闵可夫斯基距离。

距离空间定义为：设 $X$ 是一个非空集合，如果对于 $X$ 的任意一对元素 $x$、$y$，按照某种法则有一个实数 $\rho(x, y)$ 与之对应，而且满足以下条件时，则称 $\rho(x, y)$ 为距离，$X$ 为距离空间。

$$
\begin{aligned}
&1）非负性：\rho(x,y) \geqslant 0 \\
&2）对称性：\rho(x,y) = \rho(y,x) \\
&3）三角不等式：\rho(x,y) \leqslant \rho(x,z) + \rho(y,z)
\end{aligned}
\tag{2-12}
$$

（2）常见的距离　当研究数学、计算机科学或统计学中的数据分析和模式识别时，距离的概念是至关重要的。距离不仅仅是简单的空间度量，它是衡量对象之间相似性和差异性的基础，不同的距离度量方法能够揭示数据集中的不同特征和模式。表 2-2 列出了 9 种常见的距离测量算法，以及它们在智能制造中的用途。

表 2-2　9 种常见的距离测量算法

| 1. 欧几里得距离（Euclidean Distance） | 2. 余弦相似度（Cosine） | 3. 汉明距离（Hamming Distance） |
|---|---|---|
| | | |
| 测量两点间的直线距离。在二维平面上，可以用勾股定理计算。应用：聚类分析、$K$-近邻算法等 | 测量两个向量之间的夹角余弦值，用于判断方向的相似性。应用：文本相似度、推荐系统 | 计算两个等长字符串对应位置的不同字符的个数。应用：密码学、数据传输、模式识别 |
| 4. 曼哈顿距离（Manhattan Distance） | 5. 闵可夫斯基距离（Minkowski Distance） | 6. 切比雪夫距离（Chebyshev Distance） |
| | | |
| 在网格基础上，只能沿直角方向移动的距离总和。应用：图像处理 | 欧几里得距离和曼哈顿距离的泛化形式，$P$ 值决定具体距离类型。应用：机器学习 | 取坐标差的绝对值中的最大值。应用：聚类分析、图像处理、多尺度算法 |
| 7. Jaccard 系数 | 8. Haversine 公式 | 9. Sørensen-Dice 系数 |
| | | |
| 衡量两个集合的相似度，通过交集除以并集计算。应用：文本相似度、生态学种群相似性 | 计算地球表面两点间的球面距离。应用：全球定位系统导航、地理信息系统 | 类似 Jaccard，但给予交集更大的权重，计算方法是 2 乘以交集除以两个集合的元素总和。应用：图像分割评估 |

#### 4. 范数

距离指两个元素之间的关系，而范数是距离的推广，但它不是直接描述两个元素之间的关系，而是描述一个单独元素的大小，如向量的长度或大小的一种度量。向量范数（Norm）作为向量长度的泛化称呼，它通常被称为"模"。常用 $\|x\|_p$ 来表示向量的模，其中 $x$ 代表某一特定的向量，而 $p$ 则指明了范数的具体类别。

最常用的范数是 $L_1$ 和 $L_2$。$L_1$ 范数就是向量的所有分量的绝对值之和，即

$$\| \boldsymbol{x} \|_1 = \sum_{i=1}^{n} |\boldsymbol{x}_i| \tag{2-13}$$

向量 $\boldsymbol{x} = (3, -4, 5)$ 的 $L_1$ 范数为

$$\|\boldsymbol{x}\|_1 = |3| + |-4| + |5| = 12 \tag{2-14}$$

$L_2$ 范数也被称为欧几里得范数（Euclidean Norm），其定义源于欧氏空间中向量长度的概念，即

$$\|\boldsymbol{x}\|_2 = \sqrt{\sum_{i=1}^{n} \boldsymbol{x}_i^2} \tag{2-15}$$

例如，给定一个向量 $P$，其坐标为 $(x_1, x_2, x_3)$，则该向量的 $L_2$ 范数即为

$$\|\boldsymbol{P}\|_2 = \sqrt{x_1^2 + x_2^2 + x_3^2} \tag{2-16}$$

直观上，$\|\boldsymbol{P}\|_2$ 即为以 $x_1$、$x_2$、$x_3$ 为边长的长方体的对角线长度。

在机器学习算法中，$L_1$ 范数和 $L_2$ 范数经常被用作构建机器学习算法的正则项（Regularization）来防止模型过拟合。根据范数的定义，可以明确地得出

$$\boldsymbol{x}^T\boldsymbol{x} = \|\boldsymbol{x}\|_2^2 \tag{2-17}$$

对于非零向量，可通过将其除以自身的模，来实现向量的单位化，从而确保该向量的长度为 1：

$$x = \frac{\boldsymbol{x}}{\|\boldsymbol{x}\|} \tag{2-18}$$

当范数超过 3 时，其作为几何概念的直观意义逐渐淡化，然而其数学层面的意义则能够无限扩展，具体表述为

$$\|\boldsymbol{x}\|_p = \left( \sum_{i=1}^{n} |x_i| \right)^{1/p} \tag{2-19}$$

当 $p \rightarrow \infty$ 时，称为 $L_\infty$ 范数，即

$$\|\boldsymbol{x}\|_\infty = \max |\boldsymbol{x}_i| \tag{2-20}$$

即向量中元素绝对值中的极大值为 $L_\infty$ 范数。因此，向量 $x = (-6, -1, 3)$ 的 $L_\infty$ 范数为

$$\|\boldsymbol{x}\|_\infty = \max(|-6|, |-1|, |3|) = 6 \tag{2-21}$$

### 2.1.5 群论——网络同构的度量

#### 1. 群论的实质：对称性

群论是由法国数学家伽罗瓦（Galois，1811—1832）创立的。伽罗瓦 16 岁创立群论。群论是一门研究系统对称性质的科学，即系统在转动和平移操作下的不变性。简而言之，群论是研究系统对称性质的科学，这些性质对于理解自然现象、物理学和化学等领域具有重要意义（见图 2-9）。

在机器学习和深度学习中，张量网络是一种处理高维数据的重要工具。群论可以用来分析和优化张量网络的结构，特别是在考虑对称性和不变性时。例如，可以设计基于对称性的张量网络层，以提高模型的效率和泛化能力。对力学中的非对称性张量，可以通过群论，引入结构张量，转化为对称性张量。如：第二类 $P$-$K$ 张量为

$$\boldsymbol{T}^{(1)} = \boldsymbol{F}^{-1}\boldsymbol{\tau}\boldsymbol{F}^{-T} \tag{2-22}$$

**2. 重要群**

群的定义为，设 $G$ 是一个非空集合，若满足：

$$\begin{aligned}
&1）封闭率：a \in G, b \in G \rightarrow a \times b \in G\\
&2）结合律：(a \times b) \times c = a \times (b \times c)\\
&3）存在单位元：a \times 1 = 1 \times a = a\\
&4）存在逆元：a \times a^{-1} = a^{-1} \times a = 1
\end{aligned}$$

(2-23)

则称 $G$ 为群（Group），其中集合 $G$ 中元素的个数，称为阶。

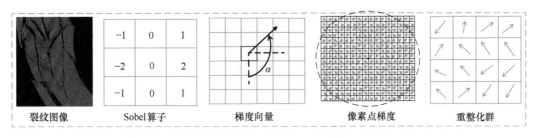

| 裂纹图像 | Sobel算子 | 梯度向量 | 像素点梯度 | 重整化群 |

图 2-9  重整化群确定裂纹分形方向

1）阿贝尔群：即交换群：$a \times b = b \times a$，又叫加法群，常将"$\times$"改为"$+$"。

2）循环群：某个固定元素的幂的集合。如：由 $X^3 = 1$ 的根组成的群。

3）李群：一种连续群，其映射可微分，群论用于偏微分方程。例如，圆的对称性就是连续对称可微的。

4）环：定义了两个二元运算"$\times$"和"$+$"，分别称为加法和乘法，并满足乘法结合率、分配率、阿贝尔群相结合，即

$$\begin{aligned}
&(a \times b) \times c = a \times (b \times c)\\
&a \times (b + c) = a \times b + a \times c\\
&(b + c) \times a = b \times a + c \times a
\end{aligned}$$

(2-24)

群只具有一种代数运算（"$\times$"或"$+$"），环具有两种代数运算（"$\times$"和"$+$"）。

**3. 同构与同态**

映射：两个集合的元素一一对应→同构，多对一→同态（见图 2-10），其中同态包含同构。

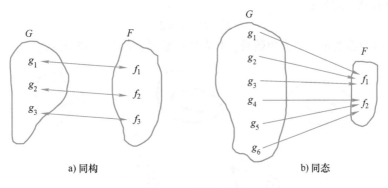

图 2-10  同构与同态

当两个图被判定为同构时，意味着它们在结构上完全一致，即便它们的表示形式或节点的具体标记可能有所差异。群论确定两个图是否在节点和边的结构上完全相同，只是节点或边的标签

不同，这称为图同构问题。每个图都有一个自同构群，它包含保持图结构不变的所有对称变换。群论表示和分类这些对称变换，从而理解图的结构和对称性。

同构在图深度学习中具有重要应用。看似完全不一样的图，其拓扑关系是一样的。如图 2-11 所示，在图 2-11a 中有一五边形，包含有五个节点（$a \sim e$）和五条边（$e_1 \sim e_5$），同样，在图 2-11b 中，也包含有五个节点和五条边，但节点的标记顺序可能不同于图 2-11a。尽管图 2-11a 和图 2-11b 的节点标签不同，但它们的拓扑结构是完全相同的，因此在图论中它们是同构的。同构图实质上是一个图，判断同构图为智能制造系统设计中的难题。

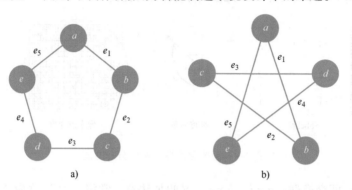

图 2-11　同构图

### 2.1.6　拓扑——网络结构的度量

#### 1. 拓扑学的实质

拓扑（Topology）：原意为地形学、地貌学。由法国数学家庞加莱（1854—1912）提出，形象地被称为"橡皮膜几何学"，研究橡皮膜变形过程（不能断裂和重叠）中的不变量。这里可以通过橡皮圆环，如图 2-12 所示，制作杯子的例子来解释一下拓扑学。在拓扑学中，可以使用弹性变形来创造出不同形状的杯子，而不改变其基本的拓扑性质。首先，将圆环拉伸并形成一个曲面圆环，然后，通过在圆盘上形成一个小孔，可以创建一个类似于有把手的杯子。虽然形状和外观发生了显著变化，但从拓扑学的角度来看，这些形状仍然具有相同的基本特征：它们都有一个开放的顶部，一个封闭的底部以及一个手柄。这种例子展示了拓扑学如何关注对象在连续变形中保持不变的基本特性。无论是圆环还是圆盘，它们在变形下仍保持着相同的拓扑性质。例如，多面体的拓扑性质有欧拉定理：

$$F - E + V = 2 \tag{2-25}$$

式中，$F$ 为多面体的面数量，$E$ 为边数量，$V$ 为顶点数量，如图 2-13 所示。

图 2-12　橡皮泥杯子的捏制过程

**2. 拓扑学的定义**

拓扑学是一门研究图形在变形中保持不变性质的科学。同胚映射指的是集合 $A$、$B$ 之间的映射既是一一对应的又是连续的。直观地说，同胚可以看作是从一个集合到另一个集合的映射：它既不断开，又不重叠。图形在同胚映射下保持不变的性质被称为拓扑性质或拓扑不变量。因此，拓扑学是研究拓扑不变量的科学，它是现代分析的抽象基础。

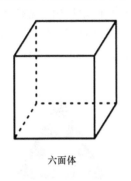 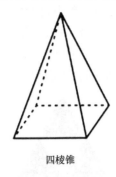 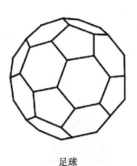

六面体 四棱锥 足球

图 2-13    多面体

**3. 图论与复杂网络的拓扑性质**

复杂网络拓扑性质研究是理解网络结构的关键。复杂网络是真实系统的拓扑抽象，比规则和随机网络更复杂，它解释了实际网络中的信息传播、稳定性和攻击抵抗力等现象。图论和复杂网络虽都涉及拓扑性质，但研究重点和应用背景不同。图论中的拓扑性质主要涉及图的结构和连接方式，不涉及节点和边的具体属性。以下是图论中常见的拓扑性质：连通性、度分布、聚类系数、路径等，详见本章2.2节。复杂网络拓扑性质涉及网络结构特征和模式，它们的拓扑性质有：小世界性、无标度性、社区结构、聚类系数等，详见本章2.3节。

**4. 拓扑学的分类**

拓扑学按同胚映射的性质分为点集拓扑和组合拓扑：点集拓扑是把几何图形看作点的集合，再把集合看作一个用某种规律连接其中元素的空间。在点集拓扑中，距离空间结合拓扑结构，映射的结构为集合类。组合拓扑是把几何图形看作一些基本构件所组成，用代数工具组合这些构件，并研究图形在微分同胚变换下的不变性质。组合拓扑分为代数拓扑和微分拓扑，在代数拓扑中，环结合拓扑结构，映射的结构为代数；在微分拓扑中，微分几何结合拓扑结构，映射是可微的。

**5. 同伦与同调**

当谈论拓扑学中的同伦和同调时，其实是在讨论如何理解空间中形状和结构的变化。同伦，端点相同的两条道路，经过连续变形能够重合，称这两条道路同伦。同调，两条同伦的环路。

## 2.1.7    分形——网络形状的度量

复杂网络与分形都具有自相似性和标度不变性，可用于解决跨尺度问题，如宏观微观协同，层析网络等。宏观微观协同指多个科学领域中宏观现象与微观结构、过程的紧密关联，分形理论助力理解这种关系，如描述地形粗糙度或分析肺部结构与气体交换。层析网络由多个互连层次组成，分形理论能分析这些层次关系，优化复杂系统运行。

**1. 分形几何的定义及特点**

分形（1975，Mandelbrot）是部分以某种形式与整体相似的形状，它的一个重要特征是自相似性，即结构的部分看起来像整体。这种特性使得分形能够描述自然界和现实生活中存在的许多复杂现象，这些现象往往涉及到不同尺度上的相似性和变化。例如，树木的分支结构、河流的网络、云层的形状等都可以通过分形几何来模拟和解释。分形，原意是指不规则，支离破碎的物体。分形为高度不规则几何形状的度量。

分形具有自相似性、标度不变性和自组织现象的特点。自相似性是指一个对象的任何一部分在某种程度上都与整体相似（见图 2-14），为网络复杂程度的表征——分数维数的理论基础；标度不变性指分形结构在不同尺度下展现出相似的性质和形态（见图 2-15），层析网络、关键节点的理论基础；自组织现象是指在某一系统或过程中自发形成时空有序或状态的现象（见图 2-16），网络社团、集群的理论基础。Benard 对流实验的示意图就展现了流体在受热不均匀的情况下形成自组织的对流模式，如图 2-16a 中温度导致两侧密度不均匀，图 2-16b、c 中由于容器的几何形状和边缘效应，在容器中产生旋转或者平行的流动模式。

图 2-14　Sierpinski 集

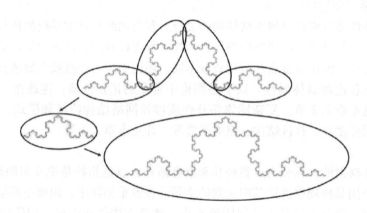

图 2-15　Koch 曲线

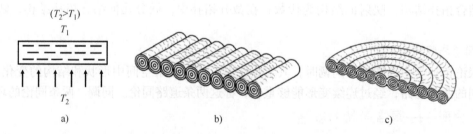

图 2-16　Benard 对流实验的示意图

**2. 分维计算**（Fractal Dimension）

前面介绍了不规则或自相似的分形几何，传统的维度（如一维、二维、三维）通常不足以准确描述这些复杂图形的细节，分维则提供了一种更细致的尺度来描述这些结构的复杂度，而分维计算就是一种用于描述复杂几何形状的数学方法，见式（2-26）：

$$m = \ln N_r / \ln(1/r) \qquad (2\text{-}26)$$

式中，$m$ 为分维；$r$ 为长度为 $r$ 的"尺"；$N_r$ 为长度值。由此得到直线的维数为 1，平面为 2，体积为 3，分维是对欧几里得空间维数的推广。

　　一个新的技术趋势是利用"复杂网络"来解决复合材料跨尺度问题。复杂网络、分形几何、裂纹都具有自相似、自组织、无标度的共同特点并且其动力学应用方向类似，说明它们具有深刻内在联系，因此采用复杂网络来研究损伤的分形演化具有深厚的相似性理论基（见表 2-3）。

表 2-3　复杂网络、分形几何与裂纹相似性

| 项目 | 特点 | | | | 动力学 | | |
|---|---|---|---|---|---|---|---|
| 复杂网络 | 自相似 | 自组织 | 无标度 | 集群 | 关键点 | 社区发现 | 链路预测 |
| 分形几何 | √ | √ | √ | 多重 | 吸引子 | 多重分形 | 分形生长 |
| 裂纹 | √ | √ | √ | 缺陷 | 裂纹引发 | 生成树 | 裂纹演化 |

　　例如，裂纹分形维数计算中（图 2-17），先将裂纹二维图像变为仅含 0，1 元素的矩阵 $A$，裂纹所在像素点为 1，其余区域均为 0。然后把二维图置于一个分割均匀的网格上，分别取尺度因子 $\delta$ 为 $\frac{1}{25}$、$\frac{1}{30}$、$\frac{1}{35}$、$\frac{1}{40}$、$\frac{1}{45}$、$\frac{1}{50}$，将矩阵 $A_{1020\times639}$ 划分为 $25\times25$、$30\times30$、$35\times35$、$40\times40$、$45\times45$、$50\times50$ 个子矩阵。依次计算矩阵 $A_{1020\times639}$ 中子矩阵的元素 1 的个数大于 1 的数量 $N(\delta)$；根据式（2-26），对 $\ln N(\delta) - \ln(1/\delta)$ 进行线性拟合，其斜率即为分形维数 $m$。

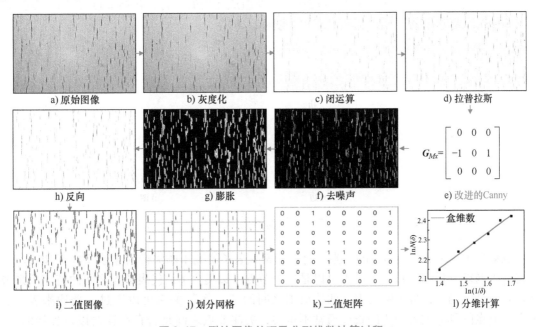

图 2-17　裂纹图像处理及分形维数计算过程

　　数学是专业的根，决定了一个人成长为参天大树还是灌木丛。精通数学很难，但了解数学相对容易。

## 2.2　图论——智能制造系统的细胞

### 引言

　　图论是智能制造系统的细胞、设计的基石。图论主要研究由点（顶点）和线（边）所构成的图形的性质。在智能制造领域，从物流网络设计到生产流程优化，图论的应用都是不可或缺的。微积分到图论，是思维方式从产品形状到要素关系的巨大改变。

本节从最基本的概念开始介绍，比如顶点、边以及图。随后，讲述如何利用图论来分析和解决智能制造中的复杂问题，例如复杂图、图嵌入以及谱图论。这些内容不仅有助于理解图论，更展示图论是如何应用于智能制造系统。

通过实例和案例分析，将展示图论在实际智能制造系统中的具体应用。例如，如何使用图论优化供应链网络，减少生产过程中的时间和成本；如何通过图论来改善产品质量和提高生产效率；如何通过优化设备布局来减少生产线上的延误和停机时间。

学习目标

- 理解图论的基本术语以及在实际应用中的含义。
- 掌握图的分类和性质以及在智能制造中的具体应用。
- 了解复杂图与简单图的嵌入，增强对大规模系统结构分析的能力。
- 掌握谱图论的基础知识，分析和优化网络结构。
- 应用分析工具进行图的构建、分析和可视化。

### 2.2.1 图论概述

**1. 图的定义**

定义 1 图（Graph）：一个图 $G$ 可以被视为一个组成元素的集合，包括节点（Vertex 或 Node）和边（Edge），成为有序二元组 $G = (V, E)$（见图 2-18）。

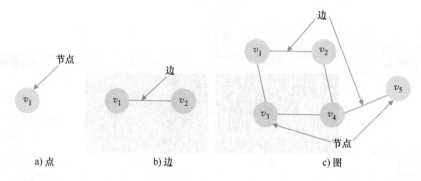

a) 点          b) 边          c) 图

图 2-18 图 $G$ 的构成

节点集合 $V$：这是一个非空的有限集合，通常代表了研究中的关键对象或实体（Entity）。例如，在员工网络分析中，每一个员工可以是一个节点。边集合 $E$：代表节点之间的特定联系或关系（Relation）。例如，员工网络中，两位员工之间的"工作"关系可以通过一条边来表示。在图论中，节点的具体位置和边的长度通常不重要，关注节点之间是否存在连接以及连接的方式。图 $G$ 的"大小"通常由它包含的节点数量来定义。简而言之，图是一种数学结构，用于表示元素之间的关系网络，其中节点代表元素，边代表元素之间的连接。

如果两个节点 $y$ 和 $v$ 之间存在连接，就说在图中形成了一条边，可以表示为 $(y, v)$。比如，在社交网络中，两个人的友谊可以视为图中的一条边；在化学结构中，原子间的化学键同样被视为边。有时候，用 $U$ 来代表整个图，这有助于理解图的整体特性，比如发现特定的社群或分析化学分子的性质。一个图如果拥有 $n$ 个节点和 $m$ 条边，就描述它为 $(n, m)$ 图。一个只有节点没有边的图，比如 $(n, 0)$ 图，被称为零图（Null Graph）。特别地，如果一个图仅包含一个节点且没有边，即 $(1, 0)$ 图，称其为平凡图（Trivial Graph）。零图和平凡图的示例如图 2-19 所示。

**2. 无向图与有向图**

定义 2 无向图（Undirected Graph）：在图论中，如果一个图的所有边都没有指定方向，那么

a) 有节点而无边的零图　　　　　　　b) 只有节点而无边的平凡图

图 2-19　零图与平凡图的示例

这样的图称为无向图。

定义 3 有向图（Directed Graph）：相对于无向图，如果图中的边具有明确的方向，即从一个特定的起点指向一个终点，那么这种图称为有向图。

在无向图和有向图中（见图 2-20），有向图的边可以标记为 $e_{ij} = (v_i, v_j)$，其中 $v_i$ 是边的起点，$v_j$ 是边的终点。实际上，也可以将无向图看作是每条边都具有双向性的有向图，意味着每条边既可以从 $v_i$ 到 $v_j$，也可以从 $v_j$ 到 $v_i$。无向图与有向图的区别通常在图中展示。在日常生活中，常用"人往高处走，水往低处流"来形容事物按固定方向移动，这在图论中可以视作有向图的一个例子；即事物从一个点移动到另一个点，并有明确的方向。对于交通系统，如果道路允许双向行驶，那么这种路段可以被看作是无向图，因为行驶的方向不固定。而单行道则是有向图的一个实例，因为车辆只能沿一个方向行驶。除非另有说明，本书主要讨论的是无向图。

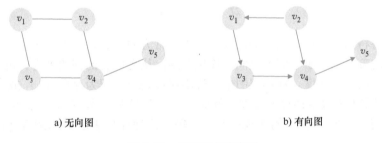

a) 无向图　　　　　　　　　　　　b) 有向图

图 2-20　无向图与有向图

3. 权值图

定义 4 权值图（Weighted Graph）：如果图中的每条边都有一个实数权值与之对应，并且这个实数权值代表着这条边的重要程度，那么这样的图称为权值图。

图 2-21 所示为权值图。在实际应用场景中，权值有具体的物理意义，如两地间的距离、交通成本或神经元的连接强度等。也可以把非权值图理解为各边权值均相等的权值图。

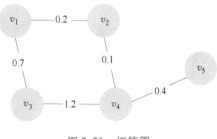

图 2-21　权值图

4. 邻接矩阵与关联矩阵

正如前面提到的，图是一种表达实体间关系的数据结构。虽然通常通过视觉上的点和线的连接来理解图，但这样的"花哨"视觉表示对计算机而言是不可感知的。为了让计算机能理解和处理图，需要使用计算机能够理解的语言来描述这些关系，通常这涉及代数表达方法，尤其是通过矩阵来表达。在图的表达方式中，邻接矩阵和关联矩阵是最常见的两种类型。

定义5 邻接矩阵：对于一个图 $G = (V, E)$，其中 $V$ 是节点集，$E$ 是边集，邻接矩阵是一个大小为 $v_i \times v_j$ 的矩阵，用于表示节点间的直接连接关系。在邻接矩阵 $A$ 中，第 $i$ 行第 $j$ 列的元素记作 $A_{i,j}$。如果节点 $v_i$ 和节点 $v_j$ 直接相连，则 $A_{i,j} = 1$；如果它们不直接相连，则 $A_{i,j} = 0$，见式（2-27）。这种矩阵直观地展示了图中各节点之间的连接状态，非常适合计算机处理和算法实现。

$$A_{i,j} = \begin{cases} 1 & (v_i, v_j) \in E \\ 0 & (v_i, v_j) \notin E \end{cases} \tag{2-27}$$

图 $G$ 与其邻接矩阵如图 2-22 所示。邻接矩阵是一种用于表述节点之间相邻关系的二维数组。对于无向图，其邻接矩阵具有以下特性：

1）对称性：无向图的邻接矩阵是对称的，即对于任意的 $i$ 和 $j$，矩阵中的 $A_{i,j} = A_{j,i}$。这表明如果节点 $i$ 与节点 $j$ 相连，那么节点 $j$ 也必然与节点 $i$ 相连。

2）度的表示：如果图 $G$ 是无环的，那么邻接矩阵中第 $i$ 行（或列）的元素之和就等于节点 $i$ 的度（即与节点直接相连的边的数量）。这是因为每个 1 在矩阵中表示一个连接到该节点的边。

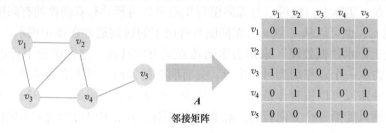

图 2-22　图 $G$ 与其邻接矩阵

邻接矩阵使得将图的结构以数组形式存储变得非常方便。它以一种"非黑（连接为 1）即白（非连接为 0）"的方式刻画了不同节点间的连接关系。从更广泛的视角来看，可以通过加权邻接矩阵来描述节点间的连接强度。在加权图中，边不仅仅是被标记为存在（1）或不存在（0），而是有一个具体的权重值来表示连接的强度。例如，在图 2-23 中，节点 $v_1$ 与节点 $v_3$ 之间的连接强度为 3，节点 $v_3$ 与另一个节点 $v_2$ 的连接强度为 2 等。这种加权表示更加细致地描绘了网络中各种关系的强度。

除了使用邻接矩阵，还可以通过关联矩阵来表示节点与边之间的联系。

图 2-23　权值图与加权邻接矩阵

定义6 关联矩阵：在无向图 $G$ 中，关联矩阵是一种用来描述节点和边如何连接的矩阵。在这个矩阵中，如果某个节点与某条边相连，对应的矩阵元素就是 1；如果不相连，则是 0，见式（2-28）。简单地说，关联矩阵的每一行代表一个节点，每一列代表一条边，通过矩阵中的 1 和 0，可以清楚地看到哪些节点与哪些边直接相连。

$$B_{i,j} = \begin{cases} 1 & v_i \text{ 与 } e_j \text{ 相连} \\ 0 & v_i \text{ 与 } e_j \text{ 不相连} \end{cases} \tag{2-28}$$

在图 2-24 中，图 $G$ 及其对应的关联矩阵展示了无向图和有向图的关系表示。关联矩阵中的每一行代表一个节点，而每一列则代表一条边。在这种矩阵中，节点的度可以通过计算该节点对应行中值的总和来得到。对于有向图的情况，关联矩阵的元素稍有不同：如果矩阵中的元素为 1，则表示相应的边从该节点出发；如果是 -1，则表示边进入该节点；如果是 0，则表示边与该节点没有直接关联。这样的设置更精确地描述和理解有向图中各节点与边的关系。

图 2-24　图 $G$ 及其对应的关联矩阵

### 5. 邻域和度

在无向图中，如果两个节点 $v$ 和 $w$ 之间存在一条边，就说这两个节点是邻接的，意味着它们直接相连。

定义 7 邻域（Neighborhood）：对于任意一个节点 $v_i$，与其直接相连的所有节点组成了一个集合，称为节点 $v_i$ 的邻域，记为 $N(v_i)$，见式（2-29）。这个邻域包含了所有与节点 $v_i$ 通过边直接连接的其他节点。通过识别一个节点的邻域，可以快速了解该节点在图中的直接连接关系。

$$N(v_i) = \{v_j \mid \exists\, e_{ij} \in E \text{ 或 } e_{ji} \in E\} \tag{2-29}$$

节点的邻域节点如图 2-25 所示，如 $v_1$ 的邻域为 $\{v_2, v_5\}$，$v_6$ 的邻域为 $\{v_2, v_3, v_4\}$。

定义 8 度（Degree）：一个节点 $v_i$ 的度是指与该节点直接相连的边的数量。这个度数提供了关于节点连接密度的重要信息，通常记为 $\deg(v_i)$ 或简写为 $d(v_i)$，见式（2-30）。节点的度反映了其在网络中的关联强度或连接性，是图论中分析图结构的一个基本概念。

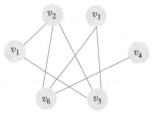

图 2-25　节点的邻域节点

$$\deg(v_i) = |N(v_i)| \tag{2-30}$$

在图 2-26a 中展示的无向图里，节点 $v_2$ 与三个节点 $v_1$、$v_5$ 和 $v_6$ 直接相连。因此，节点 $v_2$ 的邻接点包括这三个节点。由于这三个连接，节点 $v_2$ 的度为 3，表示为 $\deg(v_2) = 3$。这意味着节点 $v_2$ 通过三条边与其他节点相连，展示了其在图中的活跃程度和连接性。这种度的计量帮助理解节点在整个网络结构中的重要性和影响力。

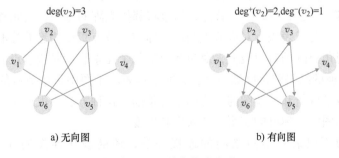

图 2-26　图的邻接点和度

在如图 2-26b 所示的有向图中，因为边具有方向性，所以区分了出度（Out Degree）和入度（In Degree）。节点的出度是指以该节点为起点的边的数量，记为$\deg^+(v_i)$，而入度是以该节点为终点的边的数量，记为$\deg^-(v_i)$。例如，对于节点 $v_2$，它的出度$\deg^+(v_2)$ 是 2，表示有两条边从 $v_2$ 发出；它的入度$\deg^-(v_2)$ 是 1，表示有一条边指向 $v_2$。在有向图中，一个节点的总度数是其入度和出度之和，即 $\deg(v_i) = \deg^+(v_i) + \deg^-(v_i)$。

对于无向图，每条边连接两个节点，因此每条边都会使它所连接的两个节点的度数各增加 1。这意味着在无向图中，所有节点的度数之和是边数的两倍。这种关系被称为"握手定理"，因为它类似于一个聚会上每两个人握手一次，每次握手涉及两个人。如果图 $G$ 是一个有 $n$ 个节点和 $m$ 条边的图 $(n,m)$，那么握手定理表明：所有节点的度数之和等于 $2m$，即边数的两倍，见式（2-31）。

$$\sum_{i=1}^{n} \deg(v_i) = 2m \tag{2-31}$$

对于有向图，确实存在一个重要的性质：每条边都有一个明确的起点和终点。这意味着每条边都对应一个节点的出度和另一个节点的入度。因此，在整个有向图中，所有节点的出度之和必须等于所有节点的入度之和，因为每个"出"必有一个对应的"进"。这个此性质也意味着所有节点的出度之和或入度之和等于图中边的总数。这是因为每条边都被计算一次，不管它是从某个节点出发还是到某个节点结束。因此，在分析或设计有向图时，这种平衡性是核心考虑因素之一，帮助理解网络流动和连接模式。

### 6. 度数矩阵

定义 9 度数矩阵（Degree Matrix）：度数矩阵是用来描述一个图中各节点度数的矩阵，特别用于无向图和有向图的分析。在度数矩阵中，每个节点的度（即与该节点相连的边的数量）被表示在矩阵的对角线上，而矩阵的其他元素都是 0。这种矩阵为 $(n \times n)$ 的对角矩阵，其中 $(n)$ 是图中节点的数量。度数矩阵 $\boldsymbol{D}$ 中元素的定义见式（2-32）。

$$d_{ij} = \begin{cases} \deg(v_i) & i = j \\ 0 & \text{其他} \end{cases} \tag{2-32}$$

这种矩阵可以快速识别图中各个节点的连接密度，并且在图的数学分析和计算中非常有用，尤其是在结合邻接矩阵和拉普拉斯矩阵进行图的谱分析时。在图 2-27 中的过程展示了如何从一个图 $G$ 的邻接矩阵转换到其度数矩阵。这个过程涉及以下步骤：

1）原图 $G$（见图 2-27a）。展示了图中的节点及它们之间的连接关系。

2）邻接矩阵（见图 2-27b）。这是一个表示图 $G$ 的连接关系的矩阵。在邻接矩阵中，如果节点 $i$ 与节点 $j$ 之间有边，则对应的矩阵元素设置为 1，否则为 0。

3）计算度数矩阵（见图 2-27c）。首先，通过将邻接矩阵的每一行的元素相加，计算出每个节点的度。每行元素之和代表该行对应节点的度，即与该节点直接相连的边的数量。然后，将这些度数放置在一个对角矩阵的对角线上，对角线上的每个元素表示对应节点的度，而矩阵的其余元素都为 0。这个转换的结果就是度数矩阵，它简洁地表示了图中每个节点的连接强度，而这种表示对于图的许多数学分析和理解图的结构非常有帮助。这种方法不仅适用于无向图，也适用于有向图，尽管在有向图中，你可能需要区分入度和出度。

在图论中，当边不仅表示节点之间的连接关系，还能表达连接的强度时，使用权重图（Weighted Graph）。在权重图中，邻接矩阵扩展为加权邻接矩阵，其中的元素不仅仅是 0 或 1（其中 0 表示节点间无连接，1 表示有连接），而是可以使用任何实数来表示连接的权重。

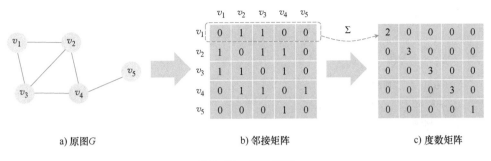

图 2-27　度数矩阵

在加权邻接矩阵 $W$ 中，每个元素 $W_{i,j}$ 表示节点 $i$ 与节点 $j$ 之间的连接权重。如果两个节点之间没有直接的连接，相应的矩阵元素就是 0。否则，它是一个正实数，表示这两个节点之间连接的强度。对于加权度数矩阵，每个节点的"度"不再是简单地计算连接到该节点的边的数量，而是将所有连接到该节点的边的权重相加。因此，在加权度数矩阵中，对角线上的每个元素表示的是该节点所有相邻边的权重之和。这样的表示更加准确地描述了节点在网络中的连接强度和重要性，特别是在网络流量、社会关系强度或电网络中的电阻计算等场景非常有用。例如，如果一个节点有三条边，权重分别为 2、5 和 3，那么该节点在加权度数矩阵的对应对角线元素将是 10（$=2+5+3$）。这种加权度数的计算方法提供了更多关于图的结构和节点的重要性的信息。加权度数矩阵如图 2-28 所示，$v_2$ 对应的加权度为 $1+2+4=7$。

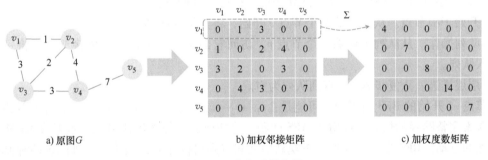

图 2-28　加权度数矩阵

在加权图中，加权度数矩阵 $W$ 的主对角线元素代表了每个节点的加权度，即连接到该节点的所有边的权重之和。在这个矩阵中，对角线外的元素通常设置为 0，如图 2-28c 所示。因为它们不表示节点的度。具体来说，加权度数矩阵的每个对角线元素是邻接矩阵对应行（或列，由于矩阵是对称的）的权重总和。

### 7. 图的遍历

深度优先搜索（Depth-First Search，DFS）和广度优先搜索（Breadth-First Search，BFS）是图遍历的两种基本方法，每种方法都有其特定的用途和特点（见图 2-29）。这些方法不仅是计算机科学中图理论的基础，也广泛应用于其他许多领域，如网络搜索、路径寻找、排程算法等。

DFS 是一种用于遍历或搜索树或图的算法。DFS 探索尽可能深的节点，而不考虑先探索邻近的节点，直到当前路径被完全探索，然后回溯并探索下一个可能的路径。这种策略使用递归或堆栈实现。执行步骤如下：

1）选择起始点。从图中的某个节点 $v_i$ 开始。

2）访问邻接点。访问节点 $v$ 的一个未被访问过的邻接节点 $w_1$。

3）递归深入。从节点 $w_1$ 继续执行 DFS，访问 $w_2$ 的一个未被访问过的邻接节点。

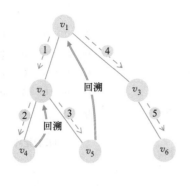
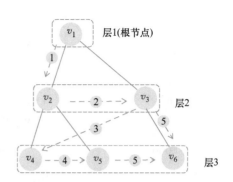

a) 深度优先搜索　　　　　　　　　　b) 广度优先搜索

图 2-29　图遍历的两种基本方法

4）回溯。如果在某个节点所有邻接点都被访问过后，回退到上一个节点，继续探索未被访问的邻接点。

5）重复以上步骤。直到所有可能的路径都被探索。

例如，对于图 2-29a，如果从节点 $v_1$ 开始，其 DFS 遍历的一个可能顺序是：$v_1 \rightarrow v_2 \rightarrow v_4 \rightarrow v_5 \rightarrow v_3 \rightarrow v_6$。注意，实际的遍历顺序可能依具体的邻接点访问顺序而异。

BFS 从图的根节点开始（见图 2-29b），探索所有邻近节点，然后再按顺序访问每个邻近节点的邻居，层层推进。这种方法使用队列实现。执行步骤如下：

1）开始于根节点。从图中的某个节点 $v$ 开始，将其加入队列。

2）队列操作。从队列中移除一个节点 $v$，访问它的每个未被访问的邻接节点，将每个邻接节点加入队列。

3）层层推进。重复步骤 2，直到队列为空。

从节点 $v_1$ 开始的 BFS 遍历顺序可能是：$v_1 \rightarrow v_2 \rightarrow v_3 \rightarrow v_4 \rightarrow v_5 \rightarrow v_6$。DFS 通常用于需要尽可能深入地探索完整路径的情景，如解决 APS 问题，寻找所有可能的解决方案，或是在 CRM 中模拟对手可能的行动。BFS 常用于找到动态规划中从起点到目标点的最短路径。理解这两种基本的图遍历技术，对于解决实际中的许多问题都非常有帮助。

**8. 图的同构**

图同构（Graph Isomorphism）是图论中一个基本概念，它描述了两个图在结构上的等价关系（见图 2-30）。如果两个图是同构的，那么这两个图在结构上是完全相同的，尽管它们的表示方式或节点的标记可能不同。

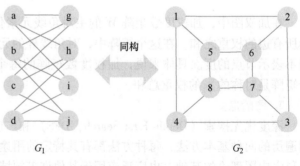

图 2-30　同构图

定义 10 图同构：两个图 $G = (V, E)$ 和 $G' = (V', E')$ 是同构的，记作 $G \simeq G'$，当且仅当存在一个从 $G$ 到 $G'$ 的映射 $\sigma$，满足以下条件：

对于 $G$ 中的任意两个节点 $u$ 和 $v$，如果它们在 $G$ 中是相连的 [ 即 $(u, e) \in E$ ]，那么在 $G'$ 中 $\sigma(u)$ 和 $\sigma(v)$ 也必须是相连的 [ 即 $(\sigma(u), \sigma(v)) \in E'$ ]。同时，如果 $G$ 中的任意两个节点 $u$ 和 $v$ 不相连，则 $G'$ 在中 $\sigma(u)$ 和 $\sigma(v)$ 也不相连。

这种映射保证了两个图的连接结构被完全保留，包括节点间的连接关系和节点的度（连接的边数)。图 2-30 中，图 $G_1$ 和图 $G_2$ 是同构的，存在同构映射使得：$\sigma(a)=1$，$\sigma(b)=6$，$\sigma(c)=8$，$\sigma(d)=3$，$\sigma(g)=5$，$\sigma(h)=4$，$\sigma(i)=2$，$\sigma(j)=7$。举例说明，如果在图 $G_1$ 中，节点 $a$ 与节点 $g$、$h$ 和 $i$ 相连，那么在图 $G_2$ 中对应的节点 1 与节点 5、4 和 2 相连。这种一一对应关系确保了两个图在结构上的等价。两个同构图被当作同一个图来研究。在分析图神经网络的表达能力时，通常依赖图同构来分析。

### 9. 图的途径、轨迹与路

在图论中，途径（Walk）、迹（Trail）和路径（Path）是描述图中两节点之间连接的三种基本概念，每种概念都具有特定的特征和约束。下面是对这些概念的详细定义和区分：

定义 11　途径：途径是在图 $G=(V,E)$ 中从一个节点 $u$ 到另一个节点 $v$ 的一个交替的节点和边序列。这个序列以一个节点开始，以一个节点结束，每条边都直接连接其紧邻的两个节点。

定义 12　迹：迹是一种特殊的途径，其中所有的边都是互不相同的，但节点可以重复。这意味着途径可以通过多个不同的边返回到同一个节点。

定义 13　路径：路径是一种更严格的途径，其中所有节点（以及所有边）都是唯一的，即途径中没有任何节点或边重复出现。路径是图中表示两点间"纯净"连接的一种方式，不涉及任何回环或重复访问。

图 2-31 所示的是一个有 5 个节点 6 条边的图，从节点 $v_1$ 到节点 $v_2$ 的途径 $(v_1,e_4,v_4,e_5,v_5,e_6,v_1,e_1,v_2)$ 是 $v_1-v_2$ 一条长度为 4 的途径。这条途径是一条迹，因为所有边是互不相同的，尽管 $v_1$ 出现了两次，但在同一次经过时不重复。然而，它不是一条路径，因为这个途径中的边是重复的。另一个示例是 $(v_1,e_1,v_2,e_2,v_3)$ 是 $v_1-v_3$ 的途径，它既是一条迹也是一条路径。在这个途径中，所有的点和边都是唯一的，没有重复，这满足了路径的定义。通过这些定义和示例，可以看到图中不同类型的途径如何表达节点间的不同连接方式，以及它们在图的分析和算法中的重要性。

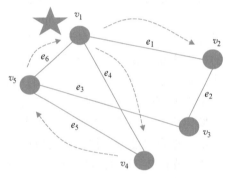

图 2-31　一个有 5 个节点 6 条边的图

在图论中，对节点间的连接、距离及其相关概念的理解对于分析图的结构和特性至关重要。回路或环（Cycle）是从一个节点出发，经过一系列的边返回到起始节点的途径。回路是闭合的，即途径的起始点和终点是同一个节点。当这个回路中除了起始和终点节点相同外，其他节点都不重复出现时，这种回路被称为简单回路。两个节点之间的距离 $d(u,v)$ 定义为连接这两个节点的最短途径（路径）的长度。具体来说，这个距离是由最少的边数确定的，使得从一个节点到另一个节点的移动尽可能短。如果 $d(u,v)=k$，则 $u$ 称为 $v$ 的 $k$ 阶邻居。

### 10. 图的连通性

定义 14　连通图（Connected Graph）：如果图 $G=(V,E)$ 只有一个连通分量，那么 $G$ 是连通图。这意味着在连通图中，没有任何孤立的节点或节点组，所有节点都至少通过一条路径与图中的其他节点相连。连通图的一个关键特征是它只包含一个连通分量。

与连通图相反，非连通图（Disconnected Graph）是指至少存在一对节点之间没有路径相连的图，如图 2-32a 所示。这种图通常包含多个连通分量，每个连通分量自身内部的节点是连通的，但与其他连通分量的节点之间没有直接的连接路径。在无向图 $G$ 中，连通分量（Connected Component）是图的一个子图，该子图自身是连通的，并且与图中的其他部分不连通。每个连通分量包含的是一组彼此间可以互相到达的节点集合，以及连接这些节点的边。连通分量是图中连通性的一个重要指标，它的个数 $W(G)$ 可以用来衡量图的分割程度。

例如图 2-32b 所示的非连通图，那么这个图可以划分为：第一个连通分量包含节点 $\{v_1, v_3, v_4\}$；第二个连通分量包含节点 $\{v_2, v_5\}$，$G$ 包含两个连通分量。

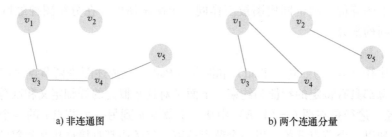

a) 非连通图　　　　　　　　　　　　　b) 两个连通分量

图 2-32　非连通图

这两个连通分量内部的节点之间是连通的，但这两组节点之间不存在连接路径，因此这个图是非连通的。连通性在 CRM、APS、网络设计、社交网络分析、生态系统模型等许多应用中非常重要。例如，在管网设计中，增强网络的连通性可以提高系统的鲁棒性和抗故障能力。在员工网络分析中，连通分量的识别有助于发现社区结构，进而理解员工动态和群体行为。

定义 15 最短路（Shortest Path）：最短路指的是在图 $G$ 中从一个节点 $u$ 到另一个节点 $v$ 的所有可能路径中，长度最短的那一条路径。这里的长度通常是指路径上的边数，但也可以是路径上边的权重之和，取决于是否是加权图。最短路可以通过多种算法找到，如迪杰斯特拉（Dijkstra）算法、贝尔曼-福特（Bellman-Ford）算法等。

定义 16 直径（Diameter）：直径是指在连通图 $G = (V, E)$ 中所有节点对的最短路径的最大长度。换句话说，直径是图中最远两个节点间最短路径的长度。直径是评估图的"广度"或"大小"的一个重要度量，特别是在分析网络的扩散性质时非常有用。

假设在图 2-33 中，从节点 $v_2$ 到节点 $v_4$ 的最短路的长度为 2，并且这是图中所有最短路径中的最大值，那么这个图的直径就是 2。这表示在这个图中，任意两个节点之间最短的路径的最长长度为 2。图的最短路和直径的概念在许多领域中都有应用，如在社交网络分析中评估信息传播的速度和广度，在交通网络中规划最有效的路线，在生物网络中找寻信号传递的关键路径等。这些工具帮助从宏观上理解和优化复杂的网络结构。

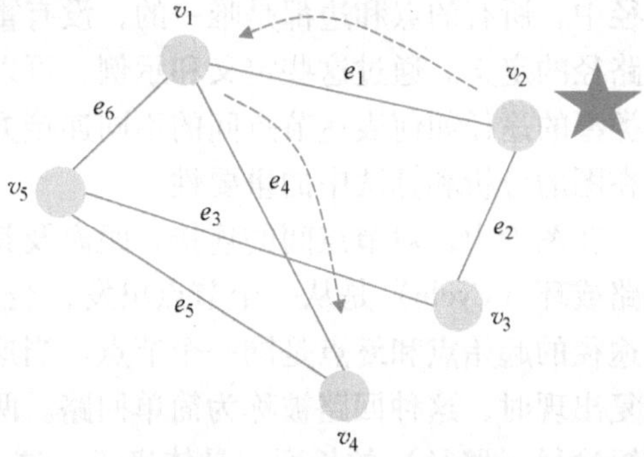

图 2-33　图的直径

**11. 节点的中心性**

在图论的研究中，节点的中心性常用于衡量节点在图中的重要性。中心性的衡量方式多种多样，包括度中心性、特征向量中心性和介数中心性等。度中心性通过节点的直接邻居数量来衡量其重要性；特征向量中心性则考虑节点连接的节点的重要性，通过特征向量计算得出；介数中心性则评估节点在最短路径中的重要程度，反映了其在信息流动中的关键作用。各类中心性指标在不同的应用场景中具有不同的解释和意义，是图论分析中不可或缺的重要工具。度中心性（Degree Centrality）是网络分析中的一个基本概念，它用于衡量一个节点在网络中的重要性或影响力。度中心性基于一个简单的假设：一个节点如果有更多的直接连接（即边），那么它在网络中就更加重要或者更具影响力。这一概念在社会网络分析、生物网络、互联网等许多领域都有广泛应用。详见本章 2.3.2 节的 "6. 中心性测度"。

## 2.2.2　谱图论

谱图论（Spectral Graph Theory）简单来说是一种研究图的性质的理论方法，它通过分析图 $G$ 的拉普拉斯矩阵的特征值和特征向量来进行研究。这种方法利用了线性代数中的特征值和特征向量的概念，帮助理解图的结构和特性。

之前我们提到，矩阵可以看作一种线性变换（类似于运动）。从这个角度看，邻接矩阵可以理解为图的拓扑结构的"运动"方式，而拉普拉斯矩阵则描述了这种运动的变化（即中心节点和相邻节点的信号差异）。拉普拉斯矩阵的概念源自拉普拉斯算子。在工程数学中，拉普拉斯算子是一种常见的微分工具，它反映了中心点和其周围点之间的梯度差异的总和。图 2-34 所示为拉普拉斯算子与计算模板，用于图像的边缘检测。

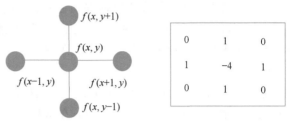

a) 拉普拉斯算子　　　　b) 拉普拉斯算子计算模板

图 2-34　拉普拉斯算子与计算模板

拉普拉斯矩阵（Laplacian Matrix）（见图 2-35）是拉普拉斯算子在图论中的表现形式，广泛应用于图的分析和计算。给定一个无向图 $G = (V, E)$，拉普拉斯矩阵 $L$ 定义为 $L = D - A$。其中，$D$ 是度数矩阵（Degree Matrix），它是一个对角矩阵，$D_{ii}$ 表示顶点 $i$ 的度数，即与顶点 $i$ 直接相连的边的数量；$A$ 是邻接矩阵，其中 $A_{ij}$ 表示顶点 $i$ 和顶点 $j$ 之间是否存在边，若存在边则 $A_{ij} = 1$，否则 $A_{ij} = 0$。具体而言，拉普拉斯矩阵的元素定义为：当 $i = j$ 时，$L_{ij} = \deg(v_i)$；当 $i = j$ 且 $(i, j) \in E$ 时，$L_{ij} = -1$；当 $i \neq j$ 且 $(i, j) \notin E$ 时，$L_{ij} = 0$。

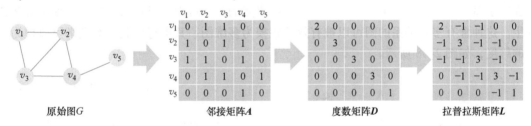

原始图 $G$　　　　邻接矩阵 $A$　　　　度数矩阵 $D$　　　　拉普拉斯矩阵 $L$

图 2-35　拉普拉斯矩阵变换

## 2.2.3　复杂图

前面介绍了简单图及其重要性质。然而，在实际应用中的图要复杂得多。本节将简要描述现实世界中的多种复杂图及其定义。

### 1. 异质图

定义 17 异质图（Heterogeneous Graph）：在异质图 $G = (V, E)$ 中，节点集 $V$ 和边集 $E$ 可以被映射到多个类型上，即存在一个节点类型映射函数 $V \rightarrow A$ 和一个边类型映射函数筷 $E \rightarrow R$。这里，$A$ 是节点类型的集合，$R$ 是边类型的集合。因此，异质图能够描述多种类型的节点和边之间的关系，每种类型的节点和边可以具有不同的属性和语义（见图 2-36）。

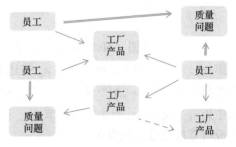

图 2-36　异质产品加工图

异质图与同质图相比，具备更复杂的结构，可以更精确地模拟现实世界中的多元关系网络。异质图包含不同类型的节点和多种类型的边，这使得它能够表示更为复杂的实体间关系。以企业网络为例，这种网络通常涉及多种类型的实体（节点）和关系（边）：节点类型可以包括工厂产品、员工、质量问题等。每种类型的节点代表不同的实体或概念。边类型在这样的网络中，边不仅表示实体之间的关系，还具有类型上的区分。例如，质量问题之间可能有相互联系，员工与工厂产品之间存在生产关系，可能还有导致产品质量问题的关系等。

这种多样性使得异质图能够捕捉到更为复杂的信息和层次结构，从而在多个领域中发挥重要作用，如 MES、CRM 等。这种定义提供了一种丰富的方式来表达和分析多种类型的关系和实体，是理解和处理复杂网络系统的一个强大工具。

### 2. 二分图

定义 18 二分图（Bipartite Graph）：二分图是一种特殊的无向图 $G = (V, E)$，其节点集 $V$ 可以被分割成两个互不相交的子集 $A$ 和 $B$。在这种图中，所有的边 $e \in E$ 仅连接属于集合 $A$ 的节点和属于集合 $B$ 的节点，没有任何边连接同一个集合内的两个节点。换句话说，每条边都跨越这两个集合，连接一个来自 $A$ 的节点和一个来自 $B$ 的节点，即每条边的两个端点分别属于 $A$ 和 $B$。

二分图结构确保了所有的边都是跨两个不同的节点集的，不存在任何一个子集内部节点间的边。二分图在许多实际应用中非常有用，例如在 CRM 中，可以将用户和商品分别视为 $V_1$ 和 $V_2$ 的节点。在这个场景中，用户对商品的点击行为可以建模为连接两个节点集的边。这种模型可以帮助分析和预测用户行为，优化产品推荐系统等。二分图还广泛应用于任务分配、网络匹配、资源优化和其他许多涉及两类对象互动的场景（见图 2-37）。

### 3. 多维图

在现实世界的许多网络中，同一对节点之间可能存在多种不同的关系。例如，CRM 用户（作为节点）之间的交互可以通过不同的行为形式表现，如相互订阅、分享视频或评论等。同样，在电子商务网站，如淘宝网上，用户与商品之间的互动可以通过点击、购买、评论等多种方式发生。这种含有多重关系的图可以被有效地建模为多维图，其中每种关系类型都可以视为一个独立的维度，如图 2-38 所示。

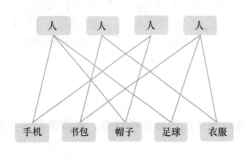

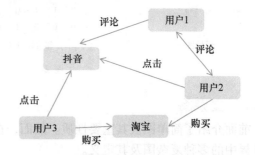

图 2-37　CRM 中的二分图　　　　图 2-38　用户与抖音、淘宝的多维图

定义 19 多维图（Multi-dimensional Graph）：一个多维图由一个节点集 $V = \{v_1, \cdots, v_N\}$ 和 $D$ 个边集 $\{e_1, \cdots, e_D\}$ 构成，每个边集 $\varepsilon_d$ 描述节点间的一种特定关系。这 $D$ 种不同的关系可以通过 $D$ 个邻接矩阵 $A^{(1)}, \cdots, A^{(D)}$ 来表示。在这种结构中，每个邻接矩阵 $A^{(d)} \in \mathbf{R}^{N \times N}$ 对应一种关系维度，其中矩阵的元素 $A_{i,j}^{(d)}$ 为 1 表示节点 $v_i$ 和 $v_j$ 在第 $d$ 维度上直接相连 [即存在边 $(v_i, v_j) \in e_d$]，如果没有直接连接，则为 0。

这种多维图的模型非常适合描述复杂的交互系统，它允许分别研究和分析不同类型的关系如何影响整个网络的结构和动态，在数据科学、APS、CRM 系统等领域中尤为重要，因为它提供了一种丰富的方式来捕捉和分析多样化的交互关系。

#### 4. 符号图

符号图是一种特殊类型的图，在这种图中，边不仅表示节点间的连接，还具有正负属性，用来表达关系的积极或消极性。这种图在描述复杂的员工网络关系时特别有用，因为它可以同时捕捉到支持和反对、喜欢和不喜欢等多种社交动态。CRM 用户间的交互行为可以通过符号图来建模。例如，用户之间的"关注"行为可以被视为正关系，代表了一种支持或喜好；而"屏蔽"或"取消关注"（unfriend）行为则可以视为负关系，表达了拒绝或不喜欢。

符号图的节点：代表社交网络中的用户。边：连接两个节点，每条边带有一个符号，可以是正（+）或负（-）。正边代表积极的关系，如友情或关注。负边代表消极的关系，如敌意或屏蔽。符号图（见图 2-39）不仅用于表示个体间的直接关系，还可以帮助研究和分析群体动态，如社区形成、信任网络建立、冲突和合作的模式等。通过分析这些正负关系的结构和模式，研究人员可以洞察社交网络中的群体行为和社会结构，为社交媒体平台的管理和优化提供支持。

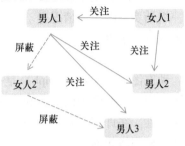

图 2-39　符号图

定义 20 符号图（Signed Graph）：符号图 $G = \{V, E^+, E^-\}$ 是一种特殊类型的图，其中 $V$ 是节点集，包含 $n$ 个节点。$E^+ \subset V \times V$ 和 $E^- \subset V \times V$ 分别代表图中的正边集和负边集。在符号图中，每条边要么具有正的标志（表达积极的关系），要么具有负的标志（表达消极的关系），不存在没有符号的边，即每条边都明确标记为正或负。

这些正边和负边可以通过一个特殊的邻接矩阵 $A$ 来表示，其中矩阵的元素 $A_{i,j}$ 根据边的类型赋值：$A_{i,j} = 1$ 表示节点 $i$ 和节点 $j$ 之间存在正边；$A_{i,j} = -1$ 表示节点 $i$ 和节点 $j$ 之间存在负边；如果节点 $i$ 和节点 $j$ 之间没有边，则 $A_{i,j} = 0$。符号图的这种表示方式非常适合用于分析和处理涉及复杂关系动态的网络，如 CRM 网络、SCM 关系、服务网络、电网等，其中边的正负属性对理解整个网络的结构和功能至关重要，提供了一种强大的工具来研究网络中的极化、分裂或团结等社会现象。

#### 5. 超图

在传统的图模型中，边只代表两个节点之间的二元关系。然而，在很多复杂的实际场景中，如工厂设备、数据库关系等，常常需要表达一个实体与多个其他实体之间的关系。这种情况下，超图（Hypergraph）成为一个更加适合的模型，它能够表示多个节点之间的多元关系。超图是一种图形结构，其中的超边（Hyperedge）可以连接两个以上的节点。这使得超图能够表示一组节点之间的集体关系，而不仅仅是两个节点之间的

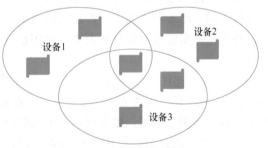

图 2-40　超图示例，圆圈为超边
代表产品、设备为节点

关系。在超图中，节点代表实体，而超边则代表包含多个实体的复杂关系。例如，考虑一个描述工厂产品之间关系的超图，如图 2-40 所示。节点代表各个设备。超边代表一个特定产品构成的超边，连接着该产品生产所需的设备，表示这些产品之间由于共同设备而产生的关联。

这种超图模型特别适用于描述那些复杂的群体关系，如一个项目组内的所有成员，一个家庭的所有成员或是由多个成分组成的化合物等。超图的使用不仅限于产品领域，还广泛应用于社交网络分析、生物信息学、通信网络等领域，它提供了一种强有力的工具来分析和处理多元关系数据。

定义 21 超图：超图 $G = \{V, E, W\}$ 是一种图形结构，其中 $V$ 是包含 $n$ 个节点的集合，$E$ 是超边的集合，而 $W$ 是一个对角权重矩阵，$W_{j,j}$ 表示超边 $e_j$ 的权重。超图可以通过一个关联矩阵 $B \in \mathbf{R}^{|V| \times |E|}$ 表示，其中矩阵元素 $B_{i,j} = 1$ 表示节点 $v_i$ 和超边 $e_j$ 相关联，即节点 $v_i$ 是超边 $e_j$ 包含的其中一个节点。如果节点 $v_i$ 不在超边 $e_j$ 中，则 $B_{i,j} = 0$。

关联矩阵 $B$ 的使用提供了一种便捷的方式来描述和分析超图中的节点与超边之间的关系，使得超图特别适用于表示复杂的多元关系，如多名技术员共同研发的一系列产品或者多个商品被同一组消费者购买的情况等。超图因其能够有效地编码和处理高阶关系，而在 PLM、APS、MES 分析等领域中得到应用。

#### 6. 动态图

动态图（Dynamic Graph）是一种特别设计来表示和分析随时间变化的图结构的模型。与静态图不同，动态图中的节点和边可以随时间增加或消失，从而捕捉和反映出现实世界网络的演变和动态性。在许多实际应用中，比如 CRM 网络、WMS 网络、通信网络等，动态图提供了一种理解和分析网络如何随时间发展和变化的有力工具。例如，在人力资源（HR）网络中，新员工的加入和员工之间新建立的工作关系可以实时地添加到图中，使得图的结构不断更新和演化。动态图包含一组节点 $V$ 和一组边 $E$，这些节点和边都与特定的时间戳相关联。每个节点和边都有一个时间戳，表示它们被创建或发生的时间。对于节点，时间戳通常是该节点第一次与其他节点建立连接的时间；对于边，时间戳是边被创建的具体时间。随着时间的推移，节点和边可以被添加到图中，也可以从图中移除，从而反映网络的动态变化。例如，在图 2-41 所示的动态图中，可能会显示如何随着时间的推移，新的边被添加到图中，每条边都有一个与之相关联的时间标签，显示了该边何时被添加到网络中。动态图不仅帮助研究者和分析师理解网络的长期趋势和模式，还可以用于预测未来的网络状态，优化网络设计，以及实时监控网络状态的变化。在数据科学和网络分析领域，动态图成为了一种越来越重要的工具，特别是在需要处理和分析大规模时序数据的场景中。

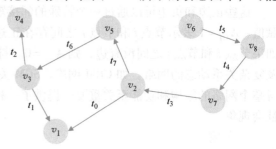

图 2-41　动态图

定义 22 动态图（Dynamic Graphs）：动态图 $G = (V, E)$ 是一个图模型，其中包括一组节点 $V = \{v_1, \cdots, v_N\}$ 和一组边 $E = \{e_1, \cdots, e_M\}$。在动态图中，每个节点和每条边都与其产生的时间相关联。这通过两个映射函数实现：一个映射函数 $\phi_v$ 将每个节点映射到它的产生时间，另一个映射函数 $\phi_e$ 将每条边映射到其产生时间。这种时间标记的存在允许动态图表示网络随时间的变化和发展。

由于在实际应用中往往难以连续记录每个节点和边的变化，通常会通过定期观察并记录动态图的状态来监控其演变。这些记录称为图的快照（Snapshot），每个快照代表在特定时间点观察到的图的状态。

#### 7. 离散动态图

定义 23 离散动态图（Discrete Dynamic Graph）：离散动态图由一系列这样的快照组成，每个快照捕捉动态图在某个具体时间点的状态。假设有 $T$ 个快照，这些快照可以表示为 $\{G_0, \cdots, G_T\}$，其中 $G_0$ 是在时间点 0 观察到的图的状态。这种表示方法允许分析动态图随时间的演进，并在不同时间点比较图的结构和特性。

离散动态图为研究者提供了一个分析和理解图如何在时间上演化的框架，特别适用于那些变化频繁或周期性有重大变化的网络，如员工网络、MES 系统或通信网络等。这种图模型帮助捕获和分析在不同时间点的网络状态，对于理解网络动态行为和预测未来趋势具有重要意义。

### 2.2.4　图嵌入

#### 1. 简介

由于复杂网络的无标度性，图矩阵本质上是稀疏的，严重影响计算效率，将其压缩就是图嵌入。比如高考，通过原始分和标准分等操作，将各科成绩（6 个分量）转化为一个总分（1 个分量）来录取。图嵌入（Graph Embedding）的目的是将图中的每个节点映射到一个低维的向量表示，这种向量表示通常称为节点嵌入（Node Embedding）。节点嵌入保留了原图中节点的一些关键信息。图中的节点可以从两个域观察：

1）原图域：节点通过边（或图结构）彼此连接。

2）嵌入域：每个节点被表示为连续的向量。

图嵌入的目标是将每个节点从图域映射到嵌入域，使得图域中的信息在嵌入域中得到保留。为了实现这一目标，需要回答两个问题：哪些信息需要被保留？如何保留这些信息？不同的图嵌入算法对这两个问题的答案各不相同。对于第一个问题，研究人员探讨了多种类型的信息，包括：节点的邻域信息、节点的结构角色、社区信息、节点状态。对于第二个问题，利用嵌入域中的节点表示来重构希望保留的图域信息。一个好的节点表示应该能够重构出要保留的信息，这可以通过最小化重构误差来学习映射。为了总结图嵌入的一般过程，图 2-42 展示了图嵌入的通用框架。

总结来说，图嵌入通过将高维稀疏的图数据压缩到低维高密度的向量空间，使得节点的关键信息在低维空间中得以保留和表达，从而便于进行进一步的分析和处理。如图 2-42 所示，图嵌入的通用框架有四个关键组件。映射函数：将节点从图域映射到嵌入域。信息提取器：提取图域中需要保留的关键信息。重构器：利用嵌入域中的节点嵌入重新构造所提取的图信息。注意，重构的信息表示为图中所示的内容。优化目标：通过对基于提取的信息和重构的信息的目标进行优化，学习映射和重构器中涉及的所有参数。

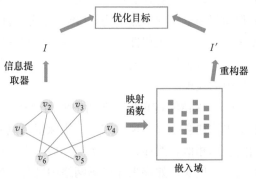

图 2-42　图嵌入的通用框架

#### 2. 简单图的图嵌入

简单图是静态的、无向的、无符号的和同质的。可以根据算法试图保留的信息对它们进行归纳与分类，这些信息包括节点共现（Node Co-occurrence）、结构角色（Structural Role）、节点状态（Node Status）和社区结构（Community Structure）。

（1）保留节点共现　保留图中节点共现关系的一种常见方法是执行随机游走（Random Walk）。如果一些节点在多个随机游走中经常一起出现，则这些节点被认为是相似的。然后，通过优化一个映射函数，使得学习到的节点表示能够重现从随机游走中提取的"相似性"。Deep-Walk 算法是保留节点共现关系的经典图嵌入算法。本节将首先介绍 DeepWalk 算法的总体框架，并详细讲解它的映射函数、特征提取方法、重构器和目标。随后，将介绍其他保留节点共现关系的方法，包括 Node2vec 和大规模信息网络嵌入（Large-scale Information Network Embedding，LINE）等。DeepWalk 算法的核心思想是将图转化为一系列的节点序列，类似于处理文本的方式。这些节点序列是通过随机游走生成的。具体步骤如下：

1）随机游走。从图中的每个节点出发，进行多次随机游走，每次游走生成一个节点序列。这些序列类似于自然语言处理中句子的角色。

2）构建训练数据。将生成的节点序列视为训练数据，其中每个节点及其上下文（即在序列中与该节点邻近的节点）用于训练模型。这里的上下文窗口可以调整大小，以捕捉不同范围的节点关系。

3）训练映射函数。使用 Skip-gram 模型（类似于 Word2vec 中的模型）训练一个映射函数，将每个节点映射到一个低维向量空间中。Skip-gram 模型的目标是最大化节点与其上下文节点共同出现的概率。

4）节点表示。训练完成后，每个节点都被表示为一个低维向量，这些向量可以用于各种下游任务，如节点分类、聚类和可视化等。

接下来，介绍 DeepWalk 算法中的关键组件。映射函数：这是一个将节点映射到低维向量空间的函数。通过优化该函数，使得节点在新的向量空间中的距离能够反映它们在原始图中的相似性。提取器：随机游走生成的节点序列被视为提取器，提取出节点及其上下文关系。重构器：Skip-gram 模型作为重构器，利用节点序列中的上下文信息，重构节点间的相似性。目标：优化目标是最大化节点与其上下文节点共同出现的概率，使得相似的节点在低维空间中距离更近。在 DeepWalk 算法之后，其他保留节点共现关系的方法也相继提出，包括 Node2vec 算法和 LINE 算法等。Node2vec 算法：改进了随机游走的策略，通过引入 DFS 和 BFS 的结合，使得游走能够捕捉到局部和全局的节点结构。LINE 算法：直接在节点的局部和全局网络结构上进行建模，分别优化一阶和二阶相似性，以更好地捕捉图的结构信息。

这些方法都在不同的应用场景中展示了其有效性，通过优化节点表示，提升了图数据在各种任务中的表现。

（2）保留结构角色　在图中的两个接近的节点，例如图 2-43 中的节点 $d$ 和 $e$，在许多随机游走中往往会一起出现。因此，用保留节点共现的方法来学习这些节点的嵌入表示，通常会使它们的表示相似。然而，在许多实际应用中，可能希望那些具有相似结构角色的节点在嵌入表示上也相近。例如，如果想在机场网络中区分枢纽机场和非枢纽机场，就需要将那些虽然彼此远离但具有相似结构角色的枢纽城市投射到相似的表示中。因此，开发能够保留结构角色的图嵌入方法非常重要。

图 2-43　结构角色相似的两个节点的示例

为了学习保持结构一致性的节点表示，Struc2vec 方法和 DeepWalk 算法具有相同的映射功能，但它从原始图中提取的是结构角色相似度的信息。Struc2vec 算法提出了一种基于节点度的结构角色相似度度量，并用它来构建一个新的图。在这个新图中，边表示节点之间的结构角色相似性。然后，Struc2vec 算法使用基于随机游走的算法，从新图中提取节点的共现关系，并利用与 DeepWalk 算法相同的重构器，从嵌入表示中重构这些共现信息。

（3）保留节点状态　节点的全局状态是图中的另一种重要信息，比如中心性，可以用来衡量节点的全局状态。同时保留节点共现信息和节点全局状态的图嵌入方法，主要由两个部分组成：保留共现信息的组件和保留全局状态的组件。保留共现信息的组件与上文中介绍的相同。因此，本节将重点介绍保留全局状态信息的组件。这个方法的目标不是保留节点的具体全局状态分数，而是保留它们全局状态分数的排名。提取器计算全局状态分数，然后根据分数对节点进行排序，而重构器则用于恢复这些排序信息。下面详细介绍提取器和重构器的工作原理。

提取器首先计算节点的全局状态分数，然后获取节点的全局排名。计算完分数后，对节点按分数进行降序排列。重新排列后的节点表示为 $(v_{(1)}, \cdots, v_{(N)})$，其中下标表示节点的排名。

重构器用于从节点嵌入中恢复由提取器提取的排名信息。假设一对节点之间的排序独立于 $(v_{(1)}, \cdots, v_{(N)})$ 中的其他节点对的排序，那么全局排名被保留下来的概率可以通过使用节点嵌入进行建模，见式（2-33）。

$$p_{\text{global}} = \prod_{1 < i < j < N} p(v_{(i)}, v_{(j)}) \tag{2-33}$$

式中，$p(v_{(i)}, v_{(j)})$ 为节点 $v_{(i)}$ 的排名在 $v_{(j)}$ 之前的概率。

（4）保留社区结构　社区结构是图中最突出的特征之一，这推动了旨在保留这种关键信息的图嵌入方法的发展。基于矩阵分解的方法，既保留了节点之间的连接、共现等结构信息，又保留了社区结构。首先用通用框架描述其保留节点结构信息的组件，然后介绍通过模块度最大化（Modularity Maximization）来保留社区结构信息的组件，最后讨论其总体目标。

节点对的连接信息可以直接从图中提取，并表示为邻接矩阵 $\boldsymbol{A}$ 的形式。重构器的目标是重建图中节点对的连接信息或邻接矩阵。邻域相似度用于衡量两个节点的邻域有多相似。对于两个节点 $i$ 和 $j$，其邻域相似度计算见式（2-34）：

$$s_{i,j} = \frac{\boldsymbol{A}_i \boldsymbol{A}_j^{\cdot}}{\|\boldsymbol{A}_i\| \|\boldsymbol{A}_j\|} \tag{2-34}$$

式中，$\boldsymbol{A}_i$ 为邻接矩阵的第 $i$ 行，即节点 $v_i$ 的邻域信息。重构器旨在以 $\boldsymbol{A}$ 和 $\boldsymbol{S}$ 的形式恢复这两种类型的提取信息。为了同时重构它们，重构器首先对这两个矩阵进行线性组合，见式（2-35）：

$$\boldsymbol{P} = \boldsymbol{A} + \eta \cdot \boldsymbol{S} \tag{2-35}$$

式中，$\eta > 0$，控制邻域相似性的重要程度。

### 3. 复杂图的图嵌入

现实世界中的图具有更复杂的结构和特点，导致出现了许多类型的复杂图。本节将介绍针对这些复杂图的嵌入方法。

（1）异质图嵌入　异质图中包含不同类型的节点，HNE 是一种早期提出的异质图嵌入方法，旨在将异质图中的各类节点映射到一个统一的嵌入空间。为实现这一目标，每种节点类型使用不同的映射函数处理。由于不同类型的节点可能具有不同形式（如图像或文本）和维度的特征，因此需要针对不同节点类型采用不同的深度模型，将其特征映射到统一的嵌入空间中。例如，当节点特征为图像时，可采用卷积神经网络（Convolutional Neural Network，CNN）作为映射函数。HNE 的目标是保留节点之间的配对连接信息，通过邻接矩阵 $\boldsymbol{A}$ 来表示这些信息。提取器会提取相连的节点对的信息，而重构器的任务是从节点嵌入中恢复邻接矩阵 $\boldsymbol{A}$。具体来说，给定某一节点对 $(v_i, v_j)$ 及其对应的由映射函数学习出的嵌入，重构的邻接矩阵元素 $\widetilde{\boldsymbol{A}}_{i,j} = 1$ 的概率见式（2-36）：

$$p(\widetilde{\boldsymbol{A}}_{i,j} = 1) = \sigma(u_i \cdot u_j) \tag{2-36}$$

式中，$\sigma$ 为 Sigmoid 函数。

为了同时捕获结构相关性和语义相关性，Metapath2vec 是可以捕获节点之间的两种相关性的方法，该方法引入了基于 Meta-path 的随机游走来提取共现信息。Meta-path 是一种定义在异质图中的路径模式，它规定了不同类型节点和边的序列。通过使用 Meta-path，可以在异质图中进行有意义的随机游走，捕捉到节点之间的语义相关性和结构相关性。设计基于 Meta-path 的随机游走时，首先需要定义 Meta-path，然后根据这个 Meta-path 进行约束的随机游走，记录节点的共现信息。这样，通过 Meta-path 来引导的随机游走，可以有效地提取和保留图中的丰富信息。Meta-path2vec 中提出了两种重构器，第一种重构器与 DeepWalk 算法中的重构器相同；而另一种重构器则为每种类型的节点定义了一个对应的多项分布。对于类型为 $nt$ 的节点 $v_j$，在给定节点 $v_i$ 的情况下，观察到 $v_j$ 的概率可计算见式（2-37）：

$$p(v_j|v_i) = \frac{\exp(f_{con}(v_j) \cdot f_{cen}(v_i))}{\sum_{v \in V_{nt}} \exp(f_{con}(v_j) \cdot f_{cen}(v_i))} \tag{2-37}$$

式中，$V_{nt}$ 为由类型为 $nt \in T_n$ 的所有节点组成的集合。

（2）二分图嵌入 在二分图中，有两个不相交的节点集合 $V_1$ 和 $V_2$，并且任意一个集合内的节点之间没有边连接。BiNE 的二分图嵌入框架用于捕捉这两个集合之间的关系以及集合内部的关系。BiNE 旨在提取两类信息：连接两个集合的边集合 $E$ 以及每个集合内节点的共现信息。BiNE 采用与 DeepWalk 算法相同的映射函数，将两个集合中的节点映射到节点嵌入，并用 $\boldsymbol{u}_i$ 和 $\boldsymbol{v}_i$ 分别表示集合 $U$ 和 $V$ 中节点的嵌入。

BiNE 从二分图中提取两种信息。一种是连接两个节点集的边，表示为 $E$。每条边 $e \in E$ 可表示为 $(u_{(e)}, v_{(e)})$，其中 $u_{(e)} \in U, v_{(e)} \in V$。另一种是每个节点集中的共现信息。为了提取每个节点集中的共现信息，可以将二分图中的两个节点集分别转化为同质图。如果两个节点在原图中是两跳邻居，则它们在生成的同质图中有连接。可以用 $G_u$ 和 $G_v$ 分别表示节点集 $U$ 和 $V$ 生成的图。然后，按照与 DeepWalk 算法相同的方法从这两个图中提取共现信息。将提取的共现信息分别表示为 $I_u$ 和 $I_v$。因此，要重构的信息包括边集合 $E$ 以及 $u$ 和 $v$ 的共现信息。

从嵌入中恢复 $u$ 和 $v$ 中的共现信息的重构器与 DeepWalk 算法的重构器相同。这里将重构 $I_u$ 和 $I_v$ 的两个目标分别表示为 $L_u$ 和 $L_v$。为了恢复边集合 $E$，可以基于嵌入来对观察到边的概率进行建模。具体来说，给定一个节点对 $(u_i, v_j)$，其中 $u_i \in U$ 和 $v_j \in V$，原二分图中这两个节点之间存在边的概率定义见式（2-38）：

$$p(u_i, u_j) = \sigma(\boldsymbol{u}_i \cdot \boldsymbol{v}_j) \tag{2-38}$$

式中，$\sigma$ 为 Sigmoid 函数。模型的目标是学习嵌入，使得 $E$ 中边的节点对的概率最大化。因此，目标被定义见式（2-39）：

$$L_E = -\sum_{(u_i, v_j) \in E} \log p(u_i, v_j) \tag{2-39}$$

（3）多维图嵌入 在多维图中，同一对节点之间可以同时存在多种关系，每种关系类型都被视为一个独立的维度。这些维度共享相同的节点集合，但各自拥有独特的网络结构。多维图嵌入的目标是为每个节点学习到在所有维度中通用的表示，以及针对每个维度的特定表示（更侧重于该维度的信息）。通用表示可以用于需要综合所有维度信息的任务，例如节点分类。而维度特定的节点表示则可用于特定维度的任务，如特定维度的连接预测。从直观上看，每个节点的通用表示和维度特定表示是相关联的，因此对二者关系的建模至关重要。为实现这一目标，对于每个维度 $d$，将节点 $v_i$ 的维度特定表示 $\boldsymbol{u}_{d,i}$ 建模见式（2-40）。

$$\boldsymbol{u}_{d,i} = \boldsymbol{u}_i + \boldsymbol{r}_{d,i} \tag{2-40}$$

式中，$\boldsymbol{u}_i$ 为通用表示，$\boldsymbol{r}_{d,i}$ 为捕获维度 $d$ 中的信息的表示，$\boldsymbol{r}_{d,i}$ 不考虑与其他维度的依赖。用于通用表示的映射函数表示为 $f(\ )$，而特定维度 $d$ 的映射函数表示为 $f_d(\ )$。需要注意的是，所有的映射函数都类似于 DeepWalk 算法中的映射函数。它们通过查找表的方式实现，见式（2-41）和式（2-42）：

$$\boldsymbol{u}_i = f(v_i) = \boldsymbol{W}^{\cdot} e_i \tag{2-41}$$

$$\boldsymbol{r}_{d,i} = f_d(v_i) = \boldsymbol{W}_d^{\cdot} e_i, \quad d = 1, \cdots, D \tag{2-42}$$

式中，$D$ 为多维网格的维数。

利用之前介绍的共现提取器，将每个维度 $d$ 的共现关系提取为 $I_d$。所有维度的共现信息是每个维度的共现信息的并集，见式（2-43）：

$$I = \cup_{d=1}^{D} I_d \tag{2-43}$$

这里的目标是学习映射函数，以便能够很好地重构共现的概率。这里的重构器与 DeepWalk 算法中的重构器类似。唯一的区别是这里将重构器应用于不同维度关系的提取。相应地，目标可以表述见式（2-44）：

$$\min_{\boldsymbol{W},\boldsymbol{W}_1,\cdots,\boldsymbol{W}_D} - \sum_{d=1}^{D} \sum_{(v_{\mathrm{con}},v_{\mathrm{cen}}) \in I_d} \#(v_{\mathrm{con}},v_{\mathrm{cen}}) \cdot \log p(v_{\mathrm{con}} | v_{\mathrm{cen}}) \tag{2-44}$$

式中，$\boldsymbol{W},\boldsymbol{W}_1,\cdots,\boldsymbol{W}_D$ 为要学习的映射函数的参数，# 为 $v_{\mathrm{con}},v_{\mathrm{cen}}$ 节点之间的共现次数。

（4）符号图嵌入　在符号图中，节点之间既有正边也有负边。结构平衡理论是符号网络中最重要的社会学理论之一。SiNE 是一种基于结构平衡理论的符号网络嵌入算法。正如平衡理论所建议的那样，对于某个节点而言，它应该比"敌人"（通过负边相连的节点）更接近"朋友"（通过正边相连的节点）。因此，SiNE 的目标是使正边相连的节点在嵌入空间中比负边相连的节点更接近。SiNE 保留的信息是正边相连的节点和负边相连的节点之间的相对关系。需要注意的是，SiNE 的映射函数与 DeepWalk 算法中的映射函数相同。接下来，本节将首先描述信息提取器，然后介绍重构器。SiNE 要保留的信息可以表示为三元组 $(v_i,v_j,v_k)$ 的形式，如图 2-44 所示，图 a 中节点 $v_i$ 和 $v_j$ 由正边连接，而图 2-44b 中节点 $v_i$ 和 $v_k$ 由正边连接。设 $I_1$ 表示符号图中的一个三元组集，定义见式（2-45）：

$$I_1 = \left\{ (v_i,v_j,v_k) | A_{i,j} = 1, A_{i,k} = -1, v_i,v_j,v_k \in V \right\} \tag{2-45}$$

式中，$\boldsymbol{A}$ 为定义符号图的邻接矩阵。

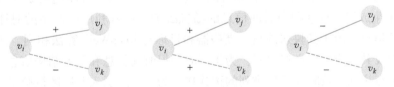

a) 包含正边与负边的三元组　　　b) 只包含正边的三元组　　　c) 只包含负边的三元组

图 2-44　三元组

对于给定节点 $v$ 的 2 跳子图定义为节点 $v$、节点 $v$ 的 2 跳邻域内的所有节点以及与这些点相连的所有边形成的子图。实际上，提取出的信息并不保留那些在 2 跳子图中只有正边或只有负边的节点的任何信息。具体来说，所有与节点 $v$ 相关的三元组都只包含相同符号的边。这样的三元组的例子如图 2-44c 所示。因此，为了学习这些节点的表示，需要额外为这些节点指定需要保留的信息。这样可以确保即使在 2 跳子图中没有同时存在正边和负边的情况下，也能为这些节点生成有意义的嵌入。

为了重构给定三元组的信息，重构器的目标是基于节点嵌入来推断三元组的相对关系。三元

组 $(v_i,v_j,v_k)$ 中 $v_i$, $v_j$ 和 $v_k$ 之间的相对关系可以通过它们的嵌入来进行数学上的重构，见式（2-46）：

$$s(f(v_i),f(v_j)) - (s(f(v_i),f(v_k)) + \delta)) \tag{2-46}$$

式中，函数 $s(\cdot,\cdot)$ 为两个给定节点表示之间的相似度的度量，可以用前馈神经网络建模；参数 $\delta$ 是调节两个相似性之间差异的阈值。例如，较大的 $\delta$ 表示 $v_i$ 和 $v_j$ 应该比 $v_i$ 和 $v_k$ 彼此更为相似。对于 $I$ 中的任一三元组 $(v_i,v_j,v_k)$，重构器希望式大于 0。这使得节点间的相对信息可以被保留，即正边相连的 $v_i$ 和 $v_j$ 比负边相连的 $v_i$ 和 $v_k$ 彼此更为相似。

（5）超图嵌入　在超图中，一条超边对一组节点之间的关系进行建模。DHNE 是一种利用超边中编码的节点关系来学习超图节点表示的方法。具体来说，它从超边中提取出两类信息：一是由超边直接描述的节点相似性；二是超边中的节点共现。接下来分别介绍其信息提取器、映射函数、重构器和目标。

$$C = BB^{\mathrm{T}} - D_v \tag{2-47}$$

式中，$B$ 为关联矩阵，$D_v$ 为节点度数矩阵。$C$ 为节点在所有超边中共同出现的次数。$C$ 的第 $i$ 行描述了节点 $i$ 与图中其他所有节点的共现信息，即节点 $i$ 的全局信息。总结来说，目标是提取包含超边集合 $E$ 和全局共现信息 $C$ 的信息。映射函数使用多层感知器（Multilayer Perceptron，MLP）建模，其输入为全局共现信息。具体来说，对于每个节点，这个过程见式（2-48）：

$$u_i = f(C_i;\Theta) \tag{2-48}$$

式中，$f$ 为参数为 $\Theta$ 的 MLP。

有两个重构器分别用于恢复提取的两种信息：超边集合 $E$ 和全局共现信息 $C$。为了从嵌入中恢复超边信息，需要对任意给定的节点集 $\{v_{(1)},\cdots,v_{(k)}\}$ 之间存在超边的概率进行建模，并最大化实际存在的超边 $E$ 的概率。为简化起见，在 DHNE 模型中，假设所有超边都有 $k$ 个节点。给定的节点集合 $V^i = \{v^i_{(1)},\cdots,v^i_{(k)}\}$，存在超边连接这些节点的概率定义见式（2-49）：

$$p(1|V^i) = \sigma(g([u^i_{(1)},\cdots,u^i_{(k)}])) \tag{2-49}$$

式中，$g$ 为一个前馈网络，用于将节点嵌入串联映射到一个单一的标量；$\sigma()$ 为 Sigmoid 函数，它将这个标量转换为 0~1 之间的一个数。

（6）动态图嵌入　在动态图中，每条边都有一个对应的时间戳，这个时间戳表示它们的出现时间。因此，在学习节点表示时，捕捉时间信息是很重要的。时序随机游走（Temporal Random Walk）用来生成能够捕获图中时间信息的随机游走。接着利用所产生的时序随机游走来提取待重构的共现信息。由于其映射函数、重构器和目标与 DeepWalk 算法相同，所以本节重点介绍时序随机游走及其相应的信息提取器。为了同时捕捉时间信息和图的结构信息，在有效的时序随机游走中，节点序列由按时间顺序排列的边连接。为了正式引入时序随机游走，本节首先定义节点在给定时间 $t$ 的时序邻居，如下所示：

定义 24 时序邻居：对于动态图 $G$ 中的节点 $v$，它在时间 $t$ 的时序邻居是在时间 $t$ 之后与 $v$ 相连的节点。这可以正式表示见式（2-50）：

$$N_{(t)}(v_i) = \{v_j | (v_i,v_j) \in E \text{ 且 } \phi_e((v_i,v_j))\cdots t\} \tag{2-50}$$

在定义了时序邻居之后，时序随机游走可以陈述如下：

定义 25 时序随机游走：设图 $G = \{V,E\}$，$G = \{V,E,\phi_e\}$ 是一个动态图，其中 $\phi_e$ 是边的时间映射函数。考虑从节点 $v^{(0)}$ 开始的时序随机游走，其中 $(v^{(0)},v^{(1)})$ 是它的第一条边。假设在第 $k$ 时，它刚从节点 $v^{(k-1)}$ 前进到节点 $v^{(k)}$，现在它以如下概率从节点 $v^{(k)}$ 的时序邻居 $N_{(t)}(v_i)$ 中选择下一个节点，见式（2-51）：

$$p(v^{(k+1)} | v^{(k)}) = \begin{cases} \mathrm{pre}(v^{(k+1)}), & v^{(k+1)} \in N_{(\phi_e((v^{(k-1)},v^{(k)})))}(v^{(k)}) \\ 0, & \text{其他} \end{cases} \tag{2-51}$$

式中，$\mathrm{pre}(v^{(k+1)})$ 以较高的概率选择离当前时间较近的节点，定义如下：

$$\mathrm{pre}(v^{(k+1)}) = \frac{\exp[\phi_e((v^{(k-1)},v^{(k)})) - \phi_e((v^{(k)},v^{(k+1)}))]}{\sum\limits_{v^{(j)} \in N_{(\phi_e((v^{(k-1)},v^{(k)})))}(v^{(k)})} \exp[\phi_e((v^{(k-1)},v^{(k)})) - \phi_e((v^{(k)},v^{(j)}))]} \tag{2-52}$$

式中，$v^{(k)}$ 为当前节点，$v^{(k+1)}$ 为从 $v^{(k)}$ 选择的下一个节点，$N_{(\phi_e((v^{(k-1)},v^{(k)})))}(v^{(k)})$ 为从节点 $v^{(k)}$ 依据某种时间特征或其他条件可以访问的邻居节点集合。如果没有时序邻居可以选择，时序随机游走会自行终止。因此，不同于 DeepWalk 算法生成固定长度的随机游走，时序随机游走可以生成长度介于预定长度 $T$ 和用于共现提取的窗口大小之间的随机游走。利用这些随机游走来生成共现节点对，这些共现将使用与 DeepWalk 算法相同的重构器进行重构。

### 2.2.5  图论与智能制造的关系

图论是一种研究图（由节点和边构成的结构）及其性质的数学分支，广泛应用于计算机科学、网络科学、工程学等领域。图论是关系数学的基础、智能制造系统设计的基石，提供了基础概念和基础算法来搭建不同应用场景的复杂网络模型。

#### 1. 生产流程优化

生产流程优化在智能制造中至关重要，直接影响生产效率和产品质量。生产流程可以被建模为有向图，其中节点代表各个生产环节，边代表工序之间的转换。车间调度问题（Job Shop Scheduling Problem，JSP）是制造业中的经典问题，涉及在多个机器上调度一组作业，以最小化总生产时间。这个问题可以建模为有向图，节点表示机器和作业，边表示作业在不同机器之间的加工顺序。通过使用图论中的最短路径算法（如 Dijkstra 算法）或优化算法（如遗传算法），可以找到最佳调度方案，从而提高生产效率。假设有三个作业 A、B、C，需要在两台机器 M1 和 M2 上完成。每个作业的加工顺序和时间如下：作业 A：在 M1 上加工 3 小时，然后在 M2 上加工 2 小时。作业 B：在 M2 上加工 1 小时，然后在 M1 上加工 4 小时。作业 C：在 M1 上加工 2 小时，然后在 M2 上加工 3 小时。可以将这个调度问题建模为有向图，使用最短路径算法找到最优的调度顺序，最小化总生产时间。如图 2-45 所示。

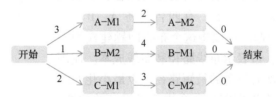

图 2-45  基于有向图的作业车间调度问题

在实际生产中，生产环境经常发生变化，例如机器故障、原材料延迟等。动态调度优化需要在这些变化发生时，快速调整生产计划。可以使用图论中的动态最短路径算法（如 Bellman-Ford 算法）来实时更新生产调度方案，从而保持生产效率和产品质量的稳定。

#### 2. 供应链管理

SCM 涉及原材料、零部件和成品从供应商到消费者的流动和存储。SCM 可以被建模为图，其中节点代表供应链中的各个环节（如供应商、制造商、分销商和零售商），边表示物流路径。在 SCM 网络中，可以使用最短路径算法来确定最优的物流路径，从而减少运输成本和时间。此外，还可以使用图论中的最大流算法（如 Ford-Fulkerson 算法）来确定供应链中各环节的最大供应能力，从而避免瓶颈，提高供应链效率。假设有一个简单的供应链网络，包括供应商 S、制造商 M 和零售商 R。供应商向制造商提供原材料，制造商生产成品并交付给零售商。可以将这个供应链建模为一个有向图，节点表示供应链中的各个环节，边表示物流路径和运输成本。使用最短路径算法找到从供应商到零售商的最优路径，以最小化总运输成本。库存管理是供应链管理中的一个重要方面，涉及确定各个环节的最优库存水平。可以使用图论中的流量算法（如最小费用流算法）来优化库存管理，从而减少库存成本和缺货风险。假设一个供应链网络中有多个仓库和零售店，每个仓库都有一定的库存容量，每个零售店有一定的需求。可以将这个库存管理问题建模为一个有向图，节点表示仓库和零售店，边表示物流路径和库存成本。使用最小费用流算法找到最优的库存分配方案，以最小化总库存成本和缺货风险。如图 2-46 所示，在这个 SCM 网络中，从供应商 1 到零售商 1 的最优路径是通过生产商 1 进行运输，这条路径的总运输成本为 30。这个路径是基于运输成本最小化的目标计算出来的。

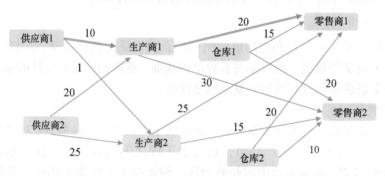

图 2-46　具有运输和库存管理的复杂供应链网络

### 3. 工厂布局设计

工厂布局设计是指在有限的空间内合理安排设备和生产线，以提高生产效率和安全性。工厂布局可以被建模为无向图，其中节点表示设备和工作区域，边表示通道。

在工厂布局中，布线问题是一个典型的应用场景（见图 2-47）。通过使用图论中的最小生成树算法（如 Kruskal 算法或 Prim 算法），可以找到连接所有设备的最短路径，从而减少布线成本和复杂性。假设一个工厂有四台设备 A、B、C、D，需要通过布线连接在一起。可以将这个布线问题建模为一个无向图，节点表示设备，边表示布线路径和布线成本。使用最小生成树算法找到连接所有设备的最短路径，以最小化布线成本。设备布局优化是指在工厂布局中合理安排设备的位置，以提高生产效率和安全性。可以使用图论中的图匹配算法（如匈牙利算法）来优化设备布局，从而减少设备之间的移动和转换时间。假设一个工厂有三台设

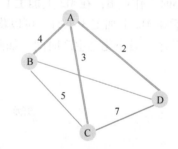

图 2-47　采用最小生成树的工厂布局

备 X、Y、Z，需要在三个工作区域 $W_1$、$W_2$、$W_3$ 中进行布局。可以将这个设备布局问题建模为一个二分图，节点表示设备和工作区域，边表示设备与工作区域之间的匹配关系和移动成本。使用图匹配算法找到最优的设备布局方案以最小化设备之间的移动和转换时间。如图 2-47 所示，图中的蓝色双线边表示通过 Kruskal 算法计算出的最小生成树，这条路径连接了所有设备，并且总布线成本最小化。

### 4. 故障诊断与维护

智能制造系统通常由大量的传感器和设备组成，如何快速诊断和修复故障是保证生产连续性

的关键。图论可以用于建模设备之间的依赖关系，并帮助识别关键故障点。设备依赖图是一个有向图，节点表示设备，边表示设备之间的依赖关系。通过分析设备依赖关图，可以识别出关键设备和故障传播路径，从而制定有效的维护计划。例如，可以使用图论中的强连通分量算法来识别设备网络中的关键子图，从而优先进行维护和修复。

假设一个生产系统有五台设备 $E_1$、$E_2$、$E_3$、$E_4$、$E_5$，其中 $E_1$ 依赖于 $E_2$ 和 $E_3$，$E_3$ 依赖于 $E_4$，$E_4$ 依赖于 $E_5$。可以将这个系统建模为一个有向图，节点表示设备，边表示设备之间的依赖关系，如图 2-48 所示。通过分析设备依赖关系图，可以识别出关键设备 $E_5$，并优先进行维护和修复，以防止故障传播影响整个系统。预测性维护是指通过数据分析和故障预测技术，提前发现和预防设备故障。可以使用图论中的社区检测算法（如 Girvan-Newman 算法）来分析设备数据，识别设备之间的故障模式，从而制定预测性维护计划。假设一个生产系统有多个设备，每台设备都有传感器采集数据。可以将这些设备的数据建模为一个多层图，节点表示设备和传感器数据，边表示设备之间的故障模式。通过使用社区检测算法分析多层图，可以识别出设备之间的故障模式，并制定预测性维护计划，提前发现和预防设备故障。

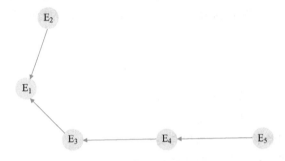

图 2-48　用于故障诊断的设备依赖关系图

### 5. 数据分析与机器学习

智能制造过程中会产生大量的数据，这些数据可以通过图论进行分析，以发现潜在的模式和关系。例如，生产数据、设备数据和质量数据可以建模为层析图，通过图论中的社区检测算法（如 Girvan-Newman 算法）来识别数据中的聚类结构，从而发现生产过程中的潜在问题和优化机会。

在生产过程中，可以使用图论中的异常检测算法（如 PageRank 算法）来识别异常的生产行为。例如，通过构建生产过程的图模型，可以分析各个环节的关键性，并检测到异常的生产环节，从而及时进行调整和优化。假设一个生产系统有多个生产环节，每个环节都有数据采集。可以将这些数据建模为一个有向图，节点表示生产环节，边表示生产环节之间的数据流，如图 2-49 所示。使用 PageRank 算法分析图模型，可以识别出关键的生产环节，并检测到异常的生产行为，从而及时进行调整和优化。在智能制造中，质量控制是保证产品质量的重要环节。可以

图 2-49　用于异常检测和优化的生产工艺图

使用图论中的图匹配算法（如 Kuhn-Munkres 算法）来优化质量控制过程，从而减少质量问题和提高产品合格率。假设一个生产系统有多个质量检测点，每个检测点都有一定的检测能力和成本。可以将质量控制过程建模为一个二分图，节点表示质量检测点和检测任务，边表示检测点与检测任务之间的匹配关系和检测成本。使用图匹配算法找到最优的质量控制方案，以最小化检测成本和质量问题。

## 2.3 复杂网络——智能制造系统的神经

### 引言

复杂网络为图论的升级版、智能制造系统的神经，是 20 世纪末新创立的一门数学分支，一般以 1998 年 Watts & Strogatz 发表的《小世界网络的集体动力学》为标志。复杂网络创新了许多堪称天才的概念和理论；最近十年，与深度学习成为知音。复杂网络不仅能够有效描述制造系统中节点之间错综复杂的关联关系，还能揭示系统内部的复杂性和动态性，这是智能制造系统设计的"有限元网格"，需要特别关注网络测度和异构层析网络在智能制造系统设计中的算法创新。复杂网络模型成为理解和分析智能制造系统行为的有力工具，为智能制造的优化设计提供了理论基础和方法支持。

### 学习目标

- 掌握复杂网络基础——基本概念与特征。
- 学会复杂网络分析——典型测度。
- 理解异构张量与网络构建——原理与类型。
- 了解复杂网络应用——与智能制造系统关系。

### 2.3.1 复杂网络概述

网络无处不在，其基本结构是由相互作用的特定元素所构成的系统。以电网为例，它由发电站、输电线、调控电力的交换站和终端用户设备组成。计算机网络，如因特网，也是一个典型的例子，它涵盖了服务器、客户端、交换机和路由器等设备，通过光纤、同轴电缆、以太网电缆、无线网络和卫星连接等多种传输方式连接在一起。此外，还有各种类型的物理网络，如生物网络、社交网络和技术网络等。在物理世界中，很难找到不以网络形式相互连接的系统。网络可以被描述为一个图 $G = (V, E, W)$，其中 $V$ 代表顶点或节点集合，$E$ 代表边集合，$W$ 是一个权重矩阵，用于描述与边相关的一些属性。图的顶点代表实体，而边则代表特定实体之间的交互。

在复杂系统理论中，任何复杂的物理或抽象系统均可被视为一个复杂网络模型。这种模型描绘了其中的节点（或顶点）通过边进行复杂的相互作用和联系。例如，Wayne W. Zachary 的研究中涉及的一个复杂网络模型，它详细描述了 1970 年至 1972 年间一个大学空手道俱乐部的社交结构。该网络包含 34 个节点和 78 条边，每个节点代表俱乐部中的一位成员，而边则代表成员间在常规俱乐部活动之外的个人联系（见图 2-50）。在这个网络中，节点 0 和节点 33 分别代表教练和俱乐部管理员。俱乐部的分裂起源于这两位关键

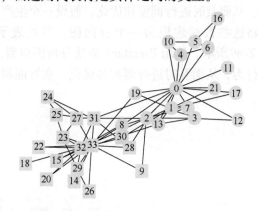

图 2-50 具有 34 个节点和 78 条边的
空手道俱乐部网络

人物之间的冲突，通过复杂网络的分析，Zachary 成功预测了成员在俱乐部分裂后的选择和行为。

**1. 复杂网络的定义与特性**

复杂网络（Complex Network），钱学森院士给出的定义，是指具有自组织、自相似、吸引子、小世界、无标度中部分或全部性质的网络，是一种用来描述现实世界中复杂系统之间相互作用关系的抽象模型。与一般图相比，复杂网络节点数目巨大，可以代表任何事物且节点之间的连接权重存在差异，同时网络结构展现出高度的动态性和自组织性。复杂网络仿佛是一幅千变万化的画卷，在这幅画卷上，无数个小小的节点如同星星一样点缀其中，它们之间的联系则如同闪烁的光线，将它们紧密地连接在一起，构成了一个

图 2-51 复杂网络：一幅千变万化的画卷

庞大而错综复杂的网络体系。这幅画卷展现出了复杂性和多样性，呈现出了丰富多彩的景象（见图 2-51）。

首先，聚焦在这些节点上。它们是这幅画卷的基本构成单位，可以是各种各样的实体或个体，如人、物体、分子等。每一个节点都有着独特的属性和功能，它们如同画布上的点彩，各自独立而又相互联系。这些节点可以在空间上或者概念上相互关联，形成了一个个小小的群落或者集合体，彼此之间交织着复杂的关系。而这些节点之间的联系，则是这幅画卷的线条和色彩。它们构成了网络的边或连接，代表着节点之间的关系或者相互作用。这些连接可以是直接的，也可以是间接的；可以是物质的，也可以是概念的。无论是哪一种形式，它们都承载着信息和能量的传递，将网络中的节点联系在一起，形成了一个动态的整体。

复杂网络的特性就像是这幅画卷的纹理和图案，展现出了网络结构的多样性和复杂性。其中，小世界性是最为显著的特点之一。就像一座繁忙的都市，网络中的节点之间通常可以通过少数几步就能够相互到达，即使网络规模庞大，但平均路径长度却很短，这种小世界性质使得信息和影响能够迅速传播和扩散。例如社交网络便具有明显的小世界性，世界上的每个人都可以通过一个很短的关联与其他任意一个人产生联系。

小世界网络模型是由 Watts 和 Strogatz 提出的一种网络模型，它通过在规则网络中引入少量的随机连接来生成具有小世界性的网络。小世界网络模型既具有较短的平均路径长度，又保持了较高的局部聚集性，能够很好地模拟现实世界中许多复杂网络的特性（见图 2-52）。

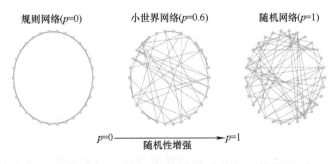

图 2-52 增加网络重新连接的概率参数 $p$ 后网络的转换过程

此外，复杂网络还表现出了集群性（见图 2-53）。就像城市中的社区一样，网络中存在着大量密集连接的节点群，形成了聚集的集聚体。这些集聚体内部联系紧密，形成了相对独立的子网

络，对信息传播和动态演化具有重要的影响。

在复杂网络的拓扑结构中，还存在着无标度性。这意味着网络中存在着少数极其重要的节点，它们拥有大量的连接，而大多数节点则只有少量的连接。这些重要节点就像城市中的重要交通枢纽一样，对整个网络的结构和功能具有至关重要的影响。

无标度网络模型是由 Barabási 和 Albert 提出的一种网络模型，它假设网络中的节点度分布呈幂律分布，即存在少数极端重要的节点，而大多数节点只有少量的连接（图 2-54）。无标度网络模型能够很好地描述许多实际网络中存在的无标度性质，如互联网、社交网络等。

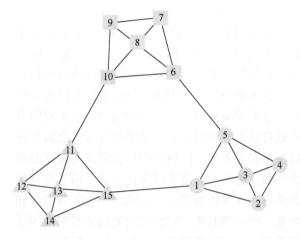

图 2-53　具有 3 个集群的图

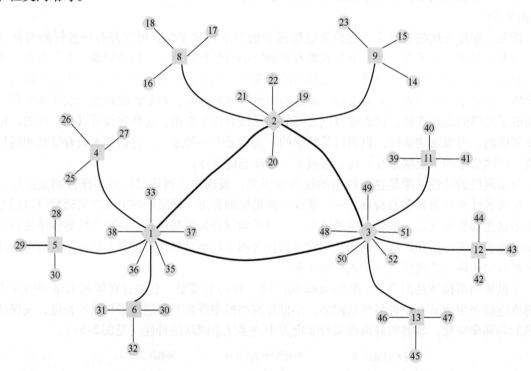

图 2-54　无标度网络示例，关键节点度最大，绝大多数节点度都很小

无标度网络的构建基于两个核心机制：增长和优先连接。增长机制指的是网络随着时间的推移不断增加新节点。优先连接机制意味着新节点倾向于连接到已有的高度节点（即连接数较多的节点）。这种"富者愈富"的现象导致了幂律分布的形成，使得少数节点成为网络中的关键枢纽。

从 CRM 到智能制造系统网络，从互联网到输电网络，复杂网络无处不在，无所不及。它们是人类社会和自然界的重要组成部分，承载着信息和能量的传递，影响着整个系统的稳定性和韧性。通过深入研究复杂网络的定义和特性，可以更好地理解和应对自然界和人工系统中的复杂性，为实现可持续发展和共同繁荣做出更大的贡献。

**2. 复杂网络模型**

随机图模型是最简单的网络模型之一，它假设网络中的节点和连接是随机生成的，具有均匀的度分布和随机的连接规则。虽然随机图模型简单，但却能够很好地描述一些具有随机性和均匀性的网络，如化学反应网络等。随机网络模型最早由数学家 Erdös 和 Rényi 于 1959 年提出，通常被称为 ER 随机网络模型。这个模型是基于一些简单但关键的假设构建的，它将网络视为由节点和连接组成的集合，而连接之间的形成是完全随机的。这种模型的随机性使得它成为研究复杂网络一些基本特性的理想模型之一（见图 2-55）。

图 2-55　具有 100 个节点，概率参数 $p = 0.03$ 的随机网络

一些现实世界的网络，如社交网络和生物网络，呈现出模块化的结构特性，称其为社区。这些社区的节点集合满足一个简单的条件：属于同一社区的节点有许多互相连接的边，而不同社区由相对较少的边相接。随机聚类网络是一种介于完全随机和完全规则之间的网络模型。它既包含了随机连接，使得网络具有一定的灵活性和不可预测性，又存在大量的聚类现象，即网络中的节点倾向于形成紧密的小团体或社区，这些团体内部连接紧密，而团体之间则相对稀疏。这种结构特性在很多现实世界的网络中都得到了验证，比如社交网络中的朋友圈、科研合作网络中的研究小组等，例如图 1-6 为一个包含有 4 个社区的随机聚类网络示例。

核心-边缘网络模型就是将网络中的节点分为两个主要部分：核心节点和边缘节点。核心节点通常在网络中占据重要位置，它们之间连接紧密，拥有较高的连接度和影响力，就像是城市中的中心区域，聚集了大部分的经济活动和信息流通。而边缘节点则相对孤立，它们与核心节点的连接较少，彼此之间的连接也可能较弱，就像是城市的外围区域，发展相对滞后。对于各种网络"中心性"的量化，旨在衡量节点或其他网络结构的重要性，同时有助于区分社区结构中的核心-边缘结构。

图 2-56 所示为一个典型的核心边缘网络示意图。图中属于核心结构的节点相互紧密地连接，同时与边缘结构中的节点有很大的联系。对于边缘结构的节点而言，它们只与少数属于核心结构的节点相连接。核心‐边缘网络的研究不仅有助于理解网络的整体结构和功能，还能提供优化网络性能、提高资源利用效率的策略。

复杂网络的构建是理解和分析复杂网络的关键步骤，通过考虑网络的节点、连接、拓扑结构、动态演化过程等多个方面，可以更准确地描述和分析网络的特性和行为规律。在构建复杂网络时，通常会利用现有的网络数据进行模型拟合和参数估计，或者提出各种不同类型的网络模型，以便更好地理解和分析网络的内在机制和运行规律。

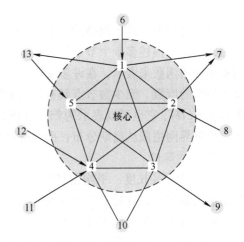

图 2-56　核心边缘网络示意图，其中核心节点用方形表示，边缘节点用圆形表示

通过不断深入地研究复杂网络的构建和模型，可以更好地理解自然界和人工系统中的复杂性，为实际应用提供重要的理论基础和指导。

### 2.3.2 复杂网络的测度

在复杂网络分析领域，测度被用于识别和表征不同类型的网络结构。复杂网络测度包括：平均邻居度、网络直径、度分布、连通性测度、社区结构和中心性测度等。这些测度不仅刻画点、边、社区在系统的权重，而且还是制造系统设计算法创新的关键。

**1. 平均邻居度**

平均邻居度（Average Neighbor Degree，AND）为网络中所有节点的度的平均值（见图 2-57）。通过比较不同网络的平均邻居度，可以判断网络的稀疏性或密集性，进而推测网络的功能和稳定性。AND 刻画了网络的局部特性，有助于确定网络的类型。

**2. 网络直径**

网络直径是网络中所有节点对中所有可能的最短路径距离的最大值（见图 2-58）。网络直径的大小与网络的有效性和鲁棒性密切相关，对于优化网络结构和提高网络性能具有重要意义。较小的网络直径表示网络中的远程节点可以更快地到达，降低网络直径将能够改善网络中的传输延迟。

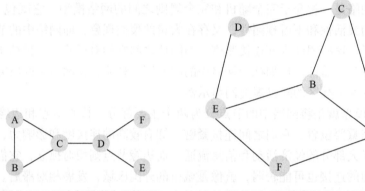

图 2-57　平均邻居度为 2 的图　　　　图 2-58　网络直径为 2 的图

**3. 度分布**

网络的度分布反映了网络的整体连通性，即度分布表示在网络中有多少个节点具有相同的度。因此，为了描述多少个节点具有度 $D$，需要首先统计网络中具有度 $D$ 的节点总数。度分布通常用概率分布函数来表示，在许多复杂网络中，度分布遵循幂律分布。幂律分布意味着大多数节点具有较低的度数，而少数节点具有极高的度数，形成了"长尾"分布。度为 $D$ 的节点数目一般表示为 $P(D)$，它也可以表示为归一化的值。度分布是识别网络类型的一个非常重要的测度。例如，小世界网络服从高斯分布，而无标度网络具有幂律度分布特征。

**4. 连通性测度**

（1）平均路径长度　平均路径长度（Average Path Length，APL）是网络中所有可能节点对之间的端到端路径长度的平均值（见图 2-59）。由于 APL 是基于网络中所有节点间的距离计算得到，因此其为一个全局测度。在确定一个复杂网络的类型过程中，APL 是一个十分重要的测度，例如较短的平均路径长度意味着信息在网络中传播迅速，这在社交网络、通信网络和生物网络中尤为重要。

（2）平均聚类系数　平均聚类系数（Average Clustering Coefficient，ACC）代表一个节点的邻居彼此间也是邻居的数目的平均值（见图 2-60）。ACC 主要用来刻画网络的健壮性和冗余性。也就是说，较高的 ACC 值意味着有许多可能的路径达到网络中的特定节点。因此，高聚类系数通常意味着网络中存在紧密聚集的节点群，这些节点群可能对应于实际网络中的功能单元或社区。

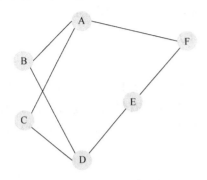

图 2-59 平均路径长度为 1.53 的图

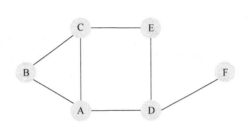

图 2-60 平均聚类系数为 0.28 的图

### 5. 社区结构测度

复杂网络中的社区结构是描述网络内部节点之间紧密连接模式的一种重要特征。社区结构是指由一组内部连接紧密、外部连接稀疏的节点组成的集合。这些集合内部节点之间的连接强度高于与外部节点的连接强度，从而形成了相对独立的功能模块或群组。社区结构测度是用来量化和分析这种结构特征的一系列方法和指标，它们帮助研究者理解和揭示网络中的模块化、聚集性和层次性。

社区结构是复杂网络中普遍存在的现象，它指的是网络中的节点倾向于形成若干个相对独立且内部连接紧密的群组，这些群组之间则相对稀疏地连接。社区结构测度旨在揭示这些群组的存在、规模、边界以及它们之间的相互作用。

模块度（Modularity）是最常用的社区结构测度之一，它衡量了网络划分成社区后，社区内部连接与社区间连接的相对强度。模块度值越高，表示网络划分出的社区结构越明显，即社区内部连接紧密而社区间连接稀疏。模块度的计算通常基于一个优化过程，旨在找到使得模块度最大化的社区划分。

轮廓系数（Silhouette Coefficient）虽然不是专为复杂网络社区结构设计的，但在某些情况下也可以用来评估社区划分的质量。它结合了节点的内部相似度和外部差异度，为每个节点计算一个值，从而评估整个社区划分的紧密性和分离度。

标准化互信息（Normalized Mutual Information，NMI）是一种比较两个社区划分相似性的方法，常用于评估社区检测算法的性能。当算法得到的社区划分与已知的真实划分相近时，NMI 值较高。

传导性（Conductance）和网络切分密度等测度则关注于社区边界的"质量"，即社区内部节点与外部节点连接的紧密程度。较低的传导性或切分密度意味着社区边界清晰，社区内部节点与外部节点的连接相对较少。

此外，还有一些基于图论和网络流理论的复杂测度，如流介数（Flow Betweenness）和随机游走（Random Walk）相关的测度，它们通过模拟信息或物质在网络中的流动来评估社区结构的重要性或影响力。

### 6. 中心性测度

重要性或中心性度量是理解复杂网络结构和动态特性的基础。度量网络中的节点的中心性，本质上就是量化网络中节点的重要性，并且这种量化可以基于多种特征来完成。这些特征可以是力矩数量、节点与其他节点通信的速度、在其他节点进行流量控制时节点扮演的角色，或者节点的邻居节点的重要性。

（1）度中心性 度中心性（Degree Centrality，DC）是一种最简单的中心性测度，节点的 DC 定义为所有与该节点关联的边之和。某一节点 $i$ 的 DC 可以通过如下公式计算得出：

$$\text{DC}(i) = \sum_j e_{ij}, \quad \forall e_{ij} \in E, \quad i,j \in \mathbb{R} \tag{2-53}$$

式中，$e_{ij}$ 为节点 $i$ 和节点 $j$ 之间的边。

对于任意一个 $N$ 节点的网络，DC 的归一化值可以通过比较该网络中节点的中心性与具有 $N$ 个节点的星形网络的中心节点的中心性得到（星形网络中心节点具有最高的度 $N-1$）。因此，任意一个网络的归一化 DC（DC′）可以通过第 $i$ 个节点的度除以星形网络中心节点的度得到，如下公式：

$$\text{DC}'(i) = \frac{1}{\max \text{DC}(i)} \sum_j e_{ij}, \quad \forall e_{ij} \in E, \quad i,j \in \mathbb{R} \tag{2-54}$$

图 2-61 给出了一个非加权网络及对应邻接矩阵的例子，其中节点的 DC 值见表 2-4。可以发现节点 C 的 DC 值最高，意味着节点 C 是该网络中最中心的节点。

（2）接近中心性 接近中心性（Closeness Centrality，CC）描述了在网络中一个节点与其他节点的接近程度。网络中的邻近节点可以与它们的邻居节点快速交互。CC 还度量了在向网络中的其他节点扩散信息时的节点的重要性。在一个 $N$ 节点的网络中，第 $i$ 个节点的 CC 可以通过如下公式计算得到：

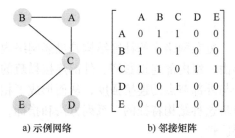

a) 示例网络　　b) 邻接矩阵

图 2-61　网络及对应邻接矩阵的例子

$$\text{CC}(i) = \frac{1}{\displaystyle\sum_{j=1}^{N} d(i,j)} \tag{2-55}$$

式中，$d(i,j)$ 为节点 $i$ 和 $j$ 之间最短路径的长度。为了得到相对于星形拓扑网络的归一化 CC 值（CC′），可以使用如下公式：

$$\text{CC}'(i) = \frac{N-1}{\displaystyle\sum_{j=1}^{N} d(i,j)} \tag{2-56}$$

表 2-4　度中心性

| 节点 | DC | DC′ |
| --- | --- | --- |
| A | 2 | 2/4 |
| B | 2 | 2/4 |
| C | 4 | 1 |
| D | 1 | 1/4 |
| E | 1 | 1/4 |

图 2-62 给出了一个无权网络及对应最短路径耗费矩阵的例子。节点的 CC 分数见表 2-5。可以看出，根据 CC 测度值，节点 C 是整个网络最中心的节点。需进一步指出的是，节点 C 之所以具有最大的 CC 分数 1，是因为它与网络中所有其他节点都有直接联系。

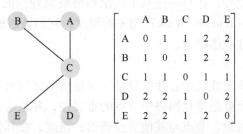

a) 示例网络　　b) 最短路径消耗矩阵

图 2-62　一个无权网络及对应最短路径消耗矩阵

表 2-5　接近中心性

| 节点 | $\sum\limits_j d(i, j)$ | CC | CC' |
|---|---|---|---|
| A | 6 | 1/6 | 4/6 |
| B | 6 | 1/6 | 4/6 |
| C | 4 | 1/4 | 1 |
| D | 7 | 1/7 | 4/7 |
| E | 7 | 1/7 | 4/7 |

（3）介数中心性　网络中的两个非相邻节点之间的通信是通过多个连接节点实现的。介数中心性（Betweenness Centrality，BC）度量了网络中一个节点位于其他节点最短路径上的程度。也就是说，计算网络中任意两个节点的所有最短路径，如果这些最短路径中很多条都经过了某个节点，那么就认为这个节点的介数中心性高（见图 2-63）。

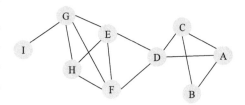

图 2-63　介数中心性

因此，BC 能够刻画节点在实现网络长距离通信中的重要性。可以通过计算经过特定节点 $i$ 的所有可能的最短路径来得到节点 $i$ 的介数中心性，可通过式（1-4）来归一化节点的 BC 值。

（4）特征向量中心性　DC 在设置权重时同等对待每个直接连接的节点（或根据相邻节点所连接边的权重进行设置），与之不同的是，特征向量中心性（Eigenvector Centrality，EC）根据相邻节点的中心性来对其进行加权。节点 $i$ 的 EC 与连接到节点 $i$ 的其他节点的中心性之和成正比。在一个具有邻接矩阵 $A$ 的网络中，节点 $i$ 的 EC 可以计算如下：

$$\mathrm{EC}(i) = \frac{1}{\lambda} \sum_j A_{ij} \mathrm{EC}(j) \tag{2-57}$$

式中，$\lambda$ 为一个常数。计算 EC 的方程也可以描述为矩阵形式 $\lambda x = Ax$，其中 $x = [\mathrm{EC}(1)\quad \mathrm{EC}(2)\quad \cdots\quad \mathrm{EC}(N)]^{\mathrm{T}}$ 为一个描述网络节点 EC 值的向量。尽管任何特征向量均可以作为一种中心性度量，通常采用与邻接矩阵最大特征值所对应的特征向量。因此网络中节点 $i$ 的 EC 值就是与节点 $i$ 上邻接矩阵的最大特征值所对应的特征向量的值。

如果一个节点连接到多个其他节点，或者连接到一个具有较高中心性的顶点，则该节点就会有一个比较大的 EC 值。节点的 EC 不仅取决于与其直接相连的节点，还取决于一些非直接连接的节点，也就是说，EC 值将整个网络的拓扑结构都考虑在内。

### 2.3.3　异构张量及复杂网络类型

#### 1. 异构张量构建应用

智能制造的每一个要素节点至少经过四种不同单位的质量流、资金流、信息流、物料流，异构张量应运而生，成为了连接智能制造中复杂数据结构与智能决策之间的关键桥梁。所谓异构张量是一种多维数组，但其各个维度可以代表不同类型的数据或实体。例如，在智能制造中，一个异构张量可能包含产品信息（如型号、材质）、生产参数（如温度、压力）、时间戳以及相关设备信息等。

一个智能制造工厂内，从原材料入库到成品出库，每一个环节都产生着海量的数据。这些数据不仅包括产品的物理属性、生产线的运行参数，还涵盖了设备状态、人员操作记录以及外部环境因素等多种类型的信息。传统的数据处理方式在面对如此复杂多样的数据时显得力不从心，而异构张量则以其独特的结构优势，能够轻松地将这些不同类型的数据整合到一个统一而有序的多维数组中。在智能制造系统中，设备、工人、生产任务等元素之间的相互作用和依赖关系构成了一个复杂的网络（见图2-64）。这个网络不仅具有高度的多样性，还表现出复杂的拓扑结构和动态变化特性。为了更准确地描述这种复杂性，需要引入复杂网络测度参数来量化和分析网络中的关键特性和行为模式。

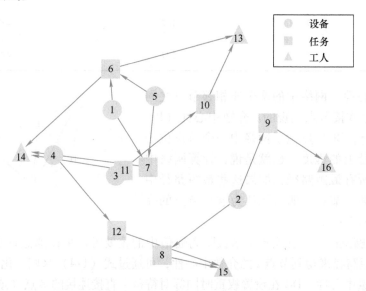

图 2-64　智能制造系统异构网络示意

复杂网络测度参数的引入与应用：

中心性测度：在异构张量构建过程中，可以计算并引入节点的中心性测度，如度中心性、接近中心性和介数中心性等。这些测度能够揭示哪些设备或节点在网络中占据重要地位，对信息的传递和控制具有关键作用。通过将这些中心性测度作为异构张量的一个维度或属性，可以更精确地刻画网络中的核心设备和关键路径，为生产优化和故障排查提供有力支持。

社群结构测度：社群结构是复杂网络中的一个重要特征，它描述了网络中的节点如何聚集形成相对独立的子群体。在异构张量构建中，可以利用模块度等社群结构测度来识别网络中的社群结构，并将社群信息作为张量的一个维度或属性进行表示。这样不仅可以揭示设备之间的潜在联系和合作关系，还可以为生产线的布局优化和团队协作提供指导。

连通性测度：连通性是衡量网络稳定性和鲁棒性的重要指标。在异构张量构建中，可以计算并引入连通性测度，如平均路径长度、聚类系数和k-连通性等。这些测度能够揭示网络中的节点之间是否存在有效的连接路径，以及网络在面对故障或攻击时的恢复能力。通过将这些连通性测度纳入异构张量的构建过程中，可以更好地评估生产线的可靠性和稳定性，为应对潜在风险和挑战做好准备。

构建异构张量的过程，好像在编织一张复杂而精细的数据网。首先，需要从智能制造系统中收集并清洗原始数据，确保它们的准确性和可用性。然后，根据业务需求和数据特点，确定异构张量的维度和类型，为每一种数据类型找到其在张量中的合适位置。接着，通过数据转换和映射技术，将原始数据转化为适合异构张量表示的形式，并逐一填充到张量的相应维度和位置上。最终，一个承载着丰富信息的异构张量便构建完成，它如同一个智能的数据容器，为后续的数据分析和智能决策提供了坚实的基础。

异构张量作为智能制造中的一种重要数据结构表示方法，不仅解决了复杂数据整合与表示的难题，更为智能制造系统的智能化转型和升级提供了强大的数据支持和分析能力。在未来的智能制造领域中，随着技术的不断进步和应用场景的不断拓展，异构张量必将发挥更加重要的作用，推动制造业向着更加高效、智能和可持续的方向发展。

**2. 端到端学习**

在智能制造中，端到端学习和异构张量的结合能够带来高度自动化和智能化的生产流程。端到端学习是一种机器学习方法，能够直接从原始数据中学习并输出最终结果，不需要人工设计特征或中间步骤。这种方法的特点包括减少了人为干预的需求，提高了模型的整体性能，并能够自动优化整个学习过程（见图 1-12）。

在智能制造中，可以利用异构张量来表示复杂多样的数据，再通过端到端学习模型处理这些数据，实现从数据输入到决策输出的自动化过程。首先，需要从智能制造系统中的各种设备、传感器、生产线、人员操作记录和外部环境等方面收集数据。然后，清洗数据以去除噪声和异常值，确保数据的准确性和可用性。接下来，将这些不同类型的数据整合到一个统一的异构张量中，这个张量以多维数组形式表示数据。在构建异构张量时，需要根据业务需求和数据特点确定张量的维度，比如产品信息、生产参数、设备状态和智能制造系统网络的测度等。然后，通过数据映射技术将原始数据填充到异构张量的相应位置。

选择适合处理异构张量的端到端学习模型（如 DNN、CNN 或 RNN）是关键一步。将构建好的异构张量作为模型输入，训练模型以学习数据中的复杂模式和关系。通过交叉验证和超参数调优等方法优化模型性能，以确保其在实际应用中的准确性和稳定性。

这种方法在智能制造中的应用场景广泛。比如，通过分析生产参数与产品质量之间的关系，可以优化生产流程；通过实时监测设备状态数据，提前预测和预防设备故障；通过对生产数据的分析，可以提高产品质量；在供应链管理中，通过对供应链各环节数据的整合和分析，实现透明化和协同管理。

举个具体例子：假设要在智能制造中实现设备的预测性维护。首先，从传感器收集设备运行数据，如温度、振动和压力等，再从历史维护记录中获取设备的维护和故障信息。清洗数据后，将这些数据整合到一个异构张量中。接着选择长短期记忆网络（Long Short-Term Memory, LSTM）模型来处理时间序列数据，训练模型以学习设备运行数据与故障之间的关系。优化模型后，可以实时监测设备运行数据，并将新数据输入训练好的 LSTM 模型，预测设备故障概率，提前安排维护，避免生产停滞。

通过端到端学习和异构张量的结合，可以高效处理智能制造中的复杂数据，提升生产流程的智能化水平。端到端学习减少了人为干预，提高了整体性能，并自动优化整个学习过程。这不仅实现了数据到决策的自动化，还为智能制造系统的优化和维护提供了强大的技术支持。随着技术的不断进步，这种方法将在智能制造领域发挥越来越重要的作用。

**3. 复杂网络类型剖析**

在探讨复杂网络类型的过程中，异构网络与层析网络作为两大核心分支，不仅各自展现了独特的魅力，更在多个领域展现出了广泛的应用价值。本节旨在通过对比分析这两种网络类型，揭示它们在复杂系统分析与优化中的重要作用，并探讨它们在智能制造等前沿领域的融合应用前景。

（1）异构网络　异构网络（Heterogeneous Network），顾名思义，是指由不同类型节点和边交织而成的网络体系。异构网络的核心特征在于其"异构性"，即网络中的节点和边在类型、属性和功能上均呈现出多样性。

在智能制造系统中节点可以代表各种实体，如智能设备、生产线、物料仓库、工人等，它们各自具备独特的属性和功能，共同构成了智能制造的基石。而边则代表了这些实体之间的复杂关系，如设备之间的通信、物料在生产线上的流动、工人与设备的交互等，这些关系共同驱动着智能制造系统的运行。举一个简单的例子如图 2-65 所示。

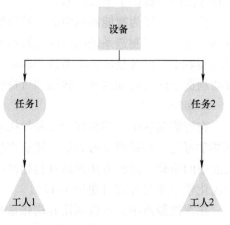

图 2-65 简单异构张量构建

用数学形式表示异构张量，我们可以定义一个二维张量 $T$，其中每个元素 $T[i,j]$ 表示任务（$i=1,2$）和工人（$j=1,2$）之间的关系。具体来说，异构张量可以定义为

$$T[i,j] = \begin{cases} 1, & \text{若设备连接到任务，且任务连接到工人} \\ 0, & \text{否则} \end{cases} \tag{2-58}$$

例如，$T[i,j]$ 为设备连接到任务 1，且任务 1 连接到工人 1。张量 $T$ 具体表示为

$$T[1,1] = \begin{bmatrix} 1 & 0 \\ 0 & 1 \end{bmatrix} \tag{2-59}$$

通过构建基于异构网络的智能制造系统，企业可以实现对生产过程的统一评判。具体来说，异构网络能够收集和分析来自不同节点的实时数据，如设备状态、生产进度、物料库存等，为决策者提供全面的信息支持。同时，异构网络还能通过智能算法优化生产流程，实现资源的优化配置和风险的提前预警，从而提高整个生产系统的稳定性和可靠性。

尽管异构网络在智能制造领域展现出了巨大的潜力，但其应用也面临着诸多挑战。首先，异构网络中的数据量庞大且复杂多样，需要采用高效的算法和工具进行处理和分析。其次，不同节点和边之间的数据格式和协议可能存在差异，需要进行统一的数据转换和标准化处理。最后，智能制造系统的安全性和稳定性也是必须考虑的重要问题。

（2）层析网络 层析网络（Hierarchical Network）以其独特的层次化表示方法，提供了一种清晰、有序的视角来审视和理解智能制造等复杂系统。层析网络通过将系统划分为多个相互关联的层次或层面，揭示了系统内部的组织结构和功能关系（见图 2-66），为智能制造的优化与升级提供了有力支持。

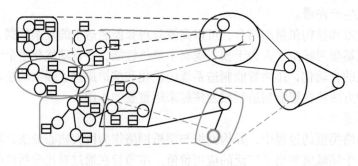

图 2-66 层析网络示意图

层析网络的核心在于其层次化的结构。在这种网络中，复杂的智能制造系统被划分为多个相对独立的层次，每个层次都代表着系统的一个特定方面或视角。这些层次之间通过特定的接口或

协议相互连接，共同构成了系统的整体框架。层析网络的特点在于其层次之间的清晰界限和相互依赖关系，这使得系统的各部分能够在保持独立性的同时，实现高效的协同工作。

在智能制造领域，层析网络的应用主要体现在以下几个方面：

系统架构设计：通过层析网络，企业可以更加清晰地规划智能制造系统的整体架构。不同层次的划分使得系统的各个部分具有明确的职责和功能定位，有助于实现系统的模块化。

决策支持：层析网络为智能制造系统的决策提供了有力的支持。在层次化的结构中，每个层次都可以根据自身的特点和需求进行独立的决策和优化。同时，不同层次之间的信息交互和协同工作，使得系统能够做出更加全面和准确的决策。

资源优化配置：层析网络有助于实现智能制造系统中资源的优化配置。通过对系统各层次的资源需求和使用情况进行实时监控和分析，企业可以更加精准地调配资源，提高资源的使用效率和系统的整体性能。

故障排查与恢复：在智能制造系统中，故障排查和恢复是保障系统稳定运行的重要环节。层析网络通过其层次化的结构，使得故障排查和恢复工作更加有序和高效。当系统出现故障时，企业可以迅速定位故障所在的层次和位置，并采取相应的措施进行修复。

尽管层析网络在智能制造领域展现出了巨大的潜力，但其应用也面临着一些挑战。例如，如何准确划分系统的层次和确定层次之间的接口协议是一个复杂的问题；同时，不同层次之间的信息交互和协同工作需要高效的算法和工具来支持。然而，正是这些挑战为层析网络在智能制造领域的发展提供了广阔的机遇。随着技术的不断进步和应用场景的不断拓展，层析网络将在智能制造领域发挥更加重要的作用，推动智能制造向更高水平发展。

### 2.3.4 复杂网络与智能制造的关系

#### 1. 数据驱动的智能制造

在智能制造系统中，数据的收集和分析是实现智能化的关键（见图2-67）。复杂网络在这方面发挥了重要作用。通过复杂网络分析，可以揭示制造系统中不同部分之间的关系和互动。例如，生产线上的机器、传感器和产品可以看作网络中的节点，它们之间的连接则代表数据的传输和信息的交换。

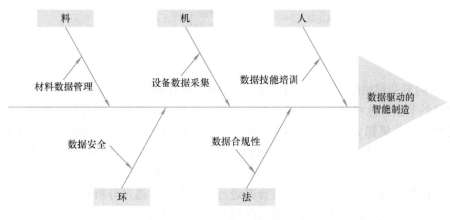

图 2-67　数据驱动的智能制造

（1）复杂网络在数据分析中的作用　复杂网络在数据分析中具有独特的优势。传统的数据分析方法往往侧重于单一变量或局部数据的处理，而复杂网络则能够全面地描述和分析系统中多种要素之间的相互关系和互动。这种方法在智能制造中尤为重要，因为制造系统通常涉及大量的设备、传感器和产品，它们之间的关系错综复杂。通过复杂网络分析，可以发现制造系统中的潜在关系和模式。例如，通过构建生产设备的网络图，可以识别出哪些设备之间存在频繁的协作或故障关联。这些信息对于优化生产流程和提高系统效率具有重要意义。此外，复杂网络还可以帮助理解生产过程中各个环节之间的依赖关系，发现可能的瓶颈和风险点，从而提前采取措施进行优化和调整。

（2）大数据与复杂网络的结合　　随着物联网技术的发展，智能制造系统中产生的数据量呈爆炸式增长。如何有效地收集、存储、处理和分析这些海量数据，成为实现智能制造的重要挑战。大数据技术在这方面提供了强有力的支持。通过大数据技术，可以从海量数据中提取有价值的信息，支持生产决策和优化。复杂网络模型与大数据技术的结合，使得能够更深入地挖掘和分析制造系统中的数据。例如，通过对生产过程中产生的实时数据进行复杂网络分析，可以实现对设备状态的实时监测和预测性维护。通过分析设备之间的故障关联，可以预测可能发生的故障，从而提前进行维护，避免生产中断。此外，复杂网络还可以用于质量控制，通过分析产品生产过程中的数据，发现影响产品质量的关键因素，从而优化生产工艺，提高产品质量。

**2. 网络化生产系统**

在智能制造系统中，各个设备和组件通过网络连接，实现了信息的实时传输和共享（见图 2-68）。这种网络化的生产系统使得制造过程更加灵活和高效。网络化生产系统不仅提高了生产的效率，还增强了系统的适应性和响应能力，使得制造过程更加智能和自动化。

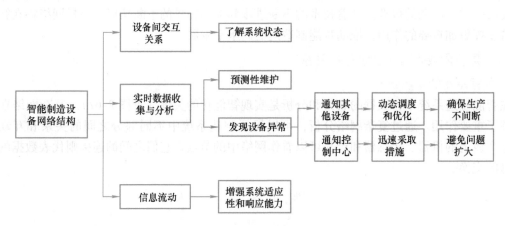

图 2-68　智能制造设备网络结构

（1）MES 的复杂网络结构　　在一个智能工厂中，所有的机器、传感器和控制系统可以看作一个复杂网络的节点。这些节点通过网络相互连接，形成一个整体。通过这个网络，生产系统可以实现实时数据的收集和分析。复杂网络结构能够描述设备之间的交互关系和信息流动，帮助企业全面了解生产系统的动态行为和状态。例如，生产线上的每台机器都配备了多个传感器，这些传感器实时监测机器的运行状态，如温度、振动、压力等数据。这些数据通过网络传输到中央控制系统，中央控制系统将这些异构数据整合并进行实时分析。通过分析数据，可以及时发现设备的异常情况，并进行预测性维护，避免设备故障对生产造成影响。

（2）实时协作与监控　　复杂网络使得设备之间能够进行实时的协作和信息共享。例如，如果一台机器检测到异常情况，它可以立即通过网络通知其他设备和控制中心，从而迅速采取措施，避免更大的问题发生。这种实时的协作和监控能力使得生产系统能够快速响应变化，提高了系统的鲁棒性和可靠性。通过复杂网络，生产系统不仅能够实现设备之间的信息共享，还能够进行动态调度和优化。例如，当生产线上的某台设备需要维护时，系统可以自动调整其他设备的运行状态，重新分配生产任务，确保生产过程不间断地进行。

### 3. 智能供应链管理（SCM）

智能制造不仅局限于生产过程，还涵盖了整个 SCM。通过复杂网络技术，企业可以优化和管理 SCM 中的各个环节，提高供应链的整体效率和稳定性。这种方法帮助企业应对复杂多变的市场环境，增强供应链的韧性和竞争力。

（1）SCM 中的复杂网络模型 供应链是一个复杂的系统，涉及多个环节，包括供应商、制造商、分销商和零售商等。每个环节可以看作复杂网络中的一个节点，这些节点通过信息流、物资流和资金流等方式相互连接和互动。通过构建供应链的复杂网络模型，可以全面了解各节点之间的关系，优化供应链的整体运行。

复杂网络模型在供应链中的应用有助于揭示各节点之间的互动模式和依赖关系。例如，某些供应商可能在供应链中占据重要位置，一旦这些供应商出现问题，整个供应链可能会受到严重影响。通过复杂网络分析，可以识别这些关键节点，并针对性地进行管理和监控，确保供应链的稳定性和可靠性。

（2）SCM 的可视化和优化 复杂网络技术不仅可以帮助企业分析供应链中的关系，还可以实现 SCM 的可视化。通过将供应链各节点和它们之间的关系以图形化的方式呈现，企业可以直观地看到供应链的结构和动态变化。这样，管理者可以更容易地发现潜在的瓶颈和风险，采取有效措施进行优化和调整。例如，通过网络分析，企业可以识别出供应链中的薄弱环节（见图 2-69），如某些供应商的供货不稳定、某些分销商的物流效率低等。针对这些问题，企业可以制定相应的优化策略，如增加供应商的多样性、改进物流管理等，从而提高供应链的整体效率和可靠性。

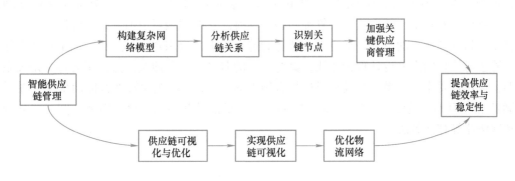

图 2-69 智能供应链管理

### 4. 复杂网络在 APS 中的应用

生产调度是智能制造系统中一个关键环节，通过优化生产调度，可以显著提高生产效率，减少资源浪费。复杂网络在生产调度中的应用，提供了全新的方法和工具，帮助企业在动态、多变的生产环境中实现高效调度。

（1）APS 中的网络优化 复杂网络可以帮助分析和优化 APS。在一个制造车间，通过复杂网络分析，可以确定最优的生产路径，减少设备的空闲时间，提高生产效率。例如，生产车间中的每台设备、工件和工序都可以看作复杂网络中的节点，它们之间的连接表示生产任务的顺序和设备的使用情况。通过复杂网络分析，可以全面了解各节点之间的关系，识别出生产流程中的关键路径和瓶颈节点。基于这些信息，可以制定最优的生产调度方案，确保设备的合理利用，最大限度地减少生产过程中的等待时间和切换时间，提高整体生产效率。

（2）动态调度和实时优化　复杂网络使得生产调度可以更加灵活和动态（见图 2-70）。通过实时数据分析，可以根据生产情况的变化，及时调整生产计划，优化资源配置，确保生产过程的高效运行。实时数据来自于生产现场的各类传感器和监控系统，通过网络传输到中央控制系统进行分析和处理。

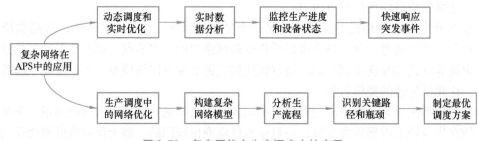

图 2-70　复杂网络在生产调度中的应用

在动态调度过程中，复杂网络可以帮助实时监控生产进度和设备状态，快速响应生产中的突发事件。例如，当某台设备发生故障时，复杂网络可以迅速识别受影响的生产环节，并自动调整生产调度，将任务重新分配给其他设备，确保生产过程的连续性和稳定性。

## 2.4　运筹学——智能制造系统的器官

### 引言

运筹学（Operations Research，OR）是智能制造设计的方法论、系统的"器官"，MES、CRM、WMS 等各模块都有相应的运筹学理论支撑。它是运用图论、概率、博弈论和优化理论等方法，以系统化和科学化的方式解决管理问题的学科。它的发展可以追溯到 20 世纪 40 年代，随着信息技术和计算能力的提升，运筹学在智能制造系统中的应用越来越广泛，但工科学生很少接触。运筹学与传统的产品设计理论相比，具有很大的差异，主要涉及三点：①运筹学是关系建模的基础，优化各要素的关系；②设计目标带有很大的主观性，随企业管理目标而变化；③寻求的是"满意解"而不是最优解。"田忌赛马"就是典型的运筹学应用，可采用矩阵图、二分图、决策树和网络流等算法解决。

### 学习目标

- 运筹学简介——智能制造系统方法论。
- 掌握运筹学的核心——十大分支。
- 掌握智能制造各子系统的运筹学建模。
- 理解运筹学与智能制造的关系。

### 2.4.1　运筹学概念

运筹学作为一门第二次世界大战期间兴起的新兴学科，以数学为主要工具，运用系统思维，利用模型技术为经济、军事、管理等领域提供最佳的决策方案，旨在为行政管理人员提供科学的决策依据，因此被视为实现管理现代化的重要工具（见图 2-71）。莫尔斯和金博尔对运筹学的定义是：为决策机构在其控制下的业务活动进行决策时，提供以数量为基础的科学方法。智能制造专业及其从业人员多以工科为背景，而工科专业几乎不开运筹学课程，导致在智能制造系统设计中缺乏理论指导，会走很多弯路。

运筹学的发展经历了从军事到民用的广泛扩展，随着时间的推移，在智能制造中也开始发挥

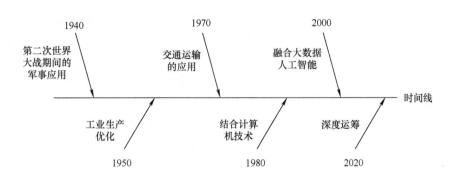

图 2-71  运筹学发展历程

越来越重要的作用。特别是在供应链管理、生产计划、库存控制和路径优化等方面，运筹学帮助企业降低成本、提高效率，并优化资源的使用。通过建模和优化技术，运筹学可以帮助分析大数据，提取有用信息，支持企业做出更科学的决策。

### 2.4.2  运筹学十大分支

运筹学将实际问题归结为不同的数学模型，构成了运筹学的十大分支，成为智能制造系统各模块的方法论：线性规划—PLM、非线性规划—PLM、运输问题—WMS 与 MES、整数规划—MES 与 APS、动态规划—MES、网络分析—ERP、存储论—WMS、排队论—APS、对策论—CRM、决策分析—CPS。

运筹学作为一门应用数学的分支，其在现代工业与服务业中的应用十分广泛。它通过数学建模、统计分析和算法设计，帮助组织在资源有限的情况下做出最优决策。以下是一些具体应用领域的详细介绍：

1）物流与供应链管理。运筹学在物流与供应链管理中的应用尤为重要。在 ERP 系统中，网络分析可帮助优化供应链管理、库存控制和信息流程，确保各部门之间的协调和高效运作。存储论研究如何在有限空间内最优地存放和管理物品，在 WMS 中，存储论可用于设计仓库布局、优化存储空间利用率，并规划货物的流入和流出过程，排队论研究如何优化队列系统中的服务效率和等待时间。

2）生产计划与调度。在 MES 中，非线性规划用于优化复杂的生产过程、资源调度和生产计划，以提高生产效率和灵活性。动态规划则是一种处理具有重叠子问题和最优子结构的优化问题的方法，在 MES 中用于优化生产调度、作业顺序和资源分配，以应对不断变化的生产环境和需求。在 APS 中，排队论可以优化生产流水线的排队顺序、工作站的负载均衡，以及生产资源的分配，从而提高生产效率和资源利用率。对策论和决策分析提供决策支持和优化策略选择的方法。

3）项目管理。在项目管理中，运筹学中应用广泛，特别是在时间和资源受限的项目中。线性规划用于解决优化问题，特别适用于 PLM 中的产品设计、资源分配和成本优化。通过线性规划，可以找到最优的产品结构和生产策略，确保产品质量、成本和时间的要求得到满足。

4）交通运输。运筹学在交通运输领域中的应用帮助提高运输系统的效率和可靠性。例如，通过运用网络优化和流量模拟，可以优化城市交通信号系统，减少交通拥堵。在航空业，运筹学用于优化航班调度和票价管理，提高航空公司的运营效率和盈利能力。

5）环境与能源管理。在环境保护和能源管理方面，运筹学可以帮助实现资源的可持续使用。例如，通过建立废物管理优化模型，可以提高废物回收的效率，减少环境污染。在能源行业，运筹学被用于优化电网的运行和管理，平衡电力供需，促进可再生能源的利用。

6）人力资源管理。企业通过运筹学模型优化人力资源配置，员工排班系统可以确保人力资源的合理分配，同时满足员工和组织的需求。在 CRM 中，对策论和决策分析提供决策支持和优化策略选择的方法，用以分析客户需求、制定个性化的营销策略，优化客户服务流程，以提升客户满意度和忠诚度。

由此可见运筹学各分支与智能制造系统各模块相对应，相当于系统的器官，其基础是图论，应用是智能制造系统。不仅提高了组织的运作效率和决策质量，还促进了整个社会经济的健康发展。

### 1. 线性规划

在多元化的经济活动中，巧妙地利用手中有限的资源，以精心的统筹安排实现总体效益的最大化；或在既定的任务目标下，如何以最小的资源消耗达成目标。这类问题，通常称之为规划问题，转化为数学语言进行表述：如果目标（函数）以及资源的约束条件均呈现为线性函数的形式，便称之为线性规划问题。

在解决这类问题时，不仅要考虑资源的合理分配，还要兼顾效益的最大化，这需要具备深厚的数学基础和丰富的实践经验。线性规划问题作为其中的一种特例，其数学模型简单明了，求解方法也相对成熟，因此在实际应用中具有广泛的适用性。

线性规划问题的数学模型，其一般形式是

$$\max(\text{或 } \min) \quad z = c_1 x_1 + c_2 x_2 + \cdots + c_n x_n$$

$$\text{s. t.} \begin{cases} a_{11} x_1 + a_{12} x_2 + \cdots + a_{1n} x_n \leqslant (\text{或} \geqslant, =) b_1 \\ a_{21} x_1 + a_{22} x_2 + \cdots + a_{2n} x_n \leqslant (\text{或} \geqslant, =) b_2 \\ \cdots\cdots \\ a_{m1} x_1 + a_{m2} x_2 + \cdots + a_{mn} x_n \leqslant (\text{或} \geqslant, =) b_m \\ x_1, x_2, \cdots, x_n \geqslant 0 \end{cases} \quad (2\text{-}60)$$

线性规划问题可用图解法进行资源配置。智能制造系统中，在最优生产安排下，寻找最优决策，同时考虑多个约束条件。多条约束下构成的阴影区就是该线性规划问题的"可行域"，凡是位于可行域之外的点都是不可行的。例如，对三个资源的约束，数学模型见式（2-61），构建二维坐标系（见图 2-72）。考虑目标函数，在可行域上找到使得目标函数达到最大值的方案。

在二维坐标系中取两个点 A（0，2）和 B（3，0），并作连线 $AB$。很显然线段 $AB$ 上的

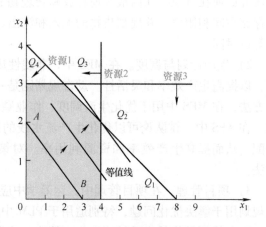

图 2-72　三个资源的二维坐标系

点都满足 $2x_1 + 3x_2 = 6$。做它的等值线，不难发现右上方平移到经过 $Q_2$ 点时，若再进一步平移等值线，那么等值线将与可行域没有交集了，因此 $Q_2$ 就是目标函数达到最大的方案。联立方程的 $(x_1, x_2) = (4, 2)$。因此，原线性规划问题的最优解为 $(4, 2)$，最优目标函数值为 $z = 14$。

$$\max z = 2x_1 + 4x_2$$

$$\text{s. t.} \begin{cases} x_1 + 2x_2 + x_3 = 8 & \text{资源 1} \\ 4x_1 + x_4 = 16 & \text{资源 2} \\ 4x_2 + x_5 = 12 & \text{资源 3} \\ x_1, x_2 \geq 0 & \text{非负性} \end{cases} \qquad (2\text{-}61)$$

线性规划在智能制造系统中与 PLM（见图 2-73）紧密相关，它是一个处理资源如何实现最优化分配的高效工具。通过建立一个目标函数和一系列线性约束来寻找最优解。此方法广泛应用于各种领域，如工业生产中的原料分配、能源行业中的发电计划优化以及金融领域中的资产组合选择。这一方法通过对生产过程中各种资源，如原材料、人力、机器设备等的使用进行细致的分析和优化，以确保在满足生产需求的同时，能够最大程度地提升资源利用效率，降低成本，提高生产效益。在智能制造的大背景下，线性规划与 APS 的结合，不仅强化了对生产流程的智能化管理，还促进了制造系统中资源配置的精准化和科学化，为企业的可持续发展提供了有力的决策支持。通过对生产计划的优化，企业可以更灵活地应对市场变化，实现生产效率和产品质量的双重提升，从而在激烈的市场竞争中占据有利地位。

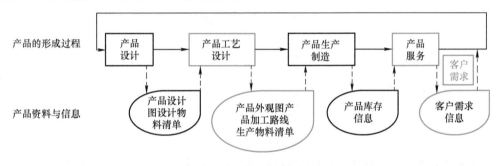

图 2-73　PLM 与线性规划

**2. 运输问题**

运输是 WMS 和 SCM 中的一类重要问题。供应链是一个由物流系统和该供应链中的所有单个组织或企业相关活动组成的网络。为满足供应链中各方的需求，需要对物品、服务及相关信息，从产地到消费地高效率、低成本地流动及储存进行规划、执行和控制。运筹学中对运输模型的研究为达到上述目的提供了相应的理论和方法论基础。

在经济建设中，经常碰到大宗物资调运问题，各类物资在全国有若干生产基地，根据已有的交通网，如何制定调运方案，将这些物资运到各消费地点，而费用最小。面对该类问题，可以用数学语言描述。

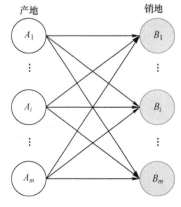

运输问题即研究物资运输的调度问题。其典型的情况是：设某种物品有 $m$ 个产地 $A_1, A_2, \cdots, A_m$，各产地的产量分别为 $a_1,$ $a_2, \cdots, a_m$；有 $n$ 个销地 $B_1, B_2, \cdots, B_n$，各销地的销量分别为 $b_1,$ $b_2, \cdots, b_n$，假定从产地 $A_i (i = 1, 2, \cdots, m)$ 向销地 $B_j (j = 1, 2, \cdots, n)$ 运输单位物品的运价是 $c_{ij}$，如图 2-74 所示，问怎样调运这些物品才能使总运费最少？

若用 $x_{ij}$ 表示 $A_i$ 到 $B_j$ 的运量，在产销平衡的条件下，要求总运费最小的调运方案，可求解下列数学模型或用表格表示见表 2-6。

图 2-74　运输网

表 2-6　产销运输问题

| 产 | 销 | | | | 产量 |
|---|---|---|---|---|---|
| | $B_1$ | $B_2$ | ... | $B_n$ | |
| $A_1$ | $c_{11}$ | $c_{12}$ | | $c_{1n}$ | $a_1$ |
| $A_2$ | $c_{21}$ | $c_{22}$ | | $c_{2n}$ | $a_2$ |
| ... | | | | | |
| $A_m$ | $c_{m1}$ | $c_{m2}$ | | $c_{mn}$ | $a_2$ |
| 销量 | $b_1$ | $b_2$ | | $b_n$ | $a_n$ |

运输问题的解 $X = (x_{ij})$ 代表一种运输方案。$x_{ij}$ 的值表示从 $A_j$ 调运数量为 $x_{ij}$ 的物品到 $B_j$，解 $X$ 必须满足模型中所有约束条件。基变量对应的约束方程组的系数列向量线性无关。运输问题模型中的约束条件个数为 $m+n$ 个，但因为总产量＝总销量，故只有 $m+n-1$ 个是线性独立的，所以解 $X$ 中非零变量的个数不能大于 $m+n-1$ 个。为使迭代过程能顺利进行，基变量在迭代过程中应保持为 $m+n-1$ 个。运输问题也可用表上作业法求解，首先给出初始调运方案，使用最小元素法、西北角法或 Vogel 法，对解的最优性检验可使用闭回路法或对偶变量法（位势法）。

$$\min z = \sum_{i=1}^{m} \sum_{j=1}^{n} c_{ij} x_{ij}$$

$$\begin{cases} \sum_{j=1}^{n} x_{ij} = a_i \\ \sum_{i=1}^{m} x_{ij} = b \\ x_{ij} \geq 0 \end{cases} \tag{2-62}$$

最小元素法基本思想是从表格中调整单位运输成本最低的单元格开始，当产大于销，划掉对应的列；产小于销，划掉对应的行，逐步确定运输量以满足供应和需求条件。首先，在运输问题的成本表格中找到单位运输成本最低的单元格（如果有多个拥有同样最低成本的单元格，则可以任选其中一个）。然后确定该单元格的运输量，即将该单元格中的运输量设置为可以运输的最小数量，通常是对应该单元格行和列中未被限制的部分。最后根据已经确定的运输量，逐步减少相应的供应和需求量，并标记已满足的供应地点和需求地点。重复以上步骤（见图 2-75），直到所有的供应和需求都得到满足。

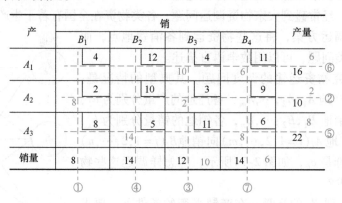

图 2-75　最小元素法求解运输问题

在智能制造系统中，优化运输问题，可以帮助企业有效管理供应链中的库存。合理的物流规划和运输调度可以减少库存水平，降低库存成本，同时确保供应链的灵活性和响应能力，优化生产调度中的物料配送路线和时间安排，以确保生产线的顺畅运行和生产效率的提高。通过最优化运输路线、调度和资源利用，可以降低物流成本，提高货物运输效率，确保及时交付和库存控制。优化运输问题还能够降低对环境的影响和能源消耗。

### 3. 整数规划

前面讨论的线性规划问题，有些最优解可能是分数或小数，这是因为线性规划是连续变量的优化问题。但在实际问题中，常有要求问题的解必须是整数的情形（整数解），如人员、设备配置等。线性规划中如果所有的变量都限制为（非负）整数，就称之为纯整数线性规划或全整数线性规划。如果仅一部分变量限制为整数，另一部分可以不取整数值，则称为混合整数线性规划。整数线性规划的一种特殊情形是 0-1 规划问题，指决策变量只能取值 0 或 1 的整数线性规划。

整数规划的数学模型为

$$\max(\min)z = \sum_{j=1}^{n} c_j x_j$$

$$\sum_{j=1}^{n} a_{ij} x_j \leqslant (\ =\ ,\ \geqslant) b_i$$

$$x_j \geqslant 0$$

$$其中\ i = 1, 2, \cdots, m; \quad j = 1, 2, \cdots, n \tag{2-63}$$

去掉整数约束后的数学模型称为整数规划的松弛问题。整数规划及其松弛问题，从解的特点看，二者之间既有密切的联系，又有本质的区别。

整数规划并不是线性规划取整。松弛问题的可行域是凸集，整数规划的可行域（非凸集）是它的松弛问题的可行解集的一个子集。由于整数规划的可行解一定是它的松弛问题的可行解（反之则不一定）。所以整数规划的最优解的目标函数值小于或等于其松弛问题的目标函数值。在一般情况下，松弛问题的最优解不会刚好满足整数约束条件，自然就不是整数规划的最优解。

求解整数规划可用分支定界法和割平面解法。分支定界解法，就是只检查可行的整数部分，就能定出最优的整数解，可用于解纯整数或混合的整数规划问题。设有最大化的整数规划问题 A，与它相应的线性规划为问题 B，从解问题 B 开始，若其最优解不符合问题 A 要求的整数条件，那么 B 的最优目标函数值必是 A 的最优目标函数值 $z^*$ 的上界，记作 $\bar{z}$；而 A 的任意可行解的目标函数值将是 $z^*$ 的一个下界 $\underline{z}$。分支定界法就是将 B 的可行域分成子区域（称为分支）的方法，逐步减小 $\bar{z}$ 和增大 $\underline{z}$，最终求得 $z^*$。用一个例题理解一下，求解 A，函数如图 2-76 所示。

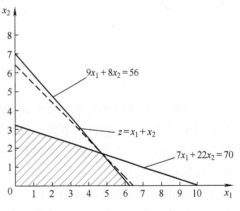

图 2-76　三个约束的二维坐标系

$$\max z = x_1 + x_2$$

$$\begin{cases} 9x_1 + 8x_2 = 56 & ① \\ 7x_1 + 22x_2 = 70 & ② \\ x_1, x_2 \geqslant 0 & ③ \\ x_1, x_2\ 为整数 & ④ \end{cases} \tag{2-64}$$

不考虑④，这就是一个解相应线性规划 B 的问题，得到最优解

$$x_1 = 4.73, x_2 = 1.68, z_0 = 6.41$$

$z_0 = 6.41$，是问题 A 的最优目标函数值 $z^*$ 的上界，$x_1 = 0, x_2 = 0$，得 $z = 0$，为 $z^*$ 的下界。分支定界法的解法，是基于这其中非整数变量的解进行分支的，对原问题增加两个约束条件 $x_1 \leqslant 4$，$x_1 \geqslant 5$，可将原问题分解为两个子问题 $B_1$ 和 $B_2$，给每支增加一个约束条件使其上路逐渐降低，下路逐渐升高。对其进行多次迭代，如图 2-77 所示，得到 $x_1$，$x_2$ 的解。

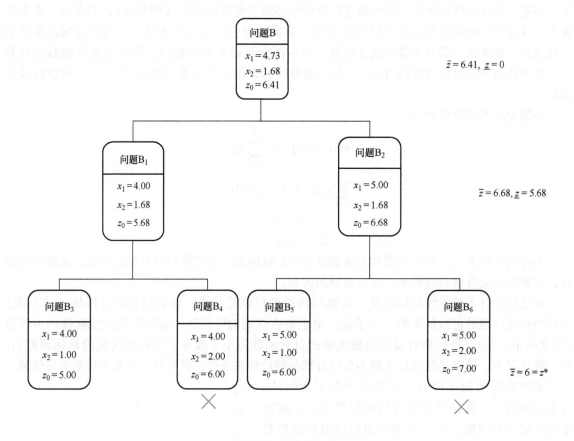

图 2-77　迭代过程图

割平面解法也是将求解整数线性规划的问题化为一系列普通线性规划问题求解。其思路是：首先不考虑变量 $x$ 是整数这一条件，仍然先解其相应的线性规划，得到非整数的最优解，则增加能割去非整数的线性约束条件，使得其原可行解中割掉一部分，切割部分只包含非整数解，即没有割掉任何整数可行解。

现实生活中经常遇到这样的问题，如某单位需要完成 $n$ 项任务，有 $n$ 个人可承担这些任务。由于每个人专长不同，各人完成任务不同（或所耗费时间），效率也不同。于是产生应指派哪个人去完成哪项任务，使完成 $n$ 项任务的总效率最高（或所需总时间最小）的问题。这类问题被称为指派（分配）问题（Assignment Problem）。

例如，有一生产计划，需加工四种零件 A、B、C、D，现有四台机器甲、乙、丙、丁，它们完成四种零件加工所需时间见表 2-7。问如何指派这四台机器分别加工哪种零件所需总时间最少？

表 2-7　生产计划指派问题

| 机器 | 零件 | | | |
|------|------|------|------|------|
| | **A** | **B** | **C** | **D** |
| 甲 | 2 | 13 | 7 | 4 |
| 乙 | 10 | 4 | 14 | 15 |
| 丙 | 9 | 11 | 12 | 13 |
| 丁 | 6 | 7 | 9 | 8 |

问题要求极小化时的数学模型是

$$\min z = \sum_i \sum_j c_{ij} x_{ij} \qquad ①$$

$$\begin{cases} \sum_i x_{ij} = 1, j = 1, 2, \cdots, n & ② \\[2mm] \sum_j x_{ij} = 1, i = 1, 2, \cdots, n & ③ \\[2mm] x_{ij} = \begin{cases} 1, & 当指派第\ i\ 人去完成第\ j\ 项工作 \\ 0, & 当不指派第\ i\ 人去完成第\ j\ 项工作 \end{cases} & ④ \end{cases} \qquad (2\text{-}65)$$

约束条件②说明第 $j$ 项任务只能一人完成；约束条件③说明第 $i$ 人只能完成一项任务。满足约束条件② ~ ④的可行解 $x_{ij}$ 可写成表格或矩阵形式，称为解矩阵。

第一步：指派问题的系数矩阵经变换，首先从系数矩阵的每行元素减去该行最小的元素，再从所得系数矩阵的每列元素中减去该列的最小元素，最终在各行各列都出现 0 元素。

$$\begin{matrix} & & \min \\ (c_{ij}) = \begin{bmatrix} 2 & 13 & 7 & 4 \\ 10 & 4 & 14 & 15 \\ 9 & 11 & 12 & 13 \\ 6 & 7 & 9 & 8 \end{bmatrix} \begin{matrix} 2 \\ 4 \\ 9 \\ 6 \end{matrix} \rightarrow \begin{bmatrix} 0 & 11 & 5 & 2 \\ 6 & 0 & 10 & 11 \\ 0 & 2 & 3 & 4 \\ 0 & 1 & 3 & 2 \end{bmatrix} \rightarrow \begin{bmatrix} 0 & 11 & 2 & 0 \\ 6 & 0 & 7 & 9 \\ 0 & 2 & 0 & 2 \\ 0 & 1 & 0 & 0 \end{bmatrix} = (b_{ij}) \end{matrix} \qquad (2\text{-}66)$$

第二步：进行试指派，寻求最优解。当每行每列都有 0 元素时，需找出 $n$ 个独立的 0 元素。从只有一个 0 元素的行开始，先给 $b_{22}$ 加圈，然后给 $b_{31}$ 加圈，划掉 $b_{11}$，$b_{33}$，$b_{41}$；然后给只有一个 0 元素列的 0 元素 $b_{43}$ 加圈，划掉 $b_{44}$，最后给 $b_{14}$ 加圈，得到

$$\begin{bmatrix} \phi & 11 & 2 & \odot \\ 6 & \odot & 7 & 9 \\ \odot & 2 & \phi & 2 \\ \phi & 1 & \odot & \phi \end{bmatrix} \qquad (2\text{-}67)$$

反复进行前两步直到 0 元素都被圈出和划掉为止，若仍有没有划圈的 0 元素，可从剩有 0 元素最少的行（列）开始划，反复进行直到 0 元素都圈出或划掉。若 ⊙ 元素的数目 $m$ 等于矩阵的阶数，那么该指派问题的最优解已得到，$m = n = 4$ 所得最优解为

$$(x_{ij}) = \begin{bmatrix} 1 & 0 & 0 & 0 \\ 0 & 1 & 0 & 0 \\ 0 & 0 & 1 & 0 \\ 0 & 0 & 0 & 1 \end{bmatrix} \qquad (2\text{-}68)$$

这表明，甲加工 A，乙加工 B，丙加工 C，丁加工 D，所需总时间最少。

$$\min z_b = \sum_i \sum_j b_{ij} x_{ij} = 0$$

$$\min z = \sum_i \sum_j c_{ij} x_{ij} = c_{11} + c_{22} + c_{33} + c_{44} = 26 \tag{2-69}$$

整数规划可以用于优化工厂中机器设备的调度，以最大化生产效率或者最小化生产成本。通过考虑设备使用时间、工序顺序、生产优先级等因素，能够帮助制造企业优化生产排程，降低待机时间和生产周期。在多条生产线或者流水线的情况下，能够帮助优化每条线上的工序顺序、工艺安排，以达到资源利用的最佳化。在 SCM 中，整数规划可用于优化物流路线和配送计划，以最小化运输成本和时间，并确保产品及时到达目的地。整数规划可以帮助智能制造系统在多种资源（如设备、人力）之间进行有效的分配和规划，以最大化资源利用率。

### 4. 动态规划

在很多管理情境中，企业面临着多阶段（可以体现为空间、时间等维度）的决策问题，每一阶段的最优决策不仅受制于当时的实际情况（比如当时具备的资源），而且要考虑到该决策对未来的影响。因此，不同阶段的决策是彼此关联的。动态规划提供了一种解决多阶段决策过程最优化的数学方法。

所谓多阶段决策问题是指这样一类活动过程：它可以分为若干个互相联系的阶段（称为时段），在每一阶段都需要做出决策。这个决策不仅决定这一阶段的效益，而且决定下一阶段的初始状态。每个阶段的决策确定以后，就得到一个决策序列，称为策略。多阶段决策问题旨在寻求一个策略，使得整个活动过程的整体效果最优。

动态规划在工程技术、企业管理、工农业生产及军事等部门中都有广泛的应用，并且获得了显著的效果。在企业管理方面，动态规划可以用来解决最优路径问题、资源分配问题、生产调度问题、库存问题、装载问题、排序问题、设备更新问题、生产过程最优控制问题等，因此它是现代企业管理中一种重要的决策方法。例如，给定一个线路网络，两点之间连线上的数字表示两字母之间的距离，求 $A$ 到 $F$ 点的最短路径，如图 2-78 所示。对该问题进行动态规划，首先需要分为 6 个"阶段"，确定每阶段的初始自然状态或客观条件，即确定"状态"，选取的状态具有"无后效性"，并将描述过程状态的变量称为"状态变量"。在每个阶段选择一个恰当的"决策"，使由按顺序排列的决策组成集合，即"策略"决定一条路线，在允许策略集合中找出达到最优效果的策略为最优策略，使其总路程最短。

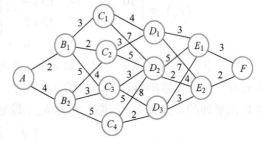

图 2-78　简单的线路网图

动态规划中用于衡量所选定策略的优劣的数量指标称为指标函数。指标函数的最优解（最大值或最小值）称为最优值函数，记为 $f_k(s_k)$，它表示从第 $k$ 阶段状态 $S_k$ 采用最优策略 $p_{k,n}^*$ 到过程终止时的最佳效益值，即

$$f_k(s_k)_{\{u_k, \cdots, u_n\}} = \max/\min V_{k,n}(s_k, u_k, \cdots, s_{n+1}) \tag{2-70}$$

求解上述例题，可用逆序解法，逆序解法原理是一条最短路，去掉首位节点后还是最短路，以此类推。它有助于减少不必要的计算，通过逆向计算可以有效避免重复计算和无效状态，从而剪枝来减少计算量。此外，逆序法还可以简化边界条件的处理，利用已经解决的子问题的解来构建更复杂的问题的解。用 $d(s_k, u_k)$ 表示从 $s_k$ 出发，采用 $u_k$ 到达下一阶段 $s_{k+1}$ 点时的两点间距离。

状态转移方程确定了由一个状态到另一个状态的演变过程，记为

$$s_{k+1} = T(s_k, u_k) \tag{2-71}$$

第一步：$k = 5$

$$\begin{aligned} f_5(E_1) &= 3 \\ f_5(E_2) &= 2 \end{aligned} \tag{2-72}$$

第二步：$k = 4$

$$f_4(D_1) = \min\left\{ \begin{matrix} d(D_1, E_1) + f_5(E_1) \\ d(D_1, E_2) + f_5(E_2) \end{matrix} \right\} = \left\{ \begin{matrix} 3 + 3 \\ 7 + 2 \end{matrix} \right\} = 6 \tag{2-73}$$

$$u_4^*(D_1) = E_1$$

路径：$D_1 \rightarrow E_1 \rightarrow F$

$$f_4(D_2) = \min\left\{ \begin{matrix} d(D_2, E_1) + f_5(E_1) \\ d(D_2, E_2) + f_5(E_2) \end{matrix} \right\} = \left\{ \begin{matrix} 5 + 3 \\ 2 + 2 \end{matrix} \right\} = 4 \tag{2-74}$$

$$u_4^*(D_2) = E_2$$

路径：$D_2 \rightarrow E_2 \rightarrow F$

$$f_4(D_3) = \min\left\{ \begin{matrix} d(D_3, E_1) + f_5(E_1) \\ d(D_3, E_2) + f_5(E_2) \end{matrix} \right\} = \left\{ \begin{matrix} 4 + 3 \\ 3 + 2 \end{matrix} \right\} = 5 \tag{2-75}$$

$$u_4^*(D_3) = E_2$$

路径：$D_3 \rightarrow E_2 \rightarrow F$

第三步：$k = 3$

$$f_3(C_1) = \min\left\{ \begin{matrix} d(C_1, D_1) + f_4(D_1) \\ d(C_1, D_2) + f_4(D_2) \end{matrix} \right\} = \left\{ \begin{matrix} 4 + 6 \\ 7 + 4 \end{matrix} \right\} = 10 \quad u_3^*(C_1) = D_1$$

$$f_3(C_2) = 9 \quad u_3^*(C_2) = D_2 \tag{2-76}$$

$$f_3(C_3) = 7 \quad u_3^*(C_3) = D_2$$

$$f_3(C_4) = 7 \quad u_3^*(C_4) = D_3$$

第四步：$k = 2$

$$f_2(B_1) = \min\left\{ \begin{matrix} d(B_1, C_1) + f_4(C_1) \\ d(B_1, C_2) + f_4(C_2) \\ d(B_1, C_3) + f_4(C_3) \end{matrix} \right\} = \left\{ \begin{matrix} 3 + 10 \\ 2 + 9 \\ 5 + 7 \end{matrix} \right\} = 11 \quad u_2^*(B_1) = C_2 \tag{2-77}$$

$$f_2(B_2) = 10 \quad u_2^*(B_2) = C_3$$

第五步：$k = 1$

$$f_1(A) = \min\left\{ \begin{matrix} d(A, B_1) + f_2(B_1) \\ d(A, B_2) + f_2(B_2) \end{matrix} \right\} = \left\{ \begin{matrix} 2 + 11 \\ 4 + 10 \end{matrix} \right\} = 13 \tag{2-78}$$

$$u_1^*(A) = B_1$$

决策序列

$$u_1^*(A) = B_1, u_2^*(B_1) = C_2, u_3^*(C_2) = D_2, u_4^*(D_2) = E_2, u_5^*(E_2) = F \tag{2-79}$$

$$即\ A \rightarrow B_1 \rightarrow C_2 \rightarrow D_2 \rightarrow E_2 \rightarrow F$$

在智能制造中，动态规划在 APS 中广泛应用。APS 负责制定生产计划和排程，以确保资源

（设备、人力、原材料等）有效利用，并按时交付产品。动态规划可以帮助优化生产排程的决策过程。例如，通过动态规划算法（DP算法）将复杂问题分解成简单子问题来解决，可以在考虑设备能力、生产线平衡、订单优先级等因素的基础上，制定出最优的生产顺序和调度安排，以最大化生产效率和资源利用率。动态规划优化库存策略的制定，如何在最小化库存成本的同时，确保满足生产需求和客户订单的及时交付。通过DP算法，可以基于需求预测、供应链情况等因素，动态调整库存水平和再订货点，从而提高库存周转率和资金利用效率。动态规划可以在质量控制方面提供支持，例如，如何通过最优的检测策略来减少次品率和废品率，以及如何在质量问题发生时快速响应和调整生产流程，保证产品质量。

**5. 网络分析**

自然界和人类社会中，事物和事物之间的关系，常可以用图形来描述。如物质结构、电路网络、城市规划、交通运输、信息传递、物资调配等问题都可以用点和线连接起来的图形进行模拟。

网络就是与点或边有关的带有某种数量指标的图（赋权图）。所谓网络，如图2-79所示，每个边上的流量，是指定义在边集合 $A$ 上的一个函数 $f = \{f(v_i, v_j)\}$，并称 $f(v_i, v_j)$ 为边 $(v_i, v_j)$ 上的流量。每个边上的流量不能超过该边的最大能力，中间点的流量为零。网络分析中最常见的问题是最小费用最大流问题、匹配问题。

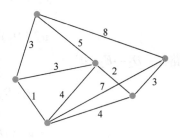

图2-79　简单网络

在深入探讨网络分析与ERP的紧密联系时，不难发现这两者之间的互补性。ERP作为一个集成的信息系统（见图2-80），旨在为企业提供全面的业务流程管理，包括财务、人力资源、供应链和生产等多个方面。而网络分析则是对网络环境中的数据进行深度挖掘，以揭示其中的模式和趋势，为决策提供有力支持。当ERP系统在网络环境中运行时，会产生大量的数据。这些数据不仅包含了企业的运营状况，还记录了用户的行为、网络流量等关键信息。通过网络分析，企业可以深入了解这些数据背后的含义，发现潜在的问题和机会。例如，通过分析网络流量数据，企业可以发现哪些业务流程在高峰时段出现了瓶颈，从而优化资源配置，提高运营效率。

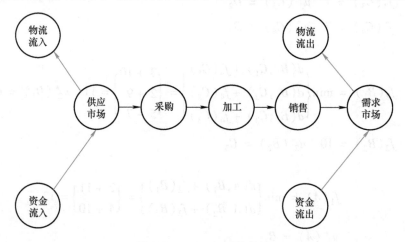

图2-80　ERP与网络分析

此外，网络分析还可以帮助ERP系统实现更高效的数据集成和共享。在传统的ERP系统中，由于各部门之间的数据格式和存储方式存在差异，导致数据集成和共享变得困难。而网络分析可以通过统一的数据格式和标准化的接口，实现各部门之间数据的无缝对接。这样不仅可以提高数据的准确性和一致性，还可以降低数据维护的成本。网络分析还可以根据历史数据预测未来的网络流量和业务需求，为 ERP 系统的扩容和优化提供有力支持。

**6. 存储论**

存储是协调供需关系的常用手段。存储论研究的基本问题是对于特定的需求类型，以怎样的方式进行补充，才能最好地实现存储管理的目标。人们在生产和日常生活活动中往往要将所需物资、用品和食物暂时地储存起来，以备将来使用或消费。这种储存物品的现象是为了解决供应（生产）与需求（消费）之间的不协调问题，这种不协调性一般表现为供应量与需求量和供应时期与需求时期的不一致性（供不应求或供过于求）。在供应与需求之间加入储存这一环节，能够起到缓解供应与需求之间不协调的作用。存储论就是以此为研究对象，利用运筹学的方法，最合理、最经济地解决储存问题。

存储模型需要考虑需求、补充、费用以及存储策略。其中费用可分为存储费、订单费、生产费用和缺货费。根据需求和补充过程中是否包含随机性因素，存储问题分为确定型和随机型两种。确定型库存模型可分为经济订货批量模型、带有提前期的经济订货批量模型、存在数量折扣的库存模型。随机型库存模型分为随机离散需求报童模型和随机连续需求报童模型。

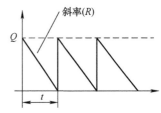

图 2-81　模型一的存储状态图

1）经济订货批量模型，简单来说就是不允许缺货，补充时间极短。其存储状态如图 2-81 所示，因为 $Q = Rt$，所以订单费为 $C_3 = KRt$，因不允许缺货，该模型不考虑缺货费用，时间 $t$ 内的平均费用为

$$C(t) = \frac{C_3}{t} + KR + \frac{1}{2}C_1Rt \tag{2-80}$$

可得，经济批量公式（EOQ）：

$$Q^* = Rt^* = \sqrt{\frac{2C_3R}{C_1}} \tag{2-81}$$

2）提前期的经济订货批量模型，它允许缺货的情况，且补充时间较长，其余条件与模型一相同。由于补充周期内的生产速度 $P$ 大于需求速度 $R$，这意味着在补货期间，库存水平会逐渐上升，直至达到设定的再订货点。

为了找到模型二的最优存储策略参数值，首先要分析存储状态图（见图 2-82），它直观地描绘了库存随时间的变化。由于生产速度恒定，且 $P > R$，可以预测库存将在一个补货周期内先减少到零（如果需求量足够大），然后进入缺货状态，直至新的补货到达。

接下来，需要考虑几个关键因素：

① 缺货成本（$C_2$）。这是每个单位商品在缺货期间所产生的额外费用，可能包括因缺货而导致的销售损失、客户不满或额外的运输成本。为了最小化这种成本，需要确定一个合适的再订货点，以确保在库存降至零之前开始补货。

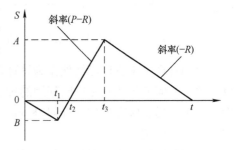

图 2-82　模型二的存储状态图

② 存储成本（$C_1$）。这是每个单位商品在库存中存储一定时间所产生的费用，包括仓储费用、资金占用成本以及可能的产品过时或损坏的风险。为了降低这种成本，需要确定一个合理的订货批量，以平衡存储成本和订货成本。

③ 订货成本（$C_3$）。这是每次下订单所产生的固定成本，包括订单处理、运输和接收货物

等费用。由于订货成本是固定的，因此需要找到一个最优的订货频率，以最小化单位时间内的总成本。

基于以上分析，可以使用数学模型来求解最优存储策略参数值。库存平衡方程：描述库存水平随时间的变化，包括生产、需求和补货过程。

最优存储周期：

$$t^* = \sqrt{\frac{2C_3}{C_1 R}} \cdot \sqrt{\frac{C_1 + C_2}{C_2}} \cdot \sqrt{\frac{P}{P - R}} \tag{2-82}$$

生产经济批量：

$$Q^* = Rt^* \tag{2-83}$$

缺货补足时间：

$$t_2^* = \left(\frac{C_1}{C_1 + C_2}\right)t^* \tag{2-84}$$

开始生产时间：

$$t_1^* = \frac{P - R}{P}t_2^* \tag{2-85}$$

结束生产时间：

$$t_3^* = \frac{R}{P}t^* + \left(1 - \frac{R}{P}\right)t_2^* \tag{2-86}$$

通过求解这个模型，可以找到模型二的最优存储策略参数值，从而帮助企业在满足需求的同时，最小化库存相关的总成本。

3）随机储存模型，可用报童问题理解。报童每天售出的报纸份数 $r$ 是一个离散随机变量，其概率 $P(r)$ 已知。报童每售出一份报纸能赚 $k$ 元；如售剩报纸，每剩一份赔 $h$ 元。问报童每天应该准备多少份报纸？设报童每天准备 $Q$ 份报纸。现采用损失期望值最小准则来确定 $Q$。需要考虑供求关系时的损失期望值。

当每天准备 $Q$ 份报纸时，报童每天的损失期望值为

$$C(Q) = h\sum_{r=0}^{Q}(Q - R)P(r) + k\sum_{r=Q+1}^{\infty}(r - Q)P(r) \tag{2-87}$$

由于 $C(Q)$ 是离散的，故采用边际分析法：

$$\Delta C(Q) = C(Q + 1) - C(Q) = (k + h)\left[\sum_{r=0}^{Q}P(r) - \frac{k}{k + h}\right] \tag{2-88}$$

存储管理中常常以经济性作为管理目标，所以费用分析是存储论研究的基本方法。存储论提供了关于如何最优化仓库空间利用的理论基础。WMS 则通过实施存储论中的最佳实践，例如合理的货架布局、库存单位（Stock Keeping Unit，SKU）分类、动态分配存储位置等，来实现存储空间的最大化利用。

在智能制造系中，存储论和 WMS 结合（见图 2-83）可以实现对库存的精确控制和管理。存储论提供了对库存特性和存放条件的分析和优化建议，例如，哪些货物应该存放在冷藏区域、哪些货物适合托盘存储等。WMS 在实际操作中根据这些要求，精确管理和跟踪每个 SKU 的库存数量、位置和状态，确保库存信息的实时性和准确性。

WMS 通过实时数据和分析，帮助管理人员更好地理解和优化货物流动，从而确保存储系统按照最佳实践运行。存储论通过分析货物的存储特性（如体积、重量、频次等），提出最优的存储设备布局和货架系统设计。WMS 可以根据这些设计要求，实时管理和指导仓库中货物的放置

和存储位置。例如，根据存储论的原则，WMS 可以动态指导入库操作员将货物放置在最合适的位置，以最大化仓库空间利用率和取货效率。WMS 还通过存储论中的理论原则，如批量拣选策略、货物布局设计等，来优化仓库内的作业流程，降低成本并提高生产效率。

存储论和 WMS 的结合使用，不仅可以优化仓库内的存储空间利用率和操作效率，还能够提高仓库管理的精确性和响应速度，帮助企业降低成本、提高客户满意度，并在竞争激烈的市场环境中保持竞争力。

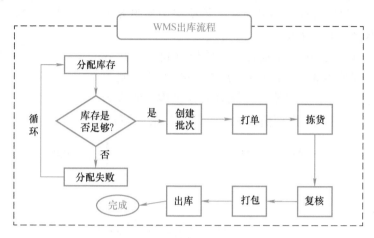

图 2-83 WMS 出库流程与存储论

#### 7. 排队论

排队论也称随机服务系统理论，就是为解决排队时，如机械故障、存储调节、增添服务等问题而发展起来的一门学科（见图 2-84）。排队论通过对排队过程中的随机性和不确定性进行建模和分析，旨在提高系统的运行效率，减少客户等待时间，并优化服务资源的配置，广泛应用于交通、通信、生产调度、客户服务等多个领域。

为了深入探讨排队系统的静态最优问题，首先需要明确几个核心概念及其衡量标准。服务水平通常指顾客在接受服务过程中的满意度或体验，它可能受到等待时间、服务质量等多个因素的影响。而等待费用，则是指顾客因等待而产生的直接或间接成本，比如时间成本、心理成本等。服务机构的成本则包括人力成本、设备成本、运营成本等。

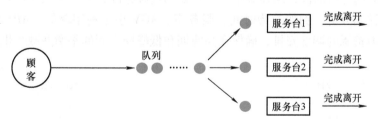

图 2-84 排队系统

静态最优问题在排队系统设计中主要体现在如何合理配置资源，以达到在满足一定服务水平的同时，最小化服务机构成本的目的。这涉及对排队系统各项参数的设定，如服务台的数量、服务速率、队列容量等。

在具体实践中，可以通过建立数学模型来描述排队系统的运作过程，并利用数学工具进行求解。常见的排队系统模型有 M/M/1、M/M/c、M/G/1 等，它们分别描述了不同的服务过程和顾客到达过程。在这些模型中，可以根据实际需要设定参数，并求解出系统的各项性能指标，如平均等待时间、平均队长等。在确定了系统的性能指标后，就可以进行静态最优问题的求解了。这通常涉及对服务台数量、服务速率等参数的优化调整，以使得在满足服务水平要求的同时，最小化服务机构的成本。这个过程可能需要利用到一些优化算法和工具，如线性规划、动态规划等。

排队系统的优化问题通常分为两类：系统的最优设计和最优控制，分别对应静态最优问题和动态最优问题。一般而言，提高服务水平可以减少顾客的等待费用，但往往会增加服务机构的成本。因此，优化的目标之一是使顾客等待费用和服务机构成本的总和最小化（见图 2-85）。

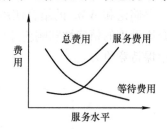

图 2-85　费用和服务水平的关系

构建 M/M/1/k 模型：在平稳状态下，单位时间内到达并进入系统的平均顾客数为 $\lambda_e = \lambda(1 - P_k)$，它即是单位时间内实际服务完的平均顾客数，设每服务一顾客服务机构的收入为 $G$ 元，于是单位时间内输入的期望值是 $\lambda(1 - P_k)G$ 元，故利润为

$$z = \lambda(1 - p_k)G - c_s\mu = \lambda\mu G \frac{\mu^k - \lambda^k}{\mu^{k+1} - \lambda^{k+1}} - c_s\mu \tag{2-89}$$

令 $\dfrac{dz}{d\mu} = 0$，得

$$\rho^{K+1}\left[\frac{K - (K+1)\rho + \rho^{K+1}}{(1 - \rho^{K+1})^2}\right] = \frac{c_s}{G}$$

上式给定 $K$、$C_s$、$G$ 后，可求得 $\mu^*$。通过设置最大容量（$k$），M/M/1/k 模型可以帮助系统避免过载情况，从而提高系统的稳定性和效率。系统可以通过合理的容量控制，确保不会因为服务点过于拥挤而影响服务质量。

需要注意的是，静态最优问题只考虑了排队系统的静态特性，即假设系统的运行参数和状态是固定不变的。然而在实际应用中，排队系统的运行状态往往会受到多种因素的影响而发生变化，如顾客到达率的波动、服务速率的变化等。因此，在解决排队系统优化问题时，还需要考虑到系统的动态特性，并进行相应的动态优化控制。

在智能制造系中，排队论可与 APS 相结合应用（见图 2-86）。排队论可以帮助 APS 系统建立精确的生产模型，包括工作站的排队情况和资源利用率。通过排队论的模型，APS 可以预测工作站的瓶颈和可能的等待时间，从而调整生产计划和资源分配，以最大化生产效率。排队论提供了对物流系统的详细分析，例如等待时间、服务率、AGV 小车利用率等。APS 可以利用这些数据优化设备和人力资源的调度安排，确保在高峰期和低峰期之间的平衡并减少生产过程中的停滞时间和浪费。

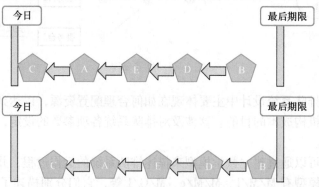

图 2-86　APS 中订单的排序

**8. 对策论**

对策论（Game Theory），又名博弈论，是一门专注于研究具有对抗性或竞争性特征的数学理论和方法。它不仅作为现代数学的一个崭新分支熠熠生辉，更是运筹学领域的重要一环。尽管对策论的历史并不悠久，但由于其所探究的现象与政治风云、经济活动、军事策略乃至日常琐事息息相关，且其处理问题的方式独具一格，故而愈发受到社会各界的瞩目。

面对不同问题，可构建矩阵对策，一般矩阵对策在纯策略意义下的解往往是不存在的，本章假设解存在。矩阵对策即为二人有限零和对策。"二人"是指参加对策的局中人只有两个；"有限"是指每个局中人的策略集均为有限集；"零和"是指在任一局势下，两个局中人的赢得之和总是等于零，即一个局中人的所得恰好等于另一局中人的所失，双方的利益是完全对抗的。

$$A = \begin{bmatrix} a_{11} & \cdots & a_{1n} \\ \vdots & \ddots & \vdots \\ a_{m1} & \cdots & a_{mn} \end{bmatrix} \tag{2-90}$$

"田忌赛马"就是一个矩阵对策的例子，齐王和田忌各有有 6 个策略，一局对策后，齐王的所得必为田忌的所失。当局中人 I 选定纯策略 $\alpha_i$ 和局中人 II 选定纯策略 $\beta_i$ 后，就形成了一个纯对局（$\alpha_i, \beta_i$），这样的纯局势共有 $m \times n$ 个。对任一局势（$\alpha_i, \beta_i$），记局中人 I 的赢得值为 $\alpha_{ij}$，并称为上式。

矩阵 $A$ 为局中人 I 的赢得矩阵，由于对策为零和的，所以局中人 II 的赢得矩阵就是 $-A$。当矩阵对策模型给定后，各局中人面临的问题就是：如何选择对自己最有利的纯策略，以谋取最大的赢得（或最少的损失）。可以引用求解矩阵对策的基本方法——线性规划方法。使用图解法、方程组方法或用 Excel 求解矩阵对策。

CRM 是一种通过深入分析客户详细资料来提升客户满意度，从而增强企业竞争力的策略。它涵盖了围绕客户生命周期的信息收集和管理，是新型企业管理的指导思想和理念，代表了创新的管理模式和运营机制。CRM 的核心在于客户价值管理，遵循"一对一"营销原则，以满足不同价值客户的个性化需求。通过提高客户忠诚度和保有率，实现客户价值的持续贡献，从而全面提升企业的盈利能力。对策论可以帮助企业优化资源分配，包括人力资源、资金和物流等，以更有效地支持 CRM 策略。通过对客户需求的预测和资源的动态调整，可以实现在客户服务方面的成本效益最大化。对策论中的优化算法可以应用于客户分类和优先级管理。通过分析客户价值、潜力和需求，结合运筹学中的模型和算法，企业可以更准确地确定哪些客户应该优先获得资源和服务，以提高客户满意度和忠诚度。结合对策论的模型，可以优化营销活动的设计和执行。通过分析市场反应和竞争环境，运用优化算法确定最佳的营销策略和资源分配，以最大化客户参与和回报。

**9. 决策分析**

决策是为达到预期的目的，从所有可供选择的方案中，找出最满意的一个方案的行为。决策类型按内容和层次可分为战略决策和战术决策；按重复程度可分为程序性决策和非程序性决策；按问题的性质和条件可分为确定型、不确定型和风险型决策，按时间长短可分为长期、中期和短期决策等。

决策程序可分为如下五个步骤：

1）定义决策焦点。需要明确决策的具体目标，接着提出多样化的可行方案，并针对每个方案，设定清晰的评估标准和度量尺度。

2）分析方案潜在结果。在这一阶段，将对每一个方案可能产生的不同结果进行概率评估，从而预测这些结果发生的可能性。这样的分析有助于更全面地了解各方案的潜在影响。

3）权衡方案价值。依据之前设定的度量标准（如经济效益、社会效益、潜在风险等），将对各方案进行详细的偏好判断，明确各方案的优缺点和价值所在。

4）综合评估，择优而行。综合前述所有的信息，包括方案的可能性、价值以及个人或组织的偏好，将进行细致的对比和分析，最终选择出最符合需求和目标的方案。

5）深入探索，稳定性验证。在某些重要或复杂的决策场景下，可能还需要对所选方案进行灵敏度分析，以进一步验证其稳定性和可靠性，确保决策的长期有效性。

五个步骤构成决策程序的核心框架，每一步都提供了宝贵的参考和依据，确保能够做出明智、合理的决策。

决策系统包括信息机构、研究智囊机构、决策机构和执行机构。一个完整的决策包括：至少两个可供选择的方案；存在决策者无法控制的若干状态；可以测知各个方案与可能出现的状态的对应结果；衡量各种结果的价值标准。

决策分析是为了合理分析具有不确定性或风险性决策问题而提出的一套概念和系统分析方法，其目的在于改进决策过程，从而辅助决策，但不是代替决策者进行决策。实践证明，当决策问题较为复杂时，决策者在保持与自身判断及偏好一致的条件下处理大量信息的能力将减弱，在这种情形下，决策分析方法可为决策者提供强有力的工具。

使用决策树的方法可以在进行多步（阶段）时，每走一步选择一个决策方案，下一步的决策取决于上一步的决策结果。其基本构成为：决策点，从这类节点引出的边表示不同的决策方案，边下的数字为进行该项决策时的费用支出；状态点，从这类节点引出的边表示不同的状态，边下的数字表示对应于状态出现的概率；结果点，位于树的末梢，并在这类节点旁注明各种结果的损益值。

例如，某开发公司拟为一企业承包新产品的研制和开发业务。但为了得到合同必须参加投标。已知投标的准备费用为 4 万元，中标的可能性是 40%。若不中标，准备费得不到补偿。如果中标，可采用两种方法进行研制开发：方法 1 成功的可能性为 80%，费用为 26 万元；方法 2 成功的可能性为 50%，费用为 16 万元。如果研发成功，可得 60 万元，若中标但未研发成功，则赔偿 10 万元。是否参加投标？若中标，采用哪种方法研制（见图 2-87）？

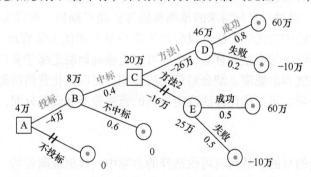

**图 2-87 项目招标的决策树**

在 CRM 中，企业需要不断地做出关于客户互动、营销策略、产品定价等方面的决策，决策分析提供了科学的方法来优化这些决策过程，从而提高决策的准确性和效果。决策分析通过系统地评估决策问题、收集相关数据、应用适当的模型和工具（如决策树、贝叶斯网络等），帮助企业管理者在面对复杂的选择和不确定性时做出理性的决策。CRM 系统通过收集和管理客户数据，包括客户偏好、行为模式、购买历史等信息，以便更好地理解客户需求并提供个性化服务。决策分析可以利用这些数据进行深入的客户分析，以揭示隐藏的模式、趋势和关联，帮助企业更好地理解客户需求和行为，从而制定更有效的营销和服务策略。基于决策分析的结果，CRM 系统可以实现更精准的个性化营销和服务。通过分析客户数据，识别高价值客户、预测客户购买行为，企业可以针对性地推送定制化的产品推荐、优惠活动或服务方案，提升客户满意度和忠诚度。

综合利用决策分析和 CRM 可以帮助企业更好地管理客户生命周期价值，从而制定长期客户关系的策略。通过预测和优化客户的未来行为和价值，企业可以更好地分配资源，关注高价值客户并采取措施保持他们的忠诚度和满意度，以实现长期收益的最大化。

### 2.4.3 运筹分析基本步骤

运筹学分析的通常流程可归纳为以下 6 个步骤：

1）问题的分析和确立。对待解决的问题进行深入分析，并准确表述问题的本质和目标。

2）模型的建立。基于问题的特征和需求，构建数学模型，以形式化的方式描述问题结构和关系。

3）模型的求解和优化。采用数学方法和算法对建立的模型进行求解，并寻求最优的解决方案。

4）模型的验证和修正。对求解结果进行验证和检验，确保模型的准确性和可靠性，并根据需要对模型进行修正和改进。

5）解的有效控制。建立有效的控制机制，确保解在实际应用中的有效性和可行性。

6）方案的实施。将优化的方案转化为实际行动，实施并监控方案的执行过程，以达到预期的目标和效果。

运筹学的核心方法为智能制造系统提供了强有力的决策支持与优化方案。这些方法不仅在理论上精致而全面，也在实际应用中证明了其高效性与可行性。

### 2.4.4 运筹学与智能制造的关系

运筹学与智能制造之间存在着密不可分的关系，本节通篇都在阐述运筹学与智能制造的关系，构成了智能制造系统的方法论。运筹学中各种方法和技术如线性规划、动态规划等十大分支，在智能制造系统中都有具体的应用场景。通过运筹学的方法可以将制造过程中的各种约束和目标形式化为数学模型，并利用优化算法求解这些模型，以实现制造过程的优化和效率提升。

智能制造系统需要具备高效的决策支持能力，以应对生产中的实时变化和决策需求。运筹学提供了设计和优化决策支持系统的理论基础。这些系统可以基于实时数据和预测模型，帮助制造企业做出最佳决策，包括生产调度、库存管理、供应链优化等方面，从而提高生产效率和响应速度。

总体来说，运筹学作为智能制造的逻辑基础，为制造业的发展提供了强有力的支持，能够提升决策效率和生产系统的整体运行效率，从而推动制造业向智能化、灵活化和可持续发展方向迈进。

## 2.5 力学简介——智能制造系统的肢体

### 引言

力学分析智能制造系统的各个要素是如何运动，相当于模拟人的肢体。例如，机器人分析关键为本体动作和机械手抓取，这就涉及设备和产品的加速度和应变。本体的加速度刻画设备动作变化代表效率和精度，而机械手的应变刻画产品变形代表质量和安全。力学是一门研究物质机械运动规律的基础学科，经典力学理论体系由亚里士多德、阿基米德等人建立，这个时期涉及的力学内容主要有静力学、运动学和动力学。直到 1648 年，经典力学的理论体系开始走向完善。在

1648 年到 19 世纪末，力学中出现了质点、质点系以及理想流体等假想的研究对象，此时经典力学开始与实际工程问题相结合，解决实际问题。20 世纪初，现代力学理论体系开始建立，这个阶段可以通过建立力学模型解决复杂的实际问题，并且在解决各种复杂问题时出现了各种不同的力学分支，如基础力学、固体力学、振动力学以及流体力学等。要想深刻理解力学，需要熟悉张量分析和连续介质力学。

**学习目标**

- 了解力学的基本概念及其研究范围。
- 了解不同力学分支的本构模型、加速度和应变。

### 2.5.1 基础力学

基础力学是研究物质机械运动规律的科学，其研究内容主要包括理性力学、理论力学以及摩擦学。

**1. 理性力学**

理性力学用数学的基本概念和严格的逻辑推理研究力学中的共性问题。它一方面用统一的观点对各传统力学分支进行系统的、综合的探讨，另一方面还要建立和发展新的模型、理论以及解决问题的解析方法和数值方法。理性力学强调概念的确切性和数学证明的严格性，并用公理体系来演绎力学理论，是力学中的"宪法"。比如，力学建模必须遵守的 Noll 三原则等。

**2. 理论力学**

理论力学将研究对象看作不变形的刚体、牛顿三定律的集成，通常分为静力学、运动学与动力学 3 个部分。静力学研究作用于物体上的力系的简化理论及力系平衡条件；运动学只从几何角度研究物体机械运动特性而不涉及物体的受力。在简单运动中，用于描述点的运动的方法有矢量法、直角坐标法和自然法。表 2-8 所示的几种方法在描述点的位移、速度和加速度时有明显不同，$ijk$ 表示坐标系中相互垂直的坐标轴，$e_t$ 表示弧坐标中某一点切线方向的单位矢量。自然坐标法在设备动作轨迹研究中具有重要应用。

动力学则研究物体机械运动与受力的关系。动力学主要研究作用于物体的力与物体运动的关系，它的研究对象是运动速度远小于光速的宏观物体。动力学的基础是牛顿运动定律，研究对象主要有质点、质点系和刚体。

牛顿运动定律也称牛顿三大定律，三大定律相互独立。牛顿第一运动定律又称惯性定律，即在没有外力的作用下，质点保持静止或做匀速直线运动。质点是具有一定质量，而几何形状和大小可以忽略不计的物体。牛顿第一定律表明物体在不受外力的作用下总保持匀速直线运动或静止状态，惯性定律如式（2-91）所示。

$$\sum \boldsymbol{F}_i = m\frac{\mathrm{d}\boldsymbol{v}}{\mathrm{d}t} = 0 \tag{2-91}$$

式中，$\boldsymbol{F}_i$ 为分力；$m$ 为质点的质量；$\boldsymbol{v}$ 为质点的速度；$t$ 为时间。

表 2-8 位移、速度和加速度的表示方法

| 参数 | 矢量法 | 直角坐标法 | 自然法 |
|---|---|---|---|
| 位移 | $\boldsymbol{r} = \boldsymbol{r}(t)$ | $\boldsymbol{r} = x\boldsymbol{i} + y\boldsymbol{j} + z\boldsymbol{k}$ | $s = f(t)$ |
| 速度 | $\boldsymbol{v} = \dfrac{\mathrm{d}\boldsymbol{r}}{\mathrm{d}t}$ | $\boldsymbol{v} = \dot{x}\boldsymbol{i} + \dot{y}\boldsymbol{j} + \dot{z}\boldsymbol{k}$ | $\boldsymbol{v} = \dfrac{\mathrm{d}s}{\mathrm{d}t}\boldsymbol{e}_t$ |
| 加速度 | $\boldsymbol{a} = \dfrac{\mathrm{d}\boldsymbol{v}}{\mathrm{d}t} = \dfrac{\mathrm{d}^2\boldsymbol{r}}{\mathrm{d}t^2}$ | $\boldsymbol{a} = \ddot{x}\boldsymbol{i} + \ddot{y}\boldsymbol{j} + \ddot{z}\boldsymbol{k}$ | $\boldsymbol{a} = \dfrac{\mathrm{d}v}{\mathrm{d}t}\boldsymbol{e}_t + v\dfrac{\mathrm{d}\boldsymbol{e}_t}{\mathrm{d}t}$ |

牛顿第二运动定律又称加速度定律，即质点加速度 $\boldsymbol{\alpha}$ 的大小与合外力 $\boldsymbol{F}$ 成正比，与质点质量 $m$ 成反比（与质点质量的倒数成正比），加速度的方向与合外力 $\boldsymbol{F}$ 的方向相同，其表达式如下所示：

$$\alpha = \frac{F}{m} \tag{2-92}$$

牛顿第三运动定律又称作用与反作用定律，即相互作用的两个物体之间的作用力和反作用力总是大小相等，方向相反，作用在同一条直线上。牛顿第三运动定律的见式（2-93），

$$\boldsymbol{F}_{ab} = -\boldsymbol{F}_{ba} \tag{2-93}$$

式中，$\boldsymbol{F}_{ab}$ 为质点 a 作用在质点 b 上的力，其大小与质点 b 作用在质点 a 上的力 $|\boldsymbol{F}_{ba}|$ 相等，方向与 $\boldsymbol{F}_{ba}$ 相反。

### 2.5.2 固体力学

固体力学在力学中形成较早，它是研究可变形固体在外界因素作用下所产生的位移、运动、应力、应变和破坏等的力学分支。固体力学主要包括弹性力学、塑性力学、黏弹性力学、疲劳力学、损伤力学、断裂力学、复合材料力学以及计算力学等。可变形固体是指在外力作用下，会产生变形的固体。

#### 1. 弹性力学

弹性力学研究的是弹性体在外力和其他外界因素作用下产生的变形和内力。弹性体是指去除外力之后能恢复原状的材料，它只在弱应力作用下形变显著，应力松弛后能迅速恢复到接近原有状态和尺寸，根本特点是能量守恒。由于能量是标量，能量的变化只与路径无关，这方便建模；适用最小能量原理，指一个系统总是要调整自己，使系统的总能量达到最低，使自己处于稳定的平衡状态，因此求解只需对能量方程求导即可。弹性力学分为低弹性力学（与应变历史相关，比如疲劳的弹簧）、弹性（与应变历史无关）、超弹性（大变形，比如橡皮筋），其关系如图 2-88 所示。注意，大变形专业术语为有限变形，一般来说，对金属材料指应变大于 2%，对高分子材料指应变大于 10%。弹性力学为固体力学的入门课程，建立了本构等基本专业术语。

$$\varepsilon_{ij} = \frac{1}{2}\left(\frac{\partial u_i}{\partial x_j} + \frac{\partial u_j}{\partial x_i}\right) \tag{2-94}$$

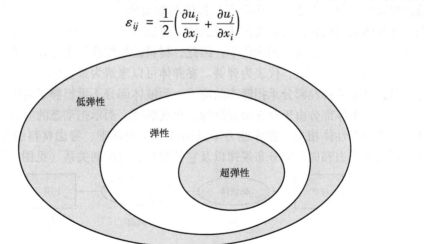

图 2-88 弹性力学之间的关系

弹性力学主要有变形连续规律、应力-应变关系等基本定律。连续变形规律是指弹性力学在考虑物体的变形时，只考虑连续变形后仍为连续的物体，如果物体中本来就有裂纹，则只考虑裂纹不扩展的情况。连续性变形规律可以由几何方程和位移边界条件表示，几何方程如式（2-94）所示，其中 $x_i$ 和 $x_j$ 表示坐标，$u_i$ 和 $u_j$ 表示相应坐标轴上的位移分量。若所考虑的物体 a 的某一部

分边界 $a_1$ 与另外一个物体 b 相连接，而且 a 在 $a_1$ 上的位移为已知量，在 $a_1$ 上的位移边界条件见式（2-95），式中 $u_1$ 为物体 a 的位移，$i$ 为直角坐标系中的不同方向。

$$u_1 = \bar{u_i} \tag{2-95}$$

应力-应变关系反映了弹性体中应力和应变之间的规律，如果应力和应变为线性关系，则该关系被称为广义胡克定律。广义胡克定律见式（2-96）~ 式（2-98）所示，式中 $\sigma$ 为应力分量，$\varepsilon$ 为线应变，$\lambda$ 和 $G$ 为拉梅常量，$G$ 又称剪切模量。

$$\sigma_{11} = \lambda(\varepsilon_{11} + \varepsilon_{22} + \varepsilon_{33}) + 2G\varepsilon_{11} \tag{2-96}$$

$$\sigma_{22} = \lambda(\varepsilon_{11} + \varepsilon_{22} + \varepsilon_{33}) + 2G\varepsilon_{22} \tag{2-97}$$

$$\sigma_{33} = \lambda(\varepsilon_{11} + \varepsilon_{22} + \varepsilon_{33}) + 2G\varepsilon_{33} \tag{2-98}$$

### 2. 塑性力学

塑性力学研究物体超过弹性极限后所产生的永久变形和作用力之间的关系，以及物体内部应力和应变的分布规律。塑性力学分为数学塑性力学和应用塑性力学，数学塑性力学是经典的精确理论，应用塑性力学是在前者各种假设基础上，根据实际应用的需要，再加上一些补充的简化假设而形成的应用性很强的理论，因此塑性力学没有统一的本构方程。

塑性力学的基本实验主要有单向拉伸实验和静水压力实验。单向拉伸实验可以获得应力-应变曲线（见图 2-89）以及弹性极限和屈服极限的值；由静水压力实验可知，静水压力只能引起金属材料的弹性变形且对材料的屈服极限影响很小。

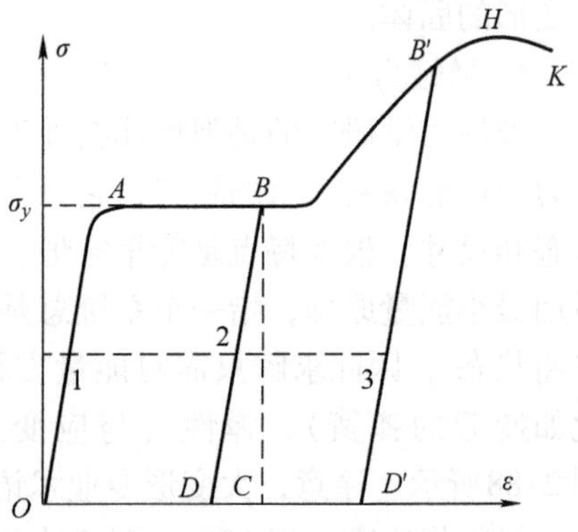

塑性力学理论在工程实际中有广泛的应用。例如用于研究如何发挥材料强度的潜力，如何利用材料的塑性性质，以便合理选材，制定加工成型工艺。塑性力学理论还用于计算残余应力。

图 2-89　应力-应变曲线

### 3. 黏弹性力学

在流体和固体两种形态之间，还存在黏弹体和黏流体两种形态。黏弹体接近固体，而黏流体接近流体（见图 2-90）。流体具有黏性，指其承受的剪应力与应变率相关，应变率指应变的变化率，因此，材料的黏性性质主要表现为与时间相关，代表为黏壶；而弹性只与应变相关，代表为弹簧。黏弹体可以理解为弹性体与液体的混合物，在黏弹体发生应变时，其中的弹性部分承担静态的应力，而液体部分不承担静态的应力。当应变对时间的导数不为零时，液体部分由于存在微观摩擦，出现黏度，而承担动态的应力。因此，一个静态的黏弹体与一个纯弹性体相当。黏弹性力学以固体力学为基础，考虑材料的弹性性质和黏性性质，研究材料内部应力和应变的分布规律以及它们和外力之间的关系（见图 2-91）。

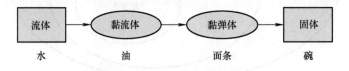

图 2-90　一碗面条表征形态的演变

### 4. 疲劳力学

疲劳力学主要研究材料在交变载荷作用下，产生的循序渐进的破坏（如微观裂纹、断裂等）力学行为。疲劳破坏是一种损伤积累的过程，因此它的力学特征不同

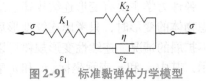

图 2-91　标准黏弹体力学模型

于静力破坏。在循环应力远小于静强度极限的情况下破坏就可能发生，但不是立刻发生的，而要经历一段时间，甚至很长的时间；疲劳破坏前，即使是塑性材料有时也没有显著的残余变形（见图 2-92）。

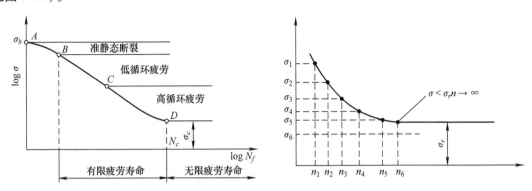

图 2-92  典型的疲劳应力与循环次数关系

### 5. 损伤力学

在外载或环境作用下，由细观结构缺陷（如微裂纹、微孔隙等）萌生、扩展等不可逆变化引起的材料或结构宏观力学性能的劣化称为损伤。损伤力学主要研究材料或构件在各种加载条件下，其中损伤随变形而演化发展并最终导致破坏的过程中的力学规律，其核心问题是损伤变量，即材料损伤程度的度量。所谓微裂纹，指肉眼看不到而仪器可以检测到的裂纹，在对其进行研究时，主要通过引入损伤变量，运用连续介质力学模型来开展建模工作。

损伤材料的劣化，在微观层面主要表现为微裂纹，其承载面积减少，称为面积损伤；在宏观层面主要表现为刚度衰减和强度衰减。通过对宏观和微观层面的研究，探索材料的损伤形态和演化过程，以求揭示损伤的本质，但对微观机理与宏观应力的关系研究甚少。由于缺乏微观裂纹和宏观损伤的定量实验，很难建立对损伤的真实描述，导致材料的微观模型与宏观响应不一致。分形几何可以定量描述极不规则的形状，可用于研究具有多层次、跨尺度特征的裂隙。作者首次引入分形对高聚物的银纹损伤进行研究，并由此定义了损伤变量 $D = m/3$（见图 2-93）。分形维数是微观损伤和宏观响应之间的桥梁。

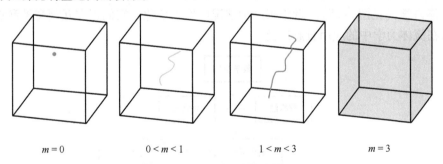

| $m=0$ | $0<m<1$ | $1<m<3$ | $m=3$ |

图 2-93  裂纹分形维数演化示意图

### 6. 断裂力学

断裂力学是研究材料和工程结构中裂纹扩展规律的一门学科，它的主要理论是 Griffith 能量理论。断裂力学所说的裂纹是指宏观的、肉眼可见的裂纹，如图 2-94 所示，裂纹主要有张开型、滑开型以及撕开型 3 种类型。断裂力学的基本研究内容包括裂纹的起裂条件，裂纹在外部载荷和（或）其他因素作用下的扩展过程以及裂纹扩展到什么程度物体会发生断裂。另外，为了工程方面的需要，还研究含裂纹的结构在什么条件下破坏；在一定载荷下，可允许结构含有多大的裂纹；在结构裂纹和结构工作条件一定的情况下，结构还有多长的寿命等。

a) 张开型　　　　　　　　b) 滑开型　　　　　　　　c) 撕开型

图 2-94　裂纹的三种基本类型

### 7. 复合材料力学

复合材料力学研究由两种或多种不同性能的材料，在宏观尺度上组成的多相固体材料，即复合材料的力学问题。复合材料是一种混合物，它由两种或两种以上化学、物理性质不同的材料组分，以所设计的形式、比例、分布组合而成，各组分之间有明显的界面存在；它具有结构可设计性，可进行复合结构设计；复合材料不仅保持各组分材料性能的优点，而且通过各组分性能的互补和关联可以获得单一组成材料所不能达到的综合性能。复合材料力学强调的是主观性，主观上想加强材料哪方面的性能，其关键问题是界面、缺陷、层间剪应力和寿命预报。

复合材料按其组成分为金属与金属复合材料，非金属与金属复合材料以及非金属与非金属复合材料。按其结构特点分为颗粒增强复合材料（如水泥、沙子组成的混凝土）、纤维增强复合材料（如钢筋混凝土）和层次复合材料（如胶合板）。

### 8. 计算力学

力学模型就是各种偏微分方程，能得到解析解的寥寥无几。计算力学是根据力学中的理论，利用现代电子计算机和各种数值方法，解决力学中的实际问题的一门新兴学科。它横贯力学的各个分支，不断扩大各个领域中力学的研究和应用范围，同时也在逐渐发展自己的理论和方法。计算力学的应用范围已扩大到固体力学、界面力学、流体力学、复合材料力学等领域。

计算力学已在应用中逐步形成自己的理论和方法。有限元法和有限差分法是比较有代表性的方法，这两种方法各有自己的特点和适用范围。有限元法主要应用于固体力学，有限差分法则主要应用于流体力学（见图 2-95）。近年来这种状况已发生变化，它们正在互相交叉和渗透，特别是有限元法在流体力学中的应用日趋广泛。

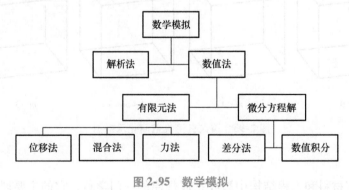

图 2-95　数学模拟

力学现象的数学模拟常常归结为求解常微分方程、偏微分方程、积分方程或者代数方程。求解上述方程的方法有两类：一类是求解析解，即以公式表示的解；另一类是求数值解。

### 2.5.3 振动力学

振动力学主要研究弹性体（或弹性系统）在时变力作用下弹性体的变形（或弹性系统的运动）。如果表征一种运动的物理量作时而增大时而减小的反复变化，就可以称这种运动为振动。如果变化着的物理量是一些机械量或力学量，例如物体的位移、速度、加速度、应力及应变等，这种振动便称为机械振动（见图 2-96）。

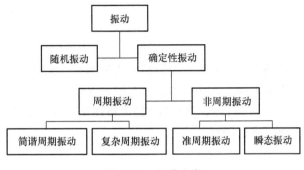

图 2-96 振动分类

机械振动对于大多数的工业机械、工程结构及仪器仪表是有害的，它常常是造成机械和结构恶性破坏和失效的直接原因（见图 2-97a）。振动也有可利用的一面，如工业上常采用的振动筛（见图 2-97b），振动输送以及按振动理论设计的测量传感器、地震仪等，详见本章 2.6 节。

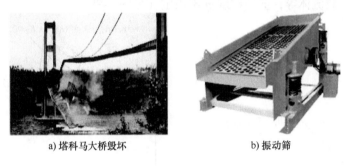

a) 塔科马大桥毁坏　　　　　b) 振动筛

图 2-97 振动的影响

### 2.5.4 流体力学

流体力学主要研究在各种力的作用下，流体本身的静止状态和运动状态以及流体和固体界壁间有相对运动时的相互作用和流动规律。流体力学中主要包括连续体假设、质量守恒、动量定理、黏性定律和能量守恒等基本假设。

连续体假设表明物质都由分子构成，尽管分子都是离散分布的，做无规则的热运动。但理论和实验都表明，在很小的范围内，做热运动的流体分子微团的统计平均值是稳定的。因此可以近似的认为流体是由连续物质构成，其中的速度和密度等物理量都是连续分布的标量场，速度和密度的计算方式如图 2-98a 所示。质量守恒的目的是建立描述流体运动的方程组，可用欧拉法描述为：流体微团质量的随体导数随时间的变化率为零。流体力学属于经典力学的范畴，因此动量定理适用于流体微元，理想流体中 $x$ 轴向的动量的计算方式如图 2-98b 所示。流体具有黏性，利用黏性定律可以导出应力张量。

流体力学的研究方法包括现场观测、实验室模拟、理论分析以及数值计算 4 个方面。实验需要理论指导，才能从分散的、表面上无联系的现象和实验数据中得出规律性的结论。反之，理论

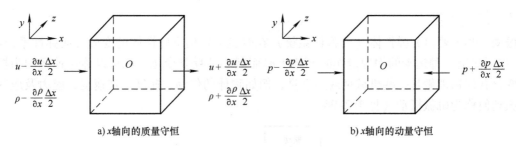

a) $x$ 轴向的质量守恒     b) $x$ 轴向的动量守恒

图 2-98  $x$ 轴向的质量守恒与动量守恒

分析和数值计算也要依靠现场观测和实验室模拟给出物理图案或数据以建立流动的力学模型和数学模式；最后，还须依靠实验来检验这些模型和模式的完善程度。此外，实际流动往往异常复杂（例如湍流），理论分析和数值计算会遇到巨大的数学和计算方面的困难，得不到具体结果，只能通过现场观测和实验室模拟进行研究。

### 2.5.5  流变学

流变学主要研究黏流体（比如油）在应力、应变、温度、湿度、辐射等条件下与时间因素有关的变形和流动的规律。流变学的研究内容包括各种材料的蠕变和应力松弛的现象，屈服值以及材料的流变模型和本构方程。黏流体的本构方程主要表征剪应力/拉应力与应变率的关系。剪切黏度 $\eta$ 为剪应力 $\tau$ 与剪应变率 $\dot{\gamma}$ 的比值：对于牛顿流体为常数；对于非牛顿流体，包括幂律流体、宾汉流体和四参数流体等，剪切黏度 $\eta$ 不固定（见图 2-99）。

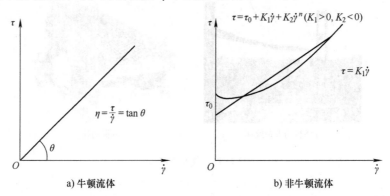

a) 牛顿流体     b) 非牛顿流体

图 2-99  牛顿流体与非牛顿流体

各类流体材料的流变性能主要表现在蠕变和应力松弛两个方面。如图 2-100a 所示，蠕变是指材料在恒定载荷作用下，变形随时间而增大的过程。蠕变是由材料的分子和原子结构的重新调整引起的，这一过程可用延滞时间来表征。当卸去载荷时，材料的变形部分地恢复或完全地恢复到起始状态。如图 2-100b 所示，材料在恒定应变下，应力随着时间的变化而减小至某个有限值，这一过程称为应力松弛。蠕变和应力松弛是物质内部结构变化的外部显现。

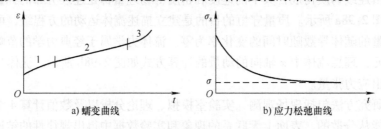

a) 蠕变曲线     b) 应力松弛曲线

图 2-100  蠕变曲线与应力松弛曲线

当作用在材料上的剪应力小于某一数值时，材料仅产生弹性形变；而当剪应力大于该数值时，材料将产生部分或完全永久变形，则此数值就是这种材料的屈服值。屈服值标志着材料由完全弹性进入具有流动现象的界限值，所以又称弹性极限、屈服极限或流动极限。

### 2.5.6　热力学

热力学主要是从能量转化的观点来研究物质的热性质，它揭示了能量从一种形式转换为另一种形式时遵从的宏观规律，是总结了物质的宏观现象而得到的热学理论。热力学并不追究由大量微观粒子组成的物质的微观结构，而只关心系统在整体上表现出来的热现象及其变化发展所必须遵循的基本规律。它满足于用少数几个能直接感受和观测的宏观状态量，诸如温度、压强、体积等描述和确定系统所处的状态。

通过对实践中热现象的大量观测和实验发现，宏观状态量之间是有联系的，它们的变化是互相制约的。制约关系除与物质的性质有关外，还必须遵循一些对任何物质都适用的基本的热学规律，如热力学第零定律、热力学第一定律、热力学第二定律和热力学第三定律等。

热力学第零定律表示为式（2-99），具体表现形式如图 2-101 所示，若两个热力学系统均与第三个系统处于热平衡状态，此两个系统也必互相处于热平衡。热力学第一定律表明物体内能的增加等于物体吸收的热量和对物体所做的功的总和，即热量可以从一个物体传递到另一个物体，也可以与机械能或其他能量互相转换，但是在转换过程中，能量的总值保持不变。

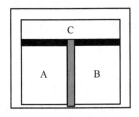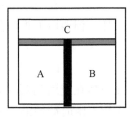

图 2-101　热力学第零定律表现形式

$$\frac{P_1 V_1}{N_1} = \frac{P_2 V_2}{N_2} \tag{2-99}$$

熵是热力学中一个重要的参数，它是热力学中表征物质状态的参量之一，用 $S$ 表示，其物理意义是体系混乱程度的度量。热力学第二定律［见式（2-100）］也称熵增原理，它表明孤立热力学系统的熵不减少，总是增大或者不变，用来给出一个孤立系统的演化方向。式中 $T$ 表示热力学温度。热力学第三定律见式（2-101），它表明热力学系统的熵在温度趋近于绝对零度时趋于定值。

$$\Delta S \leqslant \frac{\delta Q_r}{T} \tag{2-100}$$

$$\lim_{T \to 0} S_T = 0 \tag{2-101}$$

### 2.5.7　本构原则

智能制造系统设计的表现形式就是模型，深度学习中的超参数公式实质上是模型的本构方程。本构方程（constitutive equation）源自力学领域，其中的"本构"（constitutive）源自拉丁语"constituere"，与 constitution（宪法）同源，因此，本构方程就是模型的"宪法"。在高度非线性条件下，判断模型的正确性应该遵守以下原则：

**1. Noll 三原则**

本构原则囊括了三大核心原理：决定性原理、局部作用原理和客观性原理。

1）决定性原理：如果在 $t_0$ 时刻物体中所有物质点的状态是已知的，则该时刻具有向径的物质点 $X$ 在以后的时刻的应力完全由物体中全部物质点自 $t_0$ 至 $t$ 的运动历史所决定，与马尔可夫预测异曲同工。

2）局部作用原理：$t$ 时刻对应于物质的应力仅仅依赖于该物质点 $X$ 附近无限小邻域物质点的运动历史，而与远距离物质点的运动历史无关。该原理类似弹塑性力学中的圣维南原理、图论中的中心度量、图神经网络的局部性。

3）客观性原理：材料的本构关系不因坐标系的不同而改变，即在伽利略变换下其本构形式是不变的并且本构关系中的张量应为客观性张量。特别地，本构方程中的应力率和应变率应该采用物质导数。

Noll 三原则中，最重要的是客观性原理，当采用拉格朗日坐标系建立本构方程时，此原理自动满足。

**2. 功共轭原则-能量守恒**

功共轭原理的本质是能量守恒，是建立本构模型的原则之一（见表 2-9）。参考构形中单位体积的变形功率 $f\sigma:d$ 是坐标变化下的不变量，它应与应变度量的选取无关。只有在小变形和体积不变的条件下，$\sigma$ 和 $\varepsilon$ 才符合功共轭原理。将小变形本构推广到有限变形时，缺乏严密的理论基础；加之，在有限变形条件下，可供选择的应力和应变张量有很多，导致推广的过程比较混乱。如：柯西应力推广到有限变形时，应采用第二类 P-K 张量。

**3. 真应力原则-防止推广时"失真"**

模型推广时，可能会由于数据偏差、特征偏斜、过拟合、概念漂移、模型选择偏差等情况，导致模型在应用到新的情境或数据集时可能产生的偏差或不准确性。柯西应力是在当前构形中通过作用在瞬时截面的应力定义的，可以反映材料在任何时刻的真实应力状态。为防止小变形本构扩展到有限变形时"失真"，应该以柯西应力为应力变量。

表 2-9　共轭张量

| 坐标系 | 应变张量 | 应变的物质导数 | 应力张量 |
|---|---|---|---|
| 拉格朗日 | 格林应变：<br>$E^{(1)} = \dfrac{1}{2}(C - I)$ | $\dot{E}^{(1)} = F^T dF$ | 第二类 P-K 张量：<br>$T^{(1)} = F^{-1}\tau F^{-T}$ |
| | 工程应变：<br>$E^{(0.5)} = U - I$ | $\dot{E}^{(0.5)} = \dot{U}$ | 工程应力：<br>$T^{(0.5)} = \dfrac{1}{2}(T^{(1)}U + UT^{(1)})$ |
| | 对数应变：<br>$E^{(0)} = \dfrac{1}{2}\ln U$ | $\dot{E}^{(0)} = \dot{U}/U$ | 对数应力：<br>$T^{(0)} = R^T\tau R$ |
| 欧拉 | 阿尔曼西应变：<br>$e^{(-1)} = \dfrac{1}{2}(I - c)$ | $\dot{e}^{(-1)} = -D + e^{(-1)}L + L^T e^{(-1)}$ | $t^{-1} = F^T\tau F$ |
| | | $Jd$ | 柯西应力：$\sigma$ |
| | | $d$ | 基尔霍夫应力：<br>$\tau = J\sigma$ |

**4. 协应变原则-协应变分量表征线元长度的变化**

应变张量的协变分量具有明确的物理意义，它等于线元长度的变化；度量张量的协变分量反映了物体的变形速率；而它们的逆变分量没有任何物理意义。应变张量的协变分量原则在建立有限变形条件下的损伤张量时具有重要的作用。

## 2.6 振动与噪声——智能制造系统的听觉

### 引言

振动是由于机械运动不平衡、结构松动、轴承磨损等原因引起的周期性运动，而噪声则是振动能量的传播所产生的声音。振动与噪声监测技术作为工业设备的"听觉系统"，在过去通常依赖于经验和反复试验的方法进行管理，这不仅效率低下而且成本高昂。然而，随着人工智能和深度学习的快速发展，智能制造技术为振动与噪声管理提供了全新的解决方案。

### 学习目标

- 振动系统力学模型——基本元素。
- 建立振动微分方程——拉格朗日方程法。
- 振动系统固有特性——如何分析。
- 振动系统隔振——降低振动危害。
- 噪声分析基础——基本物理量。
- 噪声评价与降噪——减少噪声影响。

### 2.6.1 机械振动

#### 1. 什么是振动与噪声

在进行系统振动与噪声分析之前，首先来了解一下什么是振动与噪声。振动（Vibration）是一种特殊形式的机械运动，指机械或结构物在其静平衡位置附近随时间进行的"往复运动"。它与平常人们所认知的震动（Shock）仍有所区别。震动强调突然性，偶然性，如地震。振动则强调周期性、重复性，如共振。

机械振动在空气中的传播形成声波，即为人们所说的声音（Sound），凡是人们不需要的声音都称为噪声（Noise）。

振动与噪声相关的主观感受质量称为声振粗糙度（Harshness），也可以称为不平顺性或冲击特性。虽然振动与噪声都是可以量化的测量值，但声振粗糙度是指人们对振动与噪声的主观感受，无法用客观测量方法来度量。振动、噪声与声振粗糙度三项指标合称为 NVH，即三者英文的缩写，被称为工业中的"玄学"，说明建模困难。

在系统振动分析中，通常将研究的对象称为系统（System），例如机械设备；外界对系统的作用或机械运动产生的力称为激励（Excitation）；系统在激励作用下产生的动态行为称为响应（Response）。振动系统分析图如图 2-102 所示。

根据系统受到的激励类型可以将振动分为自由振动、受迫振动以及自激振动。根据系统自由度可以将系统振动分为单自由度系统振动、多自由度系统振动以及连续系统振动。根据系统响应的规律可以将振动分为简谐振动、周期振动、瞬态振动以及随机振动。

系统噪声分析分为噪声源、传播路径以及接收对象三个环节。噪声分析图如图 2-103 所示。

图 2-102 振动系统分析图　　　　　图 2-103 噪声分析图

按照噪声的来源可以将噪声分为机械噪声、电磁噪声、空气动力噪声、冲击噪声以及环境噪声。按照噪声的传播路径可以将噪声分为空气噪声与结构噪声。按照感知的角度可以将噪声分为背景噪声、瞬态噪声以及主观噪声。

### 2. 振动系统力学模型

构成机械振动系统力学模型的基本元素有惯性、弹性和阻尼，如图 2-104 所示。惯性具有使物体保持当前运动状态的性质，是保持动能的元素，表示力与加速度的关系，即

$$F_m = m\ddot{x} \tag{2-102}$$

式中，$F_m$ 为对物体施加的作用力；比例常数 $m$ 为对物体直线运动惯性的度量。

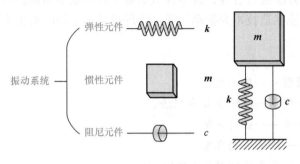

图 2-104　振动系统基本元素

弹性具有使物体位置恢复到平衡状态的性质，是储存势能的元素，表示力与位移的关系，即

$$F_s = kx \tag{2-103}$$

式中，比例常数 $k$ 通常称为弹性系数或刚度。

阻尼具有阻碍物体运动的性质，使能量散逸，表示力与速度之间的关系，即

$$F_d = c\dot{x} \tag{2-104}$$

式中，比例常数 $c$ 称为阻尼系数，又称为粘性阻尼系数。

实际的机械系统或结构具有分布质量和分布弹性，要精确描述这种分布系统多数情况下是非常困难的，因此需要将其简化为包括多个集中质量，并由弹簧与阻尼器连接在一起的离散系统。

如果系统可以通过一组独立的坐标（参数）完全确定其运动状态，则这组坐标称为广义坐标。系统完全确定其运动状态所需的独立坐标数目称为自由度数。若系统由一个质量、一个弹簧和一个阻尼器组成，并且可以用一个坐标完全描述质量的空间位置，则称为单自由度系统；若需要多个独立坐标描述系统质量的空间位置，则称为多自由度系统。当系统存在多个质量、多个弹簧和多个阻尼器时，有时可以通过等效质量、等效刚度和等效阻尼的方法将系统简化为单自由度系统。

（1）等效质量　将存在多个集中质量或者分布质量的振动系统简化为具有单个等效质量的单自由度振动系统时，其求解等效质量的原则是，原系统动能 $T$ 与等效系统动能 $T_e$ 相等，即

$$T = T_e \tag{2-105}$$

它不是物理上真实存在的质量，而是一种虚拟的质量，用于描述振动系统中的惯性影响。

（2）等效刚度　等效刚度的计算原则可以采用刚度的定义或原系统势能 $U$ 与等效系统势能 $U_e$ 相等，即

$$U = U_e \tag{2-106}$$

类似于等效质量，等效刚度也是一种虚拟的概念，表示系统在特定振动模式下的刚性特性。

计算弹簧的等效刚度分为并联弹簧与串联弹簧，下面分别讨论两种情况。

1）并联弹簧　如图 2-105 所示为并联弹簧系统，质体 $m$ 与 $n$ 个弹簧相连，设 $m$ 有任意位移 $x$，则每根弹簧长度改变量为 $x$，$m$ 受到的弹簧力为

$$F = k_1 x + k_2 x + \cdots + k_n x = \left( \sum_{i=1}^{n} k_i \right) x \tag{2-107}$$

按照刚度的定义，得

$$k_e = \frac{F}{x} = \sum_{i=1}^{n} k_i \tag{2-108}$$

2）串联弹簧。图 2-106 所示为串联弹簧系统，$n$ 个弹簧相互串联后与质体 $m$ 相连，当质体 $m$ 沿 $x$ 方向受力为 $F$，则所有的弹簧的受力均为 $F$。质体 $m$ 的位移为

$$x = \frac{F}{k_1} + \frac{F}{k_2} + \cdots + \frac{F}{k_n} = F \sum_{i=1}^{n} (1/k_i) \tag{2-109}$$

按照刚度的定义，得：

$$\frac{1}{k_e} = \sum_{i=1}^{n} \frac{1}{k_i} \tag{2-110}$$

例 2-1　图 2-107 所示为某一机械系统内部的弹簧-悬臂梁振动系统。已知质量 $m$，悬臂梁抗弯刚度 $EI$ 和长度 $l$，弹簧刚度 $k_1$、$k_2$、$k_3$。忽略悬臂梁自身质量，求系统的等效刚度。

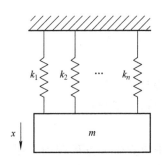

图 2-105　并联弹簧系统

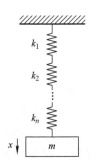

图 2-106　串联弹簧系统

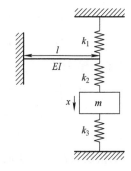

图 2-107　弹簧-悬臂梁振动系统

解：1）将悬臂梁的作用看作一个弹簧。根据材料力学，在悬臂梁自由端作用的横向载荷为 $F$ 时，自由端横向挠度为 $\delta = \dfrac{Fl^3}{3EI}$，因此悬臂梁的等效刚度为

$$k_l = \frac{F}{\delta} = \frac{3EI}{l^3} \tag{2-111}$$

2）分析 4 根弹簧 $k_l$、$k_1$、$k_2$、$k_3$ 之间的连接方式，其中 $k_l$ 和 $k_1$ 并联，可等效为 $k_{l1}$；$k_{l1}$ 与 $k_2$ 串联；等效为 $k_{l2}$；$k_{l2}$ 和 $k_3$ 并联，等效为系统整体刚度 $k$。

3）根据分析计算：

$$k_{l1} = k_l + k_1 \tag{2-112}$$

$$\frac{1}{k_{l2}} = \frac{1}{k_{l1}} + \frac{1}{k_2} = \frac{k_{l1} + k_2}{k_{l1} k_2} \tag{2-113}$$

$$k_{l2} = \frac{k_{l1} k_2}{k_{l1} + k_2} = \frac{(k_l + k_1) k_2}{k_l + k_1 + k_2} \tag{2-114}$$

$$k = k_{l2} + k_3 = \frac{(k_l + k_1) k_2}{k_l + k_1 + k_2} + k_3 = \frac{\left( \dfrac{3EI}{l^3} + k_1 \right) k_2}{\dfrac{3EI}{l^3} + k_1 + k_2} + k_3 \tag{2-115}$$

**3. 多自由度系统力学模型**

单自由度系统通过牛顿定律和能量法建立动力学方程相对简单，且为多自由度系统的特殊形式，求解方式与多自由度系统基本一致，因此不对单自由度系统振动问题进行讨论。对于多自由度系统，建立正确的微分方程本身就是一件困难的事情，因此需要找到一种标准化、程式化的建模方法。目前常用的方法有牛顿法、拉格朗日法以及柔度法。以下主要讨论牛顿法及拉格朗日法。

（1）牛顿法

例 2-2　图 2-108a 所示为一个两质体二自由度系统振动系统力学模型。刚性质体 $m_1$、$m_2$，弹簧 $k_1$、$k_2$、$k_3$，系统阻尼 $c_1$、$c_2$、$c_3$。假设两质体只沿垂直方向做往复直线运动，$f_1(t)$、$f_2(t)$ 为激振力，试用牛顿第二定律建立系统的振动微分方程。

解：1）假设质体 $m_1$ 和 $m_2$ 的瞬时位置由两个独立坐标 $x_1$ 和 $x_2$ 确定，取静平衡点为坐标原点。在振动过程中任一时刻 $t$，两个质体的位移同样记为 $x_1$ 和 $x_2$。

2）分别取两个质体进行受力分析，$m_1$ 和 $m_2$ 的作用力如图 2-108b 所示。

取加速度和力的正向与坐标正向一致，根据牛顿第二定律，分别列出质体 $m_1$ 和 $m_2$ 的振动微分方程为

$$\begin{cases} f_1(t) - k_1 x_1 - k_2(x_1 - x_2) - c_1 \dot{x}_1 - c_2(\dot{x}_1 - \dot{x}_2) = m_1 \ddot{x}_1 \\ f_2(t) + k_2(x_1 - x_2) - k_3 x_2 + c_2(\dot{x}_1 - \dot{x}_2) - c_3 \dot{x}_2 = m_2 \ddot{x}_2 \end{cases} \tag{2-116}$$

将式（2-116）整理后，得

$$\begin{cases} m_1 \ddot{x}_1 + (c_1 + c_2)\dot{x}_1 - c_2 \dot{x}_2 + (k_1 + k_2)x_1 - k_2 x_2 = f_1(t) \\ m_2 \ddot{x}_2 - c_2 \dot{x}_1 + (c_2 + c_3)\dot{x}_2 - k_2 x_1 + (k_2 + k_3)x_2 = f_2(t) \end{cases} \tag{2-117}$$

式（2-117）称为有阻尼二自由度系统受迫振动微分方程。

（2）拉格朗日法　对于简单的振动系统，应用牛顿第二定律建立微分方程较为方便。而对于复杂系统，应用拉格朗日方程更为简单。考虑有阻尼系统，其拉格朗日方程形式为

$$\frac{\mathrm{d}}{\mathrm{d}t}\left(\frac{\partial T}{\partial \dot{q}_j}\right) - \frac{\partial T}{\partial q_j} + \frac{\partial U}{\partial q_j} + \frac{\partial D}{\partial \dot{q}_j} = p_j(t) \quad (j = 1,2,3,\cdots,n) \tag{2-118}$$

式中，$q_j$ 和 $\dot{q}_j$ 为振动系统的广义坐标和广义速度；$T$ 为系统的动能，是广义速度的二次型；$U$ 为系统的势能，是广义坐标的二次型；$D$ 为系统的耗散，通常为广义速度的二次型；$p_j(t)$ 为对应于广义坐标 $q_j$ 的广义激振力（保守系统，该项为0）；$n$ 为系统的自由度数目。

应用拉格朗日方程建立系统的运动微分方程的主要步骤如下：

1）判断系统的自由度数，并选取合适广义坐标，其数目与自由度数一致。

2）计算系统的动能和势能，对于复杂系统，动能可能包含转动惯量等因素（注意位移和速度都是绝对的）。

3）计算非有势力所对应的各广义坐标的广义力。

4）将求得的动能、势能和广义力代入拉格朗日方程中进行计算，即可得到系统的运动微分方程。

例 2-3　应用拉格朗日方程法求图 2-108 所示二自由度振动系统微分方程。

解：1）判断该系统自由度为 2，取广义坐标（位移）为 $q_1 = x_1$、$q_2 = x_2$，静平衡点为坐标原点，则 $\dot{x}_1$、$\dot{x}_2$ 为广义速度，$\ddot{x}_1$、$\ddot{x}_2$ 为广义加速度。取广义激振力为 $p_1(t) = f_1(t)$、$p_2(t) = f_2(t)$。

2）求拉格朗日方程的能量函数。系统的动能为

$$T = \frac{1}{2}(m_1 \dot{x}_1^2 + m_2 \dot{x}_2^2) \tag{2-119}$$

系统的势能（不考虑重力）为

$$U = \frac{1}{2}\left[ k_1 x_1^2 + k_2 (x_1 - x_2)^2 + k_3 x_2^2 \right] \tag{2-120}$$

系统的能量耗散函数为

$$D = \frac{1}{2}\left[ c_1 \dot{x}_1^2 + c_2 (\dot{x}_1 - \dot{x}_2)^2 + c_3 \dot{x}_2^2 \right] \tag{2-121}$$

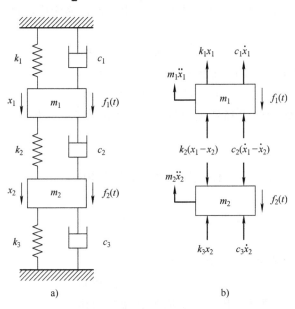

图 2-108　两质体二自由度振动系统

3）求振动微分方程。对上述能量函数直接求导并代入到拉格朗日方程式（2-118）中，得

$$\begin{cases} m_1 \ddot{x}_1 + (c_1 + c_2)\dot{x}_1 - c_2 \dot{x}_2 + (k_1 + k_2) x_1 - k_2 x_2 = f_1(t) \\ m_2 \ddot{x}_2 - c_2 \dot{x}_1 + (c_2 + c_3)\dot{x}_2 - k_2 x_1 + (k_2 + k_3) x_2 = f_2(t) \end{cases} \tag{2-122}$$

上式与牛顿第二定律建立的振动微分方程式（2-117）完全一样。对于工程实际问题，一般根据系统复杂程度选择简便的动力学建模方法。

将上式写为一般形式，有

$$\begin{cases} M_{11} \ddot{x}_1 + M_{12} \ddot{x}_2 + C_{11} \dot{x}_1 + C_{12} \dot{x}_2 + K_{11} x_1 + K_{12} x_2 = f_1(t) \\ M_{21} \ddot{x}_1 + M_{22} \ddot{x}_2 + C_{21} \dot{x}_1 + C_{22} \dot{x}_2 + K_{21} x_1 + K_{22} x_2 = f_2(t) \end{cases} \tag{2-123}$$

式中，$M_{11}$、$M_{12}$、$M_{21}$、$M_{22}$ 为质量（惯性）系数；$C_{11}$、$C_{12}$、$C_{21}$、$C_{22}$ 为阻尼系数；$K_{11}$、$K_{12}$、$K_{21}$、$K_{22}$ 为刚度（弹性）系数。

为使振动方程式（2-123）形式更加简单，并拓展到多自由度问题，将其更改为矩阵形式，得到多自由度系统微分方程一般形式，也叫作用力方程，有

$$[M]\{\ddot{x}\} + [C]\{\dot{x}\} + [K]\{x\} = \{f(t)\} \tag{2-124}$$

或简写为向量形式：

$$M\ddot{x} + C\dot{x} + Kx = f \tag{2-125}$$

式中，$[M]$、$[C]$、$[K]$ 为振动系统的三个 $n \times n$ 阶物理参数矩阵，分别称为质量矩阵、阻尼矩阵和刚度矩阵，简记为 $\boldsymbol{M}$、$\boldsymbol{C}$、$\boldsymbol{K}$；$\{\ddot{x}\}$、$\{\dot{x}\}$、$\{x\}$、$\{f(t)\}$ 分别为加速度列阵、速度列阵、位移列阵以及激振力列阵，为 $n \times 1$ 阶矩阵，简记 $\ddot{\boldsymbol{x}}$、$\dot{\boldsymbol{x}}$、$\boldsymbol{x}$、$\boldsymbol{f}$。

与刚度所相对的称为柔度，弹簧的柔度与弹簧的刚度互为倒数，表示弹簧在单位作用力下产生的变形。相应的柔度矩阵是刚度矩阵的逆矩阵，为

$$D = K^{-1} = \begin{pmatrix} D_{11} & D_{12} \\ D_{21} & D_{22} \end{pmatrix} \tag{2-126}$$

式中，$D_{ij}$（$i$，$j=1$，2）称为弹簧的柔度影响系数。柔度矩阵反映了系统在单位力作用下的位移特性，即在某个自由度上施加单位力时，系统各自由度的位移响应。将作用力方程（2-125）左乘柔度矩阵 $D$，得

$$DM\ddot{x} + DC\dot{x} + x = Df \tag{2-127}$$

整理（2-127）式得到位移方程的一般形式：

$$x = D[f - M \cdot \ddot{x} - C\dot{x}] \tag{2-128}$$

式（2-128）表示动力位移等于系统柔度矩阵与作用力的乘积，柔度法求振动微分方程即运用的位移方程。

**4. 振动系统固有特性**

对一个无阻尼的单自由度系统的自由振动，如图 2-109 所示，其微分方程为

$$m\ddot{x} + kx = 0 \tag{2-129}$$

通过求解微分方程得

$$x(t) = A\cos\omega_n t + B\sin\omega_n t = R\sin(\omega_n t + \varphi) \tag{2-130}$$

式中，$A$、$B$、$R$、$\varphi$ 为待定常数。因此，无阻尼系统的自由振动是一种简谐振动，振幅 $R$、固有角频率 $\omega_n$ 和初相位 $\varphi$ 是表示系统动态特性的三个基本要素，其中固有角频率（rad/s）为

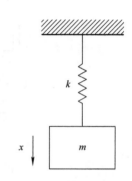

图 2-109　无阻尼单自由度振动系统

$$\omega_n = \sqrt{\frac{k}{m}} \tag{2-131}$$

自然频率（Hz），也称为固有频率，为

$$f_n = \frac{\omega_n}{2\pi} = \frac{1}{2\pi}\sqrt{\frac{k}{m}} \tag{2-132}$$

固有周期（s）为

$$T_n = 1/f_n = 2\pi\sqrt{m/k} \tag{2-133}$$

不考虑阻尼是一种理想化的情况，但实际工程问题中阻尼机理比较复杂，因此只讨论常用的简单阻尼模型：黏性阻尼。如图 2-110a 所示，具有黏性阻尼的单自由度自由振动系统的微分方程为

$$m\ddot{x} + c\dot{x} + kx = 0 \tag{2-134}$$

解其特征方程，得特征值为

$$\lambda_{1,2} = -\frac{c}{2m} \pm \sqrt{\frac{c^2}{4m^2} - \frac{k}{m}} \tag{2-135}$$

当上式根号下的值为零时，阻尼系数 $c$ 定义为临界

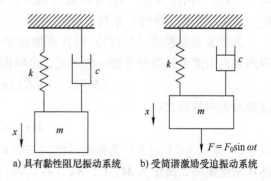

a) 具有黏性阻尼振动系统　　b) 受简谐激励受迫振动系统

图 2-110　不同振动系统

阻尼系数 $c_c$，即

$$c_c = 2\sqrt{mk} = 2m\omega_n \tag{2-136}$$

引入下列阻尼比或阻尼因子 $\zeta$，即

$$\zeta = \frac{c}{c_c} = \frac{c}{2\sqrt{mk}} \tag{2-137}$$

因此得到用无量纲阻尼比 $\zeta$ 表示的特征值为

$$\lambda_{1,2} = -\zeta\omega_n \pm \omega_n\sqrt{\zeta^2 - 1} \tag{2-138}$$

显然，当阻尼比 $\zeta$ 不同，特征值也不同，即系统会出现 $\zeta < 1$ 的欠阻尼状态、$\zeta = 1$ 的临界阻尼状态以及 $\zeta > 1$ 的过阻尼状态。

受迫振动是指系统在外激励作用下的持续振动，按时间变化规律可将外激励分为简谐激励、一般周期激励以及任意随时间的非周期性激励。以下只讨论简谐激励这一较为简单的激励。

对于受简谐激励 $f(t) = F_0\sin\omega t$ 的有阻尼单自由度受迫振动系统，如图 2-110b 所示，其振动微分方程为

$$m\ddot{x} + c\dot{x} + kx = F_0\sin\omega t \tag{2-139}$$

两端同时除以 $m$，得到标准化微分方程：

$$\ddot{x} + 2\zeta\omega_n\dot{x} + \omega_n^2 x = B_s\omega_n^2\sin\omega t \tag{2-140}$$

式中，$B_s = F_0/k$ 为在静力 $F_0$ 作用下产生的静位移（弹簧静变形）。

根据常微分方程理论，微分方程的全解包含齐次方程通解 $x_1(t)$ 与非齐次方程特解 $x_2(t)$ 两部分，即

$$x(t) = x_1(t) + x_2(t) \tag{2-141}$$

式中，$x_1(t)$ 为有阻尼的单自由度自由振动系统的解，即自由振动响应；$x_2(t)$ 为不随时间衰减的稳态振动响应，由于式（2-140）的非齐次项为正弦函数，$x_2(t)$ 的形式也为正弦函数，可设：

$$x_2(t) = X\sin(\omega t - \psi) \tag{2-142}$$

式中，$X$ 为受迫振动的幅值或振幅；$\psi$ 为位移响应落后于激振力的相位差。引入无量纲频率比 $r = \omega/\omega_n$，通过求解可得

$$X = B_s\frac{1}{\sqrt{(1 - r^2)^2 + (2\zeta r)^2}}, \psi = \arctan\left(\frac{2\zeta r}{1 - r^2}\right) \tag{2-143}$$

引入无量纲位移振幅参数动力放大因子 $\beta = X/B_s$，则稳态响应可表示为

$$x_2(t) = B_s\beta\sin(\omega t - \psi) \tag{2-144}$$

为详细分析稳态响应的特性，绘制幅频响应和相频响应曲线，即 $\beta$-$r$ 和 $\psi$-$r$ 曲线，如图 2-111 所示。

由图可得以下特性：

1）$r = 0$ 的附近区域（低频区或弹性控制区），$\beta \approx 1$，$\psi = 0$，响应与激励同相；对于不同的 $\zeta$ 值，曲线密集，但阻尼影响并不显著。

2）$r \gg 1$ 的区域（高频区或惯性控制区），$\beta \approx 0$，$\psi = \pi$，响应与激励反相；阻尼影响同样也并不显著。

3）$r = 1$ 的附近区域（共振区），$\beta$ 急剧增大并在 $r = 1$ 稍为偏左处有极值。通常将 $r = 1$，即 $\omega = \omega_n$ 称为共振频率。阻尼影响显著且阻尼越小，幅频响应曲线越陡峭。在相频特性曲线图上，无论阻尼大小，$r = 1$ 时，总有，$\psi = \pi/2$，这也是共振的重要现象。在给定阻尼比 $\zeta$ 的情况下，令 $d\beta/dr = 0$ 可以得到 $r = \sqrt{1 - 2\zeta^2}$。可见最大振幅所对应的频率比 $r$ 随 $\zeta$ 的增大而左移，此时对

应的为位移动力放大因子为

$$\beta = \frac{1}{2\zeta \sqrt{1 - \zeta^2}} \tag{2-145}$$

当 $\zeta$ 较小时，可近似认为 $r = 1$ 时发生共振，共振幅值为

$$X = B_s \frac{1}{2\zeta} = \frac{F_0}{c\omega_n} \tag{2-146}$$

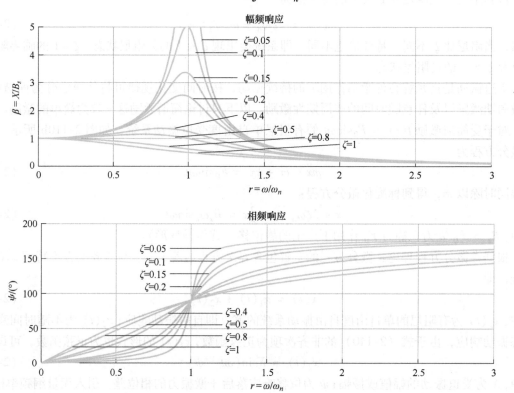

图 2-111 简谐激励力作用下受迫振动系统的稳态响应曲线

### 5. 振动系统的隔振

在现代工业、建筑和日常生活中，振动问题日益突出，对设备、结构和人员的影响不容忽视。振动不仅会导致机械设备的磨损和疲劳，缩短其使用寿命，还会影响精密仪器的测量精度，甚至威胁建筑物的结构安全和人员的生命财产安全。尤其在高精度制造、科学研究和交通运输等领域，振动带来的负面影响尤为显著。因此，如何有效地隔离和控制振动，成为工程技术和学术研究中的重要课题。

隔振技术作为一种重要的振动控制手段，通过减小振动能量向受保护系统的传递，提供了有效的解决方案。隔振方法主要分为主动隔振和被动隔振两大类。

1）主动隔振。振源为机械或结构的激振力，通过隔振装置将振源与支承体（地基）隔开，这种方式也叫作隔力。减少机械对周围其他机械的影响，如图 2-112a 所示。

2）被动隔振。振源为支承体或基础运动，采用隔振装置将振源与机械隔开，这种方式也叫作隔幅。减少支承体对机械的影响，如图 2-112b 所示。

隔振器是一种用于减少或消除机械系统中振动传递的装置。它通过吸收、隔离和衰减振动能量，从而保护敏感设备、结构或人员免受不希望的振动影响。隔振器通常由弹性元件（如弹簧、

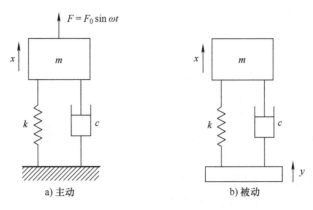

图 2-112 两类主要隔振系统

橡胶垫、空气垫等）和阻尼元件组成，能够在不同频率范围内提供有效的振动隔离。

弹性元件（如弹簧、橡胶垫等）是隔振器的核心组件，能够通过其弹性变形来吸收振动能量。其工作原理为

（1）弹性变形 当振动传递到隔振器时，弹性元件会发生变形，储存振动能量。当振动减弱或停止时，弹性元件恢复原状，将储存的能量释放，但由于阻尼的存在，这部分能量不会完全传递回系统。

（2）固有频率 每个弹性元件都有其固有频率。当外部振动频率接近弹性元件的固有频率时，会引起共振现象，导致振动幅度增加。因此，设计隔振器时，需将弹性元件的固有频率设置在远离外部振动频率的范围内，以避免共振。

阻尼元件（如黏弹性材料、液体阻尼器等）在隔振器中起到能量耗散的作用，通过内部摩擦或粘性流动将振动能量转换为热能，从而减少振动传递。其工作原理包括：

1）能量耗散：阻尼元件通过内部分子的相对运动，将机械振动能量转化为热能，并逐渐散失到周围环境中，从而衰减振动。

2）频率响应：阻尼元件的耗能效果与振动频率有关。高频振动通常更容易被耗散，而低频振动则需要特殊设计的阻尼材料来有效衰减。

## 2.6.2 噪声分析

本节介绍几种主要的声波形式和典型声源辐射特性及其评价方法，这是机械噪声评价与控制的重要基础。

### 1. 声波的产生和传播

声波的产生源于物体的振动。振动源可以是任何能够产生机械振动的物体，例如当气流通过声带时，声带振动，产生声波；发动机的运转产生振动，从而产生声波；电信号驱动扬声器中的振动膜片，产生声波。声波是一种机械波，需要通过介质传播，介质可以是固体、液体或气体。当振动源产生振动时，它会使周围介质中的分子经历周期性的压缩和稀疏，压缩区域称为压缩波峰，稀疏区域称为稀疏波谷。这种压缩和稀疏交替形成了纵波（即声波）。在空气中，声波传播速度约为343m/s（在20℃下）。空气的温度、湿度、压力等因素会影响声速。温度升高，声速增加；湿度增加，声速也会增加。在固体中，声波传播速度通常比在空气中快得多，例如在钢铁中，声波速度约为5000m/s。在水中，声波速度约为1500m/s，水的密度和温度也会影响声速。随着声波传播距离的增加，声能会逐渐减少，这是由于介质中的黏性和热损耗造成的。声波遇到障碍物或缝隙时会发生衍射，绕过障碍物传播。遇到不同密度的介质边界时会发生折射，改变传

播方向。最后，声波被接收器（如人耳或录音设备）接收，接收器通过感受介质中的压力变化将声波转换成电信号或声音。

**2. 声波的类型**

在声波的传播过程中，振动幅值和相位相同的点形成的面称为波阵面，子声源发出的表示能量传播方向的直线称为声线，在各向同性的介质中，声线表示波的传播方向，且与波阵面垂直，也就是说，能量的传播方向（声线）始终垂直于振动相位相同的面（波阵面），如图2-113所示。

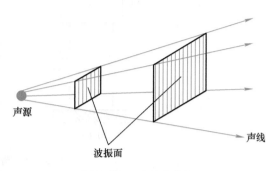

图2-113　声波的传播

波阵面是平面的声波称为平面波，平面波的声线是相互平行的直线。平面波的典型例子是在自由空间中由大型平面声源（如大型扬声器阵列）产生的声波。在这种情况下，所有的波阵面都是平行的平面，能量沿平行的声线传播。

若波阵面是一系列同心球，则这种声波称为球形波，球形波的声线是由声源发出的半径线。球形波的典型例子是点声源（如爆炸点或小扬声器）产生的声波。在这种情况下，波阵面是以声源为中心的同心球面，能量沿着从声源向外的径向方向传播。

若波阵面是一系列同轴的柱面，就称为柱面波，柱面波的声线是由线声源发出的直线。柱面波的典型例子是长直线声源（如长扬声器阵列或长管道中的声波）产生的声波。在这种情况下，波阵面是同轴的圆柱面，能量沿着从线声源向外的径向方向传播。三种声波的类型具体如图2-114所示。

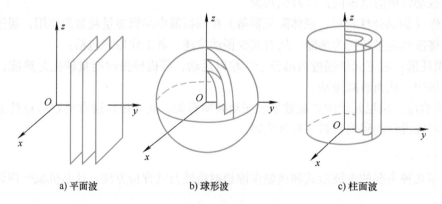

a) 平面波　　　　　　　b) 球形波　　　　　　　c) 柱面波

图2-114　声波的类型

**3. 描述声波的基本物理量**

1）声压 $p_e$：声压是指声场内某点空气绝对压力与平衡状态压力之差。它反映了声波传播过程中引起的介质（如空气）微小压力变化。一般测量的是声压的方均根值，也称为有效声压，即

$$p_e = \sqrt{\frac{1}{T}\int_0^T P^2(t)\,\mathrm{d}t} \tag{2-147}$$

对于按正弦变化的简谐声波，其声压级为

$$p = p_e = \frac{P_m}{\sqrt{2}} \tag{2-148}$$

式中，$P_m$ 为声压幅值，单位为 Pa。

2）声强 $I$：声强定义为垂直于声传播方向单位面积上通过的声能量流速率。它表示声能在单位时间内通过单位面积的能量，单位为 $J/(s \cdot m^2)$。由此可得瞬时声强：

$$I(t) = p(t)u(t) \qquad (2\text{-}149)$$

式中，$p(t)$ 为声压；$u(t)$ 为质点速度。对时间取平均值，得到平均声强：

$$I = \frac{1}{T}\int_0^T p(t)u(t)\,\mathrm{d}t \qquad (2\text{-}150)$$

在自由场中的声波，声强为

$$I = \frac{p_m^2}{2\rho_0 c_0} = \frac{p_e^2}{\rho_0 c_0} \qquad (2\text{-}151)$$

需要注意的是，声强本质是一个向量，不仅有大小，还有方向。

3）声能密度 $\varepsilon$：声能密度定义为声场中单位体积的声能，包含媒质质点的动能和势能。瞬时声能密度为

$$\varepsilon(t) = \frac{V + U}{v_0} = \frac{p^2(t)}{\rho_0 c_0^2} \qquad (2\text{-}152)$$

式中，$V$ 为动能；$U$ 为势能；$v_0$ 为流体体积；$\rho_0$ 为平衡状态下气体密度；$c_0$ 为声速。对时间积分得到平均声能密度

$$\varepsilon = \frac{1}{T}\int \frac{p^2(t)}{\rho_0 c_0^2}\mathrm{d}t = \frac{p_e^2}{\rho_0 c_0^2} \qquad (2\text{-}153)$$

4）声功率 $W$：声功率定义为声源发出的总功率，等于声强在与声能流方向垂直表面上的积分。它表示声源在单位时间内发出的声能量。

$$W = \int_s I\mathrm{d}S \qquad (2\text{-}154)$$

必须说明，声压或声强表示的是声场中小振幅声波的点强度。对于一般的非平面波声场，这些参数会随着测点距离声源的增加而减小，同时还会受到周围声学环境的影响。相比之下，声功率表示的是声源辐射的总强度，它与测量距离及测点的位置无关。因此，在评估机械噪声源的声学特性时，声功率具有更好的可比性。

人耳所能感受到的最小的声压为 $2 \times 10^{-5}$Pa，而痛阈声压为 100Pa，它们的差距达到上百万倍，变化范围极大，直接用声压或声强表示这些差异并不方便；此外，人耳对声音的感知强度并不与声压或声强成正比，因此，通过取对数和引入相对倍数来描述声音的相对强弱，即"声级"。

声压级（dB）：

$$L_p = 10\lg\left(\frac{p}{p_0}\right)^2 = 20\lg\left(\frac{p}{p_0}\right) \qquad (2\text{-}155)$$

声强级（dB）：

$$L_I = 10\lg\left(\frac{I}{I_0}\right) \qquad (2\text{-}156)$$

声功率级（dB）：

$$L_W = 10\lg\left(\frac{W}{W_0}\right) \qquad (2\text{-}157)$$

式中，基准声压 $p_0 = 20\mu$Pa，基准声强 $I_0 = 10^{-12}$ W/m$^2$，基准声功率 $W_0 = 10^{-12}$W。其中，$L_p$、$L_I$、$L_W$ 的单位都是 dB（分贝），是从电信工程中发展出的无量纲相对单位，大小等于两个具有功率量纲的量的比值的常用对数（Bell）的 $1/10$（见表 2-10、表 2-11）。

根据声强与声压的关系，可以推导出声强级与声压级的关系，即

$$L_I = 10 \lg \frac{I}{I_0} = 10 \lg \frac{p^2}{\rho_0 c_0 I_0} = 10 \lg \left(\frac{p}{p_0}\right)^2 + 10 \lg \frac{p_0^2}{\rho_0 c_0 I_0} = L_p - 10 \lg k \qquad (2\text{-}158)$$

式中，$k$ 取决于环境条件。一个大气压（$10^5 \mathrm{Pa}$）、20℃时空气特性阻抗 $\rho_0 c_0 = 415 \mathrm{kg/(m \cdot s)}$，$k = 415/400 = 1.038$，$10 \lg k = 0.16 \mathrm{dB}$。在工程中 $0.16 \mathrm{dB}$ 可以忽略不计，因此常温下声强级近似等于声压级。声功率是声强的面积分，因此声功率级与声强级的关系为

$$L_W = 10 \lg \frac{W}{W_0} = 10 \lg \frac{IS}{I_0 S_0} = L_I + 10 \lg S \qquad (2\text{-}159)$$

式中，基准面积 $S_0 = 1 \mathrm{m}^2$。

表 2-10　一些常见噪声源的声压和声压级大小

| 声源 | 声压/Pa | 声压级/dB |
|---|---|---|
| 安静的卧室 | $2 \times 10^{-5}$ | 20 |
| 普通对话 | $2 \times 10^{-3}$ | 60 |
| 电动工具 | $6.3245 \times 10^{-2}$ | 90 |
| 摩托车引擎 | $2 \times 10^{-1}$ | 100 |
| 飞机起飞（近距离） | $2 \times 10^{1}$ | 140 |

表 2-11　一些常见噪声源的声功率和声功率级大小

| 声源 | 声功率/W | 声功率级/dB |
|---|---|---|
| 人耳能感知的最小声功率 | $10^{-12}$ | 0 |
| 普通对话 | $10^{-6}$ | 60 |
| 建筑工地噪声 | $10^{-1}$ | 110 |
| 火车（行驶中） | $10^{1}$ | 130 |
| 喷气飞机发动机（起飞时） | $10^{3}$ | 150 |

例 2-4　某一机械噪声的有效声压为 4Pa，用声压级表示为多少？某一机械噪声的声强为 $0.02 \mathrm{W/m}^2$，用声强级表示为多少？某一机械噪声的声功率为 0.2W，用声功率级表示为多少？

解：根据声压级公式，代入声压数据有

$$L_p = 20 \lg \left(\frac{p}{p_0}\right) = 20 \lg \left(\frac{4}{2 \times 10^{-5}}\right) = 20 \times 5.301 (\mathrm{dB}) = 106.02 (\mathrm{dB}) \qquad (2\text{-}160)$$

根据声强级公式，代入数据有

$$L_I = 10 \lg \left(\frac{I}{I_0}\right) = 10 \lg \left(\frac{0.02}{10^{-12}}\right) = 10 \times 10.301 (\mathrm{dB}) = 103.01 (\mathrm{dB}) \qquad (2\text{-}161)$$

根据声功率级公式，代入数据有

$$L_W = 10 \lg \left(\frac{W}{W_0}\right) = 10 \lg \left(\frac{0.2}{10^{-12}}\right) = 10 \times 11.301 (\mathrm{dB}) = 113.01 (\mathrm{dB}) \qquad (2\text{-}162)$$

5）声压的叠加：在声场中某点有多个声源共同作用，它们的总声压为每个声源声压的总和。而对于声压级则分为相干声波与不相干声波的叠加。相干声波的叠加会产生干涉现象，合成的声压结果取决于它们之间的相位差。如果相位相同，叠加后该点声压为单个声源产生声压的 2 倍，总声压级比单个声源声压级高 6dB；若两个声源相位正好相反，则该点总声压为零，声压级为负无穷。一般情况介于上述两个极端之间。利用声程差消声或有源消声的依据就是上述频率相

同、相位相反的声波的相消干涉原理。

不相干声波的总声压级按下式计算：

$$L_p = 10\lg(10^{0.1L_{p1}} + 10^{0.1L_{p2}} + \cdots + 10^{0.1L_{pn}}) = 10\lg\left(\frac{1}{n}\sum_1^n 10^{\frac{L_{pi}}{10}}\right) \tag{2-163}$$

**例 2-5**　某车间有 3 台同样设备，单独开动一台时，声压级均为 95dB，如果开动 2 台，声压级为多少？如果 3 台都开动声压级为多少？

**解：**根据声源叠加式，如果开动 2 台设备，有

$$L_p = 10\lg\left(\sum_{i=1}^n 10^{\frac{L_{pi}}{10}}\right) = 10\lg\left(10^{\frac{95}{10}} + 10^{\frac{95}{10}}\right)(dB) = 98.01(dB) \tag{2-164}$$

如果开动 3 台设备，有

$$L_p = 10\lg\left(\sum_{i=1}^n 10^{\frac{L_{pi}}{10}}\right) = 10\lg\left(10^{\frac{95}{10}} + 10^{\frac{95}{10}} + 10^{\frac{95}{10}}\right)(dB) = 99.77(dB) \tag{2-165}$$

**4. 噪声的评价**

（1）响度和响度级　人耳对不同频率的声音具有不同的敏感度。一般来说，中频（约1000 ~ 5000Hz）的声音最容易被听到，而低频和高频声音需要更大的声压级才能被感知为同样的敏感度。等响曲线最早由弗莱彻和孟森（Fletcher and Munson）在 20 世纪 30 年代提出，后来经过修正和标准化，现在常用的等响曲线是由国际标准化组织（ISO）公布的，如图 2-115 所示。该曲线是在一个听音实验中确定的，受试者会对不同频率的声音进行响度匹配，找出在各个频率上感知相同响度所需的声压级。根据该曲线定义响度级概念。响度级为每条等响曲线上对应 1000Hz 的声压级，单位为 Phon（方）。响度级是以对数坐标表示的相对量，表示声音强弱的绝对量是响度，单位为 Sone（宋）。

响度级 $L_s$ 与响度 $S$ 之间的换算关系为

$$L_s = 40 + 10\log_2 S \tag{2-166}$$

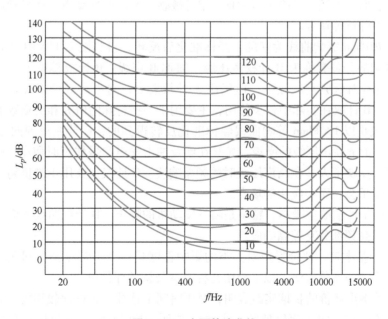

图 2-115　人耳等响曲线

（2）频率计权　相同声压级的声音，由于频率不同，会给人的听觉感受带来不同的响度感。因此，利用声学仪器测得的数值来表达人耳感知到的响度大小是一个复杂的问题。为了确保仪器测量的分贝值与人们主观感知的响度有一定的相关性，需要在测量中使用频率加权网络，这些网络主要由电容器、电阻器等电子元件组成。常见的频率计权网络有四种，分别称为 A、B、C、D 计权网络，它们测得的声级分别称为 A 声级、B 声级、C 声级、D 声级。每种声级都具有特定的应用范围和用途，如图 2-116 所示。

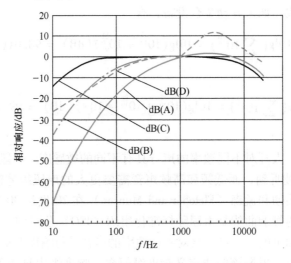

图 2-116　计权网络频率特性曲线

A 计权是最常用的频率计权方式，特别适合于评估日常环境和工业噪声。它基于 40Phon 等响曲线经标准化后反转，得到图 2-116 中的 A 计权曲线。通过 A 计权测量得到的分贝数称为 A 计权声压级，简称 A 声级。A 计权曲线模拟了人耳对中等声压级噪声的感知。它对低频和高频声波有较大衰减，而对中频（500Hz～6kHz）相对敏感。A 计权主要用于环境噪声测量、工业噪声评估、交通噪声分析等场合。

B 计权是以 70Phon 等响曲线为基础，经标准化后反转，得到图 2-116 中的 B 计权曲线。通过 B 计权测量得到的分贝数称为 B 计权声压级，简称 B 声级。B 计权模拟了人耳对较高声压级噪声的感知。B 计权对低频衰减较少，但仍比 A 计权要多，对中高频的响应较为平坦。由于 A 计权的广泛应用，B 计权在实际中较少使用，主要用于一些特殊的研究和历史数据的对比。

同样的 C 计权是以 100Phon 等响曲线经标准化反转得到的，C 计权得到的分贝数简称 C 声级。C 计权适用于衡量高声压级的噪声，尤其在涉及冲击噪声和爆炸声时使用。C 计权对全频段的响应较为平坦，反映了人耳在高声压级时的频率响应。C 计权主要用于测量高声压级环境下的噪声，如工厂、音乐会、军事应用等场合。

D 计权专门用于评估航空噪声，特别是喷气发动机的噪声。D 计权曲线考虑了喷气发动机噪声的频谱特点，对高频部分有较高响应。

（3）噪声评价基本量　评价噪声对人类的影响程度是一个非常复杂的问题。迄今为止，已有上百种噪声评价量和评价方法。以下介绍几种基本公认的评价量：

A 声级：有关噪声评价的长期实践表明，对于时间上连续、频谱比较均匀、无显著纯音成分的宽频带噪声，若以它们的 A 声级值的大小次序排列，则与人们主观听觉感受的响度次序有较好的相关性。从评价工作来看，人们很希望有一个简单的单一量来表示。所以经过二三十年噪声评价工作的实践，国际、国家标准中凡与人有联系的各种噪声评价量，绝大部分都是以 A 声级为基础的。但 A 声级存在两个明显的缺陷：一是对低频和高频噪声的敏感度较低；二是缺少频率成分信息，不能用来做噪声控制设计。

等效连续 A 声级：等效连续 A 声级是表示在某一段时间内具有相同能量的连续声级，用于综合反映变动噪声在测量时间内的平均能量水平，记为 $L_{\mathrm{Aeq},T}$，脚标 $T$ 表示时间间隔 $(t_2 - t_1)$。等效连续声级的概念在 20 世纪 70 年代被引入，用于提供一个反映噪声暴露的综合指标。随着测量技术和设备的进步，$L_{\mathrm{Aeq},T}$ 逐渐成为噪声评价的标准方法，被广泛应用于各类噪声环境中。$L_{\mathrm{Aeq},T}$ 能够综合反映变动噪声在测量时间内的平均能量水平，提供一个易于理解的单一数值，但 $L_{\mathrm{Aeq},T}$ 将噪声能量进行平均，可能会掩盖短时间内的高峰噪声，无法准确反映瞬时噪声对人的瞬间影响。

按照定义，等效连续 A 声级为

$$L_{\mathrm{Aeq},T} = 10\lg\Big[\frac{1}{T}\int_0^T \frac{p_{\mathrm{A}}^2(t)}{p_0^2}\mathrm{d}t\Big] \tag{2-167}$$

式中，$p_{\mathrm{A}}(t)$ 为 A 计权瞬时声压值；$p_0$ 为基准声压。由于实际测量都是离散采样，因此，当时间间隔固定时，式（2-167）可表示为

$$L_{\mathrm{Aeq},T} = 10\lg\Big[\frac{1}{n}\sum_{i=1}^n 10^{0.1L_{Ai}}\Big] = 10\lg\Big(\sum_{i=1}^n 10^{0.1L_{Ai}}\Big) - 10\lg n \tag{2-168}$$

式中，$n$ 为在规定时间 $T$ 内采样的总数；$L_{Ai}$ 为第 $i$ 次测量的 A 声级。

峰值声压级：峰值声压级是表示噪声暴露期间出现的最高声压级，用于捕捉短时间内的极高声压变化，记为 $L_{\mathrm{peak}}$。峰值声压级的测量随着电子测量技术的发展而进步，20 世纪 80 年代起广泛用于评价突发性噪声。$L_{\mathrm{peak}}$ 的测量仪器不断改进，提供了更高的测量精度和响应速度。$L_{\mathrm{peak}}$ 能够捕捉到短时间内的极高声压变化，适合评价突发性和冲击性噪声对听觉的瞬时影响，但其仅关注最高声压级，忽略了噪声的持续时间和频率特性。

（4）昼夜等效声级  昼夜等效声级是通过对夜间噪声加权的方法来反映昼夜噪声水平的综合影响，夜间噪声被加权 10dB，以强调夜间噪声对居民睡眠和健康的影响，记为 $L_{\mathrm{dn}}$。昼夜等效声级在 20 世纪 70 年代被引入，作为综合评价昼夜噪声暴露的指标。$L_{\mathrm{dn}}$ 通过夜间噪声加权的方法，强调夜间噪声对健康的影响，逐渐成为城市噪声管理的标准工具。广泛用于城市环境噪声评价、机场噪声评估和区域噪声管理，在评价时对夜间噪声加权 10dB，可能会高估夜间噪声的实际影响。此外，对昼间和夜间噪声变化较大的情况，$L_{\mathrm{dn}}$ 的单一数值可能无法准确反映噪声的具体特征和变化情况。

**5. 降噪措施简介**

（1）吸声降噪  声波在遇到材料或结构时会发生三种基本过程：反射、吸收和透射，如图 2-117 所示。吸声的目标是增强声波的吸收过程，减少或消除声波的反射和透射。为了实现这一目标，吸声材料需要具备高效的声波能量吸收能力。其基本原理是亥姆霍兹共振吸声原理，即当一个空腔内的声波频率与空腔的固有频率相匹配时，会发生共振现象，从而有效吸收声波能量。

目前，吸声材料主要分为三种类型：纤维型，如毛、木丝和玻璃棉；泡沫型，如聚氨酯泡沫塑料和微孔橡胶；吸声建筑材料，如膨胀珍珠岩和多孔陶土。影响吸声材料效果的关键因素包括材料的表面流阻、孔隙率、结构因子、密度以及厚度等。

除了吸声材料本身，吸声结构的设计也是吸声效果的关键因

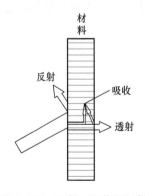

图 2-117 反射、吸收和透射

素。常见的吸声结构包括薄板共振结构、穿孔板吸声结构以及微穿孔板吸声结构。

（2）隔声技术　隔声技术是一种用于减少或阻隔噪声传播的技术，旨在防止噪声从源头传播到其他区域或从外部进入室内。隔声技术通常通过改进建筑结构、使用隔声材料和设计特定的隔声措施来实现。其基本原理是通过增加声波传播路径上的阻力来减少或阻止声波的传播。通常通过增加材料厚度、提高材料密度或采用特殊的隔音结构来实现。

常见的隔声材料主要有密封材料，如聚氨酯泡沫、橡胶和硅酸盐等；隔声板，如石膏板、金属板或复合板等。而隔音结构主要包括空气隙隔声以及吸声结合隔声。

（3）消声器　消声器是降低空气动力性噪声的主要手段，它允许气流通过，同时减少噪声向管路下游传播。根据其原理，主要分为阻性消声器和抗性消声器。当噪声沿管道传播时，声波进入多孔材料内部，激发孔隙中的空气及材料细小纤维的振动，通过摩擦和黏滞力将声能耗散转化为热能，从而实现消声效果。抗性消声器本身并不吸收声能，而是通过管道截面的突变或旁接共振腔，产生声阻抗不匹配，使沿管道传播的声波向声源反射回去，从而在消声器出口端达到消声的目的。

对于消声器在技术上要求达到三方面性能：①声学性能，要求在较宽的频率范围内有足够大的消声量；②空气动力学性能，要求安装消声器后增加的气流阻力损失控制在允许的范围内；③结构性能，要求体积小，重量轻，加工性好，坚固耐用。

（4）阻尼减振降噪　阻尼减振降噪技术是一种专门设计用于减少或消除机械振动和噪声的技术。其基本原理是通过增加系统的阻尼和减少机械振动的能量来达到降低噪声的效果。这种方法有效地将振动能量转换为热能，从而减少振动传播并降低噪声。

常见的阻尼器材料有橡胶、弹性体、泡沫塑料、聚氨酯等。其类型主要分为液体阻尼器和离心阻尼器。

### 2.6.3　振动与深度学习

橡胶混炼是橡胶制品生产过程中的重要环节，其质量直接影响到最终产品的性能和品质。传统的质量控制方法通常需要离线取样检测，耗时耗力且无法实时反馈，因此基于深度学习的在线质量预测成为了一种创新的解决方案。

首先，在橡胶混炼加工中，通过振动传感器采集振动信号数据，将采集到的传感器数据进行预处理，提取振动信号的时域特征和时频特征，以使其适用于深度学习模型。以时域特征的序列特性作为输入，基于 LSTM 网络等深度学习算法，根据混炼胶的质量指标建立混炼在线质量预测模型。模型首先对振动信号提取时域特征作为模型输入，经过由批量标准层、LSTM 层和线性层组成的 LSTM 网络结构，输出预测值，如图 2-118 所示。

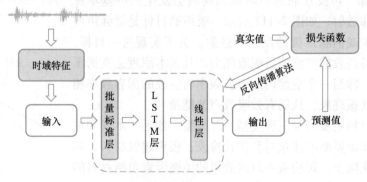

**图 2-118　基于 LSTM 网络的时域预测模型结构**

基于 CNN-LSTM 网络分别以时频特征和原始振动信号作为输入,以混炼质量为标准,建立混炼在线质量预测模型。其中以原始振动信号作为输入的为端到端模型,以时频特征作为输入的为时频特征模型。将数据集中混炼过程的振动信号经过短时傅里叶变换后的振动时频信号输入到 CNN-LSTM 网络时面临着两个选择:一个选择是直接输入,但此时需要二维卷积层对其进行卷积,如图 2-119 所示;另一个选择是将两个通道进行合并,也就是将某两个维度进行展平,再进行一维卷积,如图 2-120 所示。

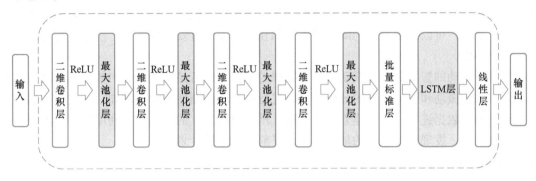

图 2-119  基于 CNN-LSTM 网络的时频模型结构(二维卷积)

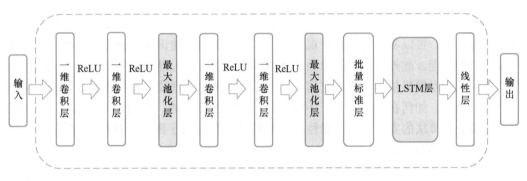

图 2-120  基于 CNN-LSTM 网络的时频模型结构(一维卷积)

### 2.6.4  振动、噪声与智能制造的关系

在现代智能制造系统中,振动与噪声监测技术作为工业设备的"听觉系统",其重要性不可忽视。智能制造是通过集成先进的信息技术和制造技术,实现生产过程的自动化、数字化和智能化,从而提高生产效率、产品质量和市场响应能力。在这一过程中,振动与噪声监测技术作为关键的感知手段,帮助实现对设备运行状态的实时监测、故障诊断、工艺优化以及环境安全控制。

(1)设备状态监测与故障诊断  设备的健康状态直接影响生产的连续性和产品质量。振动与噪声信号提供了丰富的信息,帮助识别和诊断设备的各种潜在故障。通过频谱分析、时域分析和时频分析等方法,可以识别设备的机械故障。例如,滚动轴承的磨损、剥落等问题会导致特定频率的振动增加,这些变化可以通过振动分析手段检测出来。齿轮的磨损、断齿或偏心等问题会引起振动信号中特定的谐波变化,不平衡和对中误差则会产生周期性的振动,通过频谱分析可以识别出这些问题。噪声信号同样具有丰富的信息,通过噪声频谱分析,可以识别出设备的异常状态。例如,轴承、齿轮等部件的异常摩擦会产生特定频率的噪声。气动系统中的泄漏和流动异常会导致气流噪声的变化,这可以通过噪声分析加以识别。

(2)质量控制与工艺优化  振动与噪声监测在生产过程中起着重要的质量控制和工艺优化作用,通过实时数据反馈和分析,确保生产过程的稳定性和产品质量。在加工过程中,振动和噪声信号可以实时反映加工状态。刀具磨损监测、工件松动检测等问题都可以通过监测这些变化及时发现并调整。通过对振动和噪声数据的分析，可以优化工艺参数，提高加工效率和质量。例如，通过振动信号分析，可以确定最佳的切削速度和进给率，减少刀具磨损，提高加工质量。焊接过程中，通过监测焊接过程中的噪声信号，可以优化焊接参数，提高焊接质量和一致性。

（3）环境安全与职业健康　在智能制造中，振动与噪声的监测对于确保工厂环境安全和工人职业健康具有重要意义。通过振动监测，可以采取减振措施，确保设备平稳运行。例如，在设备安装时使用减振基础，在关键部位安装减振器等，降低振动幅度，减少对工人的影响。通过监测和分析噪声水平，可以采取有效的降噪措施，如在噪声源附近安装隔音板、使用吸音材料等，改善工厂工作环境。

（4）数据驱动的智能决策　振动和噪声数据的采集与分析是智能制造中数据驱动决策的重要组成部分。基于振动和噪声数据的分析，可以进行设备的预测性维护。例如，通过大数据技术对历史振动和噪声数据进行分析，建立健康模型，预测故障发生的可能性。利用机器学习算法分析振动和噪声数据，发现设备故障的早期征兆，提前安排维护计划。

## 2.7　数字图像处理——智能制造系统的视觉

### 引言

数字图像处理相当于智能制造系统的"视觉"，提供了强大的样本数据。在生产线上，通过数字图像处理技术，可以实现对产品外观、尺寸、缺陷等的快速识别与检测，进而实现自动化分拣、质量控制等功能。此外，数字图像处理还可以应用于机器人导航、三维重建、虚拟现实等领域，为智能制造的发展提供了广阔的空间。然而，数字图像处理技术在智能制造中的应用也面临着诸多挑战。例如，如何在复杂的生产环境中准确识别目标物体，如何高效处理海量图像数据，如何保证图像处理算法的实时性和准确性等。本章需要掌握数字图像处理的关键算法——卷积、应用算法——图像形态学。

### 学习目标

- 了解数字图像的概念。
- 掌握数字图像处理的关键——卷积。
- 掌握智能图像处理的卷积神经网络。
- 熟悉智能制造的图像形态学应用。

### 2.7.1　数字图像处理概述

#### 1. 智能制造的眼睛——数字图像处理

当深入探讨数字图像处理的基础时，可以通过人眼看到图像并将其传递到大脑的过程来加深理解。这个过程提供了理解数字图像处理机制的重要线索。首先，想象一下人眼如何捕捉图像。眼睛是复杂的生物传感器，它们通过视网膜上的光感受器细胞来感知光线。这些细胞将光线转化为神经信号，这些信号随后通过视神经传递到大脑。这些神经信号经过大脑的进一步处理后传送到大脑皮层，大脑皮层中的视觉处理区域负责解释这些信号，使我们能够识别图像中的形状、颜色、运动和深度等特征。

现在，可以将这个过程与数字图像处理进行类比。在数字图像处理中，图像首先被数码相机或者扫描仪捕获为数字信号，这些数字信号代表了图像中每个像素的颜色和亮度信息。接下来，这些数字信号被输入到计算机中并通过图像处理软件进行处理。这个过程包括各种图像处理技术，如滤波、增强、分割、特征提取等。通过人眼看到图像并将其传递到大脑的例子，可以更好地理解数字图像处理的基础。数字图像处理技术实际上是在模拟人类视觉系统的某些功能，以便能够更好地理解和处理数字图像。这种理解不仅有助于更好地应用数字图像处理技术，还有助于开发更先进、更智能的视觉系统（见图2-121）。

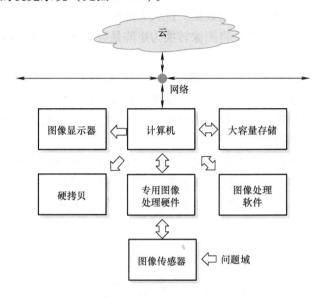

图 2-121　通用数字图像处理系统的组成

### 2. 图像重建——像素矩阵

当谈论数字图像处理时，将图像转换为矩阵是其核心。那么为什么要这么做呢？其实，这是因为将图像转换为矩阵不仅能让计算机更高效地处理图像，还能让非专业人士更直观地理解图像数据的运作方式。想象一下，你手中有一张美丽的风景照。这张照片实际上是由无数个微小的点（称之为像素）组成的，每个像素都有自己特定的颜色和亮度。当将这张照片转换为矩阵时，这些像素就像是矩阵中的格子，而每个格子里的数值则代表了像素的颜色和亮度信息。这样一来，原本看似复杂的图像就变得清晰明了，可以像操作表格一样去操作这些图像数据。如图2-122所示的无损检测图像采样流程中，我们首先获取各扫描线像素点的灰度和，然后对四个像素点密度的未知量求解，即可获得各点的灰度值。

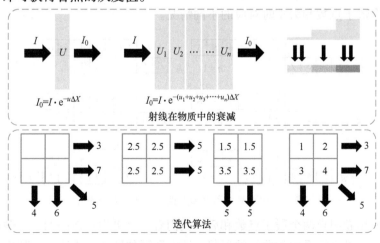

图 2-122　无损检测图像采样流程图

对于计算机来说，这种矩阵形式的数据结构非常友好。它允许计算机使用各种算法和技术来分析和处理图像，比如提高图像的清晰度、识别图像中的物体等。这些操作在矩阵上执行起来既快速又准确，能够享受到更高质量的图像处理服务。同时，将图像转换为矩阵也让非专业人士能够更直观地理解图像处理的过程。这样不再需要深入了解复杂的算法和公式，只需要关注矩阵中数值的变化，就能大致了解图像处理的效果。这大大降低了学习门槛，让更多人能够参与到数字图像处理的研究和应用中来。因此，将图像转换为矩阵是数字图像处理领域中的一项重要技术。

### 3. 图像处理——卷积降噪

当谈论图像处理时，降噪是一个至关重要的环节。简单来说，就是减少或消除图像中的噪声，以提高图像的清晰度和质量。这些噪声可能是在图像获取、传输或处理过程中产生的，它们会干扰对图像信息的准确解读。为了改善图像质量，通常使用各种滤波器来减少或消除噪声。本节将为大家介绍常用的高斯滤波器。

说到卷积降噪，首先我们需要知道什么是卷积。在泛函分析中，卷积（Convolution）是通过两个函数 $f$ 和 $g$ 生成第三个函数的一种数学运算，其本质是一种特殊的积分变换，表征函数 $f$ 与 $g$ 经过翻转和平移的重叠部分函数值乘积对重叠长度的积分。其中卷积的连续形式和离散形式的公式表示如下：

$$(f \times g)(n) = \int_{-\infty}^{\infty} f(\tau)g(n-\tau)\,\mathrm{d}\tau \tag{2-169}$$

$$(f \times g)(n) = \sum_{\tau=-\infty}^{\infty} f(\tau)g(n-\tau) \tag{2-170}$$

单看上面的公式我们可能无法理解得很透彻，卷积到底是怎么运算的呢？这里给大家举一个丢骰子的例子，假设我们有两个骰子，把它们一起丢出去，这两个骰子的点数加起来为 4 的概率是多少呢？我们用 $f(1)$ 表示第一个骰子点数是 1 的概率，同样第二个筛子点数是 1 的概率用 $g(1)$ 表示。因此两个骰子点数和为 4 的概率可以表示为

$$f(1)g(3) + f(2)g(2) + f(3)g(1) \tag{2-171}$$

根据上面的公式，我们可以将其写成卷积的形式：

$$(f \times g)(4) = \sum_{m=1}^{3} f(4-m)g(m) \tag{2-172}$$

为了更便于大家的理解，可以根据图 2-123 看到不同滑动距离下，两个骰子点数之和的情况。我们可以看到，随着函数 $g$ 滑动距离 $n$ 的增加，对应的两个骰子点数之和也逐渐增加。当 $n=3$ 时，就是两个骰子点数和为 4 时对应的不同情况。

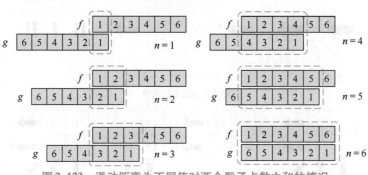

**图 2-123　滑动距离为不同值时两个骰子点数之和的情况**

在理解了如何用卷积求两个骰子点数和后，我们看一个更为具体的例子。假设我们有一组数列，这组数列代表二维坐标系中的曲线的形状。这组数列如图 2-124 所示，其代表的曲线是一个

中间高度为 1、四周高度为 0 的形状。那么当我们使用不同的一维卷积核对其进行处理后，会发生怎么样的变化呢？首先我们知道，卷积核的计算需要在序列上滑动相乘，但如果不对原有序列进行元素填充（Padding），就会导致滑动相乘后的元素数量变少，因此为了保证前后元素数量相同，我们通常将序列两端补充 0 元素。当使用元素全部为 1 的卷积核时，我们可以发现序列没有发生任何变化，曲线形状也不会改变。当使用算术平均卷积核后，可以看到中间的元素的值被平分到了其相邻的位置，曲线形状也由尖锐变得平滑了很多。然而经过算术平均卷积核处理过的曲线形状与原始图像有很大的差距，换句话来说，我们无法从现有曲线形状推测出原始曲线形状的特征。那怎样在平滑曲线的同时保留原始曲线的特征呢？高斯核就可以完成这一任务，与算术平均卷积核不同的是，其一维卷积核里的数值分配并不是相等的。我们可以看到，经过高斯核处理过的曲线既保证了平滑，又保留了原始曲线中间高度最高的特征，相比于算术平均卷积核可以保留更多的细节。

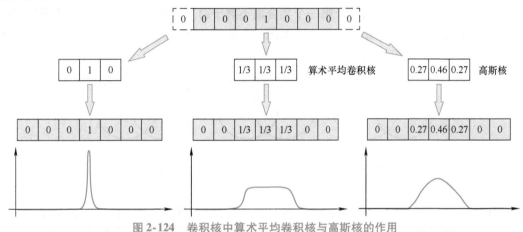

图 2-124　卷积核中算术平均卷积核与高斯核的作用

　　高斯滤波器实质上是一种信号的滤波器，其用途是信号的平滑处理。在图像处理中，高斯滤波就是对整幅图像进行加权平均的过程，每一个像素点的值，都由其本身和邻域内的其他像素值经过加权平均后得到。具体操作是：用一个模板（或称卷积、掩模）扫描图像中的每一个像素，用模板确定的邻域内像素的加权平均灰度值去替代模板中心像素点的值。如果要模糊一张图像，可以对于每个像素点，以它为中心，取其 3×3 区域内所有像素灰度值的平均作为中心点的灰度值。可是，如果仅使用简单平均，显然不是很合理，因为图像都是连续的，越靠近的点关系越密切，越远离的点关系越疏远。因此，加权平均更合理，距离越近的点权重越大，距离越远的点权重越小。而正态分布显然是一种可取的权重分配模式。由于图像是二维的，所以需要使用二维的高斯函数。高斯模糊本质上就是利用高斯函数生成的高斯核对图像进行卷积操作。高斯滤波器可以有效地去除图像中的噪声和细节信息，使图像变得更加平滑。此外，在平滑图像的同时，高斯滤波器能够保留图像的主要特征，并且模糊

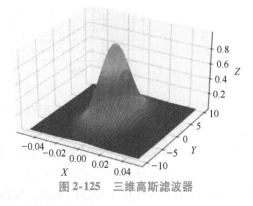

图 2-125　三维高斯滤波器

程度可以通过调整参数进行灵活控制，以适应不同的应用场景（见图 2-125）。

　　**4. 图像形态——集合运算**

　　（1）理论基础　在图像处理领域，图像形态学是一个重要的分支，它主要关注图像中物体

的形状和结构，并通过数学工具来分析和处理这些形状。其中，集合运算在图像形态学中扮演着至关重要的角色，它们提供了一种描述和操作图像中形状的有效方式。

在图像形态学中，将图像看作是由像素点组成的集合，而图像中的物体则是由这些像素点构成的子集。基于这种理解，可以利用集合论中的基本概念和运算来描述和处理图像中的形状。如图 2-126 所示，集合运算主要包括并集、交集、差集等。在图像形态学中，这些运算通常应用于二值图像（即只包含黑白两种颜色的图像），因为二值图像中的像素点可以自然地映射到集合的元素上。在集合论中，两个集合的并集包含了这两个集合中所有的元素，不论这些元素是否同时存在于两个集合中。在图像处理中，特别是针对二值图像，可以将图像中的白色像素视为集合中的元素。因此，两个二值图像的并集操作意味着将两个图像中的所有白色像素区域合并在一起。与并集相反，两个集合的交集仅包含同时存在于两个集合中的元素。在二值图像处理中，交集运算用于找出两个图像中共有的白色像素区域。这有助于识别两个图像中共有的特征或结构。一个集合与另一个集合的差集是指只属于第一个集合而不属于第二个集合的元素。在二值图像中，差集运算可以帮助检测一个图像相对于另一个图像的变化或差异。例如，可以使用差集运算来检测一个场景中的运动物体或变化区域。

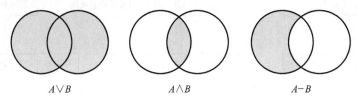

$A \lor B$         $A \land B$         $A - B$

图 2-126　集合运算示意图

（2）腐蚀　为了解如何在图像和结构元间执行形态学运算，图 2-127 是一幅简单的二值图像，它由显示为阴影的目标 $A$ 和一个大小为 $3 \times 3$ 的结构元组成，结构元的元素都是 1。进行以下操作：①形成一幅大小与 $l$ 相同的新图像，它最初只包含背景值。②在图像 $l$ 的上方平移结构元 $B$，每次平移一个单位。③若 $B$ 完全包含于 $l$，则将 $B$ 的原点位置在新图像中标记为阴影色；否则保持原有的白色。当 $B$ 的原点位于 $A$ 的边界元素上时，$B$ 的一部分将不再包含于 $A$，于是 $B$ 的原点不再是新图像中阴影部分，最终结果是 $A$ 的边界被腐蚀。

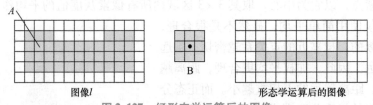

图像$l$                        形态学运算后的图像

图 2-127　经形态学运算后的图像

在图像处理中，什么时候会应用到腐蚀呢？在图像形态学中，腐蚀操作是一种基础且重要的技术，它主要用于消除图像中的细小物体、噪点，以及平滑目标区域的边界。腐蚀操作的核心思想是通过一个称为结构元素的模板，在图像上滑动并比较，从而确定哪些像素应该被保留或移除。图像中的噪点通常小于结构元素的大小，因此会在腐蚀过程中被消除。这使得图像更加清晰，为后续的处理提供了更好的基础。腐蚀操作还可以缩小图像中目标区域的大小，通过逐步消除目标区域的边界像素点，腐蚀操作可以使目标区域逐渐变小。此外，腐蚀操作还可以断开相连的物体，如果两个物体之间有细小的连通部分，腐蚀操作可以通过消除这些连通部分的像素点来将它们分开，在需要分离紧密相邻的物体时非常有效（见图 2-128）。

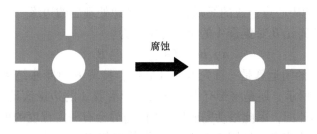

图 2-128　使用腐蚀消除图像中的某些部分

形态学公式是根据结构元和前景像素集合 $A$ 写出的，或是根据结构元和包含 $A$ 的图像 $l$ 来写出的。下面介绍前一种写法。假设 $A$ 和 $B$ 是 $Z^2$ 中的两个集合，$B$ 对 $A$ 的腐蚀（表示为 $A \ominus B$）定义为

$$A \ominus B = \{z \,|\, (B)_z \subseteq A\} \tag{2-173}$$

式中，$A$ 为前景像素的一个集合；$B$ 为一个结构元；$z$ 项为前景像素值（1），可以理解为在图像处理中想要得到的像素。换句话说，这个公式指出 $B$ 对 $A$ 的腐蚀是所有点 $z$ 的集合，条件是平移 $z$ 后的 $B$ 包含于 $A$（注意，位移是相对于 $B$ 的原点定义的）。

（3）膨胀　膨胀操作是一种与腐蚀操作相辅相成的关键技术。它主要用于扩大图像中的物体区域、填充空洞以及连接相近的物体，为图像分析提供更丰富的信息。膨胀操作能够通过结构元素的滑动与比较，将与物体接触的所有背景点合并到该物体中，从而有效地扩大图像中物体区域的面积，对于那些需要增强物体特征的场景非常有用。其次，膨胀操作还具有填充空洞的功能。在二值图像中，物体内部可能会存在一些较小的空白区域或空洞。这些空洞可能会影响到图像的分析和识别。通过膨胀操作，可以将这些空洞周围的像素与结构元素进行比较，如果匹配成功，则将这些像素置为前景值，从而填充空洞，使物体更加连续。与填充空洞功能类似，膨胀操作还能够连接相近的物体。在图像中，如果两个物体的距离较近，但又不完全接触，膨胀操作可以通过将结构元素

图 2-129　使用膨胀使断裂字体更加连贯

与这两个物体之间的像素进行比较，如果匹配成功，则将这些像素置为前景值，从而将两个物体连接在一起（见图 2-129）。这对于那些需要合并相近物体的场景非常有效，例如，在目标检测中，膨胀操作可以将距离较近的目标合并为一个整体，提高检测的准确性。

假设 $A$ 和 $B$ 是 $Z^2$ 的两个集合，$B$ 对 $A$ 的膨胀（表示为 $A \oplus B$）定义为：

$$A \oplus B = \{z \,|\, (\hat{B})_z \land A \neq \varnothing\} \tag{2-174}$$

类似于腐蚀，这个公式是以 $B$ 相对于其原点反射并将这一反射平移 $z$ 为基础的。于是，$B$ 对 $A$ 的膨胀就是所有位移 $z$ 的集合，条件是 $B$ 的前景元素与 $A$ 的至少一个元素重叠（注意，$z$ 是 $\hat{B}$ 的原点的位移）。

（4）开运算与闭运算　开运算通常平滑物体的轮廓、断开狭窄的连接、消除细长的突出物；闭运算同样平滑轮廓，但与开运算相反，它通常弥合狭窄的断裂和细长的沟壑，消除小孔，并填补轮廓中的缝隙。结构元 $B$ 对集合 $A$ 的开运算定义为

$$A \circ B = (A \ominus B) \oplus B \tag{2-175}$$

可以看到，结构元 $B$ 对集合 $A$ 的开运算是：首先 $B$ 对 $A$ 腐蚀，接着 $B$ 对腐蚀结果膨胀。用几何来解释开运算如图 2-130 所示，处理前的图像为 $A$，$B$ 为一个带有中心点的圆圈，将 $B$ 沿着

$A$ 的边缘滚动一周，$B$ 的中心点连成的线则为 $A$ 经过图像处理后的边缘。

与开运算类似，结构元 $B$ 对集合 $A$ 的闭运算定义为

$$A \cdot B = (A \oplus B) \ominus B \tag{2-176}$$

结构元 $B$ 对集合 $A$ 的闭运算是：首先 $B$ 对 $A$ 膨胀，接着 $B$ 对膨胀结果腐蚀。同样用几何来解释一下，如图 2-131 所示，还是将带有中心点的圆形沿着 $A$ 的边缘滚动，与开运算不同的是，闭运算的圆形是在 $A$ 的外围，因此滚动完成后，$A$ 的边界会有一定程度的扩大。这里举一个常见的例子——指纹的提取及纯化（见图 2-132）。根据前面的表示方式，$A$ 是指纹的本体（白色部分），根据图像可以看到，白色部分不仅有指纹脊线，还有白色的随机噪声斑点。可以使用开运算和闭运算来实现对指纹图像降噪的目的。可以看到，开运算可以消除白点，但是黑点会增大，后期使用闭运算可以消除黑点，最终实现对指纹图像的增强。

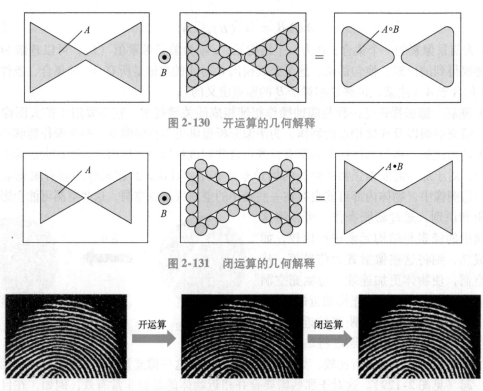

图 2-130　开运算的几何解释

图 2-131　闭运算的几何解释

图 2-132　指纹的提取与纯化

（5）击中-击不中变换　当需要更精确地检测和定位图像中的特定形状和结构时，可能需要使用到更复杂的形态学操作。其中，击中-击不中变换就是这样一种强大的工具，它允许检测与特定结构模式精确匹配的区域。击中-击不中变换是一种基于结构元素的形态学操作，用于检测图像中与给定结构元素精确匹配的区域。与开运算和闭运算不同，击中-击不中变换需要两个结构元素：一个用于检测目标物体，另一个用于检测目标物体周围的背景。只有当这两个结构元素同时与图像中的某个区域匹配时，才认为该区域为目标物体。

在击中-击不中变换中，定义两个结构元素：前景结构元素（通常用于检测目标物体）和背景结构元素（用于检测目标物体周围的背景）。然后，将这两个结构元素与图像进行匹配。如果前景结构元素与图像中的某个区域匹配，并且同时背景结构元素与该区域的周围背景匹配，则认为该区域为目标物体，并将其标记出来。通过调整前景和背景结构元素的形状和大小，可以检测图像中各种复杂的形状和结构。换句话说，当结构元 $B$ 与被检测图像 $l$ 中的区域完全重合时，则

将其中心区域在新图像中标出，如图 2-133 所示。

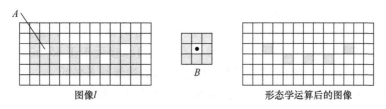

图像1　　　　　　　　　　　　形态学运算后的图像

图 2-133　击中-击不中变换案例

### 5. 图像分割——边缘检测

在图像处理和分析中，图像分割和边缘检测是两个至关重要的步骤，它们为后续的图像识别、特征提取和目标检测等任务提供了基础。图像分割旨在将图像划分为多个具有相似属性的区域，而边缘检测则侧重于定位图像中不同区域之间的边界。

图像分割是将图像划分为多个不相交的区域或对象的过程，每个区域或对象在某种特性（如颜色、纹理、亮度等）上与其他区域或对象有所不同。通过图像分割，可以将图像中的前景与背景分离，或者将不同的物体或区域区分开来。常见的图像分割方法包括阈值分割、基于区域的分割、边缘分割以及基于模型的分割等。阈值分割通过设置一个或多个阈值来将图像的像素划分为不同的类别；基于区域的分割方法则依赖于像素之间的相似性或连续性来定义区域边界；边缘分割则通过检测图像中的边缘信息来划分不同的区域；基于模型的分割方法则利用先验知识或学习到的模型来指导分割过程。

边缘检测是图像处理中的一个基本问题，通过识别图像中亮度、颜色或纹理等特征发生显著变化的区域来确定图像的边缘。边缘信息对于图像理解、分析和识别等任务至关重要，边缘检测可以通过多种方法实现，其中最常见的是基于梯度的边缘检测算子，如 Roberts 算子、Prewitt 算子、Sobel 算子和 Canny 算子等。边缘是图像中亮度、颜色或纹理等特征发生显著变化的区域。这些变化往往是由于物体的轮廓、不同材质的表面或者光照条件的变化等因素引起的。在数学上，这些变化可以通过求导（计算梯度）来检测。梯度是一个向量，它表示函数在某一点上的方向导数，即函数在该点处沿着各个方向的变化率。在图像处理中，通常考虑的是图像的灰度值函数，其梯度反映了图像亮度在不同方向上的变化率。在边缘处，由于亮度发生了显著的变化，因此梯度的大小（模）会比较大，而梯度的方向则垂直于边缘的方向。这些算子则通过计算图像中像素的梯度来检测边缘，其中梯度的大小和方向分别表示边缘的强度和方向。

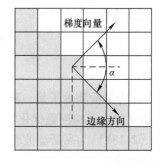

图 2-134　梯度向量与图像边缘的关系

下面将为大家讲解如何利用梯度进行基本的边缘检测（见图 2-134）。求图像 $f$ 中任意位置 $(x,y)$ 处的边缘强度和方向的工具是梯度，梯度用 $\nabla f$ 表示，并定义为向量

$$\nabla f(x,y) \equiv \mathrm{grad}[f(x,y)] \equiv \begin{bmatrix} g_x(x,y) \\ g_y(x,y) \end{bmatrix} = \begin{bmatrix} \dfrac{\partial f(x,y)}{\partial x} \\ \dfrac{\partial f(x,y)}{\partial y} \end{bmatrix} \tag{2-177}$$

这个向量有一个著名的性质，即它指出了 $f$ 在 $(x,y)$ 处的最大变化率的方向，该公式在任

意点 $(x,y)$ 处都成立。计算 $x$ 和 $y$ 的所有适用值时，$\nabla f(x,y)$ 称为向量图像，它的每个元素都是由式（2-177）给出的一个向量。

Roberts 算子又称为交叉微分算法，它是基于交叉差分的梯度算法，通过局部差分计算检测边缘线条。常用来处理具有陡峭的低噪声图像，当图像边缘接近于正 45°或负 45°时，该算法处理效果更理想。其缺点是对边缘的定位不太准确，提取的边缘线条较粗。

Roberts 算子的模板分为水平方向和垂直方向，如式（2-178）所示，从其模板可以看出，Roberts 算子能较好地增强正负 45°的图像边缘。

$$d_x = \begin{bmatrix} -1 & 0 \\ 0 & 1 \end{bmatrix}, d_y = \begin{bmatrix} 0 & -1 \\ 1 & 0 \end{bmatrix} \tag{2-178}$$

Prewitt 算子是一种图像边缘检测的微分算子，其原理是利用特定区域内像素灰度值产生的差分实现边缘检测。由于 Prewitt 算子采用 $3 \times 3$ 模板对区域内的像素值进行计算，而 Roberts 算子的模板为 $2 \times 2$，故 Prewitt 算子的边缘检测结果在水平方向和垂直方向均比 Roberts 算子更加明显。Prewitt 算子适合用来识别噪声较多、灰度渐变的图像，其计算公式如下所示：

$$d_y = \begin{bmatrix} -1 & 0 & 1 \\ -1 & 0 & 1 \\ -1 & 0 & 1 \end{bmatrix}, d_x = \begin{bmatrix} -1 & -1 & -1 \\ 0 & 0 & 0 \\ 1 & 1 & 1 \end{bmatrix} \tag{2-179}$$

Sobel 算子是一种用于边缘检测的离散微分算子，它结合了高斯平滑和微分求导。该算子用于计算图像明暗程度近似值，根据图像边缘旁边明暗程度，把该区域内超过某个数的特定点记为边缘。Sobel 算子在 Prewitt 算子的基础上增加了权重的概念，认为相邻点的距离远近对当前像素点的影响是不同的，距离越近的像素点对应当前像素的影响越大，从而实现图像锐化并突出边缘轮廓。Sobel 算子根据像素点上下、左右邻点灰度加权差在边缘处达到极值这一现象检测边缘。对噪声具有平滑作用，提供较为精确的边缘方向信息。因为 Sobel 算子结合了高斯平滑和微分求导，因此结果会具有更多的抗噪性，当对精度要求不是很高时，Sobel 算子是一种较为常用的边缘检测方法。Sobel 算子的边缘定位更准确，常用于噪声较多、灰度渐变的图像。其算法模板如下面的公式所示：

$$d_x = \begin{bmatrix} -1 & 0 & 1 \\ -2 & 0 & 2 \\ -1 & 0 & 1 \end{bmatrix}, d_y = \begin{bmatrix} -1 & -2 & -1 \\ 0 & 0 & 0 \\ 1 & 2 & 1 \end{bmatrix} \tag{2-180}$$

Canny 边缘检测算子是一种广泛应用于图像处理中的边缘检测算法，是在满足一定约束条件下推导出来的边缘检测最优化算子。Canny 算法对原始图像进行高斯平滑滤波，减少图像中的噪声。式（2-181）为高斯滤波卷积核，通过高斯滤波，图像中的高频噪声被抑制，而边缘信息则相对保留下来。

$$\frac{1}{273} \times \begin{bmatrix} 1 & 4 & 7 & 4 & 1 \\ 4 & 16 & 26 & 16 & 4 \\ 7 & 26 & 41 & 26 & 7 \\ 4 & 16 & 26 & 16 & 4 \\ 1 & 4 & 7 & 4 & 1 \end{bmatrix} \tag{2-181}$$

之后计算平滑后图像的梯度。梯度是图像中亮度变化率的一种度量，边缘处往往对应着梯度的极大值。Canny 算法依旧使用 Sobel 算子的模板来计算图像中每个像素点的梯度大小和方向，从而得到梯度图像。在得到梯度图像后，Canny 算法采用非极大值抑制（Non-Maximum Suppression，NMS）技术来细化边缘。NMS 的基本思想是，只有局部梯度最大的点才能被认为是边缘点，而梯度较小的点则被抑制掉。这一步骤有效地去除了梯度图像中的非边缘点，使得边缘更加清晰（见图 2-135）。

最后，Canny 算法使用双阈值处理来进一步检测边缘。通过设定一个高阈值和一个低阈值，算法将梯度图像中的像素点分为三类：高阈值点、低阈值点和非阈值点。高阈值点被认为是确信的边缘点，而低阈值点则可能是边缘的一部分或者是噪声。为了连接这些可能的边缘点，算法从高阈值点开始，沿着梯度的方向进行搜索，将低阈值点连接起来最终形成完整的边缘。

图 2-135　利用 NMS 提取局部梯度最大的点

### 6. 图像识别——卷积网络

在数字图像处理中，图像识别是一个至关重要的领域，它涉及从图像数据中提取有用信息并识别出特定对象或模式。近年来，卷积神经网络（CNN）在图像识别领域取得了巨大的成功，成为了处理图像数据的首选方法。

CNN 提取图像特征主要包含输入层、卷积层、池化层、全连接层和输出层。输入层是 CNN 的起始层，它接收原始数据。对于图像数据，输入层通常是一个三维矩阵，其中两个维度对应于图像的像素，第三个维度对应于颜色通道。卷积层是 CNN 的核心组成部分，它通过卷积操作从输入数据中提取特征。每个卷积层包含多个卷积核（也称为滤波器或特征检测器），这些卷积核在输入数据上进行滑动并计算点积，从而生成特征映射。卷积核的参数需要通过训练过程学习，以便能够检测输入数据中的特定特征。全连接层位于卷积神经网络的末尾，扮演着对前面层提取的特征进行全局整合和分类的重要角色。在这一层中，每个神经元都与前一层的所有神经元进行连接，从而实现了对特征的全局感知和整合。由于全连接层的连接方式是全局的，因此其参数数量通常较多。这些参数在训练过程中会被不断地优化和调整，以便更好地适应不同的任务和数据。同时，为了增加模型的非线性能力，全连接层通常会使用激活函数（ReLU、Sigmoid）对神经元的输出进行非线性变换。在分类任务中，全连接层的输出通常通过 Softmax 函数转换为概率分布，使得模型能够根据输出层的概率分布来判断输入图像所属的类别。输出层是卷积神经网络的最后一层，负责产生模型的最终输出。对于不同的任务和数据类型，输出层的结构和输出值的解释方式也会有所不同。如图 2-136 所示的分类任务中，输出不同分类的概率值，最终实现对图片的预测。

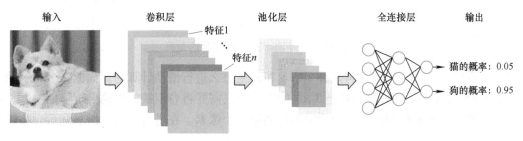

图 2-136　利用卷积提取图像特征

下面我们通过图 2-137 来看一下卷积神经网络具体是如何处理图像的。以一张彩色的图片为例，它包含红、绿、蓝三个通道，这三张图片就是网络的输入层。卷积核有长、宽、深、个数四个参数，注意区别深度和个数。卷积核的深度与输入数据的通道数相匹配，在这里它的深度为 3，可以看到，这里选用了 5 个 3×3×3 的卷积核。卷积核的深度决定了每个卷积核能够提取的特征的复杂程度。较深的卷积核可以捕捉更高级别的特征，较浅的卷积核通常捕捉较低级别的特征。而卷积核的个数决定了卷积层能够提取的特征种类和数量。增加卷积核的个数，可以增加卷积层的表达能力，从而提取更多样化的特征，如不同的边缘、纹理、形状等。当经过了卷积层的处理后，图像变成了五张尺寸相同的特征图，对每一张特征图进行加权求和，也就是所谓的全连接，最终转变为特征向量。

不同的卷积核可以提取不同的特征，常用的都有哪些卷积核呢？这里给大家举几个简单的例子。图 2-138 中的图像从左往右依次为原始图像、锐化图像、模糊图像和边缘图像。可以看到，卷积核其实是一种抽象的图像表现。从锐化来看，在这个 $3 \times 3$ 卷积核中，中间元素为 5，四周元素为 $-1$，单从矩阵看就是凸显了矩阵的中心元素，弱化了周边元素。它作用到图像上时也是如此，强调中心像素，最终实现图像的锐化。

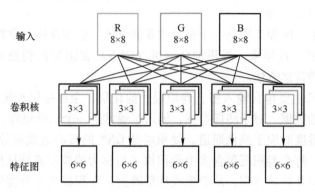

图 2-137　卷积操作基本流程

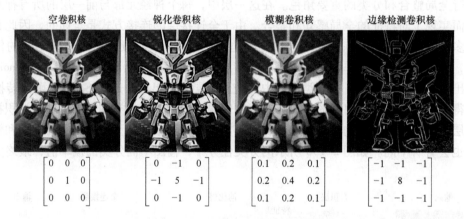

图 2-138　不同卷积核处理图片的效果

说完了不同卷积核的作用，再来看一下卷积核是怎么进行滑动计算的。如图 2-139 所示，输入是一个 $5 \times 5$ 的像素矩阵，卷积核是 $3 \times 3$ 的矩阵，只需要将卷积核放在输入矩阵的上方，将两个矩阵对应的元素相乘后相加，得到输出矩阵的第一个像素。在进行完第一次求和后，将卷积核

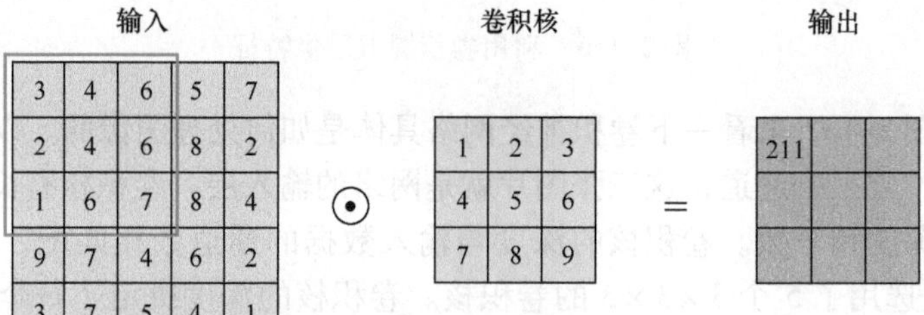

图 2-139　卷积核计算过程

向右平移一个单位（这里平移单位可以是其他数值，具体要看步长），重复上面操作后可以得到输出矩阵的第二个像素。依次类推，就得到了输出矩阵。

在卷积神经网络中执行卷积操作时，输出矩阵的大小取决于输入矩阵的大小，以下是一个关于如何计算卷积后输出矩阵大小的公式：

$$w' = \frac{(w + 2p - k)}{s} + 1 \tag{2-182}$$

式中，$w$ 为输入矩阵的宽或高；$k$ 为卷积核的大小；$s$ 为步幅；$p$ 为填充层数。如图 2-140 所示，输入图像的边缘信息仅仅只能扫描一次，而里面的信息可以扫描很多次，所以卷积会使得边缘特征信息模糊化。填充（padding）可以在更加深层的卷积中，使得图片尺寸不变，保留初始图片边缘信息。

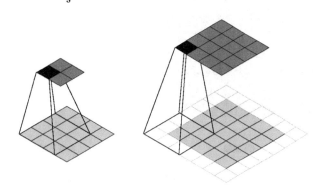

图 2-140 填充层数对输出图像的影响

## 2.7.2 形态学分析

在数字时代的浪潮中，图像处理与计算机视觉协同发展，成为了推动科技进步的重要力量。为了满足这一领域日益增长的需求，PyTorch 和 OpenCV（Open Source Computer Vision Library）应运而生。

PyTorch 是由 Facebook 人工智能研究院（FAIR）开发的开源深度学习框架，PyTorch 凭借其动态计算图的设计理念，使开发者能够在运行时定义图形，极大地提高了调试和开发的便捷性。此外，PyTorch 拥有活跃的社区和丰富的资源，包括各种教程和模型库，如 TorchVision，这些资源覆盖了图像分类、对象检测、语义分割等视觉任务，帮助开发者快速构建和部署模型。PyTorch 的 GPU 加速能力允许开发者轻松处理大规模图像数据集和复杂模型，同时它与 Python 生态系统中的其他工具和库无缝集成，使数据处理和模型训练衔接得更加完美。在数字图像处理和计算机视觉领域，PyTorch 提供了从基本的图像增强到复杂的神经网络模型中的多种功能。其应用范围包括图像分类、对象检测、图像分割以及风格迁移和图像生成等。在后面的章节中，本书会为大家更为详细地介绍 PyTorch 的功能以及它的安装流程。

OpenCV 包含了大量的图像处理函数和计算机视觉算法，可以处理图像和视频数据，被广泛应用于计算机视觉研究和工业应用。OpenCV 的主要特点是功能丰富、高效、易用，并且支持多种操作系统和编程语言，如 C++、Python、Java 等。OpenCV 库的核心是 C++ 编写的，但为了方便用户使用，它也提供了 Python、Java 等语言的接口，因此可以使用 Python 语言在 PyTorch 平台进行模型的训练。OpenCV 的功能非常强大，它包含了从基本的图像处理操作（如滤波、边缘检测、图像变换等）到复杂的计算机视觉算法（如目标检测、人脸识别、图像分割等）的各种功能。这些功能可以实现各种图像处理任务，如图像增强、目标跟踪、图像识别等。在 OpenCV 中，图像被表示为一个多维数组（通常是二维数组），数组的每个元素表示图像中的一个像素。这种表示方式使得图像处理操作可以很容易地通过数组运算来实现。除了图像处理功能外，OpenCV 还提供了丰富的视频处理功能。它可以读取、写入和处理视频文件，也可以从摄像头捕获视频数据，这使得 OpenCV 在视频监控、自动驾驶、机器人导航等领域同样具有广泛的应用。

在探究材料任一点的应变与应变率时，数字图像处理就发挥着重要的作用。万能拉伸试验机测得的是材料的平均应变，而材料拉伸的 CT 重建图像可以确定材料空间结构中任何一个像素邻域的应变与应变率。采用梯度差分运算（ADI）对比目标区域和参考区域，获得目标区域的变形，获得各像素点的应变、主应变超曲面；比较傅里叶变换中同一波峰差值，就可以求得各像素点的速度和应变率（见图 2-141）。

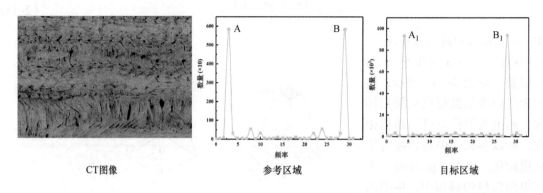

CT图像　　　　　　　　参考区域　　　　　　　　目标区域

图 2-141　积累差值图像算法计算材料应变

## 2.7.3　数字图像处理与智能制造关系

数字图像处理和智能制造之间存在着密不可分的关系。随着计算机技术和人工智能的快速发展，数字图像处理技术在智能制造领域中的应用越来越广泛，成为推动制造业智能化、自动化和高效化的重要手段之一。

### 1. 缺陷识别

质量检测在智能制造中占据着举足轻重的地位，它是确保产品质量和可靠性的关键环节。在智能制造系统中，数字图像处理技术首先通过高精度图像采集设备获取产品的高清图像，这些图像涵盖了产品的各个细节和特征，为后续的分析提供了丰富的数据基础。接着利用图像处理对产品图像进行预处理，提高图像的质量和清晰度，使其更易于后续的特征提取和比对分析。在之后的特征提取阶段，数字图像处理技术能够识别并提取出图像中的关键信息，为后续缺陷识别提供重要依据。以汽车制造业为例，在汽车生产过程中，发动机缸体、曲轴等关键零部件的表面质量对整车的性能和可靠性至关重要。利用数字图像处理技术，可以快速、准确地检测出这些零部件表面的缺陷，如划痕、气孔、裂纹等。通过实时监控和自动报警，系统能够及时发现并处理这些缺陷，避免不合格产品流入市场，提高产品质量和客户满意度。

### 2. 机器人视觉

在智能制造的时代，产品生产出来后会被机器人运送到相应的地点存放或者交付，那么这种自动化的机器人同样用到了数字图像处理。机器人视觉作为智能制造中的一个核心应用领域，极大地推动了机器人技术的智能化和自主化进程。而数字图像处理技术则是机器人视觉得以实现的关键技术之一。机器人视觉系统通过安装在机器人身上的视觉传感器来捕捉周围环境的图像信息。这些图像信息随后被传输到机器人的处理单元，利用数字图像处理技术进行处理和分析。一旦图像中的关键元素被识别出来，机器人视觉系统便能够进一步进行目标定位。通过对比图像中的特征与预定义的目标模板，系统可以确定目标物体的位置、大小和方向。这种精确的目标定位能力使得机器人能够准确地执行诸如抓取、放置、装配等操作。此外，数字图像处理技术还能够帮助机器人实现自主导航，通过实时分析环境图像，机器人能够识别出障碍物、道路标识、交通信号等信息，并根据这些信息规划出最优的行驶路径，大大提高了机器人的灵活性，使其能够在复杂多变的环境中自主工作。

## 2.8 随机过程——智能制造系统的动态

### 引言

随机过程在智能制造中主要用于描述复杂网络的动态演化。智能制造系统设计主要用于挖掘体系的非线性概率特征，而概率＋时间＝随机过程。随机过程起源于对物理学的研究，是研究随机现象随时间变化规律的学科。随机过程在深度学习中可用于逻辑回归、动态图和取样等，为智能制造系统设计的灵魂。在智能制造中，随机过程模型可以用于链路预测、随机取样等。

### 学习目标

- 熟悉常见的随机过程模型，并了解它们的应用场景。
- 掌握随机过程的统计特性来刻画动态行为。
- 掌握建立和分析随机微分方程模型。

### 2.8.1 随机过程的定义

随机过程（Stochastic Process）是概率论的一个重要分支，它研究的是随时间变化而随机变化的动态系统。简单来说，随机过程就是一系列随机变量在时间上的集合，这些随机变量可以是离散的（如时间序列中的每一天的股价），也可以是连续的（如液体中某个粒子在任意时刻的位置）。

随机过程通常由状态空间和转移概率组成。状态空间指的是所有可能的状态的集合，而转移概率则是从一个状态到另一个状态的概率。根据不同的应用场景，随机过程可以分为离散时间随机过程和连续时间随机过程两类。离散时间随机过程是在固定的时间点上进行观测，每个时间点都对应一个确定的状态。最常见的离散时间随机过程是马尔可夫链，其中状态空间是有限的，并且状态之间的转移概率只依赖于当前状态，而与之前的状态无关。连续时间随机过程则是指在任意时刻都可以进行观测，每个时刻都对应一个确定的状态。最常见的连续时间随机过程是布朗运动，其状态空间是实数集，转移概率满足高斯分布。

例 2-6　设 $X(t)$ 表示某流水线从开工（$t=0$）到时刻 $t$ 为止的累计次品数，在开工前不知道时刻 $t$ 的累计次品数将有多少，因此，$X(t)$ 是一个随机变量，假设流水线不断工作，随机现象可以用一簇随机变量 $\{X(t), t \geq 0\}$ 来描述。

例 2-7　某人不断地掷一颗骰子，设 $X(n)$ 表示第 $n$ 次掷骰子时出现的点数，$n=1,2,\cdots$，在第 $n$ 次掷骰子前不知道试验的结果会出现几点，因此，$X(n)$ 是一个随机变量，可以用一簇随机变量 $\{X(n), n > 1\}$ 来描述。

设 $(\Omega, f, P)$ 是一概率空间，$T$ 是给定的参数，若对于任意 $t \in T$，有一个随机变量 $X(t, \omega)$ 与之对应，则称随机变量簇 $\{X(t, \omega), t \in T\}$ 是 $(\Omega, f, P)$ 上的随机过程，简记为随机过程 $\{X(t), t \in T\}$。其中，$T$ 为参数集（或指标集），通常表示时间；$t$ 为参数（或指标）。需要注意的是定义中的参数集 $T$ 可以是时间集，也可以是长度、重量、速度等物理量的集合。在例 2-6 中，$T = [0, +\infty)$；在例 2-7 中，$T = (1, 2, \cdots)$。

### 2.8.2 典型随机过程

#### 1. 泊松过程

泊松过程（Poisson Process）是随机过程的一个经典过程，是一种累积随机事件的发生次数的独立增量过程。换句话说，每次事件的发生是相互独立的。那么泊松分布和泊松过程又什么关系呢？可以说泊松分布是描述稀有事件的统计规律，即可以描述一段时间 $t$ 内发生某个事件次数的概率。而泊松过程刻画"稀有事件流"的概率特性。不一样的是，泊松过程可以查看在时间 $t$

内发生次数的概率，这个 $t$ 是可变的。在现实世界中有很多例子，例如，电话总机所接听的呼唤次数、交通流中的事故数、某购物网站的访问次数（见图 2-142）等，都符合泊松过程。以某火车站售票处为例，设从早上 8：00 开始，此售票处连续售票，乘客以 10 人/h 的平均速率到达，则 9：00 ~ 10：00 这 1h 内最多有 5 名乘客来此购票的概率是多少？从 10：00 ~ 11：00 没有人来买票的概率是多少？这时就可以利用泊松过程来描述并解决。泊松过程的适用条件：只要在足够小的时间间隔内，仅发生一次事件。

泊松过程 设随机过程 $\{N(t), t \cdots 0\}$ 是计数过程，如果 $N(t)$ 满足条件：

1）$N(0) = 0$；

2）$N(t)$ 是独立增量过程；

3）对任意 $a \geqslant 0$，$t > 0$，区间 $[a, a+t]$（$a = 0$ 时应理解为 $[0, t]$）上的增量 $N(a+t) - N(a)$ 服从参数为 $\lambda t$ 的泊松分布，即

$$P(N(a+t) - N(a) = k) = e^{-\lambda t} \frac{(\lambda t)^k}{k!}, \quad k = 0, 1, 2, \cdots; \lambda > 0 \tag{2-183}$$

则称 $\{N(t), t \cdots 0\}$ 为参数为 $\lambda$ 的泊松过程（Poisson Process）。上述定义中的条件 3）表明，$N(a+t) - N(a)$ 的分布只依赖时间 $t$ 而与时间起点 $a$ 无关，因此，泊松过程具有平稳增量性。当 $a = 0$ 时，有

$$P(N(t) = k) = e^{-\lambda t} \frac{(\lambda t)^k}{k!}, k = 0, 1, 2, \cdots; \lambda > 0 \tag{2-184}$$

因此，泊松过程的均值函数为 $m_N(t) = EN(t) = \lambda t$，它表明在时间段 $[0, t]$ 出现的平均次数为 $\lambda t$，$\lambda$ 称为泊松过程的强度。泊松过程表明了前后时间的独立性和时间上的均匀性，强度 $\lambda$ 描述了随机事件发生的频率。

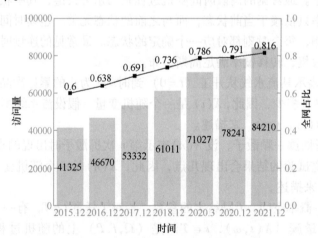

图 2-142 某购物网站过去几年的访问量

例 2-8 设一位交通警察处理的交通事故 $\{N(t), t \cdots 0\}$ 是一个泊松过程，且每个工作日需处理 $\lambda$ 件事故。求：1）某个周末两天需处理 3 件事故的概率 $q$；2）第 3 件事故在星期日内发生的概率 $q$。

解 交通事故 $\{N(t), t \cdots 0\}$ 是一个强度为 $\lambda$ 的泊松过程，记周六为 $t_1 = 6 = t_0 + 1$，周日为 $t_2 = 7 = t_0 + 2$，依题意，有

1）$q = P(N(t_2) - N(t_0) = 3) = P(N(2) - N(0) = 3) = \frac{(2\lambda)^3}{3!} e^{-2\lambda} = \frac{4\lambda^3}{3} e^{-2\lambda}$

2）$q = P(N(t_2) - N(t_1) = 3, N(t_1) - N(t_0) = 0) + P(N(t_2) - N(t_1) = 2, N(t_1) - N(t_0) = 1) +$

　　　$P(N(t_2) - N(t_1) = 1, N(t_1) - N(t_0) = 2)$

　　$= P(N(1) = 3)P(N(1) = 0) + P(N(1) = 2)P(N(1) = 1) + P(N(1) = 1)P(N(1) = 2)$

　　$= \dfrac{\lambda^3}{6}e^{-\lambda} \cdot e^{-\lambda} + 2\dfrac{\lambda^2}{2}e^{-\lambda} \cdot \lambda e^{-\lambda} = \dfrac{7\lambda^3}{6}e^{-2\lambda}$

### 2. 马尔可夫过程

马尔可夫过程（Markov Process）由俄国数学家马尔可夫于 1907 年提出，指当一个随机过程在给定现在状态及所有过去状态情况下，其未来状态的条件概率分布仅依赖于当前状态，而与过去状态无关。马尔可夫过程描述的是空间状态经过一个状态到另一个状态转换的随机过程。这个过程具有"无记忆"性质，即下一状态的概率分布只与当前的状态有关，而与时间序列中其他前面的事件无关。马尔可夫随机序列通常由元组 $\langle S, P \rangle$ 表示，其中 $S$ 是有限状态集，$P$ 是状态转移概率矩阵。这个矩阵描述了从一个状态转移到另一个状态发生的概率（见图 2-143）。

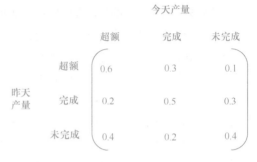

图 2-143　昨天和今天产量状态转换概率矩阵

设随机过程 $(X(t), t \in T)$，如对于任意正整数 $n$ 及 $t_1 < t_2 < \cdots < t_n$，$P\{X(t_1) = x_1, \cdots, X(t_{n-1}) = x_{n-1}\} > 0$，且条件分布满足

$$P(X(t_n) \leqslant x_n \mid X(t_1) = x_1, \cdots, X(t_{n-1}) = x_{n-1}) = P(X(t_n) \leqslant x_n \mid X(t_{n-1}) = x_{n-1}) > 0$$

(2-185)

则称 $\{X(t), t \in T\}$ 为马尔可夫过程（Markov Process）。

（1）概率的分布与时间的相关性　马尔可夫过程是一类特殊的随机过程，其核心特性是无后效性（或称马尔可夫性），即在时刻 $t_0$ 的状态已知的条件下，系统在时刻 $(t > t_0)$ 的状态仅与时刻 $t_0$ 的状态有关，而与 $t_0$ 之前的状态无关。这种性质使得马尔可夫过程在建模和预测未来状态时，只需考虑当前状态，大大简化了问题的复杂性。在马尔可夫过程中，概率分布与时间的相关性主要体现在状态转移概率上。这些概率描述了系统从一个状态转移到另一个状态的可能性，并且这些概率是随时间变化的。具体来说，对于一个马尔可夫链，如果系统在时刻 $n$ 处于状态 $i$，那么在时刻 $n+1$ 转移到状态 $j$ 的概率 $P$ 就描述了这种概率分布的时间相关性。这个概率不仅与当前状态 $i$ 和目标状态 $j$ 有关，还可能（在非齐次情况下）与具体的时间点 $n$ 和 $n+1$ 有关。

假设想要预测未来几天的产量情况，产量可以简化为超额、完成和未完成三种。假设产量的变化具有马尔可夫性，即今天的产量只与昨天的产量有关，而与更早之前的产量无关。根据历史数据，可以计算出产量之间的转移概率。例如，如果昨天是超额，那么今天变成完成的概率是 0.3，变成未完成的概率是 0.1，仍然是超额的概率是 0.6。在这个例子中，概率分布（即产量之间的转移概率）是随时间变化的。然而，在实际应用中，由于设备状态、原料供应等因素，这些转移概率可能会随时间发生变化。

定义中给出的性质称为马尔可夫性，或称无后效性，它表明若已知系统"现在"的状态，则系统"未来"所处状态的概率规律性就已确定，而不管系统"过去"的状态如何。也就是说系统在现在所处状态的条件下，它将来的状态与过去的状态无关。而且马尔可夫链的统计特征完全是由条件概率 $P(X_{n+1} = i_{n+1} \mid X_n = i_n)$ 所决定的。过程 $(X(t), t \in T)$ 的状态空间和参数集可以是连续的，也可以是离散的。按其状态和时间参数是连续的或离散可分为时间、状态都是离散马尔可夫过程，称为马尔可夫链；时间连续、状态离散的马尔可夫过程，称为连续时间的马尔可夫链。

（2）离散时间马尔可夫链的预测及其应用　假设我们讨论的是产量预测问题。在传统的一阶马尔可夫链中，今天产量只与昨天的产量相关；而在离散时间马尔可夫链中，今天产量可能与前 $D$ 天的产量有关。以 $D=3$ 为例，即今天产量不仅与昨天（$t-1$）的产量有关，还与前天（$t-2$）和大前天（$t-3$）的产量有关。在这种离散时间马尔可夫链中，系统的转移概率不仅仅是基于前一天的状态，而是基于前三天的状态序列的组合。这意味着我们需要考虑更多的可能性组合来确定转移概率。例如，如果有三种可能的产量状态（如超额、完成、未完成），那么前 $D=3$ 天的状态组合共有 $3^3=27$ 种可能，这些组合的概率将决定今天的产量。

类似上述例子的条件概率的一般形式可表示为 $P(X(s+t)=j \mid X(s)=i)=p_{ij}(s,t)$，它表示系统在 $s$ 时刻处于状态 $i$，经过时间 $t$ 后在时刻 $s+t$ 转移到状态 $j$ 的转移概率，通常称它为转移概率函数。一般它不仅与 $t$ 有关，还与 $s$ 有关。

连续时间的马尔可夫过程在实际应用中有着广泛的应用，例如在智能制造领域，用来对产品裂纹进行预测（见图 2-144），某研究根据副车架试验数据结果，将副车架疲劳性能的退化过程表达为多态连续时间马尔可夫过程，如图 2-144 所示，从而建立了副车架疲劳性能的多态退化模型。根据图所示的副车架疲劳性能多态退化模型，可实现对副车架疲劳退化过程的动态模拟和可靠性评价。

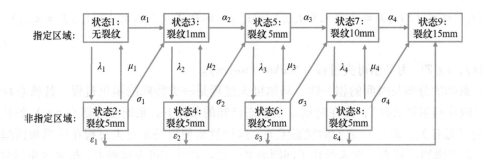

图 2-144　基于连续时间马尔可夫过程的副车架疲劳性能多态退化转换图

（3）基于马尔可夫链的随机采样方法　首先介绍一种从概率分布中随机抽取样本，从而得到分布近似的蒙特卡洛法。假设你有一家包子店，但你不确定每天应该准备多少个包子。你知道如果包子不够卖，会失去收入；如果包子剩太多，又会浪费食材。问题是你不知道每天会来多少顾客，每个顾客会买多少个包子，多备货会带来成本浪费，少备货顾客会流失。这时，你可以用一种叫作蒙特卡洛方法的技巧来帮助你做决策。首先，你需要观察过去几天或几周的情况，记录下来工作日和周末每天的顾客数量以及他们买的包子数量。接着，你通过这些信息来模拟可能的情况。比如你可以用抽签的方式来决定明天每个顾客可能的行为。每个签上写着"买 1 个包子"或"买 2 个包子"这样的信息。你把这个过程重复 100 次，就像你有 100 个不同的明天，每个明天都可能有不同的顾客数和购买情况。蒙特卡洛方法就像是你在做一个实验，通过反复随机模拟明天的情况，来帮助你决定应该准备多少个包子。它是一种模拟算法，每个样本都代表着一次对现实的模拟。用有限次的模拟，来替代所有的可能性。换成数学语言，蒙特卡洛方法就是对问题中的随机事件进行取样，为有限样本进行独立计算，最后把样本结果进行统计的策略。

但当问题涉及高维空间，使用重要性采样 + 蒙特卡洛方法，还是难以计算。需要采样大量样本才能保证精度。可以使用马尔可夫链蒙特卡洛（Markov Chain Monte Carlo，MCMC）来解决这个问题。用马尔可夫链进行采样，可以从任意分布、任意状态采样。它是一种迭代策略，首先定义随机变量转移矩阵（可以将当前状态转移到下一个状态），因为这些状态是转移矩阵随机生成，最终状态序列会收敛到一个目标分布。比如

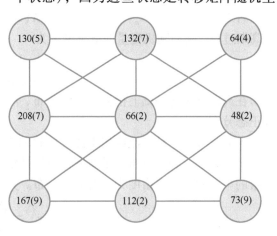

在巨大城堡（见图 2-145）里面有很多房间，找到每个房间里的人数分布情况（每个房间被访问的次数），但是你不能一次进入所有的房间并计数。你从房间 A 开始，记录房间 A 里的人数。然后，根据一个规则（假设转移概率是基于房间的人数，人数较多的房间具有较高的转移概率），你随机选择一个相邻的房间作为下一个状态。你进入该房间，记录房间的人数，并再次根据规则选择下一个房间。你不断重复这个过程，记录不同房间的人数。因为你是根据随机规则进行选择的，所以你会以一种随机的方式在不同的房间之间移动。但是，当重复这个过程很多次时，你会

图 2-145　每个房间的访问次数和人数示意图

发现你更有可能停留在人数更多的房间，而在人数较少的房间停留的次数较少。通过计算每个房间被访问的频率，来估计每个房间的人数分布情况。你最终会得到一个状态序列，其中房间的停留次数与该房间的人数成正比。当重复这个过程很多次时，你会更多地停留在人数较多的房间，从而获得与人数分布相关的结果。虽然不能直接计算每个房间的人数，但通过马尔可夫链的蒙特卡洛方法，你可以从任意状态（房间）开始采样，并最终收敛到目标分布（人数分布）。

### 3. 高斯过程

高斯过程（Gaussian Process，GP）是随机过程的一种，它是一系列服从正态分布的随机变量在一指数集内的组合。高斯过程中任意随机变量的线性组合都服从正态分布，每个有限维分布都是联合正态分布，且其本身在连续指数集上的概率密度函数即是所有随机变量的高斯测度，因此被视为联合正态分布的无限维广义延伸。学过概率论的都知道，只要不断抽取，样本的平均值一定能等于总体的平均值，因此这些样本的平均值在总体范围中，就是在总体平均值周围不断摆动，样本越多，范围摆动就越频繁（见图 2-146）。

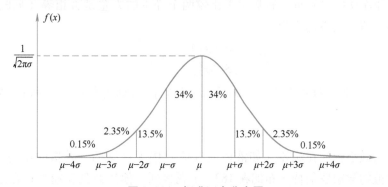

图 2-146　标准正态分布图

高斯过程由其数学期望和方差函数完全决定，并继承了正态分布的诸多性质。例如，高斯过程在不同时刻的取值不相关和相互独立等价，即平稳高斯过程在任意两个不同时刻不相关，则也

一定是相互独立的。在实际应用中，高斯过程可以用来进行回归分析、分类、聚类等任务，是机器学习、信号处理等领域的重要内容。例如，通信系统中的主要噪声，就是一种高斯过程。在机器学习中，高斯过程常用于回归分析，通过学习数据点之间的相关性和噪声水平，可以得到一个高斯过程模型，从而可以对新的输入数据进行预测。

若对一切 $t_1$, $\cdots$, $t_n$, $(X(t_1)$, $\cdots$, $X(t_n))$ 具有多元正态分布，则称随机过程 $\{X(t)$, $t\cdots 0\}$ 为高斯过程。高斯随机变量的概率密度为

$$f(x) = \frac{1}{\sqrt{2\pi}\sigma}\exp\left(-\frac{(x-\mu)^2}{2\sigma^2}\right) \tag{2-186}$$

在高斯分布的基础上衍生出卡方分布、$F$ 分布等，但只要样本足够大，所有随机分布都会变成正态分布。

卡方分布是一种广泛应用于假设检验和方差分析中的分布（见图 2-147）。它是多个独立标准正态分布平方和的分布，是概率论与统计学中常用的一种概率分布。$k$ 个独立的标准正态分布变量的平方和服从自由度为 $k$ 的卡方分布。其公式为

$$\chi^2 = \sum_{i=1}^{k} Z_i^2 \sim \chi_k^2 \tag{2-187}$$

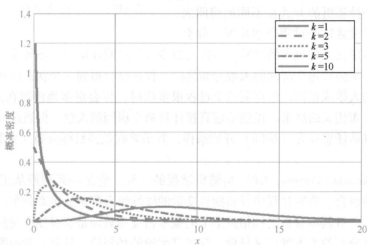

图 2-147　卡方分布概率密度图

$F$ 分布是一种连续概率分布，通常用于比较两个样本的方差是否相等（见图 2-148）。它是两个卡方分布的比值，其表达式为

$$F = \frac{(S_1^2/\sigma_1^2)}{(S_2^2/\sigma_2^2)} \sim F_{(d_1,d_2)} \tag{2-188}$$

式中，$S_1^2$ 和 $S_2^2$ 为两个独立样本的方差；$\sigma_1^2$ 和 $\sigma_2^2$ 为它们的真实方差；$d_1$ 和 $d_2$ 为两个样本的自由度。

**4. 布朗运动**

布朗运动是指微小颗粒在流体（如液体或气体）中无规则的、随机的运动（见图 2-149）。这种现象最早由植物学家罗伯特·布朗在 1827 年观察到，他注意到花粉颗粒在水中不停地做无规则运动。后来，通过进一步研究，人们发现这种现象是由于流体分子的热运动导致的。当液体或气体分子随机碰撞到颗粒时，会使其发生不可预测的运动。布朗运动具有随机性、连续性、热运动等特点，在数据取样有着广泛应用。

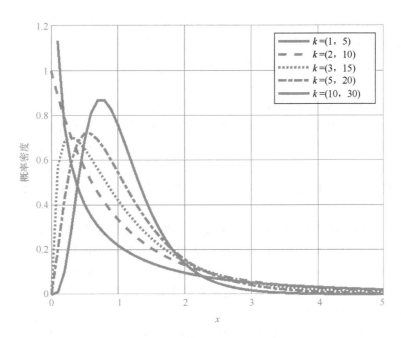

图 2-148 $F$ 分布概率密度图

从数学的角度来看，布朗运动是一种连续时间、连续状态的随机过程，满足以下条件：

1）布朗运动的路径是连续的。

2）布朗运动在任意给定的时间段内，无论多短，都具有无记忆性质，即其未来变化不依赖于过去的变化。

3）布朗运动的路径上的增量是独立的。

随机过程$\{X(t)$，$t \geq 0\}$ 若满足：

1）$X(0) = 0$；

2）$\{X(t)$，$t \geq 0\}$ 有平稳的独立增量；

3）对任意 $t > 0$，$X(t)$ 服从均值为 0 和方差为 $c^2 t$ 的正态分布。

则称为布朗运动过程。若$\{X(t)$，$t \cdots 0\}$ 是布朗运动，则由 $Y(t) = e^{X(t)}$ 定义的过程 $\{Y(t), t \cdots 0\}$ 称为几何布朗运动。

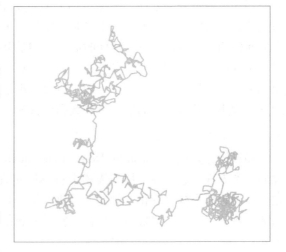

图 2-149 微粒的不规则运动

在智能制造中，设备和生产线通常通过传感器采集大量的时间序列数据。这些数据可能包含设备运行状态、生产质量、环境条件等信息。为了优化生产过程，通常需要构建预测模型或检测异常的模型。假设我们在一个智能制造的环境中，使用深度学习模型来预测设备的故障时间。为了训练模型，我们需要从传感器数据中生成有效的训练样本。这时可以利用布朗运动来模拟设备在正常和异常状态下的随机波动，从而生成具有现实意义的训练样本。

5. 平稳过程

在自然科学与工程技术研究中遇到的随机过程有很多并不具有马尔可夫性。也就是说从随机过程本身随时间的变化和互相关联来看，虽然它当前的状况和它过去的状况都对未来的状况有着不可忽略的影响，但其统计特征不随时间推移而变化，这类随机过程称为平稳过程。通俗地讲，平稳过程就是指其统计特性（如平均值、方差、自相关）不随时间间隔变化的随机过程。例如，恒温条件下热噪声电压 $N(t)$ 是由于电路中电子的热扰动引起的，这种热扰动不随时间间隔变化而改变；又如，在通信工程中的高斯白噪声、随机相位正弦波、随机电报信号、飞机受空气湍流产生的波动、船舶受海浪冲击产生的波动等都是平稳过程的典型实例。

不随时间变化是静态的，不随时间间隔变化才是平稳的。静态指的是某个属性或状态不随时间的推移而改变，这意味着在整个时间范围内，这个属性是固定的、不变的；平稳性指的是时间序列的统计性质（如均值、方差等）不随时间变化。一个时间序列是平稳的，它的分布特征在不同的时间点保持一致，而不是指序列值本身保持不变。假设每天的温度波动在一定范围内变化，尽管每日温度不同，但温度波动的模式（如早晚温差）在全年内保持一致，这可以被认为是平稳的。

平稳过程是一种特殊的二阶矩过程，其表现在过程的统计特性不随时间的推移而改变。用概率论语言来描述：相隔时间 $h$ 的两个时刻 $t$ 与 $t+h$ 处随机过程所处的状态 $(X(t_1)，X(t_2)，\cdots，X(t_n))$ 与 $(X(t_1+h)，X(t_2+h)，\cdots，X(t_n+h))$ 具有相同的概率分布。这一思想抓住了没有固定时间（空间）起点的物理系统中最自然现象的本质，因而平稳过程在通信理论、天文学、经济学等领域中有着十分广泛的应用。

上面已经提到，平稳过程是指其统计特性不随时间间隔变化的随机过程。在现实生活中，噪声是各种信号中的干扰，例如风声、电器运行时的嗡嗡声等。为了更好地处理这些噪声，通常把它们当作平稳过程来处理。把噪声信号看起来在任何时候都是"相似"的，没有明显的变化，即无论什么时候，噪声的平均水平是恒定的，就像背景嗡嗡声的音量一直不变。噪声在不同时间点之间的相关性也仅依赖于这些时间点之间的间隔，而不是具体的时间点。利用功率谱密度，可以分析噪声不同频率下的能量分布，通过计算噪声的均值和方差，就可以了解噪声的基本水平和变化范围。比如在日常生活中，用手机接打电话时，接收到的信号通常包含噪声，通过分析和处理这些噪声，可以提高通话质量和数据传输速率。

### 2.8.3 随机微分方程

随机微分方程（Stochastic Differential Equation，SDE）是在传统微分方程的基础上引入随机性的一类方程。它们通常用于描述带有不确定性或噪声的动态系统。普通微分方程（ODE）描述的是确定性系统的变化，例如，经典力学中物体的运动方程。而随机微分方程则考虑了系统中的随机扰动，比如股票价格的变化、粒子的布朗运动等。随机微分方程的简单形式可以写成如下形式：

$$dX_t = \mu(X_t, t)dt + \sigma(X_t, t)dW_t \tag{2-189}$$

式中，$X_t$ 为系统状态的函数，描述了随时间 $t$ 变化的系统状态；$\mu(X_t, t)$ 为漂移项，描述系统的确定性部分；$\sigma(X_t, t)$ 为扩散项，描述系统的随机性部分；$dW_t$ 为一个小的随机变化，通常称为布朗运动或维纳运动。可以把 $\mu(X_t, t)dt$ 看作是系统在没有随机扰动情况下的"正常"变化，而 $\sigma(X_t, t)dW_t$ 则是由于随机扰动引起的"额外"变化。假设你在做股票投资，$\mu(X_t, t)$ 表示的是预期收益，而 $\sigma(X_t, t)dW_t$ 则是由于市场波动带来的随机变化。随机微分方程在金融、物理、生物学等领域有广泛应用。例如，Black-Scholes 方程用于期权定价，在生物学中常用于描述人口动态模型，在物理学中用于描述粒子的运动等。通过引入随机性，随机微分方程能够更准确地反映实际系统的复杂动态行为。

通过一个通俗易懂的例子来说明随机微分方程的概念，假设要研究某只股票的价格随时间的变化。股票价格不仅受市场整体走势的影响，还会受到许多不确定因素的影响，比如经济新闻、公司业绩、市场情绪等。因此，股票价格的变化可以看作是一个带有随机性的过程。可以用随机微分方

程来描述股票价格 $S_t$ 随时间 $t$ 的变化，可以用几何布朗运动模型。其随机微分方程形式如下：

$$dS_t = \mu S_t dt + \sigma S_t dW_t \tag{2-190}$$

式中，$S_t$ 为时间 $t$ 时的某产品的价格；$\mu$ 为价格的平均增长率（漂移率），描述产品价格在没有随机扰动情况下的"正常"变化；$\sigma$ 为产品价格的波动率，表示随机扰动的强度；$dW_t$ 为一个随机过程，表示产品价格的随机变化，通常用布朗运动来描述。假设在某一时刻，某产品价格 $S_t =$ 100 元，漂移率 $\mu = 0.05$，波动率 $\sigma = 0.2$。在一个小时间段 $dt$ 内，价格的确定性变化是 $0.05 \times$ $100 \times dt = 5 \times dt$。如果 $dt = 1$ 年，则确定性变化是 5 元。随机变化部分 $0.2 \times 100 \times dW_t = 20 \times$ $dW_t$。$dW_t$ 是一个小随机数，可能是正的，也可能是负的。如果 $dW_t = 0.1$，那么随机变化就是 2 元；如果 $dW_t = -0.1$，那么随机变化就是 $-2$ 元。因此，在一个小时间段内，产品价格的总变化是确定性部分和随机性部分之和，即 $5 \times dt + 20 \times dW_t$。

## 2.8.4　随机过程与算法的结合

在智能制造的实际应用中，随机过程通常与多种算法和技术结合，以实现更高效、精准的生产过程。以下是一个技术细节更为丰富的实际案例：某高端电子设备制造公司面临着生产线上的高度不确定性，包括原材料供应的波动、设备性能的随机衰退以及订单需求的快速变化。为了应对这些挑战，该公司决定采用基于随机过程的优化算法来改进其生产流程。

1）马尔可夫决策过程（Markov Decision Process，MDP）。该公司首先使用 MDP 对生产线的状态进行建模。每个状态代表生产线的一个配置，包括设备的运行状态、工序的进度等。动作空间则包含了可能的调度决策，如调整设备运行速度、改变工序顺序或重新分配生产任务。奖励函数基于生产效率、质量以及成本进行定义，以反映公司的整体目标。

2）强化学习（Reinforcement Learning，RL）。利用 RL 算法，如 Q-learning 或策略梯度方法，来求解这个 MDP 问题。通过与环境（即生产线）的交互，算法学习到一个策略，该策略能够最大化长期累积的奖励。RL 算法通过试错来学习，这意味着在生产线的实际运行中，算法会尝试不同的调度决策，并基于结果进行调整。

3）高斯过程回归（Gaussian Process Regression，GPR）。为了预测未来的订单需求、设备性能衰退以及原材料供应情况，该公司使用了 GPR 算法。GPR 是一种非参数贝叶斯方法，用于回归问题，它能够捕获数据中的不确定性，并给出预测值的概率分布。GPR 模型利用历史数据来学习输入（如时间、历史订单量等）和输出（如未来订单预测）之间的关系，并能够为预测结果提供置信区间。

4）蒙特卡洛模拟（Monte Carlo Simulation，MCS）。在得到调度策略和预测结果后，该公司使用 MCS 来评估不同调度方案在多种可能场景下的性能。MCS 通过随机抽样来模拟不同场景下的生产线运行，从而得到各种性能指标的概率分布。

## 2.8.5　随机过程在图神经网络中的应用

在图神经网络（GNN）中引入随机过程的概念，可以使得 GNN 在处理图结构数据时能够考虑节点或边的不确定性和动态变化。这通常可以通过以下几种方式来实现：

1）随机游走或随机采样。在 GNN 的消息传递或聚合过程中，可以采用随机游走（Random Walk）的方式来选择邻居节点。这意味着，在每次迭代或传播过程中，不是选择所有的邻居节点，而是根据某种概率分布随机选择一部分邻居节点进行聚合。另外，也可以对图中的节点或边进行随机采样，以生成多个子图或样本，然后在这些子图或样本上分别应用 GNN。这种方法可以增加模型的鲁棒性和泛化能力。

2）随机初始化或随机参数。在 GNN 的初始化阶段，可以为节点特征或网络参数引入随机性。例如，可以使用随机正态分布或均匀分布来初始化节点嵌入向量或网络权重。在训练过程中，也可以考虑使用随机梯度下降等随机优化算法来更新网络参数。

3）随机图模型。可以使用随机图模型（如随机块模型、随机游走图模型等）来生成图结构数据，并在这些数据上训练 GNN。这可以帮助模型学习到图结构中的不确定性和随机性。另一种方法是在已有的图结构数据上引入随机噪声或扰动，以模拟图中的不确定性和动态变化。

4）结合随机过程模型。可以将随机过程模型（如马尔可夫过程、布朗运动等）与 GNN 相结合，以模拟图中节点或边的动态变化。例如，可以使用马尔可夫过程来建模节点状态的转移，或者使用布朗运动来模拟边的权重变化。这通常需要在 GNN 的架构中嵌入随机过程模型，并设计相应的训练算法来优化模型参数。

5）概率图模型。概率图模型（Probabilistic Graphical Model，PGM）是一种将概率论和图论相结合的模型，可以用于处理具有不确定性的图结构数据。可以将 PGM 与 GNN 相结合，使用 PGM 来建模图中节点和边的概率分布，并使用 GNN 来学习这些概率分布的参数。

6）集成多个 GNN 模型。可以通过集成多个具有不同随机性的 GNN 模型来提高模型的稳定性和性能。例如，可以使用 Bagging 或 Boosting 等集成学习技术来结合多个 GNN 模型的预测结果。需要注意的是，引入随机性会增加模型的复杂性和不确定性，因此需要仔细设计模型的架构和训练算法，以确保模型的有效性和稳定性。同时，也需要根据具体的应用场景和数据特点来选择合适的随机过程模型或方法（见图 2-150）。

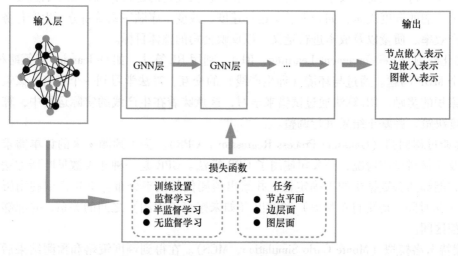

图 2-150　集成 GNN 模型通用设计流程图

## 2.8.6　随机过程与智能制造的关系

随机过程在智能制造学科中的应用主要体现在对不确定性因素的处理和预测上。智能制造是一个复杂的系统，涉及众多变量和随机因素，如设备状态、生产环境、原材料质量等。这些因素的变化都可能导致生产过程中的不确定性，进而影响产品质量和生产效率。随机过程能够对这些不确定性因素进行建模和分析，帮助预测和控制生产过程中的随机变化。例如，传感器技术可以实时获取物理量或化学量的信息，并通过随机过程模型对传感器数据进行处理和分析，从而实现对生产环境的实时监控和预测。同时，控制技术也可以利用随机过程理论对制造过程进行控制和调节，实现工作状态的稳定和优化。此外，随机过程在智能制造中的数据采集与处理技术中也发挥着重要作用，通过采集和分析生产过程中的大量数据，可以揭示生产过程的内在规律和趋势，为优化决策提供支持。以下是一些具体的例子，展示了随机过程如何在实际应用中发挥作用。

设备故障预测与维护：在智能制造中，设备故障往往是一个难以预测的问题。然而，通过引入随机过程模型，如马尔可夫模型或高斯过程，可以对设备的运行状态进行实时监控和预测。这些模型可以分析设备的历史数据，识别出潜在的故障模式，并预测未来的故障概率。这样，制造商可以在设备出现故障之前提前进行维护、减少停机时间、提高生产效率。

生产线优化：随机过程可以帮助优化生产线的布局和调度。例如，通过分析生产线上各个工序的时间分布和相关性，可以利用随机过程模型来预测生产线的整体性能。基于这些预测结果，制造商可以调整生产线的配置，平衡各个工序的负载、减少生产瓶颈、提高整体生产效率。

质量控制与改进：在智能制造中，质量控制是一个至关重要的环节。随机过程模型可以用于分析产品质量数据的分布和变化规律，从而识别出影响产品质量的关键因素。通过对这些因素进行控制和优化，制造商可以提高产品质量的一致性，降低不合格品率。此外，随机过程还可以用于监测产品性能的退化过程，预测产品的使用寿命，为产品维护和升级提供决策支持。

供应链管理与物流优化：在智能制造中，供应链管理和物流优化对于确保生产顺利进行至关重要。随机过程模型可以用于分析供应链中的不确定性因素，如供应商交货时间的波动、运输过程中的延误等。通过对这些因素进行建模和预测，制造商可以制定更加合理的采购计划和物流调度策略，减少库存积压和运输成本，提高供应链的可靠性和响应速度。

举个例子（见图 2-151），某汽车制造公司在其生产线中采用了随机过程模型进行生产优化。该汽车制造公司的生产线包含多个工序和设备，每个工序的加工时间和设备状态都存在随机性。为了提高生产线的稳定性和效率，该公司决定引入随机过程模型进行生产调度优化。首先，该公司收集了生产线上的历史数据，包括各个工序的加工时间、设备故障记录、物料供应情况等。然后，基于这些数据，他们建立了一个基于马尔可夫决策过程的调度模型。该模型考虑了生产线的当前状态（如设备状态、工序进度等）以及未来的预测信息（如订单预测、物料供应预测等）。通过求解这个马尔可夫决策过程模型，该公司得到了一个最优的生产调度策略。这个策略可以根据生产线的实时状态动态调整设备的起动和停止时间、工序的顺序等，以最大化生产效率和降低成本。在实际应用中，该公司发现引入随机过程模型后，生产线的稳定性得到了显著提升，故障率降低，生产效率也得到了明显提高。此外，由于能够更准确地预测物料需求和订单情况，该公司还成功减少了库存积压和运输成本。这个案例展示了随机过程在智能制造中的应用，特别是在生产调度优化方面的潜力。通过利用随机过程模型，企业可以更好地应对生产过程中的不确定性因素，提高生产线的稳定性和效率，降低成本和风险。

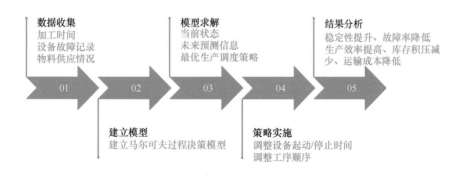

图 2-151　随机过程模型用于汽车生产优化过程

## 习　题

1. 在一个有 $m$ 个元素的集合上，可以有多少种不同的二元关系？

2. 什么是图以及图的组成部分。简单图的定义是什么？

3. 什么是二分图？

4. 假设你正在研究一个排队系统，顾客以随机的时间间隔到达，且服务时间也是随机的。请设计一个基于马尔可夫链的模型来描述这个排队系统，并讨论其状态空间和状态转移概率的确定方法。

5. 对于图 2-152 给定的网络，计算下述测度：度中心性（DC）、接近中心性（CC）、介数中心性（BC）。

6. 对于图 2-153 所给定的网络，计算以下测度：图的度中心性（$G_{DC}$）、图的接近中心性（$G_{CC}$）、图的介数中心性（$G_{BC}$）。

7. 对策论在智能制造中有哪些应用？举例说明。

8. 讨论运筹学在智能制造中的潜力和局限性，以及如何将运筹学与其他结合使用。

9. 固体力学的研究对象是什么？

10. 某车间同时存在三个独立的噪声源，在某点测得总声压级为 105dB。已知其中两个噪声源测得的声压级为 96dB 和 98dB，试求该点第三个声源的声压级。

11. 在数字图像处理中，用于增强图像对比度的方法通常有哪些？

12. 讨论数字图像处理中滤波操作的重要性，并举例说明不同类型的滤波器及其应用场景。

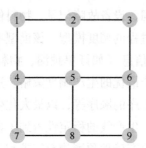

图 2-152　无权网络拓扑

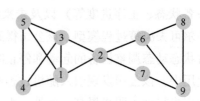

图 2-153　网络图

# 第 **3** 章

# 设计目标——提取问题与约束

李政道教授指出,"能正确地提出问题就是迈开了创新的第一步"。质量、效率、安全与成本不仅是智能制造系统设计的目标,更是问题的来源。那么,从哪里下手?质量从过程能力指数(CPK)、效率从八大浪费、安全从能量、成本从制造费用入手。如何下手?本书介绍了大量的分析工具,如鱼骨图、SWOT、事故树、PDCA、FMEA、投资回收期等来透过现象看本质,找到问题背后的问题,能够提取系统的问题并为设计设置优化条件,从而找出智能制造系统的断点。

## 3.1 质量工程

引言

产品质量是智能制造系统的基本出发点和落脚点,是一个综合性的工程管理问题。质量工程是一项涵盖多个领域的系统性工程,融合了数学、工程学和管理学等多种学科内容。本节首先探讨了质量的基础知识,接着介绍了质量体系的法规、原则和工具。质量从过程能力指数(CPK)入手来提取问题。

学习目标

- 了解质量体系简介。
- 掌握质量体系七项原则。
- 掌握质量体系五大工具。
- 掌握质量管理七大手法。
- 掌握过程能力指数(CPK)。

### 3.1.1 质量体系简介

在对质量进行定义时,必须综合考虑以下五个关键要素:质量的本质、产品与服务的品质、固有的属性、满足既定需求的能力以及实现这些需求的潜能。在这些要素中,"需求"这一概念可进一步细化为"明确需求"与"隐含需求"。明确需求通常在合同条款中被明确规定,具有法律约束力;而隐含需求则通常存在于非合同的商业环境中,它们是潜在的、未明确表达的需求。在当前充满竞争的市场环境中,企业不仅应满足客户的期望,还应致力于超越这些期望。同时,在全球资源日益紧张的背景下,质量的定义必须将环保和可持续发展的考量纳入其中。因此,质量定义为:产品或服务的固有特性在满足客户及相关方明确或隐含需求的能力。

管理体系通常分为三类:质量管理体系(如 ISO 9000)、环境管理体系(如 ISO 14000)、职业安全与健康管理体系(如 ISO 45001)。产品认证则包括 3C 认证和食品企业生产许可。3C 认证是中国强制性产品认证(China Compulsory Certification, CCC),而食品生产许可的"QS"则源自英文"Quality Safety",后演变为"SC",即"qi ye shi pin Sheng Chan xu ke"的缩写。

质量管理的发展历程可以划分为三个主要阶段：最初是产品检验阶段，随后进入了统计控制阶段，最终发展到了全面质量管理阶段。值得注意的是，全面质量管理并非完全取代了先前的阶段，而是对它们进行了进一步的完善和提升。即便在今天，产品检验依旧扮演着控制产品质量的关键角色。

（1）产品检验阶段　自人类历史上首次出现手工业以来，质量管理便已存在。然而，当时的质量管理仅限于基础的产品检验，并未形成一套完整的质量管理体系。这一时期恰如其分地被称作"事后检验"，产品的合格性已然确定，仅通过检测方法将合格与不合格的产品区分开来。因此，有了"质量是生产出来的，而非通过检验来确保"的理念。

（2）统计控制阶段　在第二次世界大战期间，一门名为"统计控制"的质量管理新学科应运而生，其理论根基深植于统计学之中。该学科主张，在相同的时间和地点，利用相同的原材料，通过一致的加工方法所生产出的大量产品，其质量遵循一定的统计规律，即产品的质量彼此间极为"相似"。基于此，可以通过随机抽取部分产品进行检验，若这些样本产品符合标准，则可推断其余产品同样合格。因此，质量管理的重点转向了对原材料、加工时间、生产地点以及加工方法的严格控制。

（3）全面质量管理阶段　20 世纪 60 年代，全面质量管理（TQM）从日本开始推广，它的精髓在于"五大要素"——人、机、料、法、环。这五大要素不是孤立的，而是相互交织的系统，其中"人"作为核心，将其他四个要素紧密联系起来：人，即员工，首先应该从管好人入手。机，即设施、设备，在现代制造业中，产品质量的好坏，与设备的优劣关系越来越强。要想造出好的产品必须要有好的设备作保障。料，即原材料、外协件，任何一个组织，都离不开原材料采购，包括工序外协，巧妇难为无米之炊。法，即方法、技术，在科学技术飞速发展的今天，最新的口号是"产品质量是设计出来的，而不是制造出来的"。这种在内容上的提升，足以说明技术方法的重要性。环，即工作环境，工作的温度、湿度、照明、粉尘等环境要符合产品、设备和人员的要求。"人、机、料、法、环"，并非并列关系，即人处在核心并将其他 4 个要素直接联系起来的要素。

1987 年，国际标准化组织（ISO）质量管理和质量保证技术委员会编制并发布了 ISO 9000 系列质量管理体系标准，标志着质量管理走向成熟、走向全球。质量管理体系标准既是全面质量管理的精髓，也是全面质量管理的最基本要求。需要说明的是，国际标准是各国妥协的产物，因此它不会高于国家标准。

### 3.1.2　质量管理七项原则

随着全球竞争的不断加剧，质量管理越来越成为所有组织管理工作的重点。一个组织应具有怎样的组织文化，以保证向顾客提供高质量的产品呢？国家标准化组织结合 ISO 9000 标准 2015 年版制订工作，在 2015 年 9 月发布了质量管理七项原则的新文件《质量管理原则》。

**1. 以顾客为关注焦点**

公司必须将顾客置于核心地位，因为顾客是企业存续的基础。公司所采取的每一项行动，都应致力于满足顾客的期望。因此，必须从顾客的视角出发，深入理解他们的需求、要求以及对未来的憧憬。切勿以自我为中心，仅从个人立场出发，而忽略了顾客的利益。顾客是指那些将要或已经接受由公司提供的产品或服务的个人或组织，他们可以被划分为外部顾客和内部顾客两大类。外部顾客涵盖了消费者、经销商、委托方、最终用户、零售商、受益人以及采购方等。而内部顾客则是指在企业内部，依赖于公司所提供的服务、产品或信息以完成其工作职责的同事，即那些处于下游岗位或负责后续工序的员工。顾客的定义不仅限于消费者和经销商，还包括内部顾客。在工作中，要树立顾客意识，关注每一位顾客的需求。图 3-1 所示为顾客关系管理示意图。

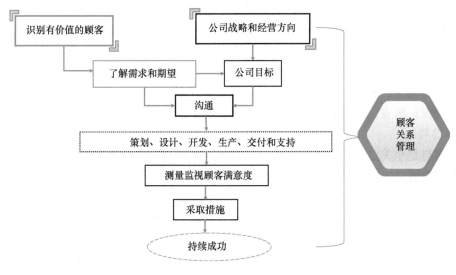

图 3-1　顾客关系管理示意图

质量管理的重点不仅在于满足顾客需求，还要努力超越他们的期望。其核心理念是组织只有在赢得并保持顾客和相关方信任的情况下，才能实现持续的成功。每次与顾客的接触都是为其创造附加价值的机会。理解和预测顾客及其他相关方的需求，对组织的长远发展至关重要。通过质量管理，组织可以获得多重好处，包括提升顾客价值、增加市场信任、提高顾客满意度、扩展客户基础、增强顾客忠诚度以及提高收入和市场占有率，最终促成更多重复业务。

**2. 领导作用**

领导层的作用至关重要，与所有质量管理理念相一致，领导层的支持是不可或缺的。这里的领导层指的是各级管理者，他们是企业的规划者和引领者。通过卓越的规划，预防未来可能出现的困难，并以正确的方向引导企业达成目标。

领导者是指拥有管理和指挥组织职责与权力的个体或团队。如图 3-2 所示，传统领导与现代领导的结构对比图揭示了传统领导模式下组织呈现出的金字塔式结构。在这种模式中，员工的注意力往往集中在如何赢得上级的认可，这导致了工作缺乏主动性和动力，员工的潜能未能得到充分的利用和激发，进而影响了工作成果达到预期目标的可能性。相比之下，现代领导则扮演着支持者、决策者、推动者和服务者的角色，他们将顾客的需求融入工作流程中，持续进行改进以满足这些需求。

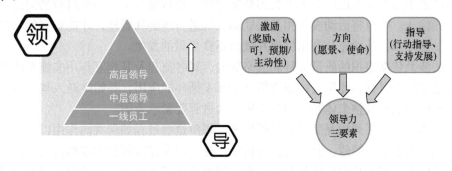

图 3-2　传统领导与现代领导的结构对比图

在质量管理中，实现组织质量目标的关键在于顶层领导的统一宗旨和方向以及全员的积极参与。理论基础表明，确立统一的宗旨和方向，并促进全员的积极参与，有助于组织在战略、方针、过程和资源上保持一致性，从而达成其目标。主要益处包括：提升实现组织质量目标的效率和有效性；使组织过程更加协调；促进组织内部各层级和职能间的交流以及提升组织及其成员的能力，以实现预期成果。可行的活动包括在组织内部就其使命、愿景、战略、方针和过程进行广泛沟通；在所有层级建立并维护共同的价值观、公平和道德行为准则；培养诚信和正直的企业文化；鼓励全员对质量的承诺；确保各级领导者成为员工的榜样；为员工提供履行职责所需的资源、培训和授权；激发、鼓励和认可员工的贡献。因此，质量管理是"一把手"工程。

### 3. 全员参与

全员的参与是至关重要的，它意味着员工的才能得到真正的发挥和重视，从而确保质量管理的持续改进。随着员工对质量管理理念的深入理解，质量管理不再仅仅是质量检查员或质量管理部门的职责，而是与每位员工息息相关。

全员参与是实现质量目标的核心。组织的各级人员是其基础，只有充分发挥他们的能力，才能使组织获得最大化的效益。在组织内，各级人员的胜任能力、授权以及积极参与，是提高组织创造和提供价值能力的必要条件。参与意味着参与某项活动或情境，而积极参与则指在参与过程中为实现共同目标做出贡献。

为了确保组织管理的有效性和效率，尊重并促进各级员工的参与至关重要。通过承认员工的贡献、赋予他们相应的权力并提升他们的能力，可以激发他们的积极性，进而推动组织质量目标的达成。主要益处包括：加深员工对质量目标的理解并提升他们实现目标的积极性；提高员工对改进活动的参与度；促进个人发展、主动性和创造力；提升员工满意度；加强组织内部的信任与协作；推动组织内共同价值观和文化的形成。为达成这些目标，可采取的措施包括：通过沟通让员工理解其个人贡献的重要性；推动组织内部的协作；鼓励公开讨论和知识分享；授权员工识别绩效制约因素并采取积极措施；对员工的贡献、专业知识和改进给予认可和奖励；鼓励员工根据个人目标进行绩效自我评价；定期进行员工满意度调查，沟通调查结果并采取相应措施。综上所述，各级员工的胜任、授权和积极参与，是提升组织创造价值和提供价值能力的必要条件。质量管理应成为全体员工的共同责任，而非仅限于特定群体的任务。

### 4. 过程方法

组织的活动应以过程的形式进行管理和度量，同时识别活动之间的联系，以便能够追踪改进的机会。质量管理不是短暂的现象，它需要合理的过程方法来确保组织的持续成功。

过程方法是指一组将输入转化为输出的相互关联或相互作用的活动。通过对过程的有效管控，可以降低风险、增加机遇，进而创造预期的价值。每个过程都可以被细分为更小的子过程，而性质相似的多个过程又可以整合为更大的整体过程。通常情况下，一个过程的输出会直接成为下一个过程的输入。唯有将活动视作相互关联的系统进行理解和管理，才能更有效和高效地实现一致且可预见的结果，从而充分利用机遇并预防不良后果的发生。

过程方法涉及依据组织的质量方针和战略导向，对各流程及其相互作用实施系统性的规范与管理，确保达成既定目标。此类管理通常借助 PDCA 循环的应用，并始终融入基于风险的管理思维，以全面掌控各流程及整个体系。图 3-3 所示为过程要素示意图。

质量管理体系由一系列相互关联的过程构成。理解这些过程如何共同作用以产生结果，可以帮助组织优化体系和提升绩效。其主要益处包括：提升对关键流程和改进机会的关注度；通过协调一致的流程体系，实现稳定且可预测的结果；通过有效管理流程、高效利用资源以及减少跨职能障碍，达到最佳绩效；为组织的稳定性、有效性和效率提供可靠的保障。在质量管理中应用流程方法时，应采取以下措施：明确体系目标及实现这些目标所需流程；界定管理流程的职责、权限和义务；了解组织能力，并在采取行动前识别资源限制；确定流程间的相互依赖关系，并分析

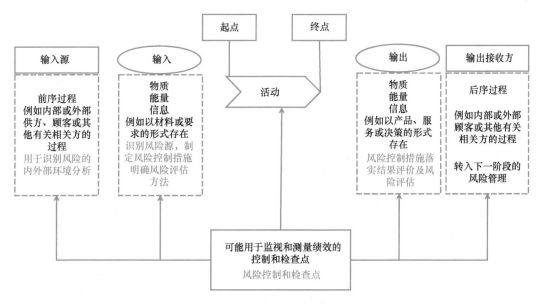

图 3-3　过程要素示意图

每个流程变更对整体体系的影响；将流程及其相互关系作为一个整体进行管理，以高效实现组织质量目标；确保获取所需信息以运行和改进流程以及监控、分析和评估体系绩效；管理可能影响流程输出和质量管理体系结果的风险。当活动作为相互关联的功能连贯过程进行系统管理时，可以更有效和高效地实现预期结果。质量管理应视为一个连贯的过程，涵盖质量策划、控制和改进。单纯追求结果而忽视过程是不切实际的！图 3-4 所示为过程链示意图。

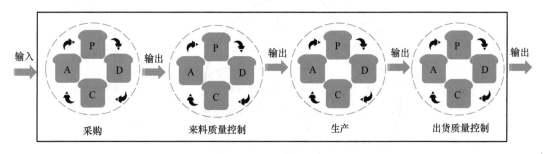

图 3-4　过程链示意图

### 5. 改进

一个强大的质量管理体系需要不断地进行变革。缺乏改进，企业最终将被激烈的市场竞争所淘汰。公司的业绩和能力应持续提升，改进活动应与组织目标保持一致，并且员工应被鼓励并授权参与改进过程。

组织所面临的国际与国内环境持续演变。因此，组织必须不断优化其经营战略和策略，制定与形势变化相适应的策略和目标。通过提升管理水平和技术实力，组织能够提高其效率和有效性，从而适应竞争激烈的生存环境。持续改进是组织为了生存和发展所必须追求的，它体现了组织的管理理念、价值观、态度以及行为准则。图 3-5 所示为 PDCA 循环的八个步骤。

持续改进是组织在动态环境中保持竞争优势的核心目标。理解和有效应用戴明环（PDCA），并维持不断改进的态度，是实现这一目标的关键。PDCA 循环包括四个阶段：策划（Plan）、实施（Do）、检查（Check）和处置（Act），这是一个涵盖全过程的持续管理循环，涉及事前、事中和事后的所有阶段。策划：根据顾客要求和组织方针，设定体系目标和相关过程，确定实现预

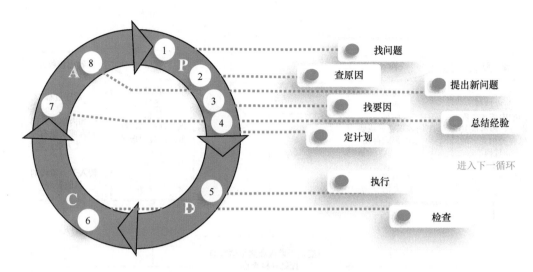

图 3-5　PDCA 循环的八个步骤

期结果所需的资源，并识别和应对风险与机遇。实施：按照策划阶段的计划执行操作。检查：根据方针、目标、要求以及策划活动，对过程以及产生的产品和服务进行监控和测量（如适用），并报告结果。处置：在必要时采取措施以提升绩效。这一循环过程强调在每个阶段进行反复优化，以推动组织的持续改进和绩效提升，图 3-6 所示为 ISO 9001 中的 2015 体系模式图与 PDCA 循环。

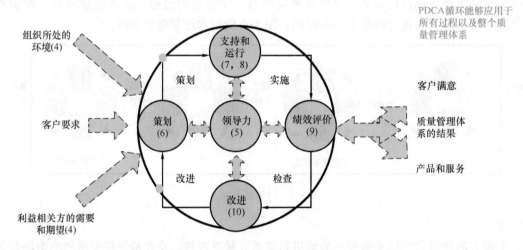

图 3-6　ISO 9001 中的 2015 体系模式图与 PDCA 循环

PDCA 循环具有以下四个主要特点：

1）周而复始：PDCA 循环的四个阶段并不是一次性完成的，而是一个不断重复的过程。每个循环都为下一个循环奠定基础，实现持续改进。

2）大环带小环：整体体系与内部子体系之间的关系呈现为大环带小环的有机逻辑组合。整个组织的质量管理体系和其内部各个子体系相互关联，共同作用。

3）阶梯式上升：PDCA 循环不仅是一个平面的循环过程，而是一个逐步上升的过程。每次循环都致力于解决问题，推动水平不断提升，达到更高的改进水平。

4）统计工具：PDCA 循环利用科学的统计观念和方法，作为发现问题、推动工作和解决问题的有效工具。它不仅适用于所有过程，也适用于整个质量管理体系的改进和优化。这些特点使得 PDCA 循环能够广泛应用于组织的各个层面和所有过程，推动持续改进和提高质量管理体系的有效性。

改进对于组织至关重要，因为它不仅有助于维持现有的绩效水平，还能有效地应对内外部环境的变化，并开拓新的机遇。其理论基础在于，持续改进能够提升流程绩效、增强组织能力以及提高顾客满意度。主要益处包括：优化对根本原因的调查和解决能力，增强对预防和纠正措施的关注；提高对内外部风险和机遇的预测和响应能力；加强对渐进性和突破性改进的考虑；推动通过学习实现持续改进，并激发创新。为了实现这些目标，组织应在各个层级设立明确的改进目标，并对员工进行必要的培训，以掌握基本工具和方法，从而成功规划和实施改进项目。此外，需要开发和执行有效的改进过程，并在组织内部推广这些项目。跟踪、评审和审查改进项目的计划、实施和结果也是不可或缺的步骤。这些措施将有助于确保改进活动的有效性，并支持组织在各方面的持续提升。将改进考虑因素融入新的或变更的产品、服务和过程开发之中；认可和奖赏改进。成功的组织总是致力于持续改进，质量管理依赖于每天的持续改进，每天进步 1%，一年就能进步 37.8 倍。改进不在于大小，而在于坚持。

### 6. 循证决策

基于证据的决策至关重要，直觉不应成为前进的指导，数据才是关键。如果数据仅仅被记录而未被充分分析和利用，企业将无法找到问题的根本原因，从而在前进的道路上停滞不前。

循证决策就是用事实和数据说话，主要分为四方面：

1）加强信息管理至关重要。需要识别信息需求，明确信息来源，确保获取足够的信息，并对这些信息进行深入分析和有效利用。

2）质量记录的管理也必须得到重视。质量记录不仅反映了质量活动和产品质量，还作为信息和数据的重要来源。因此，合理管理这些记录是保证质量控制有效性的基础。

3）灵活应用统计技术是必不可少的。统计方法有助于精确测量、详细描述以及深入分析组织管理绩效和产品质量的波动情况，从而深入理解这些波动的本质、范围及其成因。这不仅有助于解决当前存在的问题，还能预防未来可能出现的问题。

4）计量工作必须加强。要确保质量记录和相关数据真实反映客观事实，需要采用科学的测量方法，并依赖准确的器具和仪器。

不准确的数据不仅无用，甚至可能比缺乏数据更为有害。因此，切勿盲目信任个人直觉，而应依托于充分且可靠的信息和数据资源。对于所搜集的数据和信息，必须进行精确的辨析，并通过细致的分析来确保决策的准确性。在决策过程中，应采用恰当的方法，并对所作决策进行及时的评估和必要的调整。准确无误的信息和数据是决策的坚实基础，所以确保数据的真实性至关重要。统计技术作为一种常用且有效的分析工具，能够帮助公司对数据和信息进行深入分析。通过科学的方法进行统计分析，并以事实为依据制定决策，是实施实事求是决策的前提。

决策过程本质上是复杂且充满不确定性的，它涉及多个输入及其解释，而这些解释通常带有主观色彩。通过分析事实、证据和数据，可以使决策过程更加客观和可信，特别是理解因果关系和潜在的非预期后果至关重要。这种方法带来的主要益处包括改进决策过程、提升对过程绩效和目标实现的评估能力、提高运营的有效性和效率、增强评审和挑战能力以及确认以往决策的有效性。在实施过程中，组织应首先确定和监控绩效的关键指标，确保相关人员能够获得准确、可靠的数据。接着，运用适当的方法进行数据分析和评估，并根据证据权衡经验与直觉，以做出决策。基于数据和信息的分析和评价，更有可能实现期望的结果，并推动决策过程的优化和有效性提升。数据就是事实，质量要用数据说话，最好是大数据，样本量越大，越具有说服力！

#### 7. 关系管理

通过筛选，对有价值的关系进行管理，建立有效的沟通渠道，并促进和维护长期稳定的合作关系，以实现共赢的局面。利益相关方是指那些有能力对决策或活动产生影响、直接受到决策或活动影响，或认为自身受到决策或活动影响的个人或组织。这亦涵盖了与组织的业绩或成就存在利益关联的个人或团体。相关方主要由以下五部分组成：股东（如所有者、股东）；社会［政府、监管会、银行、工会、社会群体（居民等）、竞争对手等］；顾客（如消费者、委托人、自提零售商、最终使用者）；合作伙伴（如供应商、外包）；员工（内部的相关人员）。为了持续成功，组织管理其与相关方（如供方）的关系。

只有当组织能够有效管理与所有利益相关方的关系，并最大化这些关系对组织业绩的正面效应时，持续成功才更有可能实现。特别是，供应商和合作伙伴的关系管理尤为关键。通过应对与利益相关方相关的机遇与挑战，组织及其利益相关方的整体业绩得以提升，并确保对共同目标和价值观的理解一致。此外，通过共享资源与能力、管理与质量相关的风险，组织提升为利益相关方创造价值的能力，并确保供应链的稳定性以及产品与服务的持续供应。在实际操作中，组织应执行以下活动：首先，识别利益相关方，包括供应商、合作伙伴、顾客、投资者、员工或社会群体，并明确他们与组织的关系；其次，优先考虑并管理关键利益相关方的关系；建立短期利益与长期因素之间的平衡；收集并共享信息、专业知识和资源；在适当的情况下，测量业绩并向利益相关方提供反馈，以激发改进的动力；与供应商、合作伙伴及其他利益相关方共同开发和改进活动；鼓励并认可供应商和合作伙伴的改进与成就。这些措施有助于优化与相关方的关系，增强组织的整体绩效和长期成功。为了持续成功，组织需要管理与供方等相关方（员工）的关系。质量管理要学会双赢，即使不能给供应商、员工"吃肉"，也要给对方"一口汤喝"。

### 3.1.3　质量管理实施流程

建立质量管理体系的过程从最高管理者决心实施质量管理体系标准开始。首先，最高管理者需决策并成立专门的工作组，然后请咨询专家制定详细计划并同步开展培训。接下来，组织编写质量手册及相关体系文件，并确保这些文件的发行与学习得到落实。在系统运行阶段，需要收集12个月的绩效记录，以评估体系的实施效果。随后，进行内审员的培训，并执行内审，包括产品审核、过程审核和体系审核。管理评审和文件审核（第三方审核）紧接其后，随后进行现场审核，并最终获得认证。

质量管理体系认证流程涉及以下五个关键步骤：第一，选择合适的认证机构；第二，提交认证申请并签订相应的合同；第三，在审核阶段，组织需做好充分准备，随后将接受审核，该过程通常由文件审核和现场审核两部分组成；第四，一旦认证获得批准，组织将获得正式的认证证书；第五，为了保持认证的有效性，组织必须持续改进其质量管理体系，并且每年接受一次监督审核，每三年进行一次复审以重新确认认证的有效性。

### 3.1.4　质量管理五大工具

质量管理的五大工具包括：产品质量先期策划和控制计划（Advanced Product Quality Planning, APQP），这一工具用于确保在产品开发和生产过程中，所有的质量要求和控制措施都得到有效的规划和实施。故障模式与影响分析（FMEA），这是一个系统化的工具，用于识别和评估潜在的故障模式及其对产品或过程的影响，以便采取措施降低风险。测量系统分析（Measurement System Analysis, MSA），该工具用于评估测量系统的准确性和稳定性，确保所用的测量工具能够提供可靠的数据。统计过程控制（SPC），通过使用统计方法来监控和控制生产过程，以确保过程稳定和产品质量符合要求。生产件批准程序（PPAP），这一程序用于验证生产件是否符合设计规格及客户要求，确保在批量生产前样品已通过测试和批准，如图 3-7 所示。

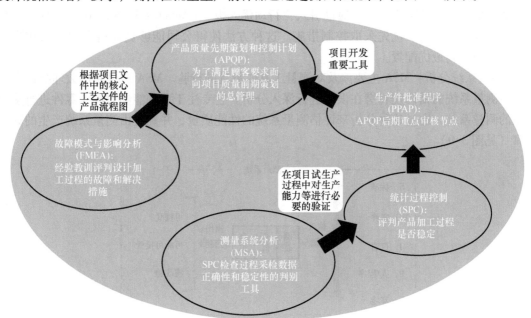

图 3-7　质量管理五大工具

1）产品质量先期策划和控制计划：APQP 不仅涵盖了质量计划，它还是项目开发的全面规划。APQP 的起始时间点是项目正式启动的时刻，一直持续到 PPAP 的完成。通常情况下，在量产之后进行总结，确认项目不存在其他问题时才会正式关闭开发项目。负责执行这一过程的是整个 APQP 团队。控制计划 CP 是基于 FMEA 所识别的潜在风险，有针对性地制定出管控要求和细节，以确保这些风险在实际生产过程中得到有效的控制，如图 3-8 所示。

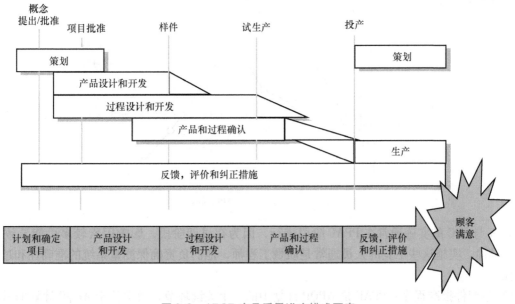

图 3-8　APQP 产品质量进度模式图表

2）故障模式与影响分析：FMEA 主要关注产品、工艺或过程的设计阶段，是一种预防性的规划工具。FMEA 的核心在于评估故障模式的严重性（Severity，S）、发生概率（Occurrence，O）

和检测难度（Detection，D）。在最新的 FMEA 方法中，不再依赖这三个因素的简单乘积（即风险优先数，RPN）来做决策，而是通过引入"行动优先级"（Action Priority，AP）矩阵，更精确地确定哪些故障模式需要优先采取控制措施。这种方法使得公司能够更加科学地评估和管理风险，确保资源得到最优配置。

3）测量系统分析：MSA 主要涉及对测量工具或量具的校验。MSA 通过应用数理统计和图表技术，对测量系统的精确度和潜在误差进行深入分析。它专注于那些能够对同一零件进行多次准确读数的测量系统，通过这种分析来评估测量系统的性能质量，并确定由测量系统产生的数据是否可靠（见图 3-9）。

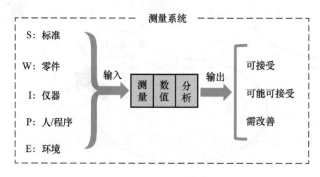

图 3-9　MSA 测量过程

4）统计过程控制：SPC 主要用于监控和管理生产过程中关键参数的稳定性。通过对这些重要参数进行控制和监督，SPC 帮助识别并纠正生产中的异常波动，从而确保过程的稳定性。控制图是 SPC 中常用的工具，其主要目的是监测生产过程的稳定性，确保产品质量在预定范围内。如果发现参数波动超出控制范围，则需要立即采取纠正措施，调整工艺或流程以恢复稳定性。SPC 通常在客户要求下持续实施，特别是在正式量产的长期过程中，确保生产过程始终符合质量标准（见图 3-10）。

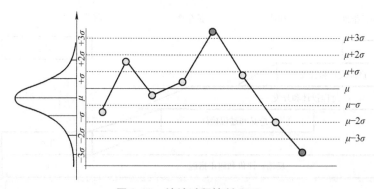

图 3-10　统计过程控制 SPC

MSA 与 SPC 的实施通常在 PPAP 阶段进行，因为在早期阶段，影响因素较多可能导致 MSA 结果不准确。实施这些工具的人员通常是质量工程师，他们负责确保测量系统的准确性和过程的稳定性。

5）生产件批准程序：PPAP 是 APQP 计划中的一个关键环节，通常位于 APQP 计划的后半阶段，并且是整个计划的核心部分。PPAP 的主要目标是确保生产的零件或产品符合客户的要求，获得客户的认可。如果 PPAP 未能获得客户的认可，APQP 基本会失败。在 PPAP 过程中，主要由开发、生产和质量工程师负责执行。控制计划通常涵盖了从原型样件、试生产到量产的各个阶段，以确保在不同阶段中都能有效控制和管理产品质量。如图 3-11 所示，这些阶段的控制计划帮助确保产品在每个开发阶段都达到预期的质量标准。

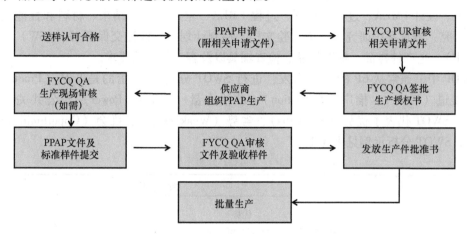

图 3-11 PPAP 批准流程

五大工具之间存在怎样的相互关联？APQP 构成了总体框架，而 PPAP 则是 APQP 的成果输出。FMEA 是一种系统的风险识别与分析工具，应用于产品设计和工艺开发过程中，用于识别并评估潜在失效风险。针对 FMEA 中识别出的高风险项目，需要借助 SPC 对关键过程参数进行监控与控制，而 MSA 则是 SPC 实施的基础，确保测量系统具有可靠性和稳定性。

1）APQP 是一种系统化的方法论，旨在明确并制定确保产品满足顾客需求所必需的步骤。其核心目标是通过协调和沟通，确保在产品开发的各个阶段，所有相关人员能够按时完成既定任务，从而达成产品质量目标，并最终提高顾客满意度。APQP 为产品设计提供了一套结构化、标准化、流程化的操作方法。它首先要求将设计过程中涉及的部门和责任人组织成责任小组，明确各自的职责分工，并将任务细化至不同阶段，规定每个阶段由谁负责执行，以确保流程的顺利推进。APQP 的五个阶段包括计划与项目确定（立项）、产品设计与开发（样件试制）、工艺设计与开发（试制计划）、产品与工艺确认（试制）及反馈以及评价与修正措施（批量生产与持续改进）。APQP 主要应用于企划会议、DR1 设计规划、DR2 设计验证、DR3 工程验证、PP 量产试做和 DR4 设计工程确认。

2）FMEA 是一种用于提升产品可靠性的设计方法，涵盖了 FMA（故障模式分析）和 FEA（故障后果分析）。FMEA 通过评估和分析潜在风险，旨在在现有技术水平上消除或降低这些风险，确保风险处于可接受范围。成功实施 FMEA 的关键在于其及时性，它是一种预防性的措施而非事后的应对。因此，为达到最佳效果，FMEA 应在故障模式纳入产品之前进行。FMEA 的过程包括三个主要阶段：首先，识别产品或流程中可能发生的故障模式；接着，依据既定的评估体系对这些故障模式进行风险的量化分析；最终，确定故障的根本原因或机制，并制定相应的预防或改进策略。FMEA 通常分为四种类型：设计 FMEA、过程 FMEA、使用 FMEA 和服务 FMEA，其中设计 FMEA 和过程 FMEA 是最为普遍和广泛采用的。

3）MSA 运用数理统计和图表技术，对测量系统的精确度和误差进行评估。其主要目标是分析每个部件测量的重复性，以此来评价测量系统的性能并确保数据的可靠性。

4）SPC（统计过程控制）是一种制造过程控制方法，旨在监测和管理生产中的异常情况。它通过分析过程能力和数据标准化，及时发现并纠正生产中的异常，以保持过程的稳定性。

5）PPAP 确立了对生产件的批准标准，涵盖了生产和散装材料。其核心目的是确保供应商完全理解客户的工程设计记录和规范要求，并验证其生产流程是否能够在实际生产中稳定地满足这些要求。PPAP 涵盖了 18 个关键项目，这些项目包括：设计记录、授权的工程变更文件、必要的工程批准、设计 FMEA、过程流程图、过程 FMEA、全尺寸测量结果、材料和性能测试记录、初始过程研究、测量系统研究、合格实验文档、控制计划、零件提交保证书（PSW）、外观批准报告（AAR）、生产件样品、标准样品、检查辅具以及客户的特殊要求。

在 APQP 中，通常从 6P 的角度出发，进行 SWOT 分析。6P 指的是产品（Product）、价格（Price）、渠道（Place）、推广（Promotion）、政治力量（Political Power）与公共关系（Public Relations）。SWOT 代表了优势（Strengths）、劣势（Weaknesses）、机会（Opportunities）和威胁（Threats），SWOT 分析示例见表 3-1。

表 3-1 SWOT 分析示例

| 机会和威胁 | 竞争优势和劣势 | |
| --- | --- | --- |
| | 优势<br>• 雄厚的批发客户资源基础<br>• 丰富的产品系列<br>• 高效的物流体系<br>• 优秀的人力资源管理 | 劣势<br>• 缺乏零售控制<br>• 公司或政府规模商业限制<br>• 较低的品牌知名度 |
| 机会<br>• 主要品牌（GY/BS）关闭了在澳大利亚的工厂<br>• 对主要品牌经销商不满的客户增加<br>• 公司或政府规模商业进驻范围可能会扩大<br>• 当地轮胎商业的进驻范围可能会扩大 | SO 策略<br>• 通过进驻当地轮胎市场促进轮胎业复兴<br>• 通过扩大商业规模<br>• 运用主要品牌的缺陷确保高端市场<br>• 把抱怨较多的主要品牌经销商替换成锦湖优质经销商 | WO 策略<br>• 构建高度可控的零售网（专卖店和公司自营店）<br>• 扩大商业规模（间接供给—直接供给）<br>• 通过有效的营销活动提高品牌知名度 |
| 威胁<br>• HT 轮胎等新兴品牌的强势推进主要制造商零售网络持续强势推进<br>• 澳大利亚汇率变动导致的价格流动性增大<br>• 重点职员离职 | ST 策略<br>• 运用弹性价格策略<br>• 通过优秀的营销团队和物流团队，打造与其他公司不一样的服务支持<br>• 通过激励制度防止重点职员的流失 | WT 策略<br>• 构建专卖店和公司自营店<br>• 扩大商业规模<br>• 通过有效的营销活动提高品牌知名度<br>• 运用汇率和需求供给相联动的战略价格策略 |

### 3.1.5 质量管理七大手法

质量管理的手法主要有检查表、层化法、帕累托图、鱼骨图、散布图、直方图和控制图等七大类，如图 3-12 所示。

#### 1. 检查表

检查表是一种用于数据收集的工具，通过简单和标准化的格式记录信息，便于后续的统计、分析和对比。如图 3-13 所示，常见的检查表包括以下几种类型：

1）记录用检查表：主要用于系统地收集数据，方便进行后续的统计和整理。这种表格的设计通常简洁明了，旨在准确记录信息，以便进行进一步的分析或汇总。例如，一些记录用检查表用于监测生产过程中的关键参数，记录质量检查结果，或追踪问题的发生频率。通过标准化的数据收集方式，可以确保信息的一致性和可比性，从而为改进措施的制定提供坚实的数据基础。

2）点检用检查表：在检查事物的运作状况或检查问题时使用。

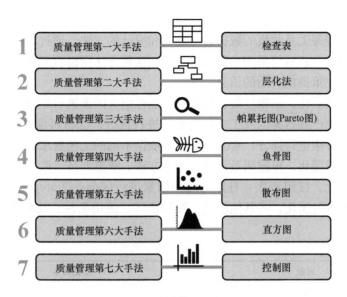

图 3-12　质量管理七大手法

| 记录用检查表：收集数据型的资料，做进一步统计整理时使用 | 不良项目/周别 | 1 | 2 | 3 | 合计 |
| --- | --- | --- | --- | --- | --- |
| | 1. 划伤 | 正正 | 正一 | 下 | 19 |
| | 2. 尺寸偏差 | 正一 | 正 | 一 | 12 |
| | 3. 污点 | 正 | 一 | 一 | 7 |
| | 4. 变形 | 正 | 正 | | 10 |
| | 审核：　　　　　　　　　　　记录人： | | | | |

| 点检用检查表：检查事物的运作状况或检查问题时使用 | 项目/周别 | 1 | 2 | 3 | 4 |
| --- | --- | --- | --- | --- | --- |
| | 1. 清除污渍 | ○ | ○ | ○ | ○ |
| | 2. 螺钉紧固 | ☆ | ○ | ○ | ☆ |
| | 3. 加油 | ○ | ☆ | ○ | ○ |
| | 说明栏：○正常　☆故障　保养人：　　审核： | | | | |

图 3-13　检查表的常见类型

　　设计检查表时需注意的要点：应确保数据的迅速、准确、简便收集；在记录过程中，应便于操作，并可在关键项目上标注记号；记录时，应考虑层级分类，如按人员、机台、原料、时间等进行区分；数据来源必须明确，包括检查人员、检查时间、检查方法、检查班次、检查机台等信息均应详细记录，其他测定或检查条件亦需准确记载；检查项目不宜过多，建议控制在 4～6 项之间，对于其他可能出现的项目，可设立"其他"栏进行记录。

　　制作检查表的步骤：首先明确目的，确定检查表的目标和用途。确保了解现状并进行必要的解析，以便将数据用于提出有效的改进对策。确定检查项目，从鱼骨图等工具中筛选出 4～6 个关键检查项目，确保这些项目与目标一致，能够有效地支持后续分析。选择抽检方式，决定是进行全检还是抽检。这取决于检查的需求和资源的可用性。设定检查方法，明确检查的基准、数量、时间和周期，并决定检查对象。还需确定数据收集者和记录符号，以确保信息的标准化和准确性。设计表格，根据上述决策，设计适合的检查表格，以便实施检查并记录数据。

## 2. 层化法

层化法是对检查表等工具收集的数据进行分类和统计的方法。通过将数据按不同特征进行分类，可以更好地识别和分析对结果产生影响的因素。这种方法帮助将复杂的数据资料分成多个类别，为后续的分析和决策提供有用的信息。

层化原则：①人员层化，依据年龄、教育背景及性别等因素进行划分；②机器层化，根据设备种类、新旧程度、生产线差异以及工夹具类型等进行区分；③材料层化，按照来源地、批次、制造商及规格成分等标准进行细分；④方法层化，依据不同的工艺要求、操作参数及操作方法等进行层次划分；⑤测量层化，根据测量设备、测量方法、测量人员、取样方法及环境条件等因素进行层化；⑥时间层化，按照班次、日期等时间因素进行区分；⑦环境层化，依据光照度、温度、湿度等环境因素进行层化；⑧其他层化，根据地区、使用条件、缺陷类型等因素进行层化，见表3-2。

表3-2 层化类型案例

| 序号 | 对象 | 层化类型 |
|---|---|---|
| 1 | 作业者 | 性别、年龄、经历等 |
| 2 | 机器 | 产线、机种、模具、设备号等 |
| 3 | 作业方法 | 温度、压力、速度、自动化等 |
| 4 | 原材料 | 供应商、购货地、批次等 |
| 5 | 时间 | 每小时、上午、下午、星期、月、季节等 |
| 6 | 其他 | 测量仪器、检查场所、天气、运输方法等 |

## 3. 帕累托图

帕累托图（Pareto图），也称为排列图或重点分析图，是一种通过对数据进行分类和排序，以识别和分析主要问题的工具。其核心思想是应用"二八法则"（Pareto Principle），即20%的问题类型可能占据了80%的整体问题。这种图形以降序排列各类别的发生频率或重要性，并绘制出累积百分比，帮助用户识别和集中精力解决对整体影响最大的主要问题，如图3-14所示。

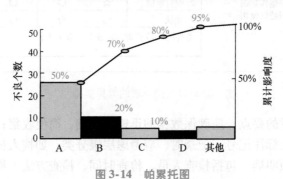

图3-14 帕累托图

帕累托图的作用在于利用帕累托图迅速识别问题的关键点，揭示问题的主要因素及其在整体问题中所占的百分比。这使得企业能够聚焦于问题的核心，精准地采取措施，有效地解决问题，并验证改进效果。

绘制帕累托图的基本步骤：①收集数据（可借助检查表进行）；②将分类好的数据项目汇总，按数量多少排序并计算累积百分比（利用层化法）；③绘制横纵坐标轴，确保坐标均衡且对称；④绘制柱状图；⑤绘制累积积分曲线；⑥最终形成帕累托图，以用于深入分析问题。

帕累托图关键注意事项：①关注主要问题：分析时应重点关注前几项占比最大的因素。通常，关注前 4~5 个主要问题类别即可，这些类别往往对总体问题有显著影响。②合理分类：帕累托图的分类项目应适中。理想情况下，分类项目数目应在 4~5 项之间，最多不超过 9 项。如果项目分类过多（超过 9 项），可以将剩余类别合并为"其他"。如果分类项目过少（少于 4 项），则帕累托图的分析可能不具有实际意义。③数据分布的均匀性：如果帕累托图中各项目的分配比例相似，这可能意味着数据未能揭示明显的重点问题。此时，可能需要从其他角度重新收集数据并重新进行分析，以确保能有效识别主要问题。④工具的目的：帕累托图是用于管理和改进的工具，而非最终目的。如果数据已经明确并且类别分布清晰，则无需过多时间在帕累托图的制作上。有效利用柏拉图应以其实际应用价值为导向。通过遵循这些注意事项，可以更有效地利用帕累托图来识别和解决主要问题，从而推动管理和改进活动的成功。

**4. 鱼骨图**

鱼骨图（见图 3-15），亦称特性要因图或因果图，由日本质量管理专家石川馨先生所创，因此亦被称为"石川图"。该图首先罗列品质变异的项目，随后对导致变异的 5M1E（Man，Machine，Material，Method，Measurement，Environment）因素进行深入分析。

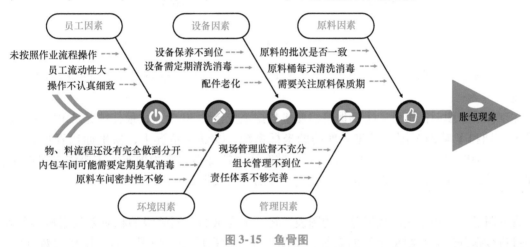

图 3-15 鱼骨图

制作鱼骨图的步骤：①明确问题的特性，并将其记录在图表的最右端；②绘制鱼骨图的基本框架，制造业一般按照"人机料法环"设计；③依据 5M1E 原则，将主要因素填充至鱼骨图的主干部分；④运用"头脑风暴法"来确定构成主干的中层因素；⑤进一步确定构成中层因素的底层因素，确保末端因素是可以实施行动的要素；⑥进行现场调查，以验证原因分析的准确性；⑦依据统计数据识别并确认影响因素，排除非相关因素，对剩余因素采取相应措施进行改进。

**5. 散布图**

散布图作为一种研究工具，旨在探究两个变量之间的相关性。它通过搜集成对的数据点，并在坐标系中以点状形式呈现这两个变量的特性值，从而揭示它们之间的相关关系。其核心功能在于确定两组数据之间是否存在相关性以及这种相关性的强度。通过细致的散点图分析，研究者能够深入识别变量间的相关性，并评估其紧密程度。散布图通常分为以下几种类型：正相关、负相关、不相关和曲线相关。正相关表示当一个变量增加时，另一个变量也增加；负相关表示当一个变量增加时，另一个变量减少；不相关则意味着一个变量的变化不影响另一个变量；曲线相关则表明变量之间的关系呈现非线性，当一个变量增加到一定值后，另一个变量可能会减少，或呈现其他复杂的变化模式（见图 3-16）。

制作散布图的步骤：①选定两个待研究的变量，并搜集至少 30 组最新数据；②计算这两个变量的最大值和最小值，并将它们分别置于 $X$ 轴和 $Y$ 轴；③在坐标系中以点状标记对应的变量

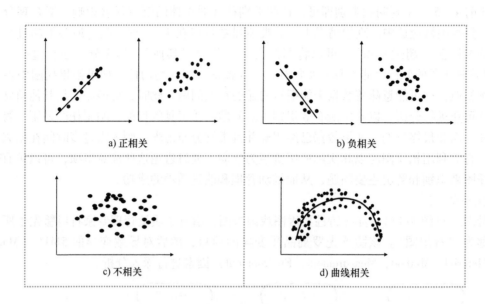

图 3-16　散布图分类

数据；④在图表上注明图名、制图者及制作日期等信息；⑤解读散布图以识别变量间的相关性及其强度。

在制作散布图时需留意：①确保每组变量数据至少包含 30 个点，最佳情况是 100 个数据点；②设定 $X$ 轴和 $Y$ 轴的范围，以建立准确的坐标系统；③通常情况下，横坐标代表自变量（原因），纵坐标代表因变量（结果）；④在分析散布图时需谨慎，因为散布图主要用于初步探索变量间的关系，而深入的相关性分析则需要进一步的数据收集和分析。

**6. 直方图**

直方图是一种用于显示数据分布的图表，将一个变量的不同等级的相对频数用矩形条表示。它通过将数据分组并绘制每个组的频数，帮助可视化数据的分布情况。直方图使得数据中的模式、趋势以及异常值变得更加明显，从而有助于判断和预测产品质量及不合格率（见图 3-17）。

直方图主要用于分析数据分布特征：通过直方图，可以清晰地观察到所研究特性的数据分布情况；评估和分析生产过程的能力，通过比较测量值的实际分布与规格值之间的关系，可以评估产品的生产过程能力；掌握产品的缺陷率，通过测量值与规格值的对比，利用直方图的分布情况，可以计算出产品在生产过程中的缺陷比例；识别是否存在异常品，根据测量值绘制的直方图，若出现岛屿状分布，即柱状间隔明显且分为两个或多个独立的峰形组，可推断存在异常品；比较改进前后的成效，通过分别绘制改进前后的测量值直方图，并进行对比，可以直观地评估品质改进的成效。

在直方图的分析中，全距通常用字母 $R$ 来表示，它是指在收集的数据集内最大值与最小值之间的差值，即数据范围的总跨度；组数则用字母 $K$ 来表示，指的是将研究数据进行分组时所形成的组的数量，这亦是直方图中组的数量；组距用字母 $C$ 来表示，它指的是每个分组的范围跨度，在图表中体现为各个柱状图形的宽度，且所有组距应当保持一致；至于下组界、上组界和中心点，下组界是指一个分组的起始边界，上组界是指该分组的终止边界，而中心点则是该分组内最小值与最大值的平均位置，即该分组范围的中心所在。

直方图的制作步骤：①确定制作直方图的目的；②设计检查表收集数据（至少 50 个）；③求全距 $R$；④求组数 $K$；⑤计算组距 $C$；⑥计算各组的下限值、上限值和中心值；⑦制作次数分配表；⑧建立直角坐标，横坐标为特性值纵坐标为频数；⑨绘制直方图；⑩标注制图信息，如图名、作图时间、平均值等。

常见直方图型态有正常型（常态型）、缺齿型、偏态型、绝壁型、双峰型、高原型和离岛型。正常型直方图显示数据集中且稳定，柱子中间高两边低，无间隔，实际界限在规格值内。缺齿型直方图表现为柱子长短不一，通常由直方图制作方法错误或数据收集方法不当引起。偏态型直方图柱子分布不均，左偏态为左低右高，右偏态为左高右低，反映数据分布的不对称性。双峰型直方图呈现两个高柱子中间低，通常由两种不同方法或两组工人生产的数据混淆造成。高原型表示柱子高低近似，柱子间高度相差甚微，看起来有点像高原一样，主要是当统计数据可能来自多种工艺或设备生产的产品，且这些产品的性能分布较为接近，造成柱子高度接近。离岛型直方图在端部形成小岛，通常指示存在异常原因，如测定错误或原料差异，需排除异常以满足制程要求。

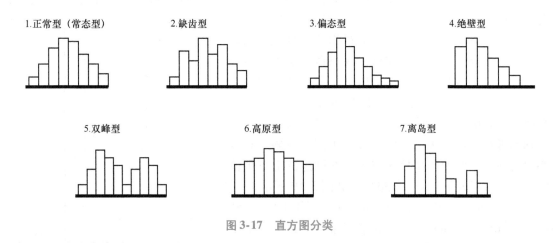

图 3-17　直方图分类

### 7. 控制图

控制图是用于分析和判断过程稳定性的图表，带有控制界限，用于区分正常波动与异常波动。这种图表由现代质量管理奠基人沃特·阿曼德·休哈特博士发明。控制图的分类主要涵盖两大范畴：计量值控制图与计数值控制图。计量值控制图依托于使用测量工具所获取的连续性数据，例如长度、重量等，其主要类型包括：平均值与极差控制图（$\overline{X}$-$R$ chart）、平均值与标准差控制图（$\overline{X}$-$S$ chart）、中位数与极差控制图（$\tilde{X}$-$R$ chart）和单值与移动极差控制图（$X$-$RS$ chart）。相对地，计数值控制图则基于离散性数据，如不良品数量或缺陷数量，其主要类型包括：不良率控制图（$P$ chart）、不良品数量控制图（$Pn$ chart）、缺陷数量控制图（$C$ chart）和单位缺陷数量控制图（$U$ chart）。

绘制 $\overline{X}$-$R$ 控制图的步骤：①针对特定产品的质量特性规格，例如 50＋5，需收集超过 100 个数据点，将 2～6 个（通常为 4～5 个）数据点划分为一组，按照测定的时间顺序或群体顺序进行排列；②将数据记录在详尽的数据表中；③计算各组的平均值 $\overline{X}$；④计算各组的极差 $R$；⑤计算平均值的平均数；⑥计算极差 $R$ 的平均值；⑦计算控制界限；⑧绘制控制界限，并将数据点精确地标入图表中；⑨记录数据历史及特殊原因，以便于后续的查考、分析和判断。

绘制 $P$ 控制图的步骤：①收集数据，至少收集 20 组数据；②计算每组的不良率 $P$；③计算平均不良率 $\overline{P}$，即总不良品数量除以总检查数量；④计算控制界限（CL）；⑤绘制控制界限，并将数据点准确地标入图表中；⑥记录数据历史及特殊原因，以便于后续的查考、分析和判断（见图 3-18）。

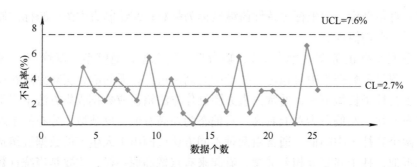

图 3-18 *P* 控制图（UCL 为上控制界限）

### 3.1.6 CPK 过程能力指数

CPK 定义为实际过程能力指数，量化了制程水平，用一个数值来反映过程的水准，说明制程能力如何影响产品质量和可靠性。CPK 的主要作用是反映过程的合格率，为一个企业质量综合管理能力的体现。CPK 可细分为单侧规格和双侧规格两种类型。单侧规格仅设定一个规格界限，即上限或下限，并与规格中心相关联，例如，果肉含量不得低于 5% 或双氧水残留量不得超过 $5 \times 10^{-5}$%。在这一情况下，数据越接近该规格界限则越理想。双侧规格则同时设定上限和下限，并以中心值为基准，例如产品尺寸需控制在既定的上下限范围内，并力求接近中心值。规格样式如图 3-19 所示。

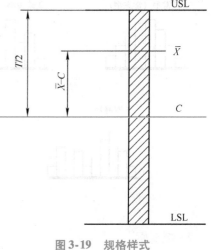

图 3-19 规格样式

USL（Upper Specification Limit）表示规格上限，LSL（Low Specification Limit）表示规格下限，$C$ 表示规格中心，$T = USL - LSL$ 表示规格公差，$\overline{X}$ 表示平均值（$n$ 为样本数），$\delta$ 标准偏差，计算见式（3-1）和式（3-2）：

$$\overline{X} = (X_1 + X_2 + \cdots + X_n)/n \qquad (3\text{-}1)$$

$$\delta = \sqrt{\frac{(X_1 - \overline{X})^2 + (X_2 - \overline{X})^2 + \cdots + (X_n - \overline{X})^2}{n - 1}} \qquad (3\text{-}2)$$

Ca 代表过程准确度（Capability of Accuracy），其计算见式（3-3）。Ca 衡量"实际平均值"与"规格中心值"之间的一致性。在单边规格中，由于没有规格中心值，因此 Ca 不适用。

$$Ca = \frac{\overline{X} - C}{T/2} \qquad (3\text{-}3)$$

Ca 等级评定及处理原则，A 等级，当 $|Ca| \leq 12.5\%$，作业员遵守作业标准操作并达到规格之要求，需继续保持；B 等级，当 $12.5\% \leq |Ca| \leq 25\%$ 时，有必要尽可能将其改进为 A 级；C 等级，当 $25\% \leq |Ca| \leq 50\%$ 时，作业员可能看错规格不按作业标准操作或检讨规格及作业标准；D 等级，当 $50\% < |Ca|$ 时，应采取紧急措施，全面检讨所有可能影响之因素，必要时停止生产。

Cp 表示潜在过程能力指数或制程精密度（Capability of Precision），衡量的是"规格公差宽度"与"制程变异宽度"之比。对于仅有规格上限和规格中心的单边规格，Cp 同样适用，计算见式（3-4）：

$$Cp_u = \frac{USL - \overline{X}}{\sigma} \qquad (3\text{-}4)$$

对于只有规格下限和规格中心的规格，

$$Cp_l = \frac{\overline{X} - LSL}{3\sigma} \tag{3-5}$$

对于双边规格，

$$Cp = \frac{USL - LSL}{6\sigma} \tag{3-6}$$

CPK 的计算为

$$CPK = Cp(1 - Ca) \tag{3-7}$$

$$CPK \leqslant Cp \tag{3-8}$$

CPK 是 Cp 和 Ca 的综合表现。

　　CPK 等级评定与处理原则：A + 等级，当 CPK 值达到或超过 1.67 时，表明无明显缺陷，此时应考虑进一步降低成本；A 等级，若 CPK 值介于 1.33 ~ 1.67 之间，表明状态良好，应保持当前状况；B 等级，若 CPK 值在 1.00 ~ 1.33 的范围内，需改进以达到 A 级标准；C 等级，当 CPK 值在 0.67 ~ 1.00 之间，意味着存在较多的制程问题，必须采取措施提升制程能力；D 等级，若 CPK 值低于 0.67，表明制程能力严重不足，此时应考虑对制程进行重新设计和整改。

### 3.1.7　质量工程与智能制造的关系

　　质量工程与智能制造相辅相成。智能制造提供了先进的技术和工具显著增强了质量工程的能力，而质量工程的原则和方法也能够帮助智能制造系统不断优化和改进，以确保产品质量和生产效率的提升。

　　持续改进和优化是质量工程的核心目标，智能制造提供了丰富的数据和工具，使质量工程师能够更有效地识别和解决质量问题。利用数据挖掘和机器学习技术，可以发现潜在的质量问题和优化机会，从而推动生产过程的改进。例如，通过 CPK 等方法，质量工程师可以实时提取系统中存在的问题。

　　高度定制化和灵活生产模式在智能制造中使得生产流程能够根据客户个性化需求快速调整。在这种环境下，质量工程需要更加灵活地制定和实施质量控制措施，以确保不同批次、不同型号的产品均能达到预期的质量标准。

　　智能制造中的信息系统能够实现从原材料到成品的全程追溯，能够发现质量管理体系中的断点，可以迅速追溯到问题的根源并采取措施防止问题再次发生。

## 3.2　工业工程

### 引言

　　工业工程是为提高企业整体生产效率而诞生的，是当下企业内卷的主要阵地。其起源可追溯到 20 世纪初的美、英、法等工业强国，这些国家凭借先进的科学技术和工业实力，实现了工业史上的重大变革，即所谓的"工业 1.0"时代，以机械制造为主导。而当前，"工业 4.0"所倡导的智能制造与智能工厂的现代管理模式，进一步强化了工业工程在提升经济效率方面的作用。从工业工程的八大浪费入手，智能制造系统能够发现企业隐含的效率断点。

### 学习目标

- 了解工业工程的核心——提高整体效率。
- 掌握工业工程的关键——八大浪费。
- 掌握工作研究的方法与技术——发现问题。

- 掌握现场改善——确定问题背后的问题。
- 掌握制程防呆——避免问题。
- 了解工业工程与智能制造的关系——提高效率。

### 3.2.1　工业工程简介

工业工程（Industrial Engineering，IE）是一门专注于设计、改进和实施由人、物料、设备、能源和信息等组成的综合系统的学科。它融合了数学、物理及社会科学的专业知识和技术，并结合工程分析与设计的原理和方法，来对系统所取得的成果进行确认、预测和评估。工业工程的核心宗旨在于提升生产率、利润以及整体效率，其核心理念在于将降低成本、提升质量及提高生产率三者紧密结合，进行系统性研究，旨在追求生产系统的最佳整体效益。

在科学技术日新月异、工业技术蓬勃发展以及生产力水平显著提升的背景下，工业工程的定义虽历经演变，但其核心本质始终如一。如图 3-20 所示，这些定义共同揭示了以下几点：

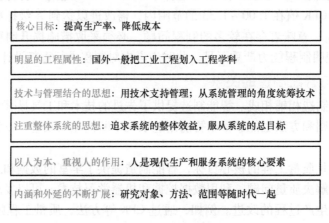

核心目标：提高生产率、降低成本

明显的工程属性：国外一般把工业工程划入工程学科

技术与管理结合的思想：用技术支持管理；从系统管理的角度统筹技术

注重整体系统的思想：追求系统的整体效益，服从系统的总目标

以人为本、重视人的作用：人是现代生产和服务系统的核心要素

内涵和外延的不断扩展：研究对象、方法、范围等随时代一起

图 3-20　工业工程的特征

1）工业工程作为工程类科学技术的重要组成部分，旨在运用工程技术手段解决管理问题，它是一门技术与管理相互交融的复合学科。

2）工业工程的研究领域极其广泛，包括了人力、物资、能源、财务和信息等生产元素构成的各类生产与运营管理系统，它的研究范围不只局限于生产环节。

3）工业工程主要运用数学、自然科学以及工程学中的分析、规划、设计等基础理论，特别是与系统工程的理论和方法、计算机技术密切相关。

工业工程是寻找最有效的方式，包括人力、物资、设备、资金和信息，以便对整个系统进行规划、优化和配置。它的功能具体表现为规划、设计、评价和创新，如图 3-21 所示。

工业工程知识领域被细分为 17 个分支，包括生物力学、数据处理与系统设计、工程经济、材料加工、组织规划与理论、实用心理学等领域。工业工程作为一门技术，致力于将现代科学技术有效转化为实际生产力。该学科以系统的、专业的及科学的方式思考问题，并将其应用到工程技术的实践之中，形成了一个融合了科技和人文领域的交叉学科。近些年，随着工业工程学的持续进步，其吸收了诸如运筹学、系统工程、管理科学、计算机科学以及先进制造业工程学等多种自然科学和社会科学的研究成果，进而构筑出一个包含各种当代科学知识的多元学科结构。它的专业技术体系不断发展与扩大，内容繁多，但图 3-22 所示的内容是基础的方法技术。

### 3.2.2　工业工程的关键——解决八大浪费

要提高工厂生产效率，就要知道效率浪费在什么地方。浪费是指任何超出增加产品价值所需

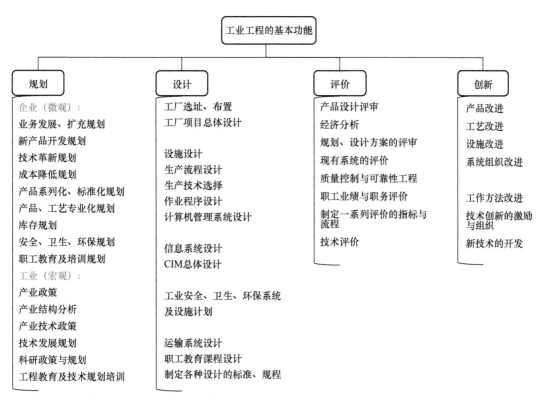

图 3-21　工业工程的基本功能及相关内容

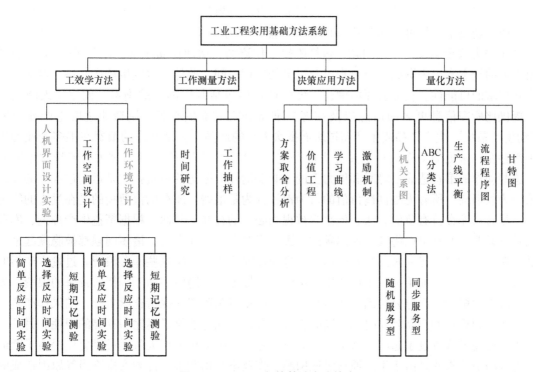

图 3-22　工业工程的基础方法技术

的最低限度的物料、设备、人力、场地和时间的部分。因此，精益生产（JIT）总结出了工厂内的八种主要浪费类型，包括返工、过分加工、多余动作、搬运、库存、过量生产、等待以及管理浪费，见表3-3。

表3-3　工业工程的八大浪费

| 序号 | 浪费种类 | 危害 | 原因 |
|---|---|---|---|
| 1 | 返工 | 造成材料、机器、人工等的浪费 | 没有全面质量管理体系 |
| 2 | 过分加工 | 过度加工造成多余的作业时间、机器损耗、能源的浪费 | 加工流程不合理，工艺设计问题 |
| 3 | 多余动作 | 多余、笨拙的动作造成人员疲劳，易出现职业伤害 | 动作过程设计不合理，现场布置、工位设计不合适 |
| 4 | 搬运 | 造成等待浪费，空间、人员和搬运动作的浪费 | 生产现场布局不合理 |
| 5 | 库存 | 产生不必要的搬运、放置、防护处理等浪费；产品贬值滞销；掩盖了生产效率低下等问题 | 过量生产、采购，市场供求信息不准确 |
| 6 | 过量生产 | 产品积压，占用资金，额外库存 | 按固定批量生产，以量保质 |
| 7 | 等待 | 工人无所事事，设备闲置 | 生产线不平衡，物料供应缺陷，设备维护修理计划不完善 |
| 8 | 管理 | 问题发生以后，管理人员才采取相应的对策来进行补救而产生的浪费 | 事先管理不到位，未能对工厂各部门进行协调管理 |

　　返工的浪费指的是由于工厂内出现不良品，需要进行处置的时间、人力或物力上的浪费。这类浪费具体包括：材料的损失、人员工时的损失、追加检查的损失等。过分加工的浪费指的是在需求或要求出现之前，提前生产产品或其组成部分所导致的过度生产。当有空闲工人或设备时间时，可能会诱发生产尽可能多的产品的欲望。然而，与"及时生产"哲学相反，采用"以防万一"的工作方式会引发一系列问题，包括阻碍工作流畅、增加存储成本、在车间内部隐藏缺陷、需要更多的资本支出来资助生产过程以及过多的导程时间。此外，过度生产产品还会增加产品超出客户要求的可能性。在办公环境中，过度生产可能包括制作额外的副本、创建无人阅读的报告、提供比所需信息更多的信息以及在客户准备好之前提供服务。制造业过度生产涉及使用"推动生产系统"生产产品或生产超过所需批次大小的产品。多余动作的浪费在很多企业的生产线中都存在，常见的动作浪费主要分为两手空闲、单手空闲、作业动作过大、转身的角度太大等，这些动作的浪费造成了时间和体力上的不必要消耗。搬运的浪费指的是运输过程中的任何无增值行为的消耗，所有无法创造价值的行为都被视为是浪费。库存的浪费指的是在过去的管理观念中，尽管对库存持有负面看法，但是它被视为必需的存在。然而，根据精益生产理论，库存实际上并不必要，并且可以将其视作问题的根源。当存在大量库存时，诸多问题都被隐藏起来。而降低库存，就能将上述问题彻底暴露出来，进而能够逐步地解决这些库存浪费。过量生产指的是制造过多或过早，提前用掉了生产费用，不但没有好处，还隐藏了由于等待所带来的浪费，失去了持续改善的机会。部分公司因为产能充足，为防止资源闲置而保持连续生产，结果却产生了更多的半成品和更长的产品制作时间，同时扩大了存货空间并加剧了运输与存储的损耗。另外，如果产出超过需求或者过于超前，将会产生大量库存，使财务压力增大且无可避免地提高了贬值风险。等待的浪费指的是由于生产原料供应中断、作业不平衡和生产计划安排不当等原因造成的无事可做的等待。管理的浪费指的是问题发生以后，对存在问题不决策、推诿扯皮，管理浪费是最大的浪费。管理浪费是由于事先管理不到位而造成的问题，科学的管理应该是具有相当的预见性，有合理的规划，并在事情的推进过程中加强管理、控制和反馈，这样就可以在很大程度上减

少管理浪费现象的发生。

解决八大浪费需遵循 ECRS 改善四原则。ECRS（Eliminate，Combine，Rearrange，Simplify）是精益生产中的一种重要改善原则，通过系统地分析和改进工作流程，减少浪费和提高效率的管理工具。它分为通过消除、合并、重排和简化四个步骤，优化流程和工作方法，提高效率和降低成本。

1）消除（Eliminate）：识别并消除不必要的活动、步骤或物品。

2）合并（Combine）：将能够一起完成的步骤或活动合并，减少重复工作。

3）重排（Rearrange）：重新安排工作步骤或流程，使其更为高效。

4）简化（Simplify）：简化工作步骤或流程，减少复杂性，提高可操作性。

消除浪费的具体应对方式如下：

1）为了减少重复制造的浪费，需要采用自动化和智能防呆的生产方法。这主要是建立工厂生产标准，对所有生产的产品进行全面检查，以实现无停顿的流程作业。

2）减少过分加工的浪费，就是对作业内容要进行重新的评估，对生产中工具进行改善，减少过分加工的浪费。

3）减少动作的浪费，就是采用 U 形生产布置以达到首尾接应的效果，减少路线的浪费；采用人机工程以减少人的关节活动，减少工人在生产过程中一切和工作无关的动作，并改良其动作，以达到最省力情况下完成工作，减少不必要的动作浪费。

4）减少搬运的浪费，最重要的是减少搬运的次数、合理设置库存点和规划路线、生产完后直接运送到客户手里，以减少库存的产生。

5）减少库存的浪费，最主要是库存意识的改革，在生产方式中要尽量符合标准化生产方式，使生产整流化，而且看板生产也要彻底贯彻实施，以减少库存产生。

6）减少过量生产的浪费，工厂生产应该根据销售经验，合理安排生产计划，同时及时根据市场的变化，调整生产计划，以达到最小合理库存。

7）减少等待的浪费，需要对工厂的生产计划进行合理的规划。在开始生产之前，需要预备好所有必要的原材料。生产管理部门也需要对工厂的生产计划进行适当的安排。一旦接到订单，需要立即查看所需原材料来源于上游制造商的生产状况，并对整个工厂的生产进行统一的规划。

8）管理的浪费，最主要是对工厂各部门进行协调管理，使各部门紧密结合在一起，注重于工厂各部门的合作，以达到对工厂资源的最合理利用。

### 3.2.3　工作研究的方法与技术——发现问题

工作研究在于通过确立合理的工作标准，以更有效地利用资源并提升工作效率。工作研究包括方法研究和作业测定两大技术体系。

1）方法研究是一套用于确定经济、合理的作业方法的研究技术，旨在减少人员、设备和物料的消耗，减少无效动作，并使作业方法标准化。方法研究涵盖程序分析、操作分析和动作分析等内容。方法研究的内容层次图如图 3-23 所示。

2）作业测定是用以确定按上述标准进行作业时所需时间的测定技术，它是分析效率的技术，用于制定标准时间及改善作业效率等。作业测定包括秒表测时法、工作抽样法和预定时间标准等。

企业需要对每一个任务及整体的流程进行深入的研究和解析，以确保使用最高效的方法来完成它们。同时，也需在评估工作效率的过程中观察其运行情况，并对每项工作的耗时做出精确测量，从而确定出标准的执行时间和所需的任务数量。根据这些基于方法研究和工作效率评估的结果所制定出的理想方法和时间搭配，可以构建并维护一套高效的操作体系。这种方法和时间的标

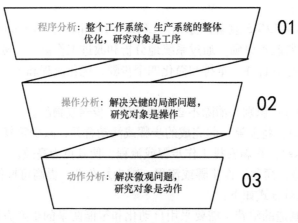

图 3-23　方法研究的内容层次图

准能让人、机器设备和物资都投入到高附加值的工作中去，并且为应用其他的生产管理技巧提供了可能。工作研究的内容和过程如图 3-24 所示。

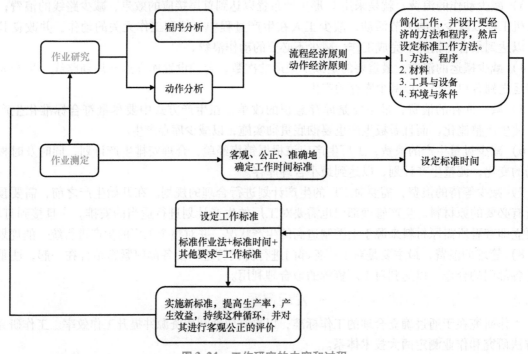

图 3-24　工作研究的内容和过程

### 3.2.4　现场管理——提取问题背后的问题

#### 1. 现场管理的概念

现场管理的核心理念在于通过运用科学的管理方法，对现场的人（操作者、管理者）、机（设备、设施）、料（原材料）、法（生产、检测方法）、环（环境）、资（资金）、能（能源）以及信（信息）等，进行科学合理的配置与优化组合。

现场管理的五现主义，其核心在于现场、现物、现实、原理、原则这五个要素。如图 3-25 所示。作为久保田集团在管理领域中的杰出理念，五现主义强调了对现场、现物、现实的直接观察与理解，以及基于原理和原则的判断与决策。

具体而言，现场指的是问题发生的实际地点，管理者必须亲临现场，而非仅凭办公室内的讨论来解决问题。只有在现场，管理者才能观察到真实的现物，从而做出符合现实的决策，并准确把握问题的实质。这一理念不仅适用于制造环节，同样适用于各种场合。原理与原则作为衡量与判断的尺度，要求管理者在了解现场与现物的基础上，按照事物的本质规律进行决策。这种基于共同平台和统一标准的判断方式，有助于减少管理者与员工之间的分歧，确保决策的科学性与合理性。"五现"作为现状的描述，反映了当前问题的实际状态；而"原理"与"原则"则是对未来问题解决模式的预设。通过以"五现主义"为指导，发现问题并解决问题，可以显著改善现场的秩序。然而，为了避免问题重复出

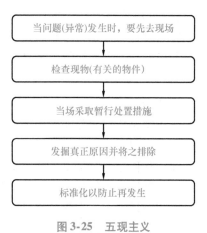

图3-25　五现主义

现，必须在问题解决后，将新的工作流程程序化、标准化，作为员工唯一的工作方式，以确保改善效果的持续性和稳定性。

**2. 现场管理的分析方法**

（1）5W1H分析法　对选定的项目或操作，都要从原因（Why）、对象（What）、地点（Where）、时间（When）、人员（Who）、方法（How）等六个方面进行思考，如图3-26所示。

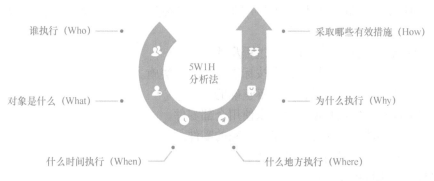

图3-26　5W1H分析法

例如，当团队在生产现场遇到生产线停机的问题时，可以使用5W1H提问技术进行全面分析和改善。What（什么）：生产线停机问题，导致生产中断。Why（为什么）：停机是由于第二工位的设备故障所致。Where（在哪里）：问题出现在装配线的第二工位。When（何时）：停机发生在每天下午的高峰期。Who（谁）：当时操作员A和B负责该工位。How（如何）：改进设备监控系统，以减少类似事件的再次发生。通过5W1H提问技术，团队发现了设备故障的具体原因（Why），并明确了停机发生的具体位置和时间（Where和When）。此外，也确定了负责该工位的操作员（Who）以及具体的应对措施（How）。这些信息帮助团队更精确地定位问题，并且能够针对性地制定解决方案，如即时修理设备、增加设备维护频率或增强操作员的设备操作培训。

（2）鱼骨图分析法　鱼骨分析法，也称为因果关系分析法，是寻找问题根源的一种探究技巧，它被现代商业和管理领域的教育机构（例如MBA和EMBA）归为几种高级的技术分析类型之一。这种图表经常被大量使用于制造行业中，特别是在识别问题时，通常会通过人类因素、机械设备、材料、工艺流程以及环境条件等方面来做综合性的评估，这有助于更深入且全方位的问题解析，最终确定问题的真实原因，从而解决问题并优化改进（见图3-15）。

（3）PDCA 循环法　现场管理应遵循系统原则、整分合原则、规范化和标准化原则，采用科学的方法推行。其推行流程为：发现现场的问题点→找到发生问题的原因→确认问题的事实真相→解决问题。全面质量管理理念的深入使 PDCA 循环得到广泛使用（见图 3-5）。

### 3.2.5　制程防呆——避免问题

#### 1. 制程防呆概念

制程防呆旨在于作业流程失误发生前实施预防措施，它通过在作业过程中引入自动作用、报警机制、标识系统和分类等手段，确保即使作业人员在注意力不集中的情况下，也能有效避免失误。在实际作业中，员工可能因疏忽或遗忘导致作业失误，这种失误在质量缺陷中所占比例显著。应用制程防呆能显著减少此类失误，进而大幅提高作业质量和工作效率。

制程防呆的核心理念：通过深入分析错误成因，设计合理的预防措施，将错误发生的可能性降至最低，甚至达到彻底避免错误发生的目标。以汽车驾驶员未系安全带为例，现代汽车设计通过不断发出提示音，以降低驾驶员疏忽未系安全带的风险。若进一步改进设计，使未系安全带成为汽车启动的障碍，则能从根本上杜绝此类错误行为的发生。

#### 2. 错误及发生原因

错误是指与预期的任何偏离，这些偏离往往由于个体的疏忽等偶然因素而发生。而缺陷则是错误可能带来的直接后果。例如在汽车装配过程中，由于工人操作失误，可能导致汽车少装一颗螺钉，进而形成缺陷。

（1）错误的种类　不同企业生产过程不同，其失误种类也有很大区别，但大致可归为以下几类：

1）过程中的疏忽：遗漏一个或多个过程步骤。

2）过程中的错误：过程的操作没有按标准工作程序实施。

3）装备工件的错误：对产品使用了不正确的工具。

4）遗漏零部件：装配或其他过程中未使用全部零件。

5）不适当的零部件：装配时安装了不正确的零件。

6）处理错误的工件：对错误的部件加工。

7）操作错误：执行操作不正确。

8）检测错误：机器调整错误或来自供应商的零件的尺寸错误。

9）设备维护错误：由不正确的维修或部品更换导致的缺陷。

10）误操作：操作者由于不注意或辨识、操作困难等原因做出错误的操作动作。

因为错误是造成缺陷的原因，所以可通过消除或控制错误来预防或消除缺陷。

（2）产生错误的一般原因

1）遗忘：忘记检查步骤。

2）不熟悉过程：不熟悉作业过程易导致失误。

3）理解错误：工作指令或程序理解错误。

4）缺乏经验：新手比熟练工更易出错。

5）故意错误：出于某种原因有意造成的错误。

6）疏忽：不小心或心不在焉导致的错误。

7）行动迟缓：判断、决策或动作过慢导致的失误。

8）缺乏作业标准：无正确标准或指引不当易导致错误。

9）突发事件：无预警的突发事件使操作者措手不及。

仔细分析这些错误原因企业会发现，产生错误的原因基本可归为三大类：人的原因、方法原因和设备原因。在 9 种导致失误的原因中，人的原因占了绝大部分（7 种，77.8%），其次为方法原因和设备原因。

**3. 防呆设计的基本准则**

（1）简化作业流程以提升效率　针对难以观察、难以抓取、难以移动等作业，可以通过引入颜色区分、放大标识、增设把手或使用搬运器具等措施，以减轻操作者的作业难度，降低疲劳感，从而减少错误的发生。

（2）降低作业对技能与直觉的依赖　为使新进人员或支持人员也能准确无误地完成作业，需要考虑治具及工具的优化，实现机械化操作。同时，制定严格的机壳外观检验标准和夹具操作规程，并设计不同的设备接口与连接线接头形状，以提升作业标准化水平。

（3）消除作业中的安全隐患　针对可能因不安全或不稳定因素给人或产品带来危险的作业，采取切实有效的改善措施，确保作业过程的安全可靠。即使操作者疏忽大意或勉强操作，通过安装必要的防护装置和预警系统，也能确保作业安全不受影响。

（4）降低作业对感官的依赖　对于人体感官进行的作业，应减少依赖人的感官判断的作业。对于必须依赖感官的作业，可引入多重判断机制，以确保作业判断的准确性和可靠性。

**4. 防呆管理流程**

防呆管理流程如图 3-27 所示，其核心环节为进行详尽的设计 FMEA 和过程 FMEA。这两项分析旨在通过识别与评估产品设计及过程设计中的各类潜在错误原因和机理，进而在产品设计与流程设计中融入防错机制。

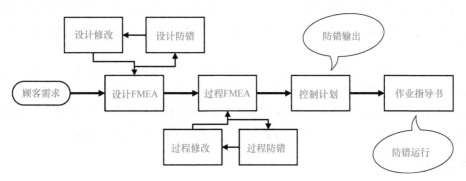

图 3-27　防呆管理流程图

在零件的重构设计中，采取以下策略来增强防错性能：确保零件具有唯一且正确的装配位置；显著突出零件的防错设计特征；强调并扩大零件之间的差异性；突出零件的不对称性；设计显眼的防错标识等。

在制造过程中，可以采取一系列措施来提升防错效果，包括但不限于：对现有工具、工装夹具进行适应性改造或增加新的工具；优化或调整加工步骤；引入使用清单、模板或测量仪以提高操作准确性；执行控制图表等手段来确保制造流程的稳定性和准确性。

**5. 防呆法的应用步骤**

防呆法作为一种极具实践性的改善手段，对于其技术的普及，需采取双管齐下的策略。首先，必须不断积累并整理已有的成功应用案例，以供参考和借鉴；其次，应构建一个普遍适用的改善实施流程，以引导相关人员更有效地识别并解决问题，避免在改进过程中产生不必要的曲折。通过持续的过程优化和防错机制的建立，零缺陷的目标是可以达成的；防呆技术的实施无需过度依赖庞大的资源投入或高精尖的技术水平；在任何可能出现错误的环节和过程中，防错技术均具备适用性。防呆的五大步骤如图 3-28 所示。

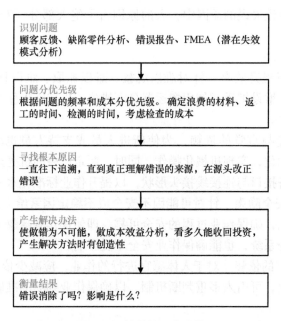

识别问题
顾客反馈、缺陷零件分析、错误报告、FMEA（潜在失效模式分析）

问题分优先级
根据问题的频率和成本分优先级。确定浪费的材料、返工的时间、检测的时间，考虑检查的成本

寻找根本原因
一直往下追溯，直到真正理解错误的来源，在源头改正错误

产生解决办法
使做错为不可能，做成本效益分析，看多久能收回投资，产生解决方法时有创造性

衡量结果
错误消除了吗？影响是什么？

图 3-28　防呆的五大步骤

### 3.2.6　工业工程与智能制造的关系

智能制造系统通过引入工业大数据分析和深层次的生产要素优化，利用工业工程从效率角度找出系统存在的问题，能够帮助企业识别生产过程中的八大浪费，通过智能制造系统深层次的生产要素优化来解决。

工业工程在智能制造中的应用主要体现在 MES 提高生产效率、设备及人员动作分析、WMS的合理库存、PLM 的 FEMA 等方面，不仅可以显著提高生产效率，还可以促进生产过程的智能化，帮助企业在激烈的市场竞争中保持领先地位。随着技术的不断进步，工业工程在智能制造中的应用将更加广泛和深入，推动制造业向更加高效、绿色和智能的方向发展。

## 3.3　安全工程

引言

安全工程作为一门专注于预防和控制事故风险的学科，其重要性在智能制造背景下被赋予了新的内涵。它不再仅仅是事故后的调查与反思，更是贯穿于智能制造全生命周期的守护者。从产品设计、生产流程、设备运维到废弃处理，安全工程始终以其科学的分析方法和先进的技术手段，为智能制造筑起一道坚不可摧的安全防线。

任何安全事故的发生，都伴随着能量的改变。在智能制造系统中，各类传感器、机器人、自动化生产线以及复杂的网络信息系统相互交织，形成了一个高度集成的生产网络。以能量为核心，动态预测和控制智能制造系统中复杂安全网络风险。

学习目标

- 了解事故的分类以及企业中伤亡程度的界定。
- 了解多学科交叉的安全评估方法。
- 掌握事故树中的事件和逻辑门的定义及作用。
- 掌握能量法在安全工程中的重要作用。

- 了解在智能制造大环境下安全工程与复杂网络的关系。

### 3.3.1 安全体系简介

#### 1. 安全法规——潜在风险与接受度的平衡

俗话说"无危则安，无缺则全"，随着对安全问题研究的逐步深入，人类对安全的概念有了更深的认识。安全本质上是一个相对的概念，它反映的是社会或个体对某一系统环境中潜在危险性的接受程度。当某一系统的危险性被有效控制在社会认为可接受的范围内时，该状态即被视为安全。例如，骑自行车的人未佩戴头盔，虽存在头部受伤的风险，但这一风险相对可控且被大多数人接受。而对于摩托车，由于速度、重量及事故后果的严重性，不戴头盔的潜在危险难以被社会普遍接受，因此交通法规明确规定必须佩戴头盔以提升安全性。同样在高度专业化的自行车赛车领域，鉴于比赛的高风险特性及过往事故的惨痛教训，国际自行车联合会也强制要求选手佩戴头盔，以保障参赛者的安全。这些不同场景下对安全要求的差异，正是安全与危险相对性在现实生活中的生动体现。它告诉企业，安全的标准并非一成不变，而是随着环境及人们认知的变化而动态调整，以达到风险与可接受度之间的最佳平衡，而安全法规就是社会在该领域对安全与危险相对性的平衡点。

安全法规的制定，实质上是在不同领域和情境中，根据风险的大小和社会可接受程度，设定一个明确的、具有法律效力的安全标准。例如，在交通领域，针对摩托车和自行车赛车等高风险活动，交通法规明确要求佩戴头盔，以降低头部受伤的风险，这是交通安全领域找到的一个平衡点。然而，不同领域的安全法规有其特殊性，平衡点也各不相同。在工业生产领域，安全法规可能更侧重于设备的安全性能、操作人员的专业培训和应急预案的制定；而在食品安全领域，法规则可能更关注食品的卫生标准、添加剂的使用以及保质期的设定等。除此之外，我国的安全法规还有《中华人民共和国安全生产法》《中华人民共和国消防法》《中华人民共和国职业病防治法》《中华人民共和国劳动法》《中华人民共和国道路交通安全法》《中华人民共和国未成年人保护法》等。这些法规的制定，都是为了在各自领域内找到一个既能保障公众安全，又能促进相关行业健康发展的平衡点。

#### 2. 重视安全隐患——防患于未然

对于事故，从不同角度来看会有不同的理解，而在安全科学中所研究的事故则与之又有所不同。其关于事故的定义有：事故是可能涉及伤害的、非预谋性的事件；事故是造成伤亡或财产损失的一系列事件。当考虑到事故的发生频率与伤害严重程度时，不得不提及著名的海因里希法则。海因里希法则是指在一个企业或者生产环境中，每 1 起重伤或死亡事故背后，隐含 29 起轻微伤害和 300 起无伤害事故，如图 3-29 所示。这一法则揭示了事故背后的一个深刻规律：在一个企业或组织中，每发生一起严重的事故背后，往往隐藏着数十起甚至数百起的轻微事故或未遂事故。海因里希法则的核心思想是，事故的发生并非孤立事件，而是由一系列小事故或隐患逐渐累积、最终爆发的结果。这些轻微事故或未遂事故，虽然未造成严重后果，但却是重大事故发生的预警信号。若对这些小事故视而不见，不采取措施加以预防和纠正，那么最终很可能导致严重事故的发生。

违法行为责任人员主要分为直接责任者、主要领导责任者和重要领导责任者。直接责任者是指在其职责范围内，不履行或者不正确履行自己的职责，对造成的损失起决定性作用的员工或干部。主要领导责任者是指在其职责范围内，对直接主管的工作不履行或者不正确履行职责而对造成的损失负直接领导责任的领导干部。重要领导责任者是指在其职责范围内，对应管的工作或者参与决定的工作不履行或者不正确履行职责，而对造成的损失负次要领导责任的领导干部。不同的责任者所履行的关键分别是不违规、落实到位以及贯彻到位。

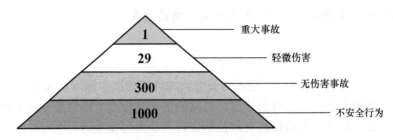

图 3-29　海因里希法则示意图

根据我国发布的《生产安全事故报告和调查处理条例》，事故一般分为以下等级：特别重大事故指造成 30 人以上死亡，或者 100 人以上重伤，或者 1 亿元以上直接经济损失的事故；重大事故指造成 10 人以上 30 人以下死亡，或者 50 人以上 100 人以下重伤，或者 5000 万元以上 1 亿元以下直接经济损失的事故；较大事故指造成 3 人以上 10 人以下死亡，或者 10 人以上 50 人以下重伤，或者 1000 万元以上 5000 万元以下直接经济损失的事故；一般事故指造成 3 人以下死亡，或者 10 人以下重伤，或者 1000 万元以下直接经济损失的事故。

事故是安全问题最主要的表现形式，按致伤原因可以将伤亡事故分为 20 类，如图 3-30 所示。据国际劳工组织统计，全球每年发生的各类事故约为 2.7 亿起，导致 230 万人死亡和 1.6 亿人次的非致命伤害。在面对事故频发、损失惨重的严峻形势下，"四不放过"是指坚持事故原因未查清不放过、责任人员未处理不放过、整改措施未落实不放过和有关人员未受到教育不放过；"四不两直"是指不发通知、不打招呼、不听汇报、不用陪同接待、直奔主题以及直插现场，确保掌握基层的实时情况，通过更高标准和务实作风，切实推进安全生产，努力构建更加安全、稳定的社会环境。

| 灼烫 | 火灾 | 触电 | 淹溺 | 中毒窒息 |
| 火药爆炸 | 瓦斯爆炸 | 锅炉爆炸 | 容器爆炸 | 其他爆炸 |
| 物体打击 | 车辆伤害 | 机械伤害 | 起重伤害 | 其他伤害 |
| 高处坠落 | 坍塌 | 冒顶片帮 | 透水 | 放炮 |

图 3-30　按致伤原因可以将伤亡事故分为 20 类

**3. 职业安全卫生，安全生产与劳动保护**

现阶段安全工程主要包含职业健康安全、安全生产、劳动保护和危险源四个方面。

职业健康安全管理体系（Occupational Health and Safety Assessment Series）是通过管理减少因意外而导致的各种损失。它为智能制造系统提供一套有效的控制风险的管理方法：通过调查找出存在于企业中的危险源，并针对风险制定合适的计划。

安全生产是智能制造体系下对人员、设备、环境及产品安全性的全面保障。它不仅是企业社会责任的体现，更是实现可持续发展的重要前提。在智能制造的环境下，安全生产不再局限于传统的物理安全防护，而是融入了信息技术、数据分析等现代手段，形成了更加智能的管理模式。在安全生产中，消除危害人身安全的多种因素，使员工可以安全舒适地工作，称之为人身安全；消除破损设备等危险因素，使生产正常进行被称之为设备安全。

劳动保护是指为了保障劳动者在劳动过程中的安全和健康，防止和消除职业危害以及提供必要的劳动条件和保护措施的一系列法律和制度。劳动保护的法律体系以《中华人民共和国劳动法》为核心，明确了用人单位在提供安全劳动条件、实施劳动安全卫生制度、预防职业病等方面的责任。在智能制造环境下，劳动保护需要更加紧密地与先进技术相结合。如利用物联网技术实时监测生产设备的运行状态，可以及时预警潜在的安全隐患；通过大数据分析，识别并优化可能导致职业危害的作业流程；引入智能穿戴设备，为劳动者提供个性化的安全防护措施。此外，智能制造还推动了劳动保护理念的升级。在智能制造工厂里，人的角色从直接操作者转变为监控者和管理者，这要求劳动者具备更高的安全意识和技能水平。

危险源指的是导致人身伤害、财产损失或环境破坏的根源。在智能制造的广阔领域中，危险源的存在与识别、评估与控制，对于保障生产安全、预防事故发生具有至关重要的意义。危险源具有多样性和复杂性的特点，其可能来源于机械设备、电气系统、化学物质、物理环境以及人为因素等多个方面。如高速运转的自动化生产线可能因设备故障或操作不当导致机械伤害；复杂的电气系统可能因短路、过载等问题引发火灾或电击事故；生产现场使用的化学品管理不当造成的中毒或环境污染。因此，为了有效管理危险源，智能制造企业需建立科学的危险源辨识与评估体系。

### 3.3.2　安全评估方法

随着智能制造技术的快速发展，传统的安全评估方法已难以满足日益复杂多变的安全需求。因此，探索多学科交叉融合的安全评估方法成为了当务之急。在这个信息爆炸的时代，安全的不可控因素呈指数增加，现阶段存在的问题也是企业的机会。传统的安全评估方法主要依赖于专家经验来确定权重，而深度安全学习是通过神经网络模型对大量数据进行训练来识别和评估安全隐患。通过综合考虑各要素的交叉影响，动态评估安全状况，优化权重确定方法，安全工程将能够更有效地适应和支持智能制造的发展需求。

**1. 集对分析**

集对分析（Set Pair Analysis，SPA）由赵克勤研究员于 1989 年提出。它可以处理和分析系统中存在的确定性与不确定性相互作用的问题（见图 3-31）。这一方法的核心在于通过集对的概念，将具有一定联系的两个集合视为一个基本单位，进而对这两个集合之间的相互作用进行系统的数学分析。在集对分析中，集合 $P_1$ 和 $P_2$ 组成集对 $H$，集对 $H$ 有 $N$ 个特性，在实际应用中，使用集对分析来分析集对 $H$ 的关系及优劣程度，其表达式见式（3-9）：

$$\mu(P_1, P_2) = \frac{S}{N} + \frac{F}{N}t + \frac{P}{N}v \qquad (3\text{-}9)$$

式中，$S$ 为集合 $P_1$ 和 $P_2$ 共有特性的个数；$F$ 为集合 $P_1$ 和 $P_2$ 既不共有也不对立特性的个数；$P$ 为集合 $P_1$ 和 $P_2$ 对立特性的个数；$t$ 为差异不确定度系数，取值范围是 $[-1,1]$；$v$ 为对立度系数。如果设 $a = S/N$，$b = F/N$，$c = P/N$，则上述见式（3-10）：

$$\mu(P_1, P_2) = a + bt + cv \qquad (3\text{-}10)$$

式中，$a$、$b$、$c$ 分别为某特性下的同一度、差异度和对立度，$a + bt + cv$ 即为联系数，$a$、$b$、$c \in [0,1]$ 且 $a+b+c=1$，$a$、$b$、$c$ 哪项越接近 1，则两集合的关系越倾向于这种性质，如图 3-31 所示。

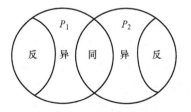

图 3-31　集对分析原理图

**2. 层次分析法**

层次分析法于 1977 年由美国运筹学家、匹兹堡大学教授 T. L. Satty 提出，是一种通过定量与定性相结合的综合评价分析方法。一般来说，层次分析法需要结合评价的目标，设置针对性的权重系数，然后形成不同序列的评价系统，再在多个系统的协同评价分析下，实现精准的评价与管理。在现代化环境下，层次分析法的应用更加注重对于实践操作的可行性，切合实际才能让层次分析法的应用更加顺利。层次分析法通过建立安全评价指标后，再形成一个阶梯式的层次分析结构，根据需要解决的安全问题和安全项目加以划分，并针对不同安全问题以不同层次来进行评价管理。在打造一个合理的安全评判矩阵后，根据矩阵中的因素分布计算出其中的安全向量特征，将不同层次安全矩阵的计算结果加以融合，通过计算机来进行检验核算，以确保安全评价的准确性和一致性。另外，层次分析法还可以通过结构模型的方式来展开安全管理。例如，在建筑施工现场，以安全管理作为整个结构模型的具体目标，再根据目标来进行逐层分解，分解的方式可以根据属性不同来进行划分，并尽量采取从上到下的分解，可以实现逐层管理和逐层追溯的效果。下层的评价和管理结果会对上一层产生影响，而上层受到的影响会对下层产生反馈并具有一定的支配权，二者之间互相影响，达到更好的管理效果。在构建完成层次结构模型之后，还要针对施工现场安全管理建立判断矩阵，针对不同层次的影响因素结合施工安全评判的内容，进行完整的检验核算，也能快速对不同层次的安全管理开展情况进行评估，拟定新的管理内容。

层析网络是一种用于建模和分析复杂系统的结构，它将系统划分为多个层次，每个层次包含若干节点，这些节点通过连接线表示它们之间的关系。而与之对应的层次分析法是一种决策支持工具，将复杂问题分解为层次结构，结合定性分析与定量分析进行综合评估。

虽然层次分析法不直接构建层析网络，但它为分析具有层次结构的决策问题提供了一种有效的方法论。在将层次分析法与层析网络相结合时，可以借鉴层次分析法的层次划分和权重确定方法，来分析和评估层析网络中各层次节点的相对重要性和相互影响。可以将层析网络中的不同层次视为层次分析法中的不同层次（如目标层、准则层、方案层等），并利用层次分析法中的判断矩阵和一致性检验等方法来确定各层次节点之间的相对权重。这样就可以将复杂的层析网络问题转化为一系列相对简单的层次决策问题（见图 3-32）。

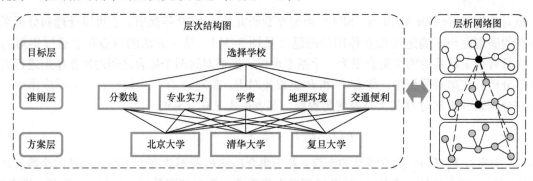

图 3-32　层次分析法与层析网络对比

### 3. 模糊综合评价法

模糊综合评价法是一种基于模糊数学理论的综合评价方法，用于处理不确定或多指标的决策问题。该方法将模糊集合理论与数学模型相结合，通过量化和综合各种评价指标的模糊信息，得出最终的评价结果。安全模糊综合评价就是应用模糊综合评价方法对系统安全程度进行分析。所谓模糊是指边界不清晰，既没有确切的含义也没有明确的界限。

在智能制造安全要素评估中，常常遇到多种指标和评价因素，每个指标可能有不同的权重和模糊程度。而采用模糊综合评价法可以将这些模糊指标进行量化和综合，得到一个全面的评价结果，进而帮助决策者进行合理决策。然而，这种方法也存在一定的局限性，例如指标权重的确定具有较强的主观性，在指标集较大时，可能会出现导致分辨率下降的超模糊现象，如图 3-33 所示。

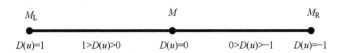

图 3-33　模糊综合评价中 $D(u)$ 函数与不同向量空间 $M_L$、$M$、$M_R$ 之间的关系

#### 4. 效用函数法

效用函数法是一种经济学和管理学中常用的分析工具，它通过建立数学函数来描述和量化消费者或决策者在不同选择下的满足程度或效用水平。效用函数是用来表示消费者效用与其所消费商品数量之间关系的函数。在更广泛的意义上，它可以量化任何决策主体在不同选择下的效用或满足程度。效用函数法假设消费者或决策者能够基于个人偏好对不同选择进行排序，并且这种偏好关系能够通过数学函数表示。该函数将选择集合中的每个元素映射为一效用值，而该效用值反映的就是消费者或决策者对该元素的满足程度，如图 3-34 所示。

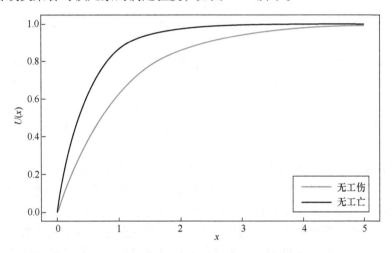

图 3-34　效用函数不同类型的曲线

根据不同的应用场景和变量数量，效用函数可以分为多种类型，如单变量效用函数、多变量效用函数、期望效用函数、边际效用函数和总体效用函数。例如，单变量效用函数用来描述单一变量与效用之间的关系，通常表达形式是 $U(x)$，反映了某个单一变量如何影响效用。在实际生产当中，不同企业阶段的效用函数之所以会表现出不同的曲线特征，是因为企业在不同阶段对安全目标的重视程度和期望值不同，这里企业可以从无工伤和无工亡两个阶段来考虑。在无工伤阶段，企业的主要目标是确保没有工伤事故发生。效用函数的形状反映了企业在安全方面的初步努力。随着安全水平的提高，效用逐渐增加。企业在刚开始实施安全措施时，减少轻微的工伤事故是最初的目标。员工的安全意识和防护措施逐步到位，初期的投入可能只会带来渐进的改善，直到一定的安全水平后，效用显著提升。而在无工亡阶段，企业的目标升级为确保没有工亡事故发生。效用函数的形状反映了企业对更高安全标准的要求。曲线在开始时上升得更快，表示企业对安全改进的敏感度较高，即使是微小的安全改进也能显著提高效用。随着安全水平的提高，效用继续增加，但增速相对减缓，表明企业在高安全水平下对进一步改进的期望稍有降低。

#### 5. 事故树

事故树分析（Fault Tree Analysis，FTA）在安全系统工程中是一种重要的分析方法，起源于故障树分析，并广泛应用于各种领域的风险分析。事故树分析通过逻辑推理方法，不仅能够找出事故的直接原因，还能深入揭示潜在的原因。事故树分析以从结果推断的可能原因为基础，通过逻辑推理发现事故发生的最基本原因。在构建事故树时，通常将所分析的事故作为顶上事件，然后逐层向下分析导致该事故发生的原因，直到找到最基本的原因事件为止。

（1）事件及其符号 在事故树分析中，事故树中每一个节点都表示一个事件。各种非正常状态都称为事故事件，而各种完好状态都称为成功事件。事故树的事件共有六种，可分为四类，其表示方法如图3-35所示。

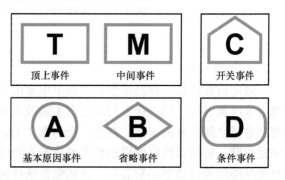

图3-35 事故树的事件类型与分类

第一类为结果事件，结果事件分为顶上事件和中间事件。结果事件是由其他事件所导致的事件，它位于某个逻辑门的输出端，用矩形符号表示。其中顶上事件是事故树分析中最关心的结果事件，它位于事故树的顶端。中间事件是位于事故树顶事件和底事件之间的结果事件。它既是某个逻辑门的输出事件，又是其他逻辑门的输入事件。

第二类是底事件，底事件分为基本原因事件和省略事件。底事件是导致其他事件的原因事件，位于事故树的底部。其中基本原因事件用圆形符号表示，代表导致顶事件发生的不能再向下分析的事件。省略事件表示没有必要进一步向下分析的原因事件，用菱形符号表示。

第三类为开关事件，也称为正常事件，代表正常情况下必然发生或必然不发生的事件，用房形符号表示。

第四类为条件事件，代表限制逻辑门开启的事件，用圆角矩形表示。

（2）逻辑门 在事故树分析中，逻辑门是连接各个事件并表示它们之间逻辑关系的符号。逻辑门在事故树中起着至关重要的作用，它们能够清晰地表示出不同事件之间的因果关系和逻辑联系。逻辑门在事故树分析中的作用是构建事故与其可能原因之间的逻辑关系。通过逻辑门的连接，可以清晰地表示出从基本事件到顶上事件的所有可能路径。这些路径不仅可以识别事故发生的直接原因，还能发现潜在原因，如图3-36所示。

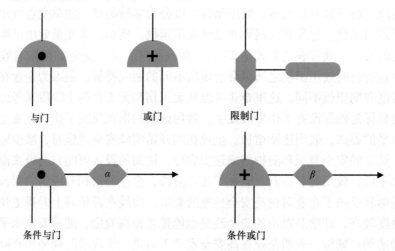

图3-36 事故树的逻辑门符号

与门表示所有输入事件都必须同时发生，输出事件才会发生。

或门表示至少有一个输入事件发生，输出事件就会发生。

条件与门表示除了所有输入事件同时发生外，还须满足特定的条件，输出事件才会发生。

条件或门表示至少有一个输入事件发生，并且满足特定的条件时，输出事件才会发生。

限制门表示输入事件的发生被某个条件所抑制，只有当这个抑制条件不满足时，输入事件才会导致输出事件的发生。

（3）事故树的构造方法　在理解了事故树分析中的逻辑门及其如何连接不同事件以表达复杂因果关系的基础上，可以进一步探讨如何将这些理论知识应用于实际的事故树建造过程中。事故树的建造不仅是对系统潜在风险的一次全面梳理，更是通过图形化的方式直观展现事故发生的逻辑链条，为制定有效的预防措施提供科学依据。接下来将详细阐述如何系统地构建事故树，从确定分析目标到最终绘制出完整的事故树图，每一步都紧密关联着前文所述的逻辑门和事件概念。例如，油库燃爆事故树的建造方法及基本结构如图 3-37 所示，它直观地展示了导致油库燃爆的各种隐患。

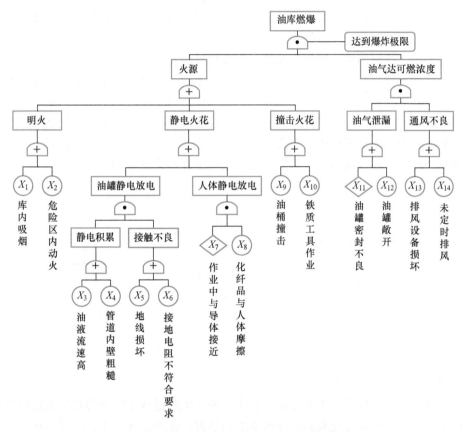

图 3-37　油库燃爆事故树的建造方法及基本结构

事故树的建造是一种系统性的安全分析技术，它通过图形化的方式逐步揭示事故发生的内在逻辑和因果关系，分析流程如图 3-38 所示。事故树分析的首要步骤是明确顶上事件，即所要分析的特定事故。顶上事件的选择应当基于其潜在的严重后果，在确定顶上事件时，需要综合考虑系统的历史事故记录和风险评估结果等多方面信息。在确定了顶上事件后，需要调查和分析导致该事件发生的所有直接原因。这些原因可能涉及设备故障、人为失误、环境因素等多个方面。在找出所有直接原因后，就可以开始绘制事故树图了。在绘制过程中，首先用矩形表示顶上事件，然后逐层向下绘制出导致顶上事件发生的所有直接原因（用圆形表示基本事件）和它们之间的逻辑关系（用与门、或门等逻辑门表示）。在绘制完事故树图后，需要检查事故树图是否存在逻辑错误或遗漏项，并对其进行必要的修正和完善。通过与相关领域的专家或技术人员进行评审和讨论，以确保事故树图的准确性。

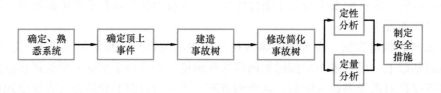

图 3-38　事故树分析的流程

　　然而，企业的安全系统非常复杂，直接绘制出的事故树可能异常繁琐，不易于查看。因此需要对事故树进行化简，而这个化简方法就是等效事故树法。等效事故树的意义是在保持逻辑结构不变的前提下简化分析过程，它有助于分析人员更加高效地识别出系统的薄弱环节，为制定针对性的改进措施提供有力支持。同时，等效事故树还可以作为系统设计和优化的重要参考依据，帮助设计人员在系统设计阶段就充分考虑到潜在的风险因素并采取相应的预防措施。其方法主要分为三种：事件替换、逻辑门简化和组合化简。事件替换是将原事故树中的某些事件替换为其他事件，虽然这些事件可能与原事件在物理或逻辑上有所不同，但却在当前分析上下文中具有相同的逻辑效果。逻辑门简化是通过简化原事故树中的逻辑门（如将多个"与门"替换为一个等效的"与门"，或将"或门"与"与门"组合进行简化），可以有效减少分析过程中的计算量。组合化简是将原事故树中的多个子树进行组合，以形成一个新的等效的子树。图 3-39 所示为等效事故树化简案例，可以看到，利用等效事故树法可以显著降低事故树的复杂度。

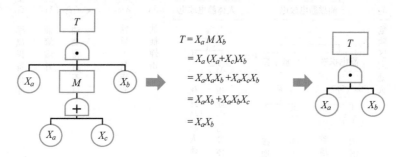

$$T = X_a M X_b$$
$$= X_a (X_a + X_c) X_b$$
$$= X_a X_a X_b + X_a X_c X_b$$
$$= X_a X_b + X_a X_b X_c$$
$$= X_a X_b$$

图 3-39　等效事故树化简案例

### 3.3.3　控制能量以防患于未然

　　能量意外释放论是一种安全工程理论，它主要关注生产过程中能量的转化或做功过程中可能发生的失控现象以及这种失控现象如何导致事故和伤害。该理论起源于 20 世纪 60 年代，随着工业化的快速发展，工人安全问题逐渐受到关注，能量意外释放论应运而生，为事故预防和控制提供了重要的理论依据。图 3-40 所示为能量对事故的影响，其主要分为物的不安全状态和人的不安全行为。能量在生产过程中是必不可少的，人类利用能量以实现不同的生产需要。在正常生产过程中需要对能量的流动加以限制，使其按照设计的意图进行转换。如果能量因为某种原因失去了控制，超越了企业制定的标准，则说明发生了事故。如果失去控制的能量关系到人体且超过了人体的承受能力，那么相关人员则会受到伤害。

　　以煤矿安全系统为例，该煤矿安全系统主要包含三个阶段：安全因素分类整理的静态阶段、煤矿生命周期的动态测评阶段和安全网络人工智能的实时分析阶段。首先，根据能量原理，采用层次分析法，对全过程分区域、对中间过程分块、对最低层次分类，建立煤矿系统的安全树，实

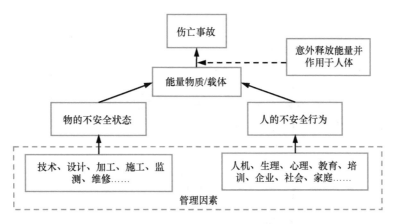

图 3-40　能量对事故的影响

现安全要素全覆盖和正则化。在最低层次上，关键在于定量分析危险三角形：危险元素、目标与威胁、触发机制，如图 3-41 所示。危险元素主要包括产品自身的危险、人为差错、设备故障和有害环境四部分。按照能量原理确定目标与威胁，区分为第一类和第二类危险源。第一类危险源指的是系统中存在的能量或危险物质，包括物体打击、机械伤害、起重伤害、触电、灼烫、火灾等；第二类危险源指的是导致能量不受控制的各种不安全因素。从触发机制方面来看，第二类危险源的控制应该在第一类危险源控制的基础上进行。对第一类危险源控制包括能量或危险物质的量以及危害性质；对第二类危险源控制包括防止人的失误能力、对失误后果的控制能力、承受能量释放的能力、防止能量积蓄的能力等（见图 3-42）。

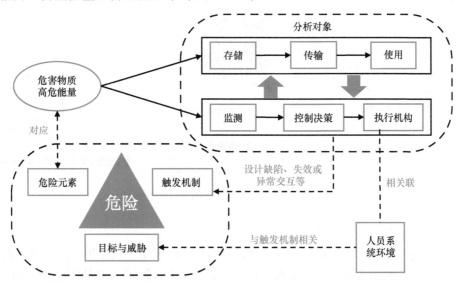

图 3-41　基于危险构成要素的安全性分析基本原理

在整个煤矿的生命周期内，通过事故树分析、FMEA 和概率风险评价（Probability Risk Assessment，PRA）相结合对煤矿系统进行动态评测。煤矿安全体系是一个由人员（人）、机械设备（机）、物资材料（料）、操作方法（法）以及作业环境（环）相互交织、共同作用的复杂网络结构。在这个体系中，每一个环节都至关重要，任何一处的疏忽都可能引发连锁反应，导致安全事故的发生。为了有效应对这一挑战，借助深度学习技术对复杂网络进行深度剖析与优化，已成为提升煤矿安全管理水平的重要手段。通过前期收集并整理历史煤矿事故数据，构建一个全面

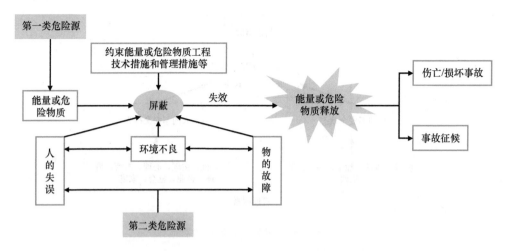

图 3-42　两类危险源下的事故因果连锁反应

的事故数据库。这个数据库不仅包含了事故发生的时间、地点、原因、后果等基本信息，还应包含现场视频、设备状态数据等多源信息。如图 3-43 所示，利用深度学习算法对事故数据库进行挖掘与分析，可以揭示出事故发生的内在规律和潜在风险点。通过对系统进行持续的学习，可以不断优化预测模型，提高事故预警的准确性和及时性。此外，为了实现煤矿安全的全面监控和实时预警，需要将现有的各种检测系统（如瓦斯监控系统、视频监控系统、人员定位系统等）接入到该煤矿安全系统中，以实现对煤矿生产环境的全方位、多层次监控。

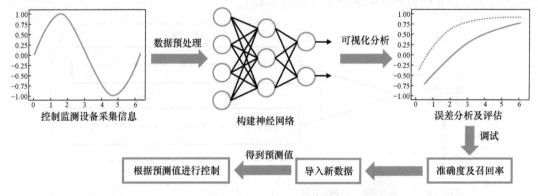

图 3-43　安全网络人工智能的实时分析阶段

### 3.3.4　安全工程与智能制造关系

安全工程通过系统化的方法识别、评估和控制各种危险因素，以保护人员、财产和环境的安全。而智能制造则是利用先进的信息技术、自动化技术和人工智能，实现制造过程的高效化。随着技术的快速发展，智能制造中的安全性问题也日益突出，如何将安全工程的理念和技术应用到智能制造中，成为了一个重要的研究课题。

1）安全工程保障智能制造系统正常运营。安全事故导致企业陷入混乱。智能制造系统中"人机料法环"的关系越来越复杂，单靠传统的静态管理已经不能满足企业的需要。因此，采用不同安全评估算法建模的动态网络安全会成为智能工厂的标配。顶层设计是一个至关重要的环节。它需要从不同模块进行完善，依次考虑设备、环境以及人的因素。具体实施过程中，采取阶段性推进策略，从粗到细逐步细化。初期阶段以减少工亡和工伤为主要目标，随着安全状况的改善，逐步关注提升产品质量和生产效率。这种阶段性实施策略确保每一步都能稳健推进，逐步优化安全管理。通过分析系统内各要素之间的关系，帮助做出科学决策。

2）企业违章人员行为特征挖掘。制造系统的"人机料法环"五大要素中，人是处于核心地位。员工的违章操作是造成安全事故最主要的因素。违章事故就是系统管理的断点，通过对违章人员的动态网络进行聚类分析，提取行为特征并形成新的管理准则或防呆设计，避免同类事故再次发生。例如，在三班制工厂，周二的夜班安全事故最多，通过员工行为分析发现，周二夜班为换班的第三天，员工生物钟处于低点。

3）智能制造系统可以实现"防患于未然"。2020 年 12 月 26 日通过的《中华人民共和国刑法修正案（十一）》，对于拒不整改的重大事故隐患追究刑事责任。结合行业经验进行安全要素标签和深度学习技术挖掘安全断点，模型可以在不同情境下动态调整各项权重，确保安全管理策略与企业目标保持一致，实现对安全隐患进行动态量化评估并预警，以便企业迅速决策。

## 3.4 成本管理

引言

智能制造系统以提高质量、效率与安全为突破口，并最终体现在成本上。企业间的竞争都是同一层次对手的成本竞争，因此产品成本就成为智能制造系统的关键目标函数。成本管理是智能制造系统中的落脚点，它涵盖了企业生产经营全过程中成本核算、分析、决策和控制的综合行为。传统上，成本管理由成本规划、计算、控制和业绩评价四大部分构成。本节专注于智能制造的关键环节的成本评价方法。智能制造系统评估要从制造费用入手。

学习目标

- 了解公司种类及承担责任。
- 掌握成本分析方法。
- 了解智能制造系统中成本管理与业务运作的关系。

### 3.4.1 公司类型及承担责任

智能制造系统都是在公司下运营的，了解公司种类及其适应的法律，尤其是其承担的有限/无限责任，对产品成本及风险具有重大影响。企业法定的基本形态主要包括独资企业、合伙企业和公司；而按经济类型划分，则涵盖国有经济、集体所有制经济、私营经济、联营经济、股份制经济以及涉外经济等多种类型。主要包括：

1）有限责任公司：股东以其认缴的出资额为限对公司承担有限责任。

2）股份有限公司：股东以其认购的股份为限对公司承担有限责任，见表3-4。其中一人有限公司（自然人独资）的投资者也承担有限责任，但如果公司财产与自己的财产有牵连，则对公司债务承担无限连带责任。

3）国有单一持股公司：此类有限责任公司是由国家授权的投资机构或部门独家投资创建的。

4）独资个体企业：依据相关法律，在中国境内注册成立，其全部资本由单一自然人持有，该自然人对企业债务负有不受限制的连带财务责任。

5）合伙制企业：包括普通合伙与有限合伙两类，均依据我国法律设立，参与者涵盖自然人、法人及组织。在普通合伙制中，所有合伙人需对企业债务承担无限连带责任。

6）个体经营商户：此类经济实体拥有私人所有的生产资料，运营基础为个人劳动，其收益直接归属于个体经营者，并承担无限连带责任。

表 3-4　股权比例及权利

| 序号 | 股权比例 | 股权节点 | 备注 |
|---|---|---|---|
| 1 | 1% | 代位诉讼点 | |
| 2 | 3% | 临时提案点 | |
| 3 | 5% | 重大股权变动警示点 | |
| 4 | 10% | 临时会议点 | |
| 5 | 20% | 重大同业竞争点 | 提名董事 |
| 6 | 30% | 要约收购点 | |
| 7 | 34% | 一票否决点 | 国企分界点 |
| 8 | 51% | 相对控制点 | 各国不一样 |
| 9 | 67% | 绝对控制点 | |

7）外资投资企业形态：涵盖外商独资、中外合作及中外合资等多种类型，它们通过不同方式在中国境内设立，并依法承担民事责任。

8）私营企业：以自然人作为主要出资者或控股者，其运营模式基于雇佣劳动关系，以盈利为主要目标的经济组织。

9）全民所有制企业：此类企业之生产资料归属全体国民，由国家代表行使所有权，自主经营、自负盈亏，实行独立核算的营利性企业运作模式。

10）集体所有制经济实体：生产资料或财产归集体成员共同所有，成员共同参与劳动，分配以按劳为主，辅以分红，并保留一定公共积累的企业组织。

有限责任的债务以个人的出资额为限；而无限责任的债务会涉及个人财产但可以降低客户的信任成本，各有优缺点。

对公司资本评价中，主要包括：注册资本与实缴资本、资产负债率、流动比率、速动比率、资本积累率等。资产负债率指标最为简单有效，计算见式（3-11）：

$$资产负债率 = \frac{负债总额}{资产总额} \times 100\% \tag{3-11}$$

### 3.4.2　成本管理概述

成本管理是企业实现经济效益最大化的关键手段，涉及对生产经营成本的系统性规划、精细化控制及深入分析。它涵盖了成本核算、预算制定、成本变动分析以及成本降低策略等多个维度，是企业管理的核心组成部分。科学有效的成本管理不仅有助于企业资源的优化配置，还能显著提升企业的运营效率，对于增强企业竞争力、提升整体管理水平具有至关重要的作用。

**1. 成本预测**

要提升成本管理的质量和效率，首要任务是精心实施成本预测。这包括设定特定时期的成本基准和目标，并对比评估实现这些目标的各类方案，以制定最佳的成本决策策略（见图 3-44）。随后，基于这些决策，应编制详尽的成本计划，并将其作为日常成本控制的参照标准。在此过程中，应加强对成本的日常监督和审查，及时察觉并纠正生产过程中的浪费现象。同时，成本核算工作也至关重要，需要建立健全的核算制度，确保各项基础工作的严谨性，严格执行成本开支的规定，采用适当的核算方法，以确保产品成本的精确计算。在成本管理中，合理规划和执行成本考核与分析工作也同样至关重要。这不仅有助于准确评估各部门在成本管理方面的表现，还能推动企业持续优化成本管理策略，提升整体管理水平。为有效执行此流程，需定期积极开展成本分析，深入探讨成本变动的原因，以发掘降低生产费用和节约成本的潜力。

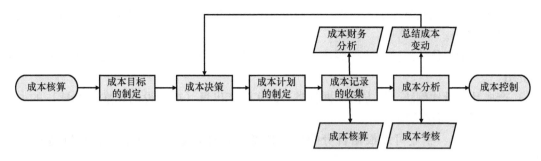

图 3-44　成本管理流程

　　同时，成本管理应实施指标分解策略，将各项成本指标细化并落实到各个层级和部门，通过分段管理和考核确保成本降低任务的顺利执行。这种管理方式能够将成本降低的任务与企业和部门的经济责任制紧密结合，从组织层面为成本管理提供有力保障。

　　成本不仅是衡量企业生产经营管理水平的综合指标，更是一个需要全方位、多角度关注的要素。成本管理不应仅聚焦于生产过程中的耗费，而应延伸至产品设计、工艺优化、设备效率、原材料采购策略、人力资源配置，乃至销售、库存管理和整体经营策略等多个层面。参与成本管理的团队也不应仅限于专职成本管理人员，而应涵盖企业内各部门的生产和经营管理者，并鼓励全体员工积极参与。通过激发全体员工的积极性和实施全面成本管理，可以最大程度地挖掘企业降低成本的潜力，进而提升企业的整体成本管理效能。

　　在企业的日常生产中，会涉及不同种类的工业产品（如产成品、自制半成品、工业性劳务等）以及自制材料、工具、设备的制造，同时还会提供非工业性劳务。这些活动所产生的各种支出和消耗，统称为生产费用。而针对某一特定种类和数量的产品，其生产过程中所累积的全部费用，称之为产品成本。

**2. 制造费用**

　　制造费用是企业为生产产品和提供劳务而发生的各项间接成本。这些费用不能直接计入产品生产成本中，而是需要进行分配并计入各种产品的成本。

　　制造费用的具体内容主要包括：

　　1）间接材料费。在生产过程中非产品本身耗用的材料费用，如机器的润滑油、修理备件等。

　　2）间接人工费用。不直接参与产品生产的或其他不能归入直接人工的那些人工成本，如修理工人工资、管理人员工资等。

　　3）折旧费用。固定资产在使用过程中，因自然磨损或时间流逝所致损耗价值，该损耗部分被合理地分摊至成本及费用之中，以反映资产价值的逐步递减。

　　4）其他支出。诸如水电消耗费用、差旅交通支出、货物运输成本、办公运营费用、设计制图服务费用以及劳动安全保护开支等。

　　制造费用的分配方法通常有：

　　1）生产工人工时比例法。该方法基于不同产品生产时生产工人实际投入的工时数来分配制造费用，确保了费用的合理分摊。

　　2）生产工人工资比例法。该方法通过考量各种产品生产过程中生产工人的实际工资水平，来按比例分配制造费用，确保费用分配与工资支出相关联。

　　3）机器工时比例法。该方法依据不同产品在生产过程中所需机器设备运行时间的相对比例，来合理分摊生产所涉的各项制造费用。

4）耗用原材料的数量或成本比例法。该方法按照各种产品所耗用的原材料的数量或成本的比例分配制造费用。

5）直接成本比例法。该方法按照计入各种产品的直接材料费用或直接人工费用的比例分配制造费用。

6）产成品产量比例法。该方法依据各类产品实际产出量（或预设的标准产出量）的占比来分配生产过程中的间接费用。

在实际操作中，企业可以根据自身的生产特点和管理要求，选择最适合的制造费用分配方法。

**3. 毛利率**

（1）销售毛利率 销售毛利率是企业在销售产品或提供服务后，从销售收入中扣除成本后所获得的利润与销售收入的比率。它考虑了销售过程中的所有成本，包括直接成本（如材料成本、人工成本等）和间接成本（如销售费用、管理费用等）。通常用百分比表示，计算公式如下：

$$毛利率 = \frac{不含税售价 - 不含税进价}{不含税售价} \times 100\% \tag{3-12}$$

$$毛利率 = \frac{含税售价 - 含税进价}{含税售价} \times 100\% \tag{3-13}$$

因为一般情况下，供应商的商品报价为含税价格，所以，式（3-13）是比较常用的公式。毛利率是衡量企业经营状况和盈利能力的重要指标之一。高毛利率意味着企业能够以较低的成本获得较高的利润，而低毛利率可能表明企业的成本高或者竞争激烈而利润空间较小。

（2）材料毛利率 材料毛利率是指企业在生产过程中，从产品销售中获得的毛利与产品销售收入之比。它主要关注企业生产过程中的材料成本和相关的直接成本。计算见式（3-14）：

$$材料毛利率 = \frac{不含税出厂价 - 不含税材料成本}{不含税出厂价} \times 100\% \tag{3-14}$$

材料毛利率摒弃制造因素，比较设计、采购与销售。提高材料毛利率可以通过优化产品设计、降低材料采购成本、减少材料浪费等方式实现。

**4. 投资回收期**

项目投资回收期，也称返本期，是反映项目投资回收能力的重要指标，它是一个简单直观的指标，通常用于评估投资项目的风险和收益。通常分为静态投资回收期和动态投资回收期。

（1）静态投资回收期 在不考虑资金的时间折现效应的前提下，静态投资回收期指的是项目通过其净收入来完全偿付总投资成本（涵盖建设成本和运营流动资金）所需的时间跨度，这一时间跨度通常以年度为单位进行衡量。通常情况下，项目的投资回收期计算起点为项目的启动建设年份，但若有特殊情况需从项目实际投产年份起算，则需进行明确的额外说明。

从建设开始年算起，项目投资回收期，

$$\sum_{t=0}^{P_t} (CI - CO)_t = 0 \tag{3-15}$$

式中，$P_t$ 为静态投资回收期；CI 为现金流入量；CO 为现金流出量；$(CI - CO)_t$ 为第 $t$ 年净现金流量。当项目建成投产后各年的净收益（即年净现金流量）相等，

$$P_t = \frac{总投资}{每年净收益} = \frac{I}{A} \tag{3-16}$$

对于等额系列净现金流量的情况如图 3-45 所示：

通过举例可以说明静态投资回收期的计算过程：

例 3-1　假设某建设项目估计总投资 2800 万元，项目建设后各年净收益为 320 万元，则该项目的静态投资回收期见式（3-17）：

$$P_t = \frac{I}{A} = \frac{2800}{320} \text{年} = 8.75 \text{ 年}$$

$$(3-17)$$

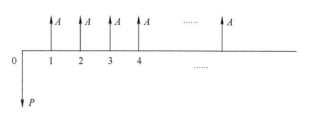

图 3-45　等额系列净现金流量示意图

例 3-2　某项目财务现金流见表 3-5，计算其静态投资回收期。

表 3-5　某企业现金流　　　　　　　　　　　　　（单位：万元）

| 计算期 | 0 | 1 | 2 | 3 | 4 | 5 | 6 | 7 | 8 |
|---|---|---|---|---|---|---|---|---|---|
| 现金流入 | — | — | — | 800 | 1200 | 1200 | 1200 | 1200 | 1200 |
| 现金流出 | — | 600 | 900 | 500 | 700 | 700 | 700 | 700 | 700 |
| 净现金流量 | — | −600 | −900 | 300 | 500 | 500 | 500 | 500 | 500 |
| 累计净现金流量 | — | −600 | −1500 | −1200 | −700 | −200 | 300 | 800 | 1300 |

投资回收期的计算见式（3-18）和式（3-19）：

$$P_t = T - 1 + \frac{\left| \sum_{t=0}^{T-1} (\text{CI} - \text{CO})_t \right|}{(\text{CI} - \text{CO})_T}$$

$$(3-18)$$

$$P_t = \left( 6 - 1 + \frac{|-200|}{500} \right) \text{年} = 5.4 \text{ 年}$$

$$(3-19)$$

静态投资回收期决策是指通过计算项目的投资回收期来评估项目的可行性，通过比较静态投资回收期 $P_t$ 和基准投资回收期 $P_c$ 来判断方案是否可行。当 $P_t \leq P_c$ 时方案可行，反之，如果 $P_t > P_c$ 时方案不可行。基准投资回收期的时长受多种因素制约，包括投资结构的复杂性、成本构成的多样性以及技术进步的速率。作为评估技术方案的一个重要指标，其长短直接体现了初始投资得以回报的速度快慢。为了更清晰地了解我国各行业在投资回收方面的表现，现将具体的基准投资回收期（以年为单位）列出，见表 3-6。

表 3-6　我国行业基准投资回收期　　　　　　　　（单位：年）

| 行业 | 期限 | 行业 | 期限 | 行业 | 期限 |
|---|---|---|---|---|---|
| 大型钢铁 | 14.3 | 自动化仪表 | 8.0 | 日用化工 | 8.7 |
| 中型钢铁 | 13.3 | 工业锅炉 | 7.0 | 制盐 | 10.5 |
| 特殊钢铁 | 12.0 | 汽车 | 9.0 | 食品 | 8.3 |
| 矿井开采 | 8.0 | 农药 | 9.0 | 塑料制品 | 7.8 |
| 邮政业 | 19.0 | 原油加工 | 10.0 | 家用电器 | 6.8 |
| 市内电话 | 13.0 | 棉毛纺织 | 10.1 | 烟草 | 9.7 |
| 大型拖拉机 | 13.0 | 合成纤维 | 10.6 | 水泥 | 13.0 |
| 小型拖拉机 | 10.0 | 日用机械 | 7.1 | 平板玻璃 | 11.0 |

（2）动态投资回收期　动态投资回收期是一种考虑了资金的时间价值的投资决策方法。与静态投资回收期不同，动态投资回收期是把项目各年的净现金流量按基准收益率折现后，再用来计算累计现值等于 0 时的年数，见式（3-20）：

$$\sum_{t=0}^{P'_t} (CI - CO)_t (1 + i_c)^{-t} = 0 \tag{3-20}$$

式中，$P'_t$ 为动态投资回收期；$i_c$ 为基准收益率。

动态投资回收期考虑了时间价值的影响，因此在投资决策中更为准确和全面。通常情况下，如果一个项目的动态投资回收期比静态投资回收期长，这意味着动态投资回收期考虑了资金的时间价值，因此提供了更加准确的投资评估。通过举例可以说明动态投资回收期的计算过程。

例 3-3  某项目财务现金流见表 3-7，基准收益率 8%，计算其动态投资回收期。

$$P'_t = T' - 1 + \frac{\left| \sum_{t=0}^{T'-1} (CI - CO)_t (\frac{P}{F}, i_c, t) \right|}{(CI - CO)_{T'} (\frac{P}{F}, i_c, T')} \tag{3-21}$$

$$P'_t = 7 - 1 + \frac{\left| -66.07 \right|}{291.75} \, 年 = 6.23 \, 年$$

表 3-7  某企业现金流　　　　　　　　　　　　　（单位：万元）

| 计算期 | 1 | 2 | 3 | 4 | 5 | 6 | 7 |
|---|---|---|---|---|---|---|---|
| 现金流入 | — | — | 80 | 120 | 120 | 120 | 120 |
| 现金流出 | 60 | 90 | 50 | 70 | 70 | 70 | 70 |
| 净现金 | −60 | −90 | 30 | 50 | 50 | 50 | 50 |
| 净现金现值 | −55.5 | −77.1 | 23.8 | 36.7 | 34.0 | 31.5 | 29.1 |
| 累计净现金 | −55.5 | −132.7 | −108.8 | −72.1 | −38.1 | −6.60 | 22.5 |

动态投资回收期决策是一种考虑了资金时间价值的投资决策评价方法，旨在帮助投资者更科学、合理地评估投资项目的回收时间和风险。通过比较动态投资回收期 $P'_t$ 和基准投资回收期 $P_c$ 来判断方案是否可行。当 $P'_t \leqslant P_c$ 时方案可行，反之，$P'_t > P_c$ 时方案不可行。

**5. 资金周转率**

资金周转率是反映资金流转速度指标。资金周转速度可以用资金在一段时间内的周转次数表示，也可以用资金周转一次所需天数表示。

$$资金周转率 = \frac{本期主营业务收入}{(期初占用资金 + 期末占用资金)/2} \tag{3-22}$$

这是一种很简单的算法，通过举例说明。如某企业在 2003 年一季度的销售物料成本为 100 万元，其季度初的库存价值为 20 万元，该季度底的库存价值为 30 万元，那么其库存周转率为 $\frac{100 \, 万元}{(20 \, 万元 + 30 \, 万元)/2} = 4$（次）。相当于该企业用平均 25 万元的现金在一个季度里面周转了 4 次，赚了 4 次利润。照此计算，如果每季度平均销售物料成本不变，每季度底的库存平均值也不变，那么该企业的年库存周转率就变为 $\frac{100 \, 万元}{25 \, 万元} \times 4 = 16$（次）。就相当于该企业一年用 25 万的现金转了 16 次利润。

库存周转率反映了企业库存的流动性及库存资金占用量是否合理，促使企业在保证生产经营连续性的同时，提高资金的使用效率，增强企业的短期偿债能力。库存周转率计算如下：

$$库存周转率 = \frac{使用数量}{库存数量} \times 100\% \tag{3-23}$$

使用数量并不等于出库数量，因为出库数量包括一部分备用数量。除此之外也有以金额计算库存周转率的，见式 (3-24)：

$$库存周转率 = \frac{使用金额}{库存金额} \times 100\% \tag{3-24}$$

### 3.4.3　主要分析工具

在智能制造系统中，成本管理的分析工具主要包括大数据分析软件、成本核算软件、人工智能算法等。这些工具可以帮助企业对生产过程中的各个环节进行精细化管理和优化，从而实现成本的有效控制。在智能制造系统中，成本管理方法需要结合传统的成本管理理论和智能制造技术的特点，以实现更精确、高效的成本控制和优化。常用的方法包括：

**1. ABC 成本法**（Activity-Based Costing）

如图 3-46 所示，ABC 成本法是一种基于活动的成本核算方法，通过对生产过程中各项活动的成本进行分配，更准确地计算产品的成本。相较于传统的成本计算方法，ABC 成本法能够更准确地分析和评估成本，并更好地识别出产生成本的活动。这使得企业能够更精确地定价产品或服务，更有效地管理成本以及更好地提高盈利能力和业务效率。在智能制造系统中，可以利用大数据分析技术和智能化生产线监控系统，实时监控生产过程中的各项活动，并据此进行成本核算，从而提高核算精度。

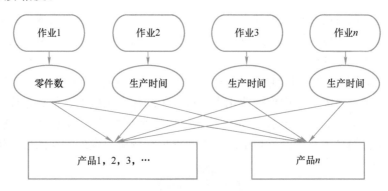

图 3-46　ABC 成本法

**2. 标准成本法**

标准成本法是一种基于预设标准的成本核算方法，用于评估企业产品或服务的成本。它基于两个主要元素：标准成本和实际成本。标准成本是根据一定的标准量和标准价格计算得出的成本，而实际成本是实际发生的成本。通过与实际产生的成本进行比较，发现并分析产生差异的原因，进而采取措施进行成本控制和优化。标准成本法提供了一种标准来评估成本表现、识别成本差异、激励管理者和员工达到目标，并促进了成本控制和效率提升。然而，它也有一些限制，比如在不稳定的环境中可能不够灵活，而且需要经常更新和调整标准以反映实际情况。在智能制造系统中，可以通过设定智能化生产线的标准产能和成本，与实际生产情况进行比较，及时发现生产过程中的问题并采取措施，以提高生产效率和降低成本。

### 3.4.4　成本驱动的设计

成本驱动的设计（Cost-Driven Design）是一种以成本控制为目标的产品设计方法，通过在产品设计阶段考虑成本因素，以最小化产品生命周期成本为目标，从而提高产品的竞争力和盈利能力。在智能制造系统中，可以利用大数据分析技术和模拟仿真技术，对产品设计方案进行评估和优化，以降低生产成本和提高产品质量。

以下是实现成本驱动设计的一些关键步骤和原则：

1）成本意识培养。培养设计团队对成本的敏感度和意识，让他们了解每个设计决策对成本的影响，并激励他们寻找降低成本的机会。

2）成本估算和分析。在设计过程的早期阶段，对预计成本进行估算和分析。这可以帮助设计团队理解不同设计选择的成本差异，并为他们提供有针对性的方案。

3）价值工程。通过分析产品或服务的功能和性能，找出不必要的特性或过度设计，并尝试通过精简设计来降低成本，同时保持所需的功能和质量水平。

4）材料选择和成本效益分析。选择成本效益最高的材料和组件，以在产品的生命周期内实现最佳的成本效益。

5）生产和加工效率。考虑生产过程中的效率和成本，选择适当的制造工艺和加工方法，以最大程度地降低生产成本。

6）循环设计。设计产品或服务时考虑其整个生命周期，包括生产、使用、维护和废弃阶段，以降低总体成本并最大限度地减少对环境的影响。

通过采用成本驱动的设计方法，企业可以在产品或服务的设计阶段就考虑到成本因素，从而有效地降低生产成本，提高产品的竞争力和盈利能力。

### 3.4.5 成本管理与智能制造的关系

成本管理是智能制造的目标函数和手段，两者相辅相成。智能制造为成本管理提供了更多的数据和信息，而成本管理则为智能制造提供了精细化管理的手段和工具，从而实现生产过程的优化和效率的提升（见图3-47）。

1）精细化成本控制。在智能制造环境下，智能制造系统中的成本管理不仅包括传统的直接成本和间接成本管理，还需要考虑到智能化生产过程中的数字化成本、信息化成本等因素。成本管理需要结合大数据分析、人工智能等先进技术，以实现更精确、高效的成本控制和优化。例如，可以利用数据挖掘技术对生产过程中的成本数据进行分析，发现潜在的成本优化空间。

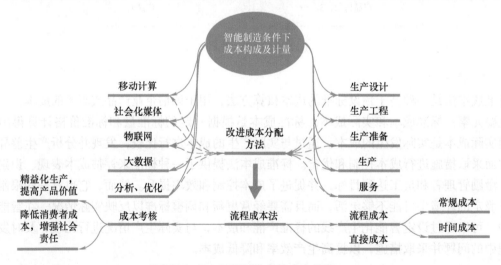

图3-47　智能制造中的成本管理

2）实时数据分析。实时数据分析在智能制造系统中占据核心地位，它能够迅速捕获并解析生产流程中涌现的丰富数据，涵盖设备实时运行状况、生产效能以及质量评估等多个方面。这些数据不仅为成本管控提供了宝贵的参考依据，还能协助企业精准识别生产环节中的成本隐患，进而迅速制定并实施针对性的调整与优化策略，以实现生产成本的有效降低。

3）成本管理与效率提升的平衡。在追求成本管理的同时，企业还需要平衡成本管理与生产效率提升之间的关系，避免过度追求成本降低而影响生产效率和产品质量。

## 习　　题

1. 简述质量管理七项基本原则产生的背景及意义。
2. 质量管理的七项原则有哪些？
3. 质量管理七项基本原则的相互关系如何？
4. 质量管理五大工具有哪些？
5. 过程能力指数（CPK）的评判标准如何？
6. 工业工程的方法体系包括哪些内容？
7. 现场改善中的"改善"的内涵是什么？
8. 简述伤亡事故分类的原则和目的。
9. 简述海因里希事故因果连锁论及其意义和局限性。
10. 计算某一工装的投资回收期。

# 第4章

# 设计对象——智能制造模块

智能制造系统的设计对象被称为 CPS，包括 ERP、CRM、MES、PLM 和 WMS 等模块，其目标是在智能制造系统中各司其职，相互配合，通过集成和优化，推动企业实现智能化、数据化的生产过程，从而提升企业的整体运营效率和市场竞争力（见图 4-1）。而现实是，虽然各模块有侧重点，但在功能上相互重叠，这会导致各子系统对同一事件的评判不一致。这就要求采用统一的深度运筹理论作为底层逻辑，以质量流、资金流、信息流、物料流等构成异构张量，将各模块整合为一个层析复杂网络来更好地科学决策。

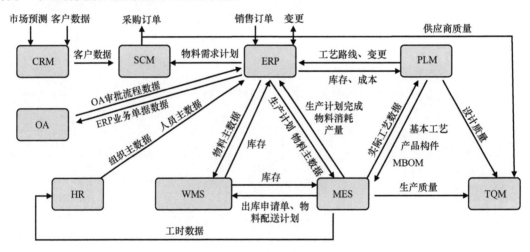

图4-1 智能制造系统各模块之间的关系

## 4.1 企业资源计划（ERP）

引言

在当今全球化竞争日益激烈的商业环境中，ERP 系统已成为推动组织效率、优化资源配置、促进业务增长的核心工具。作为一套集成的信息管理系统，ERP 系统不仅跨越了传统的财务、会计、采购、生产、库存、销售等职能部门界限，还深入到了 HR、CRM、SCM 等企业运营的各个方面，以期实现数据的全面整合与实时共享。ERP 系统的主要分析工具包括资源管理模块、财务分析工具和业务流程优化工具。ERP 系统一般由公司财务部门运营。

学习目标

- 理解 ERP 整合企业各部门的信息流、物料流和资金流。
- 掌握 ERP 系统的核心组成。

- 熟悉 ERP 系统中常用的分析工具。

## 4.1.1　ERP 简介

ERP 是在 MRP（Manufacturing Resource Plan）和 MRP Ⅱ 的基础上发展而来的，这三者是制造业信息化管理系统极其重要的里程碑。MRP 起源于 20 世纪 60 年代，关注的是物料需求计划。到 20 世纪 80 年代，MRP 发展为制造资源计划，将关注点扩展到企业的全部资源管理。20 世纪 90 年代，Gartner 咨询公司借助大多数公司解决"千年虫"问题更新软件系统的机遇，提出了企业资源计划（ERP）的概念并在全球大型企业中推广。

ERP 与传统的 MRP Ⅱ 系统相比，在技术上有显著差异，包括图形用户界面、关系数据库、与客户及供应商的集成以及各种报表的可视化需求等。ERP 是一个大型模块化、集成性的流程导向系统，整合企业内部财务会计、制造、进销存等信息流，快速提供决策信息，提升企业的运营绩效与快速反应能力。ERP 是数字化企业的后台核心，与任何前台的应用系统（包括 CRM、SCM 等）紧密结合。

ERP 系统，作为现代企业管理的基石，有模块化设计、集成性、实时数据共享、流程自动化、业务智能化等特征。这些特征共同构建了其强大而灵活的管理框架，具体特征包括：系统方面高度集成，将财务、人力资源、生产、供应链等信息流、物流、资金流紧密联系，实现数据的无缝对接与共享，消除信息孤岛，促进跨部门间的协作与沟通，提升整体运营效率；操作方面强调实时操作能力，实时收集、处理并反馈各类业务数据，为管理者提供准确的决策依据，确保企业资源的高效配置与利用；数据方面采用公共数据库，支持所有应用程序的公共数据库，实现各应用程序间的数据互通与共享，确保数据的一致性与准确性，提供强大的数据分析能力；用户界面方面强调一致外观和用户体验，一致的用户界面设计，提升用户体验的连贯性与舒适度，降低用户的学习成本与使用难度；强调灵活部署，包括本地部署、云托管以及 SaaS（Software as a Service）模式，企业灵活选择最适合的方案。

现代 ERP 系统已发展为制造业的集成信息管理平台，通过统一的数据结构和业务流程，实现企业各职能部门的信息共享和业务流程优化。ERP 系统以强大的数据库管理系统为基石，构建全方位、集成化、动态更新的信息系统，紧密跟踪企业各类资源的实时状态与变化，记录并反映业务承诺的执行情况。企业内部各部门通过无缝的数据流通与共享，实现信息的高度整合与协同，加强与外部利益相关者的联系与合作。ERP 系统不仅整合企业计划、采购、销售、市场、财务、人力资源等核心业务，还不断融入 CRM、SCM、商业智能（Business Intelligence，BI）等新兴功能模块，形成完整、开放、协同的企业级管理生态系统，帮助企业实现智能化、数据化的生产管理，提高生产效率，降低运营成本，提升市场竞争力。其具体优势体现在：

1）增强企业适应性与竞争力，ERP 系统使企业能够灵活应对市场和环境的快速变化，促进内部结构的调整和重构。各组织单元间的协同运作更加紧密，强化企业的内外业务联动能力。帮助企业在动态市场中保持高适应性和竞争力。

2）提高数据安全性，作为通用控制平台，ERP 系统简化了数据保护工作，增强了传统封闭环境中的数据安全性。随着信息技术的发展，企业需不断审视并优化安全策略，以应对开放运营环境中的新安全挑战。

3）促进内部协作效率，ERP 系统为各种数据类型提供统一的协作平台，降低员工跨系统、跨格式交流的学习成本。员工能够专注于内容本身的协作与创新，提升整体工作效率和创造力。

4）实现业务流程标准化，ERP 系统标准化了通用业务流程，构建高度集成的系统环境。标准化的报告生成、关键绩效指标（KPI）监控和数据无障碍访问成为可能。

5）实现全面集成体系，ERP 系统涵盖人力资源、计划、采购、销售、客户关系管理、财务管理等所有核心功能，与其他相关应用功能紧密相连。形成高度集成的企业运营生态系统，为企业带来前所未有的运营效能与管理洞见。

6）强大的决策支持工具，整合跨部门、跨功能的数据，为决策者提供实时、全面的业务洞察与分析能力。增强组织的决策智慧与数据驱动性，促进战略规划的精准性和资源分配的合理性。提供预测与趋势分析功能，帮助企业洞察市场变化、捕捉机遇、规避风险，确保企业可持续发展。

通过这些优势，ERP系统帮助企业在复杂多变的市场环境中保持高效运作，提升竞争力和管理效能，为企业的长期成功奠定坚实基础。

一个全面的ERP系统，其核心构建在多个相互关联且功能丰富的领域之上，这些领域被业界广泛认可并系统地组织为ERP模块，旨在全方位支撑企业的日常运营与战略决策。以下是这些模块的详细功能阐述：

1）财务会计模块。此模块是ERP系统的基石，涵盖了多个关键功能。总账管理涉及企业的全部财务记录和报告，确保财务数据的完整性和准确性。固定资产追踪管理企业的长期资产，包括资产的购置、折旧和处置。应付款模块处理供应商发票和支付，含担保管理、匹配验证及支付流程，确保企业按时支付并维护良好的供应商关系。应收账款模块监控客户的付款情况和托收机制，帮助企业确保资金回笼。高效的现金管理策略包括现金流预测和银行对账，确保企业的财务稳定性。财务合并报告帮助企业整合各部门和子公司的财务数据，提供整体财务状况的透明度。

2）管理会计模块。专注于企业内部管理视角的财务分析。预算编制帮助企业规划未来的财务活动和资源分配。成本精确计算与成本控制模块通过详细的成本追踪和分析，帮助企业降低运营成本。采用ABC成本法将费用精确分配到具体的业务活动上，提供更准确的成本信息。账单与发票处理模块确保企业及时、准确地处理和跟踪所有财务交易，部分系统提供可选项，根据企业需要进行配置。

3）人力资源模块。全面覆盖员工的整个生命周期管理。招聘流程包括职位发布、简历筛选、面试安排和录用管理。员工培训体系通过计划和管理培训活动，提升员工技能和绩效。动态花名册维护确保员工信息的实时更新。薪酬与福利管理涵盖工资计算、发放以及员工福利计划的管理。退休规划及养老金管理帮助企业和员工规划退休后的财务保障。多元化与包容性管理策略确保企业在招聘和管理上具备包容性和公平性。退休与离职手续办理包括离职面谈、文件处理和知识转移，确保平稳的员工离职流程。

4）生产模块。深入工程设计与物料管理，通过多种功能提升生产效率与产品质量。物料清单（Bill of Materials，BOM）构建确保所有生产材料和零部件的正确管理。工作单分配根据生产计划分配任务，确保生产流程顺畅。生产计划与日程安排通过精细的时间管理优化生产过程。生产能力评估帮助企业了解其生产潜力和瓶颈。工作流程优化通过流程分析和改进，提高生产效率。严格的质量控制体系确保产品符合标准和客户要求。制造过程监控实时跟踪生产进度，发现并解决问题。项目与流程管理提供全面的生产项目管理支持。产品生命周期的全程追踪确保从产品设计到退市的每个环节都在掌控之中。

5）订单处理模块。实现从订单接收到现金回笼的全过程管理，包括多个环节。订单录入快速、准确地输入客户订单信息。信用评估评估客户信用，降低坏账风险。灵活定价策略根据市场和客户情况调整价格。库存可用性检查确保订单产品有库存支持。发货物流管理订单的发货和运输。销售数据分析与深度报告提供全面的销售数据分析。销售后的调试服务提供客户支持和售后服务，增强客户满意度与市场响应速度。

6）供应链管理模块。整合多个关键供应链环节，帮助企业制定和优化供应链策略。供应商关系管理维护与供应商的良好合作关系。产品个性化配置，根据客户需求定制产品。现金订单处理，优化订单的处理和现金流。采购流程优化，通过高效的采购管理降低成本。库存精准控制，确保库存水平的优化。索赔，高效处理快速解决客户索赔问题。仓储作业自动化，包括收货、存储、拣选、包装、发货等环节，提高仓储效率。

7）项目管理模块。提供从项目规划到执行监控的全面解决方案。资源分配优化项目资源使用。成本预算控制项目成本。工作分解结构（Work Breakdown Structure，WBS）构建详细的项目任务分解。账单与费用管理跟踪项目费用。时间跟踪记录项目进度。绩效衡量评估项目绩效。活动协调确保项目各部分协调运作，助力项目按时按质完成。

8）客户关系管理模块。在 ERP 系统中的集成日益紧密，涵盖多个方面。销售与市场策略帮助企业制定有效的市场和销售策略。佣金管理确保销售人员的佣金准确结算。客户服务提供全面的客户支持。客户互动管理记录和分析客户互动。呼叫中心集成提供客户支持的电话服务，强化客户体验与忠诚度。

9）数据服务模块。提供客户、供应商及员工自助服务门户，简化信息查询与交互流程，提升整体服务效率与满意度。

10）合同管理模块。通过合同模板定制、电子签名简化、合同里程碑自动提醒、高级搜索与报告功能，全面管理合同生命周期，减轻行政负担，降低法律风险。

这些模块共同构成了 ERP 系统的核心，支持企业在各个领域的运营和决策，提升企业的整体效能和竞争力。

## 4.1.2　ERP 主要分析工具

ERP 系统的分析工具一般包括用于分析财务报表、利润与损失、现金流量等，支持财务决策的财务分析工具；用于识别和改进业务流程中的瓶颈，提高工作效率的业务流程优化工具；提供各种业务数据的报表和图表，支持业务分析和决策的数据报表生成工具这三大类。这些工具在数据分析和决策支持方面发挥着重要作用。以下是一些常见的分析工具：

1）数据仪表板是 ERP 系统中常见的数据可视化工具，通过图表和表格展示关键业务指标和数据趋势，帮助用户快速了解企业运营情况。用户可以定制仪表板，监控业务运营状态，及时发现问题并采取行动。数据仪表板直观易懂，是管理人员快速决策的得力助手。

2）报表生成器是用于生成各类标准和定制报表的工具。用户可以选择数据源、字段和格式，快速生成符合需求的报表。报表生成器支持各种数据操作和计算，满足财务、销售等不同部门的报表需求。

3）数据挖掘工具通过分析大量数据，发现隐藏的规律和趋势，帮助企业识别潜在的商机和问题，优化业务流程和决策。数据挖掘工具能够深入挖掘数据的潜力，实现数据驱动的决策和运营。尽管 ERP 系统本身可能包含数据挖掘功能，但也有一些专业的数据挖掘软件，如统计分析系统（Statistical Analysis System，SAS）和社会科学统计软件包（Statistical Package for the Social Sciences，SPSS），可以与 ERP 系统集成。

4）预测分析工具用于预测未来趋势和结果，基于历史数据和模型进行预测分析。企业可以利用预测分析工具制定科学的计划和策略，降低风险，提高效率。预测分析工具广泛应用于销售预测和库存优化，帮助企业做出更准确的决策。一些 ERP 系统，如 SAP 和 Oracle，内置了预测分析功能；同时也有独立的软件，如 IBM SPSS Modeler，可以与 ERP 系统集成。

5）联机分析处理分析工具用于多维数据分析，可以进行多维度的交叉分析和切片，帮助用户深入挖掘数据关系和趋势。联机分析处理（Online Analytical Processing，OLAP）分析工具能够快速生成交互式报表和图表，让用户更好地理解数据，发现业务规律。OLAP 技术通常被集成在

ERP 系统中，但也有一些专业的 OLAP 软件，如 Tableau 和 Power BI，可以与 ERP 系统集成。

6）实时数据分析工具用于实时监测和分析数据，可以及时反馈业务运营情况并采取相应行动。企业可以通过实时数据分析工具快速响应市场变化和业务需求，实现敏捷决策和运营。一些先进的 ERP 系统提供了强大的实时数据分析能力，同时也有独立的实时数据分析软件与 ERP 系统集成。

### 4.1.3 ERP 与智能制造的关系

随着智能制造技术的蓬勃兴起，企业正步入一个前所未有的复杂业务环境与管理挑战的新时代。在这一背景下，ERP 系统作为数字化转型的核心引擎，通过提供全面的资源规划和优化管理，在智能制造中的作用主要体现在以下几方面：

#### 1. 财务管理的智能化与高效化

ERP 系统以其智能化功能显著提升了企业的运营效率和管理效果。在财务核算方面，ERP 系统能够自动采集与处理财务数据，实现财务数据的智能化处理。企业可以快速准确地完成会计凭证的录入、账簿的登记及财务报表的生成等工作，大大提高了财务管理的效率。在预算管理方面，ERP 系统帮助企业实现预算的编制、执行与监控。通过预算管理模块，企业可以对各部门的支出进行合理分配，确保资金的合理使用。同时，系统还能实时监控预算执行情况，为管理层提供科学的决策依据。

在成本控制方面，ERP 系统对生产成本、销售成本及管理成本等进行全面细致的分析与控制。通过成本控制模块，企业能够实时了解各项成本的构成与变动情况，发现成本控制的潜在问题，并采取有效措施降低成本，提高经济效益。此外，ERP 系统还具备强大的资金管理功能。它能够实时监控账户余额、资金流向及信贷状况等信息，确保资金的安全、流动与高效使用。同时，系统还能为企业提供融资、投资等方面的决策支持，助力企业实现财务的稳健发展。

#### 2. 供应链管理的强化与优化

在智能制造的供应链生态中，ERP 系统成为了不可或缺的纽带。在原材料管理方面，ERP 系统通过强大的实时监控能力，确保企业能够精准掌握库存动态，自动根据生产需求与库存水平生成采购订单，实现原材料的即时补给。同时，系统内置的供应商评估与管理功能，帮助企业优化供应商结构，提升采购质量，有效降低采购成本。在物流配送环节，ERP 系统通过实时监控与管理，确保产品能够迅速、准确地送达客户手中。通过优化物流配送路线与方式，企业不仅降低了物流成本，还大幅提升了客户满意度，进一步促进了供应链的协同与优化，增强了供应链的灵活性与响应速度。

#### 3. 生产管理的精细化与智能化

ERP 系统在生产管理方面的作用同样重要。通过对生产资源的合理调度，ERP 系统有效减少了资源浪费与闲置现象。借助实时数据的更新与分析，ERP 系统能够精准预测生产需求，提前进行生产准备，确保生产周期的准时交付。物料需求计划作为 ERP 系统的重要功能模块之一，能够自动根据生产计划计算出所需原材料、零部件及产品的数量，并生成相应的采购或生产订单。这一功能不仅降低了库存成本，减少了物料积压，还提高了物料利用率。在生产过程跟踪与控制方面，ERP 系统实现了对生产全链条的实时监控，包括原材料入库、生产加工、质量检验、产品包装等各个环节。通过这一过程跟踪与控制模块，企业能够及时发现并解决问题，确保产品质量符合要求。

#### 4. 库存管理的精准化与协同化

ERP 系统在库存管理方面的作用显著。它能够实时收集与处理库存数据，包括库存数量、地点及状态等信息，确保企业能够准确掌握库存状况。通过库存预警机制与盘点表的自动生成功能，ERP 系统帮助企业有效避免库存积压或不足的情况发生。此外，ERP 系统还实现了与供应商和客户的库存信息共享，促进了供应链的协同管理。通过与供应商的库存信息共享，企业能够实现及时补货，降低库存成本；与客户的库存信息共享则有助于企业更好地满足客户需求，提高客户满意度。

## 4.2　客户关系管理（CRM）

**引言**

　　CRM 不仅仅是一种技术工具或软件系统，它更是一种战略性的管理理念，旨在通过深入理解客户需求、优化客户交互流程以及提供个性化服务，来构建并维护长期、互利的客户关系。CRM 系统是以图论中的二分图、异质图为基础建立的，为智能制造系统中最为成熟的模块之一。CRM 一般由公司销售部门运营。

**学习目标**

- 理解 CRM 在智能制造中的定义及重要性。
- 掌握 CRM 系统中的基本概念和组成。
- 了解 CRM 系统的优势与效益。
- 了解 CRM 中常用的分析工具及其应用。
- 理解 CRM 在智能制造中的作用。

### 4.2.1　CRM 简介

　　CRM 是一种旨在帮助企业有效管理与客户之间互动和关系的软件工具。通过整合客户信息、销售流程、市场营销活动和客户服务，CRM 系统旨在提升客户体验、增加销售机会、优化运营效率，并提高客户满意度和忠诚度。作为一种核心战略，CRM 贯穿于企业与客户的每一个互动环节。研究表明，争取新客户的成本是维护现有客户成本的五倍。因此，有效控制客户流失率对于提高企业经营收益至关重要。一个完善的 CRM 体系不仅能够增强客户的信任度、满意度和忠诚度，还能显著提升企业的营销绩效和利润收益，从而成为一种重要的营销管理模式（见图 4-2）。

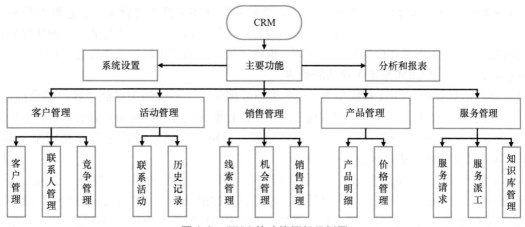

图 4-2　CRM 的功能框架示例图

　　CRM 系统深度依赖数据分析技术，以挖掘和解析海量信息中的价值。系统广泛搜集来自各种沟通渠道的数据，包括企业官网、电话通信（利用软件集成的软电话功能）、电子邮件、即时聊天服务、营销素材反馈和社交媒体互动。这些数据的集成帮助企业深刻洞察目标客户群体，精准把握其需求与期望，从而通过个性化服务巩固客户关系，并推动销售业绩的持续增长。

CRM系统的应用范围非常广泛，涵盖现有客户、潜在客户及历史客户，全面覆盖客户生命周期的每一个阶段。通过管理与客户之间的互动，CRM系统帮助企业减少销售环节、降低成本、发现新市场和渠道，提高客户满意度、客户利润贡献度和客户忠诚度，最终提升企业经营效果。根据Gartner咨询公司的统计，2020年全球CRM市场规模已突破690亿美元，并预计到2032年将增长至2627.4亿美元。CRM不仅仅是技术和操作的堆砌，它还包含了一整套理念、流程和规则，指导企业与消费者的沟通互动。这种互动不仅涉及直接的销售和服务，还包括对未来趋势的预测和对消费者行为模式的深入分析。

### 1. CRM的历史发展

CRM的历史可追溯到20世纪70年代初。当时，企业通过年度调查和一线访谈评估客户满意度，主要依赖大型计算机系统进行销售自动化，客户数据以电子表格或列表形式存储。20世纪80年代，凯特和罗伯特·凯斯滕鲍姆提出了数据库营销的概念，推动了客户数据分析。1986年，帕特·沙利文和迈克·穆尼推出了基于数字名片夹的"ACT!"软件，开启了个人联系人管理的新纪元。此后，CRM领域快速发展，众多企业与开发者加入，致力于最大化CRM的潜力。Tom Siebel于1993年创立的Siebel系统公司推出了Siebel CRM产品，成为行业里程碑。随着市场成熟，甲骨文、Zoho、SAP等ERP软件巨头也涉足CRM，通过嵌入或扩展CRM模块，增强销售、分销及客户服务能力。1997年，Siebel、Gartner和IBM等企业推动了CRM的普及。随后的几年里，CRM产品不断迭代升级，功能日益丰富，特别是在移动化方面取得显著进展。1999年，Siebel推出了销售手机应用，引领了移动CRM的新风尚。云托管模式的兴起降低了CRM的准入门槛，使中小企业也能享受CRM带来的便利。进入21世纪，社交媒体的崛起为CRM注入新活力。企业通过CRM系统整合社交媒体数据，以更全面了解客户动态。

近年来，CRM系统不断与商业智能系统、通信软件等深度融合，旨在提升企业的沟通效率与用户体验。同时，行业定制化CRM解决方案的兴起，也满足了不同行业、不同规模企业的个性化需求。未来，随着技术的不断进步与市场的持续变化，CRM系统将继续发挥其在客户关系管理中的核心作用，为企业创造更大的价值。

### 2. CRM的主要功能

CRM系统，这一综合性的企业解决方案，其核心目标在于将人力资源、业务流程和专业技术进行有效整合，从而提高客户满意度，增加与客户之间的黏性，然后进行老客户的挽留和新客户的挖掘，给企业带来潜在价值的客户群体，推动销售业绩的稳步增长，并显著提升企业在市场中的竞争力。以下是CRM系统主要功能概述：

1）客户信息管理。CRM系统作为企业的客户数据中心，不仅集中存储了客户的全面信息，如基本信息、历史交易记录、详尽的沟通日志及个性化偏好设置等，还通过智能化的数据处理技术，为企业呈现出一个清晰、多维度的客户画像，为精准营销与个性化服务奠定坚实基础，CRM的客户信息管理功能界面如图4-3所示。

2）销售流程记录。该系统记录了销售流程的各个环节，从线索的初步筛选、分配，到销售机会的紧密跟踪与预测，均实现了高效管理。同时，通过记录每一次销售活动的细节，确保了销售团队对整体销售进程的精准把握与及时调整，进而大幅提升了销售效率与业绩产出，营销活动记录如图4-4所示。

3）市场营销自动化。CRM系统集成了强大的市场营销自动化功能，能够协助企业轻松规划、执行并评估各类营销活动。通过自动化手段发送个性化的邮件、短信及社交媒体消息，实现了精准触达目标客户群体。此外，系统还具备深入的市场营销效果分析能力，为企业提供数据支

图 4-3　CRM 的客户信息管理功能界面

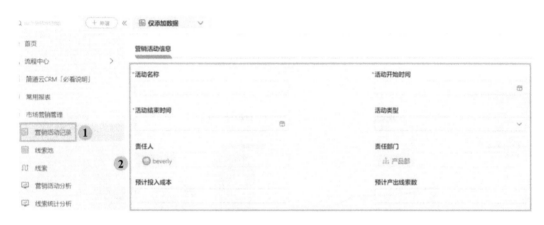

图 4-4　营销活动记录

持，助力营销策略的持续优化与迭代。

4）客户服务与支持体系。该系统以客户为中心，构建了快速响应的客户服务与支持体系。无论是客户的咨询、投诉还是建议，均能得到及时、专业的处理与反馈。通过记录客户问题、分配解决任务并持续跟踪处理进度，CRM 系统有效提升了客户服务质量，增强了客户满意度与忠诚度。

5）数据分析与可视化。CRM 系统内置了强大的数据分析引擎，能够生成多样化的报表与图表，为企业提供深入的营销活动分析、市场趋势洞察及销售业绩评估。这些宝贵的数据洞察为企业制定精准的市场策略与销售计划提供了有力支持，助力企业在激烈的市场竞争中占据先机，营销分析示意图如图 4-5 所示。

6）多渠道客户交互整合。该系统能够无缝整合来自不同渠道（如电话、电子邮件、社交媒体等）的客户交互数据，为企业提供统一的客户视图。这一功能使得企业能够在多渠道环境下为客户提供一致且个性化的服务体验，进一步巩固了客户关系并提升了客户满意度。

7）潜在客户开发与培育策略。CRM 系统支持潜在客户线索的全面识别、精准筛选与持续培育。通过自动化工具向潜在客户传递有价值的信息与优惠活动，逐步建立信任关系并转化为实际销售机会。这一功能为企业开拓新市场、拓展新客户群体提供了有力保障，潜在客户开发界面示意图如图 4-6 所示。

8）客户细分与个性化营销策略。利用先进的数据分析技术，CRM 系统能够对企业客户进行

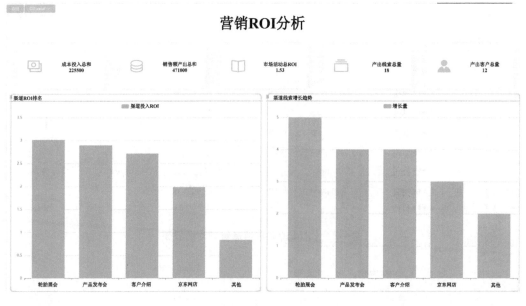

图 4-5　营销分析示意图

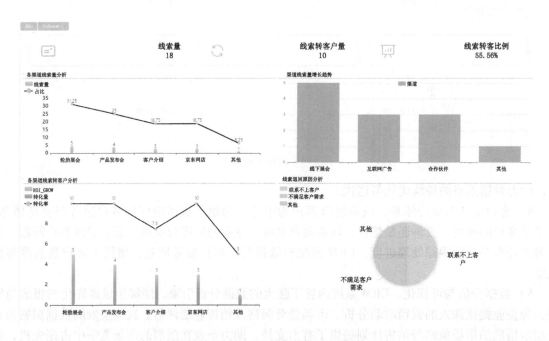

图 4-6　潜在客户开发界面示意图

深度细分，识别出不同客户群体的特征与需求。基于此，企业可以制定更具针对性的个性化营销策略，如定制化产品推荐、专属优惠活动等，以满足客户的独特需求并提升购买意愿。

9）工作流自动化优化。通过配置自动化工作流，CRM 系统简化了企业内部众多繁琐的业务流程。无论是任务的自动分配、处理进度的实时跟踪还是内部提醒与通知的自动触发等，均实现了高效管理与运作。这一功能不仅提高了工作效率还减少了人为错误的发生。

10）移动访问与团队协作强化。CRM 系统支持移动访问功能，使得销售人员、客服人员等能够随时随地通过智能手机或平板电脑访问系统并处理工作事务。同时，系统还集成了团队协作功能如实时聊天、文档共享等，进一步促进了团队成员之间的沟通与协作效率提升。

11）合规性与安全性保障。对于涉及敏感客户信息的行业而言，CRM 系统的合规性与安全性至关重要。该系统采用了严格的数据加密技术、访问控制机制以及审计跟踪功能等安全措施，确保客户信息的安全性与隐私保护得到充分保障。

12）智能预测与深度洞察。借助先进的人工智能与机器学习技术，CRM 系统具备了智能化的预测与洞察能力。通过对海量数据的深度挖掘与分析，系统能够预测未来销售业绩、分析客户购买意向等关键指标，为企业的战略决策提供有力支持与指导。

**3. CRM 的优势与效益**

1）优化客户服务体验。CRM 系统能够有效生成、分配并管理客户请求，提升客户服务流程的精细化与高效化。例如，通过集成呼叫中心软件，CRM 系统帮助客户迅速联系到适合的经理或专业人员，显著提高客户满意度和问题解决效率。

2）深化个性化与定制化服务。CRM 系统具备强大的数据分析能力，使企业能够深入理解客户偏好、需求和期望。企业可以根据客户的独特需求量身定制服务方案，确保每次互动都充满个性与关怀，从而增强客户忠诚度和品牌认同感。

3）加速客户需求响应机制。CRM 系统通过实时监控与分析客户反馈，使企业能够迅速捕捉市场动态和客户需求变化，进而调整策略和资源配置，实现更加精准与高效的客户服务。这种快速响应能力帮助企业赢得客户信任与市场份额。

4）精细化客户细分策略。CRM 系统通过收集并分析客户的多维度信息（如行业背景、职业特征、消费习惯），将客户划分为具有相似特征的群体。这种细分方法不仅有助于企业全面了解客户，更为制定差异化的市场和营销策略提供坚实的数据支撑。

5）推动营销定制化创新。CRM 系统通过整合客户数据，为企业提供了为每位客户量身定制产品或服务的可能。企业可以根据客户的独特需求与偏好，调整产品设计、服务流程和价格策略，确保每次营销活动都能精准触达目标客户群体，实现营销效果最大化。

6）实现多渠道整合与协同。CRM 系统打破了传统服务渠道间的壁垒，实现客户信息、服务流程与营销策略的跨渠道整合与协同。企业可以统一管理来自不同渠道的客户信息，确保客户体验的一致性与连贯性，同时也能获得更广阔的客户接触面和更丰富的数据资源。

7）提升工作效率与时间管理。CRM 系统通过自动化任务分配、消息传递与沟通记录等功能，提升企业与客户互动的频率与效率，减少人工干预与错误，节省时间与成本。强大的数据分析能力还能帮助企业预测客户需求与行为模式，为未来市场布局与服务优化提供支持。

8）深化客户洞察与知识积累。CRM 系统不仅是企业与客户互动的工具，更是积累客户知识、提升服务质量的宝库。通过持续跟踪与分析客户行为数据（如网站访问记录、购买历史），企业能够深入了解客户真实需求与潜在偏好，不断优化产品与服务设计。强大的数据分析能力还为企业提供丰富的客户洞察报告，助力制定市场策略与产品规划。

## 4.2.2　CRM 主要分析工具

CRM 系统的主要分析工具涉及多个方面，这些工具或方法旨在帮助企业更好地理解和分析客户数据，从而制定更有效的营销策略和客户关系管理策略。以下是一些主要的工具：

**1. 数据仪表盘**

数据仪表盘是 CRM 系统数据分析的常用工具之一，它可以将数据可视化，通过图表、表格和指标等方式展示数据。例如，企业可以通过数据仪表盘快速了解销售额、客户数量、客户满意度等数据，从而帮助企业优化销售和客户服务。这种工具在大多数 CRM 系统中都是内置的，如 HubSpot CRM、Salesforce 等，数据仪表盘如图 4-7 所示。

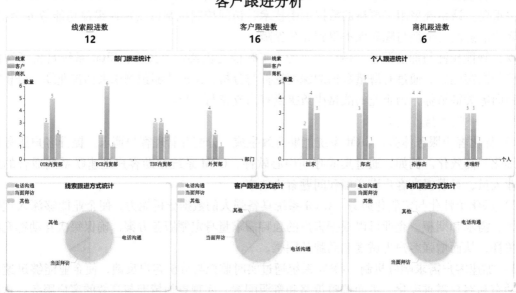

图 4-7　数据仪表盘

### 2. 统计分析工具

统计分析是指利用统计学的方法对数据进行分析和解释的过程。它包括描述性统计、推断统计、方差分析、回归分析等方法。在 CRM 系统中，统计分析常用于以下几个方面：

1）客户画像。了解客户特征（年龄、性别等）、购买行为、偏好等信息，帮助企业制定个性化营销策略，统计分析工具示意图如图 4-8 所示。

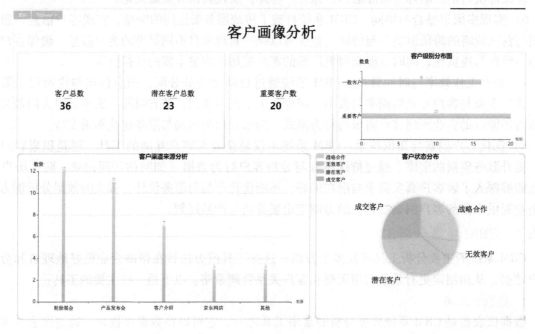

图 4-8　统计分析工具示意图

2）销售分析。了解销售业绩、销售渠道、销售转化率等数据，帮助企业制定更好的销售计划。

3）营销分析。了解营销活动效果、市场反应等数据，帮助企业优化营销策略和产品设计。

4）服务分析。了解客户服务质量、客户满意度等数据，帮助企业提高客户服务质量和客户满意度。

### 3. 预测分析工具

预测分析是 CRM 系统数据分析的高级工具之一，它可以通过历史数据和模型来预测未来的客户需求和行为趋势。预测分析在 CRM 系统中的应用包括：

1）销售预测。了解未来销售额、市场份额等数据，帮助企业制定更好的销售计划和预算。

2）客户预测。了解未来客户数量、客户满意度等数据，帮助企业制定更好的客户关系管理策略和客户服务计划。

3）产品预测。了解产品需求、销售趋势等数据，帮助企业优化产品设计和生产计划。

预测分析需要企业具备大量的历史数据和专业的技能，因此它通常需要专业的数据科学家或数据分析师来进行分析和建模。一些高级的 CRM 系统如 Salesforce 等提供了预测分析的功能。

### 4. 数据挖掘工具

数据挖掘工具也是 CRM 系统数据分析的高级工具，它可以通过自动化的算法和工具来发现隐藏在数据中的模式和规律。数据挖掘在 CRM 系统中的应用包括：

1）关联规则挖掘。了解产品或服务之间的关系，从而优化产品或服务组合。

2）聚类分析。将客户分成不同的组，从而发现不同的客户群体需求和行为趋势。

数据挖掘同样需要企业具备大量的历史数据和专业的技能，因此它也需要专业的数据科学家或数据分析师来进行分析和建模。

### 5. 市场营销智能工具

市场营销智能工具也是 CRM 系统中不可或缺的一部分，它们帮助企业实现精准营销和个性化服务。这些工具通常包括市场调研、客户分析、营销策划等功能，如 HubSpot 的 Marketing Hub 就是一个典型的例子，它提供了全面的市场营销智能化功能。

## 4.2.3　CRM 与智能制造的关系

CRM 系统在智能制造领域的作用体现在以下 5 个方面：

1）深化客户需求认知与市场敏锐洞察。客户需求整合体现在 CRM 系统如同桥梁，无缝连接线上线下的客户信息，包括基本资料、购买历程、服务请求和沟通档案，形成生动立体的客户画像。企业通过这些信息，不仅透视客户的表面需求，更能洞察深层次的偏好和潜在业务合作潜力，为智能制造的个性化定制与精准服务奠定基础。市场趋势分析方面体现在 CRM 系统内置高级数据分析引擎，帮助企业精准捕捉市场趋势变化，洞悉客户需求差异。这些信息如灯塔，引领企业制定前瞻且接地气的市场营销蓝图与产品迭代策略，确保在竞争中占据有利位置。

2）加速销售流程，驱动业绩增长。销售自动化体现在 CRM 系统通过自动化重塑销售流程，从线索捕捉、商机挖掘到业务机会跟踪，实现自动化管理，减轻销售团队负担，让他们专注于客户关系的深耕。这种转变提升销售效率，促进业绩增长。销售预测体现在 CRM 系统依托海量数据与先进算法，帮助销售人员精准预判客户需求与市场趋势，合理调配生产资源，避免产能浪费与短缺，为企业长远发展提供数据支撑与决策依据。

3）优化生产流程，实现资源高效配置。生产计划调整体现在通过与 MES、ERP 等系统的深度集成，CRM 系统实时感知市场需求变化，并对生产计划进行灵活调整。这种模式确保产品及时交付与高质量输出，提升市场响应速度与竞争力。跨部门协作体现在 CRM 系统打破传统组织架构界限，促进市场、销售与生产部门的无缝对接与高效协作，降低沟通成本，提升工作效率，增强整体作战能力，为客户提供优质、高效的服务体验。

4）构建卓越客户服务体系。客户服务平台方面，CRM 系统为客户打造信息查询、订单追踪、服务请求于一体的综合性服务平台，简化操作流程，提升服务体验，增强客户信任与依赖。售后服务管理方面，CRM 系统对客户服务请求全程跟踪与深入分析，提供宝贵反馈与改进机会。系统助力企业全面管理售后服务活动，确保客户享受全方位优质服务。

5）强化数据驱动决策能力。决策支持方面，CRM 系统凭借强大的数据分析功能，帮助企业深入挖掘市场、客户与业务数据背后的价值，为战略决策提供科学、可靠依据。通过数据洞察，企业制定更精准、有效的市场策略与生产规划，推动持续健康发展。

# 4.3 产品生命周期管理（PLM）

## 引言

产品生命周期管理（PLM）是唯一面向产品创新的系统，包括产品战略、产品市场、产品需求、产品规划、产品开发、产品上市、产品市场生命周期管理 7 个部分。PLM 在当今企业研发中扮演着管理和咨询角色，让企业建立详细、直观和可行的数字化产品信息；综合各个参与者的信息，从而发现和解决关键问题；对交付生产、更改控制和配置管理等关键过程进行控制；对生产、质量、销售和服务等提供预测及解决方案。PLM 一般由企业研发部门运营。

## 学习目标

- 理解产品生命周期的概念和各个阶段。
- 熟悉评估和选择 PLM 解决方案。
- 掌握 PLM 的方法和工具。
- 理解 PLM 与智能制造的关系——从数据到决策。

### 4.3.1 PLM 简介

#### 1. 产品生命周期各个阶段

产品生命周期分为引入期、成长期、成熟期和衰退期四个阶段，每个阶段都有其独特的市场表现和挑战（见图 4-9）。在产品引入期，产品刚刚进入市场的阶段，企业需要投入大量的资金用于推广和市场教育，以引起消费者的兴趣，提升接受度。在产品成长期，产品的市场接受度逐

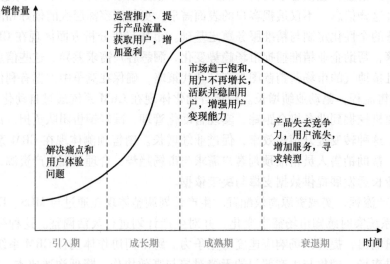

图 4-9 产品生命周期

渐提高，销售量迅速增长，企业需加强市场营销和生产能力，以满足不断增长的需求。在产品成熟期，产品已经被广泛接受，市场增长速度放缓。企业需要通过差异化和品牌忠诚度来保持市场份额。在产品衰退期，市场需求减少，价格持续下滑。企业面临着是否继续投入、进行产品改进或退出市场的决策。

PLM 包括产品战略、产品市场、产品需求、产品规划、产品开发、产品上市、产品市场生命周期管理 7 个部分。产品生命周期各个阶段的管理都面临着诸多挑战，需要综合考虑技术、组织、流程等方面的因素。在数据管理方面，随着产品从设计到退市的演变，涉及的数据类型和量级巨大，如 CAD 模型、工程图纸、制造工艺、质量数据等，需要有效管理和协调，确保数据的一致性和准确性。在跨部门和跨组织协作方面，产品开发涉及多个部门和合作伙伴，如设计、工程、制造、供应链等，需要实现有效的信息共享和协作，避免信息孤岛和沟通不畅带来的问题。在变更管理和市场投资方面，随着产品生命周期的不断演化，可能会出现设计变更、市场需求变化、法规标准更新等情况，需要有效的变更管理和配置控制机制，以确保产品的稳定性和符合性。在技术和标准的整合方面，产品跨生命周期管理涉及多种技术和标准的整合，如 PLM、ERP、CRM 等系统的集成以及 GB、ISO、IEEE 等标准的遵循，需要克服不同系统和标准之间的兼容性和一致性问题。在数据安全和知识保护方面，产品数据的安全性和保密性是一个重要考虑因素，特别是在跨组织和跨国合作的情况下，需要建立健全的数据安全措施和知识产权保护机制。在技术和人员培训方面，实施产品跨生命周期管理需要涉及各种技术工具和流程，同时也需要培训和培养专业人员，使其熟练掌握相关技能和知识，确保系统的有效运作和持续改进。

显然，管理跨生命周期的产品绝非易事。一旦公司失去了对产品的控制，后果可能会非常严重。表 4-1 是公司产品管理失控的案例。

表 4-1　公司产品管理失控的案例

| 2008 年 | 美国投资银行 Lehman Brothers 因为其高风险的金融交易和过度杠杆的资产负债表而破产 |
| --- | --- |
| 2011 年 | Netflix 宣布将取消 DVD 租赁服务，并将其分开成一个独立的品牌称为 Qwikster，并且提高了 Netflix 的订阅价格。这个突如其来的决定导致了用户的抗议和流失，Netflix 的股价暴跌，公司声誉受损 |
| 2019 年 | 两架波音 737MAX 客机在不到五个月的时间内相继发生坠机事故，造成 346 人死亡。调查发现，其中一个主要问题是涉及 MCAS（机动特性增强系统）的设计缺陷和认证过程中的管理失控，导致了这两起致命事故，给波音公司带来了巨大的财务和声誉损失 |

所以 PLM 不仅仅是一种管理工具，它是企业提升竞争力、加强创新能力、提高产品质量和效率、降低成本和风险以及实现可持续发展目标的关键战略。在竞争激烈的市场环境中，有效的 PLM 实施能够帮助企业快速适应变化，保持领先地位。

**2. PLM 的概念**

PLM 是企业在产品从概念阶段到退市处理的整个生命周期中，以最有效的方式管理公司产品的活动。这不仅涉及单个产品的管理，还包括产品组合甚至整个公司的所有产品。PLM 从产品诞生之初开始管理，涵盖了产品的开发、成长、成熟直至终结阶段。因此，PLM 不仅是一种管理方法，更是一种战略选择，是企业赢得市场和客户信任的重要手段。

PLM 主要包括以下内容：

1）基础技术和标准。这包括用于支持数据交换和通信的技术，如可扩展标记语言（Extensible Markup Language，XML）、可视化技术、协同工具和企业应用集成平台。

2）信息创建和分析工具。这些工具用于设计和分析产品，包括机械计算机辅助设计（Computer- Aided Design，CAD）、电气 CAD、计算机辅助制造（Computer-Aided Manufacturing，CAM）、计算机辅助工程（Computer- Aided Engineering，CAE）和计算机辅助软件工程（Computer- Aided Software Engineering，CASE）等。

3）核心功能。PLM 系统的核心功能包括数据仓库、文档和内容管理、工作流和任务管理等，这些功能确保了产品信息的有序管理和有效流转。

4）应用功能。这些功能针对特定的业务需求，如配置管理、配方管理和合规性管理等帮助公司满足特定行业标准和法规要求。

5）解决方案。根据不同行业的特点，提供定制化的解决方案和咨询服务，如针对汽车和高科技行业的特定需求。

### 3. PLM 的作用

1）PLM 涵盖产品整个生命周期"从摇篮到坟墓"的所有事务。PLM 涉及产品、数据、应用系统、流程、组织、人员、工作方法和设备等方面。PLM 不仅关注产品的物理属性，也关注与产品相关的流程和商业决策，通过集成供应链数据，帮助企业优化其供应链管理，降低研发成本，增强市场竞争力。同时，PLM 在产品设计、制造和维护阶段都可以帮助企业实现质量管理，确保产品设计符合要求，并能够更好地跟踪产品的生产历史，提高产品质量，降低售后服务成本。此外，PLM 提供大量的数据和分析，帮助企业了解用户需求、市场趋势，从而进行产品创新和优化，加速产品上市，增强企业的创新能力和市场竞争力。因此，PLM 在企业数字化转型中起着关键的作用，通过集成各个环节的数据和信息，提供全面的决策支持和协同合作的能力，帮助企业提高管理效率、加速创新和优化产品生命周期。

2）PLM 提升了市场响应速度和竞争力，显著缩短了投资回收期。该系统通过整合和自动化产品数据管理，提高了设计和生产的效率与质量，促进了跨部门协作，缩短了产品开发周期，减少了错误和返工，降低了成本，提升了产品质量，并加快了产品上市时间。这些改进直接加速了投资回收期，使企业能更快实现经济效益。同时，PLM 的决策支持功能优化了供应链管理，减少了材料浪费和库存成本，进一步改善了现金流和盈利状况。通过质量管理和风险缓解措施，PLM 还帮助减少了因质量问题导致的召回和维修费用，保护了品牌声誉。

## 4.3.2　PLM 主要分析工具

PLM 分析工具包括产品研发流程的 P6 分析、市场竞争力的 SWOT 分析、方案选择的漏斗分析（见图 4-10）、产品立项的决策树、研发进度的甘特图和产品问题的 FMEA，从而做到科学决策。

### 1. P6 分析

产品开发流程（P0 ~ P6）是一个全面覆盖产品从创意到退市的整个生命周期的综合流程。是企业构思、设计实现产品的过程，这一过程不仅包括产品的初始概念和设计，还包括对市场的深入研究、原型制作、测试以及最终的产品发布和生命周期管理（见图 4-11）。

1）P0 产品企划阶段：这是产品开发流程的起点，涉及市场研究、客户需求分析、概念测试以及创意产生，包括确定产品的功能、性能指标、目标市场和价值主张。在这一步骤中，制定详细的业务案例和成功指标非常重要，这有助于在后续开发过程中进行有效的进度和质量评估。

2）P1 ~ P3 产品开发与设计阶段：将产品概念具体化，通过创建原型来测试设计的可行性和市场接受度。此阶段需要进行可行性分析和市场风险研究，确保产品设计符合市场需求和生产条件。

3）P4 ~ P6 新品上市和老品退市阶段：经过测试验证后，产品正式进入市场。这一阶段需要制定详细的市场推广计划和销售策略，确保产品能够成功地打入市场并达到商业目标。在产品生

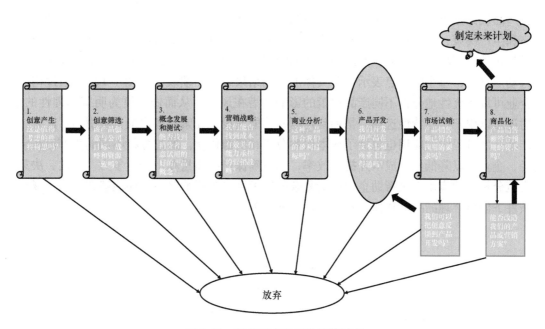

图 4-10　漏斗式产品开发决策过程

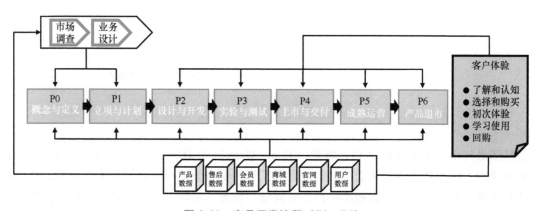

图 4-11　产品开发流程（P0 ~ P6）

命周期的最后阶段，需要明确产品退市的条件，如市场需求下降、新产品替代等情况，企业需要决定何时停止生产某个产品，并进行产品服务的中止。

**2. SWOT 分析**

SWOT 分析是一种广泛应用于市场竞争力的工具，旨在评估项目、企业或个人在优势、劣势、机会和威胁四个维度的表现。在具体操作过程中，企业通常会借助团队会议、管理层讨论或专业顾问的协助来执行 SWOT 分析。通过将分析结果与现实情况和市场趋势相结合，企业能够制定出具有高度可操作性的战略计划，并持续进行调整和优化，以确保能够应对不断变化的外部环境和内在需求（见表 3-1）。

**3. 决策树**

决策分析在智能制造领域扮演着至关重要的角色。它包括从众多数据源和环节中搜集信息，并运用多种分析技术以辅助决策过程。通过整合、分析和解释海量数据，决策分析助力企业在错综复杂的市场环境中做出精准、迅速且可靠的决策。决策分析贯穿 PLM 的整个过程，是企业在不同阶段做出关键决策的基础。

在产品决策分析中，决策树是一种有力的工具。能够帮助企业评估不同的产品设计选择、市场策略和生产决策，以优化产品开发和市场推广的效果。首先，决策树通过定义决策节点，例如产品设计选项或市场定位策略，然后将可能的结果分支成机会节点，代表各种市场反应或竞争对手的行动。最后，每个叶节点表示一个具体的市场结果或产品绩效（见图 4-12）。通过构建决策树，企业可以系统性地分析不同产品决策的影响和潜在风险，从而做出更为明智和理性的选择。决策树还可以用于产品特性选择，帮助确定哪些功能或设计元素对客户最具吸引力。此外，决策树在产品开发过程中的应用也包括了成本效益分析和资源优化。通过分析不同的生产流程或供应链路径，企业可以降低生产成本并提高效率，同时确保产品质量和市场竞争力。总之，决策树在产品决策分析中的应用不仅帮助企业理清复杂的决策因素和影响路径，还能够在不同市场环境和竞争条件下做出合理的战略选择，从而实现长期业务目标。

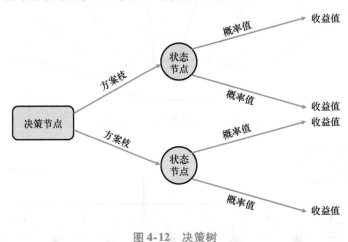

图 4-12 决策树

**4. 甘特图**

甘特图最初由美国工程师亨利·甘特（Henry Gantt）于 1896 年开发。他设计了一种图表，能够清晰展示工厂生产进度，从而协助管理者和工程师更有效地理解和规划生产流程。甘特图是一种项目管理工具，通过图形化展示项目的时间轴、任务和进度。使用甘特图，可以清晰地安排和调整任务的时间顺序和持续时间，标识关键的里程碑事件，并实时更新以反映实际进展。这种视觉化的方法帮助团队成员和利益相关者理解项目进展和任务安排，有效沟通和协调工作，确保项目按计划推进并及时做出调整（见图 4-13）。它利用不同的条形图块，清晰地展示了项目实施人员在执行任务时的实际进度与计划进度，从而协助进行剩余工作的统筹安排，以提升整个项目的绩效。

**5. FMEA**

FMEA 中设计 FMEA 和过程 FMEA 与 PLM 最密切，设计 FMEA 指在设计阶段进行的分析，用于确定产品在设计上的潜在故障模式、原因和效应，并对其进行优先级排序，以便在设计中进行改进；过程 FMEA 指在制造或装配过程中进行的分析，关注于制造或装配过程中的潜在故障模式、原因和效应，以确保制造过程的稳健性和产品质量。FMEA 的逻辑思维是过程方法。所有的工作都是通过过程完成的，所有的过程都有输入和输出，需要开展一系列的活动并且投入相应的资源，输出是过程的结果，可能是期望的，也可能是不期望的。它通过逻辑、系统和持续的方法来识别、评估和管理潜在的风险，确保产品、过程或系统达到设计的质量标准和性能要求。FMEA 主要分为三个阶段：

1）找出产品/过程中潜在的故障模式。

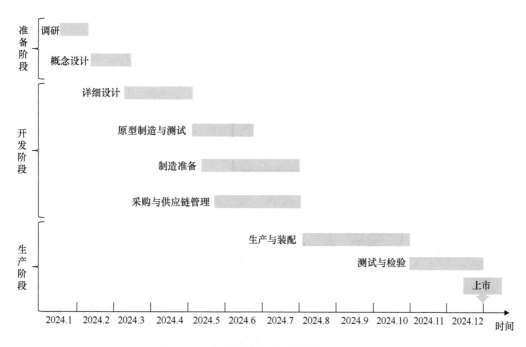

图 4-13　甘特图在项目进度管理中的应用

2）根据相应的评价体系对找出的潜在故障模式进行风险量化评估。

3）列出故障起因/机理，寻找预防或改进措施。

FMEA 在具体应用过程中，首先团队会收集相关的产品或过程信息，包括设计规范、操作程序、材料特性、先前的经验故障数据等，这些信息为识别潜在故障模式和其影响提供基础。随后团队成员利用头脑风暴、故障模式库、历史数据等方法，识别可能发生在产品或过程中的各种故障模式。进而对每个识别出的故障模式进行评估，评估其发生的概率以及确定其可能造成的影响。然后计算风险优先级数（RPN），越高的 RPN 表示故障的风险越大，需要更紧急地处理。最后根据评估的结果，团队制定具体的改进措施和对策，以减少高风险故障模式的发生或减轻其影响，并建立跟踪机制以监控其执行和效果，确保改进措施能够有效减少故障发生和提升系统性能。

### 4.3.3　PLM 系统与智能制造的关系

PLM 系统在智能制造领域的作用远不止于数据管理和技术工具的简单集合；它实际上是一个关键平台，支持从数据收集到智能决策制定，再到持续创新的全过程。借助于高效的数据管理、深入的分析和智能化的决策支持，PLM 系统促进了企业业务的全方位优化，并赋予了企业可持续发展的动力。此外，它将生产、设计、供应链和市场数据无缝整合，为企业提供了宏观视角和深入洞察（见图 4-14）。

首先，PLM 系统为智能制造提供了强大的数据收集能力。智能制造的核心在于实现数据的全面采集和实时共享，而 PLM 系统正是实现这一目标的关键工具。PLM 系统可以集成多个数据源，包括 CAD、CAM、CAE 等设计软件，ERP、CRM 等管理软件以及生产现场的传感器和执行器等硬件设备。通过 PLM 系统，企业可以轻松地实现产品数据的集中存储和统一管理，为后续的数据处理和分析提供可靠的基础。

其次，PLM 系统具有出色的数据处理能力。在智能制造中，PLM 系统能够利用大数据分析、机器学习和人工智能等先进技术，从海量数据中提取有价值的信息和准则。这些信息不仅有助于

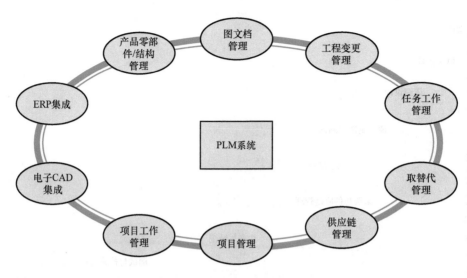

图 4-14　PLM 系统为智能制造不可缺少的技术核心

优化产品设计和工艺流程，还能支持预测性维护、供应链优化以及市场需求预测等关键决策。通过 PLM 系统，企业能够实现从数据到智能决策的全过程闭环，提升生产效率、降低成本，并实现快速响应市场变化的能力。

再者，PLM 系统为智能制造提供了强大的数据分析能力。PLM 系统能够从设计阶段开始就对产品数据进行全面的分析，识别潜在的设计缺陷或优化空间，以确保产品的质量和性能达到最佳水平。通过分析生产数据，PLM 系统能够实时监测生产过程中的关键指标和性能数据，及时发现和解决生产中的问题，确保产品的一致性和可靠性。另外，PLM 系统还可以利用先进的数据分析技术，如机器学习和预测分析，帮助企业实现更精准的需求预测和供应链优化。

最后，PLM 系统在决策制定过程中发挥着至关重要的作用。PLM 系统不仅在数据管理和分析上发挥关键作用，还在智能制造的决策制定过程中提供了不可或缺的支持。它通过提供全面、准确的数据分析和实时信息反馈，为企业高层管理者和决策者提供支持，帮助他们做出基于数据的明智决策。

由此看来，PLM 系统在智能制造中扮演着关键角色。从数据收集、处理、分析到决策制定，PLM 系统都发挥着不可或缺的作用。随着智能制造的不断发展，PLM 系统的功能和性能也将不断完善和优化，为企业的数字化转型和智能化升级提供更加坚实的支撑。

# 4.4　制造执行系统（MES）

**引言**

制造执行系统（MES）属于企业中的"实体经济"，为智能制造系统各模块实现的载体。MES 作为一种全面管理和优化制造过程的工具，以提高生产效率为核心优化订单、设备、人员、质量、采购和库存等要素，从而降低企业的制造成本。本节将重点探讨 MES 的核心内容，涵盖效率、多源异构数据融合、制造费用、产品成本、设备管理、全员生产维护及分析工具等方面。通过系统的学习，读者将能够全面理解 MES 在智能制造中的应用和实践，掌握提升制造效率和降低成本的有效方法。MES 一般由企业生产部门执行。

**学习目标**

● 掌握提高制造效率的基本概念和策略。

- 理解制造费用的构成及其控制和降低策略。
- 掌握每种产品的成本构成及分析方法。
- 掌握常用的分析工具及其在制造过程中的应用。

### 4.4.1　MES 简介

MES 是一种专门设计用于确保制造业中生产过程的有效执行和管理的信息系统。它桥接了 ERP 与工厂设备之间的信息差距，提供从订单释放到产品完成的所有生产活动的实时监控和管理。通过 MES，制造企业能够实现生产过程的可视化、跟踪、文档化以及操作的优化，MES 的发展历史如图 4-15 所示。

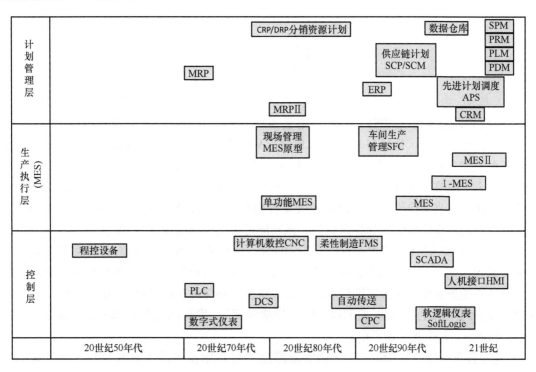

图 4-15　MES 的发展历史

在现代制造业中，ERP 系统负责管理企业的整体资源，制定生产计划并下达至 MES。而 MES 则负责将这些计划转化为具体的操作指令，传递给操作人员和生产设备，确保生产活动按照预定的流程进行。图 4-16 清晰地反映了这一过程：MES 从 ERP 系统接收生产数据，并将这些数据分解为详细的工作任务，指示操作人员如何执行具体操作，并控制生产设备。在执行过程中，操作人员通过 MES 记录实际的生产操作情况，包括"做了什么""如何做的""做了多久"等关键信息。这些信息通过 MES 实时反馈至 ERP 系统，确保企业管理层能够及时掌握生产进度和质量情况，并对异常情况做出迅速响应。

这一数据走向图不仅展示了 MES 如何有效实现生产过程的可视化和精细化管理，还体现了 MES 在企业信息化管理中的核心地位。通过 MES 的实时监控与反馈，企业能够实现生产过程的闭环管理，从而提升生产效率、降低运营成本、并保障产品质量。

#### 1. MES 的主要模块

MES 是用于管理和优化制造车间运作的综合软件系统。MES 提供了从生产计划到质量控制的全面解决方案，帮助制造企业实现高效生产、资源优化和质量保障。以下是 MES 的 7 个关键功能：

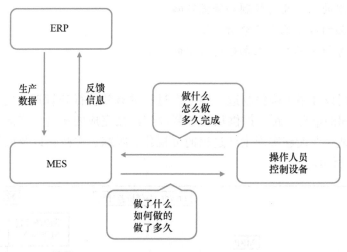

图 4-16　MES 数据走向图

1）高级计划与排程（APS）。生产计划是 MES 的核心功能之一，它负责将企业的生产目标转化为具体的生产任务。通过与 ERP 系统集成，MES 接收订单信息，并将这些信息分解为详细的生产任务。MES 会根据车间的实际生产能力、设备状态和物料供应情况，制定合理的生产计划，确保每个工位都有明确的任务安排。生产调度功能是在生产过程中，根据实际情况动态调整生产计划。比如，当某台设备出现故障或者某种物料短缺时，MES 能够自动重新分配任务，调整生产顺序，以减少停机时间和生产损失。该功能可采用单独模块 APS 执行。

2）全面生产维护（Total Productive Maintenance，TPM）。设备是制造业中最重要的资产之一。MES 通过实时监控设备状态，帮助企业了解设备的运行情况，提前发现潜在问题。系统还会记录设备的维护历史，安排定期保养，预防性维护，确保设备始终处于最佳工作状态。设备管理就像是设备的"医生"，实时监测设备的"健康状况"，发现问题及时修理，并定期进行"体检"，保证设备一直能够正常工作。

3）仓库管理系统（WMS）。MES 能够跟踪生产过程中使用的工具和物料，从仓库到生产线，系统会记录每一种物料的库存情况、消耗速率和补充周期。这样可以确保生产过程中不会因为物料短缺而停工，同时也避免库存过多造成的浪费。工具和物料管理就像是工厂的"仓库管理员"，它随时知道每种物料有多少，还剩多少，什么时候需要补货，确保生产线不停工。该功能可采用单独模块 WMS 执行。

4）全面质量管理（TQM）。在每一个生产环节，MES 都进行严格的质量监控。系统会记录每一批产品的质量数据，自动与标准参数对比，发现异常情况时及时报警并采取措施。这样可以确保产品在每个环节都符合质量要求。质量监控就像是生产过程中的"质检员"，它盯着每一道工序，确保每一件产品都符合标准，不合格的产品会及时被发现和处理。当产品出现质量问题时，MES 可以通过追溯功能，迅速查明问题的根源。系统会记录每个产品的生产历史，包括使用的原材料、生产设备、操作人员和生产工艺等信息，帮助企业快速找到问题所在并进行改进。质量追溯就像是产品的"档案管理员"，它保存了每个产品的详细信息，万一产品出了问题，可以迅速找到是在哪个环节出了错。

5）生产过程控制。MES 通过实时监控生产过程中的各项参数（如温度、压力、速度等），确保生产过程按照预定的工艺参数运行。如果发现参数异常，系统会自动报警并提示操作人员进行处理，防止出现次品或废品。过程监控就像是车间里的"监控器"，时刻盯着生产过程中的各种细节，一旦发现异常，立刻报警，防止问题扩大。不同的产品有不同的工艺要求，MES 可以根据产品的工艺要求，自动调整生产设备的参数，确保每个生产环节都符合工艺规范。这不仅提高了生产效率，还减少了人为操作的误差，提高了产品的一致性和质量。工艺控制就像是产品的"厨师"，根据每道菜的配方，精确控制火候、调料等，确保每一道菜都做得一样好吃。

6）数据采集与分析。MES 通过与车间的各类设备、传感器和控制系统对接，自动采集生产过程中的各项数据，如生产时间、设备状态、工艺参数等。这些数据为后续分析和决策提供了基础支持。数据采集就像是生产过程中的"记录员"，它记录下每一个环节的详细数据，确保有据可查。

7）生产绩效管理。MES 通过记录和分析生产过程中各项指标（如设备利用率、产量、质量合格率、能耗等）评估生产绩效。系统可以生成各种报表和图表，帮助企业了解生产情况，找出改进点。绩效评估就像是生产过程中的"打分员"，它根据生产的实际情况给出分数，指出哪些地方做得好，哪些地方需要改进。

基于生产绩效评估的结果，MES 能够帮助企业制定和实施改进计划。例如，通过分析设备的停机时间，找出频繁停机的原因并进行改进；通过分析产品的质量数据，优化工艺流程，提高产品的一致性和合格率。持续改进就像是生产过程中的"教练"，它根据评估结果，制定训练计划，帮助团队不断提高水平。在了解成本构成的基础上，MES 可以帮助企业进行成本控制。例如，通过优化物料的使用，减少浪费；通过提高设备的利用率，降低能耗；通过改进工艺流程，提高生产效率，减少次品率，从而降低总体成本。成本控制就像是工厂的"节俭大师"，它想方设法降低成本，提高生产效益，让每一分钱都花在刀刃上。MES 能够实时监控原材料、在制品和成品的库存情况，系统会记录每一种物料的库存量、入库时间和出库时间，帮助企业合理安排采购和生产，避免库存过多或不足。库存监控就像是仓库的"库存员"，它知道每一种物料有多少，还剩多少，什么时候需要补货，确保库存合理。通过物料追踪功能，MES 可以跟踪每一种物料在生产过程中的流转情况，记录物料从仓库到生产线的每一个环节，确保物料使用的透明度和可追溯性。物料追踪就像是物料的"侦探"，它记录每一批物料的动向，确保每一块原材料都能被追踪到，避免浪费和丢失。MES 可以监控生产环境中的各项参数（如温度、湿度、空气质量等），确保生产环境符合规定的标准。如果发现异常情况，系统会及时报警并提示操作人员进行处理，保证生产环境的安全和稳定。环境监控就像是车间的"环境卫士"，它监测车间的环境，确保生产在一个安全、稳定的环境中进行。MES 通过安全管理功能，可以记录和管理生产过程中的各类安全事件，制定和执行安全操作规程，进行安全培训，确保操作人员的安全。安全管理就像是车间的"安全员"，它确保每一个操作都符合安全规范，预防和处理安全事故，保障员工的安全。

**2. 精益生产**

精益生产，又称为精益制造或精益管理，是一种生产管理理念和方法。它起源于日本丰田汽车公司，旨在通过消除浪费、优化流程、提高效率和质量，最大限度地为客户创造价值。精益生产不仅是一种技术手段，更是一种管理哲学，强调持续改进和全员参与。精益生产以工业工程为理论基础，核心解决八大浪费，秉持五项原则（见图 4-17）。

1）价值识别（Identify Value）。首先需要明确客户真正需要和愿意支付的价值，这包括产品的质量、功能、交付时间和价格等方面。只有理解了客户的需求，才能在生产过程中专注于这些增值活动。在生产流程中，增值活动是指那些直接增加产品价值的步骤，而非增值活动则是那些不增加产品价值但可能是必须的步骤。通过识别和消除非增值活动，可以提高整体效率。

2）价值流分析（Map Value Stream）。价值流图是用于分析和记录从原材料到最终产品整个

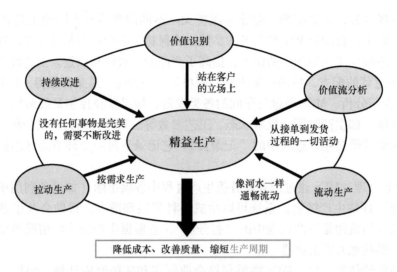

图 4-17　精益生产五项原则

生产流程的工具。它帮助企业识别出各个步骤的增值和非增值活动。通过价值流图，可以清楚地看到整个生产过程中的瓶颈和浪费，进而采取措施优化流程，消除不必要的步骤和活动。

3）流动生产（Create Flow）。通过分析和优化生产流程，消除生产中的瓶颈和中断，确保产品能够平稳地流动。这可以通过重新设计生产线、改进工艺流程等方法实现。通过减少库存和中间存货，使生产过程更加流畅和高效。连续生产不仅可以减少等待时间，还可以提高产品质量和交付速度。

4）拉动生产（Establish Pull）。拉动生产系统基于客户需求进行生产，而不是按照预定的生产计划进行推式生产。这样可以避免过度生产和库存积压。看板系统是实现拉动生产的重要工具，通过可视化的管理方式，确保生产流程中的每一个步骤都能及时响应客户需求，减少浪费。

5）持续改进（Seek Perfection）。持续改进是精益生产的核心理念之一。通过不断的小改进，逐步提升生产效率和质量。它强调全员参与，动员每一位员工发现问题、提出改进建议并参与实施。企业应建立一种持续改进的文化，使改进成为日常工作的一部分。通过培训和激励机制，鼓励员工积极参与改进活动，推动企业不断进步。

## 4.4.2　MES 主要分析工具

MES 通过各种分析工具来优化生产流程，提高效率和产品质量。以下是 MES 中常用的主要分析工具及其详细介绍。

### 1. 数据分析与优化工具

数据分析与优化工具帮助企业从生产数据中提取有价值的信息，指导决策和改进措施。常用的工具包括：

1）统计过程控制（SPC）。SPC 是一种用来监控和控制生产过程的统计技术。它帮助企业确保生产过程保持在预定的控制范围内，从而保证产品质量的一致性和稳定性。通过实时监控生产过程中的关键参数，如温度、压力、尺寸等，来确保这些参数始终保持在控制范围内。例如，在生产饮料时，温度和压力必须保持在特定范围内，以确保饮料的口感和安全性。通过 X-bar 图和 R 图来实现控制分析。通过使用 SPC，企业可以及时发现和解决生产过程中出现的问题，避免不合格产品的产生，从而提高产品质量和生产效率。

2）故障模式与影响分析（FMEA）。FMEA 是一种系统的方法，用于识别潜在的故障模式及其影响，并通过预防措施来减少故障的发生概率。主要步骤包括识别故障模式、评估影响、确定严重度、评估发生概率、制定预防措施等，通过使用 FMEA，企业可以提前发现和解决潜在问题，减少生产过程中的意外停机和产品质量问题。

3）数字孪生分析。数字孪生分析是指在生产过程中即时收集和分析数据，以便快速做出决策和调整操作。这一功能帮助制造企业及时发现和解决生产中的问题，从而提高效率和质量。主要从生产设备、传感器和其他数据源实时收集生产数据，对收集的数据进行即时处理和分析，以便快速得到有用的信息，并实时监控关键生产参数，在出现异常时发出预警，提示操作人员进行调整，提供实时的分析结果和建议，帮助管理者做出快速、明智的决策。这种即时、动态的分析方式，使得制造过程更加透明、可控，并显著提升了生产的灵活性和响应速度。

**2. 网络分析工具**

在 MES 中，网络分析工具是关键组成部分，主要用于监控和优化生产过程中的通信和数据传输。这些工具能够帮助企业识别和解决网络瓶颈，确保数据流畅传输，最终提升整个生产系统的运行效率。

网络分析工具可以实时监控网络设备的状态和性能，确保数据传输的稳定性和可靠性。例如，在制造过程中，生产线上的传感器和控制器需要实时传输数据，以协调各个工序的操作。快速检测和诊断网络故障，及时排除网络故障，减少生产停机时间。例如，当网络连接中断时，分析工具可以帮助快速找到故障节点，恢复正常通信。通过分析网络流量和数据传输路径，优化网络配置，提高数据传输效率。例如，优化路由器和交换机的配置，减少数据传输的延迟和丢包率。监控网络安全，防止数据泄露和网络攻击，确保生产数据的安全性。例如，检测和防止未经授权的访问和恶意软件的入侵。网络分析工具还可以实时监控网络流量，分析数据包的传输情况，识别网络瓶颈和流量异常。帮助企业优化网络带宽的使用，确保关键数据的优先传输。

网络拓扑图就像城市的交通地图，显示所有道路和交叉口，帮助规划最佳的行驶路线，MES 网络拓扑构架图如图 4-18 所示。收集和分析网络设备的日志信息，识别和排除网络故障和安全威胁。通过历史数据分析，预测潜在问题，防患于未然。日志分析就像警察查看监控录像，通过

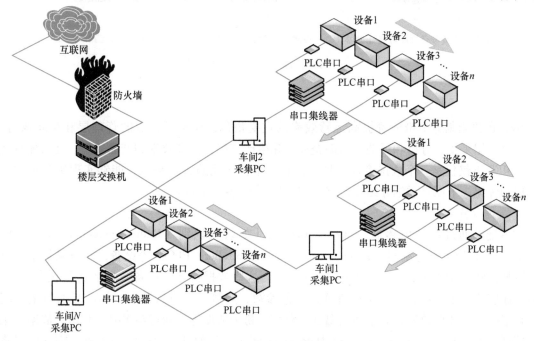

图 4-18　MES 网络拓扑构架图

历史记录找到问题的根源，管理和分配网络带宽，确保重要数据和应用的优先传输。优化带宽使用，防止带宽资源的浪费和滥用。带宽管理就像交通管理部门根据车流量调整道路的使用优先级，确保紧急车辆优先通行。

**3. 虚拟仿真与流程建模**

在 MES 中，虚拟仿真与流程建模工具是关键组成部分，帮助企业在虚拟环境中模拟和优化生产过程。仿真（Simulation）是指在计算机上创建一个虚拟的生产环境，模拟实际生产过程的运行情况。通过仿真，企业可以测试不同的生产方案，预测可能出现的问题，并找到最佳的解决方案。建模（Modeling）是指使用数学或逻辑方法建立一个代表生产过程的模型。这个模型能够准确反映生产过程中的各个环节和参数，帮助企业更好地理解和优化生产流程。

仿真与建模的主要功能是在虚拟环境中搭建生产线，模拟实际生产过程的运行情况。帮助企业在不干扰实际生产的情况下，测试和优化生产线布局和流程。利用仿真工具，在计算机中创建一个详细的虚拟生产线，包括所有的机器设备、生产工位、传送带等。每个元素都可以设置不同的参数，如速度、产能、故障率等。在虚拟环境中运行生产线，观察每个环节的运作情况。可以模拟不同的生产节奏、班次安排和设备配置，查看它们对整体生产效率的影响。根据模拟结果，调整生产线布局和流程，测试不同的方案，找到最优配置。通过反复试验和优化，确保在实际生产中能够实现最高的效率和最低的成本。通过虚拟生产线模拟、生产流程优化、设备性能评估、新产品导入仿真、物流和仓储模拟以及工人操作模拟等功能，企业能够全面了解和优化其生产过程（见图 4-19）。

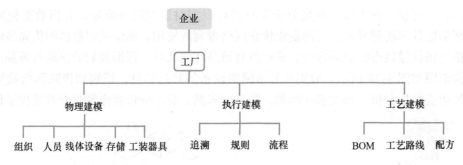

图 4-19　MES 工厂建模框架图

## 4.4.3　MES 与智能制造的关系

MES 在智能制造中扮演着提高运营效率的重要角色，连接了企业的管理层和车间执行层，通过实时数据采集、分析和反馈，帮助企业优化生产流程，提高效率和产品质量。在智能制造环境下，MES 不仅仅是一个数据管理工具，更是一个智能化的管理平台，能够实现生产过程的全面监控和优化。下面将详细介绍 MES 在智能制造中的各个角色。

**1. 数据采集和监控者**

MES 能够通过各种传感器、自动识别技术［如射频识别（Radio-Frequency Identification，RFID）］、可编程逻辑控制器（Programmable Logic Controller，PLC）等设备，实时采集生产过程中的数据，MES 数据采集示意图如图 4-20 所示。这些数据包括：设备数据的运行状态、温度、压力、速度等；生产数据，如生产进度、工艺参数、产量等；质量数据，如产品的质量检测结果、缺陷率等；环境数据，如车间的温度、湿度、粉尘浓度等。通过与 ERP、PLM、数据采集与监视控制系统（Supervisory Control and Data Acquisition，SCADA）等系统的集成，MES 可以将不同来源的数据整合到一个平台上，实现数据的统一管理和处理。

MES 能够实时监控生产过程中的各个环节，确保生产过程的顺利进行。具体包括：实时监控设备的运行状态，及时发现设备故障，进行预防性维护，减少设备停机时间；工艺监控生产工艺参数，确保工艺参数在设定范围内，保证产品的一致性和质量。

质量监控通过实时监控生产过程中的质量参数，MES 能够及时发现并处理质量问题，确保产品的质量。具体包括：通过在线检测设备，实时监控产品的质量参数，如尺寸、重量、表面质量等，及时发现质量缺陷；通过控制关键工艺参数，确保生产过程的稳定性和产品质量的可靠性。记录每一件产品的生产过程数据，一旦发现质量问题，可以快速追溯到问题的根源，进行分析和改进。

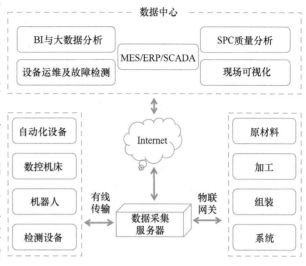

图 4-20　MES 数据采集示意图

MES 通过对采集的数据进行分析，为企业提供深入的洞察和决策支持。MES 分析设备利用率、生产效率、产量等指标，发现生产过程中的瓶颈，提出优化建议。它可以分析质量检测数据，发现质量问题的原因，提出改进措施，提高产品质量。还可以分析生产成本数据，发现成本节约的潜力，提出降本增效的方案。通过数据分析，MES 能够为企业的生产决策提供有力的支持。一是根据生产进度和设备状态，动态调整生产计划，优化资源配置，提高生产效率。二是根据设备运行数据，预测设备故障，提前安排维护，减少设备停机时间。

### 2. 生产调度与计划者

在智能制造体系中，MES 在生产调度与计划方面发挥着关键作用，帮助企业实现高效、灵活的生产管理。MES 通过实时数据的采集、分析和处理，使生产调度与计划更加科学和精确，确保生产过程的有序进行，优化资源配置，提高生产效率。MES 能够实现生产计划的动态调整和优化。在传统制造环境中，生产计划往往是静态的，缺乏灵活性，难以应对生产过程中出现的突发状况。而 MES 通过实时监控生产过程中的各类数据，如设备状态、工艺进度、物料库存等，可以及时发现生产计划中的偏差，并根据实际情况进行动态调整。例如，当某台设备出现故障时，MES 可以迅速重新调度生产任务，将其分配到其他设备上，从而避免生产中断，保证生产连续性和生产效率。

MES 提高了企业的资源利用率。通过对生产资源的全面管理和调度，MES 可以最大限度地优化资源配置，减少浪费。MES 可以根据生产任务的优先级、设备负荷、物料供应情况等因素，合理安排生产顺序，确保设备的高效运行和物料的及时供应。此外，MES 还可以通过对历史数据的分析，预测未来的生产需求，提前做好生产计划和资源准备，避免因资源不足而导致的生产延误。MES 还能够实现对生产进度的全面跟踪和管理。MES 通过对生产全过程的数据实时采集和自动记录，可以实时跟踪每一道工序、每一个生产环节的进度，确保生产过程的透明化和可控性。当生产进度出现滞后时，MES 可以及时发出警报，提醒相关人员采取措施进行调整，确保生产任务按时完成。通过实时数据的采集和分析，MES 能够实现生产计划的动态调整和优化，提高资源利用率，确保生产过程的连续性和高效性。

### 3. 质量控制与管理者

在智能制造体系中，MES 通过实时数据的采集、分析和反馈，帮助企业在生产过程的各个环节实现严格的质量控制，确保产品符合预定的质量标准。MES 能够实现对生产过程的全面监控和管理，通过对设备、工艺、原材料等生产要素的实时监测，及时发现并记录生产过程中出现的任何异常情况。当设备参数超出预设范围，或原材料质量不符合标准时，MES 会立即发出警报，提醒操作人员采取纠正措施，防止不合格产品的产生。MES 还能对质量数据进行有效的收集和分析，通过将生产过程中的各种数据（如温度、压力、湿度、时间等）进行记录和存储，进行统计分析，找出影响产品质量的关键因素，为生产优化提供依据。MES 还能生成详细的质量报告，帮助管理者了解产品质量状况，发现潜在问题，并制定相应的改进措施。

在质量追溯方面，MES 也发挥着重要作用。现代制造业中，产品的可追溯性是确保质量的重要手段之一。MES 通过对生产全过程的数据记录和管理，实现了对每一个产品批次、每一个生产环节的精确追溯。当出现质量问题时，企业可以通过 MES 迅速定位问题所在，分析原因，并追溯到具体的生产批次和操作人员，从而采取有效的纠正和预防措施，避免类似问题的再次发生。MES 还能够帮助企业实现全面的质量管理（TQM），通过将质量管理理念贯穿于生产过程的每一个环节，确保每一道工序、每一个步骤都符合质量标准，从而提高整体生产质量。MES 还可以与其他管理系统（如 ERP、SCM 等）进行集成，形成一个全面的质量管理体系，进一步提升企业的质量控制能力。在智能制造环境中，MES 作为质量控制与管理的核心工具，不仅能够实现对生产过程的实时监控和管理，还能通过数据分析和质量追溯，提高产品的整体质量水平，帮助企业在激烈的市场竞争中保持竞争优势。

### 4. 设备管理与维护者

MES 通过实时监控设备运行状态，优化设备维护计划，提高设备利用率，降低故障率，确保生产的连续性和稳定性。MES 能够对设备运行状态进行实时监控，收集和分析设备的各种运行数据，如温度、压力、转速、振动等参数，及时发现设备的异常情况。当设备出现异常时，MES 会自动发出警报，提醒维护人员进行检查和维修，防止设备故障的进一步扩大，从而减少因设备故障导致的生产停工时间。通过对设备运行数据的分析，MES 可以预测设备的维护需求，制定科学的维护计划，避免过度维护和维护不足的问题。MES 能够根据设备的运行状况、使用频率、历史故障记录等因素，合理安排维护时间和维护内容，确保设备在最佳状态下运行。此外，MES 还可以记录设备的维护历史，跟踪维护过程，评估维护效果，为设备的长期管理和优化提供数据支持。

在设备管理方面，MES 还能够实现设备的全生命周期管理。通过对设备从采购、安装、使用、维护到报废的全生命周期进行管理，MES 可以全面掌握设备的使用情况和状态变化，及时更新设备信息，优化设备管理流程。MES 还可以与其他管理系统（如 ERP、PLM 等）进行集成，形成一个全面的设备管理体系，进一步提高设备管理的效率和效果。MES 在设备管理与维护中的应用，使得企业能够实时监控设备运行状态，优化设备维护计划，提高设备利用率，降低故障率，确保生产的连续性和稳定性。通过实时数据的采集和分析，MES 能够实现设备的科学管理和预测性维护，提高维护效率和维护效果，帮助企业在竞争激烈的市场环境中保持竞争优势。设备管理与维护是智能制造体系中的重要环节，MES 的应用为企业的设备管理与维护提供了强有力的支持，确保设备的高效运行和生产的高质量完成。

## 4.5 高级计划与排程（APS）

### 引言

随着电商和人工智能的发展，信息对称时代到来，个性化成为提高产品竞争力的重要手段。这就要求智能制造系统实现小批量、多品种的敏捷生产。APS 系统作为应对这些挑战的关键工具之一，已被越来越多的制造企业所采用。APS 系统的核心在于其优化和决策支持功能，在应对复杂和多变的生产任务时，通过集成排产算法和数据分析技术，对物料供应、设备容量、人力资源和生产约束等因素进行模拟仿真和实时调整，实现生产计划的优化和智能化，从而精确地响应订单变化，最大化资源利用效率，并确保交货期的准确性。基于运筹学原理，将 APS 所应用的智能制造系统构建为复杂网络化形态，利用图深度学习技术提出针对 APS 的深度运筹新一代理论体系。APS 一般由企业生产部门运营。

**学习目标**

- APS 的基本概念——动态图预测。
- APS 排程运算——提高生产效率。
- APS 算法——生产过程优化。
- APS 的发展趋势与智能制造的关系——深度运筹。

## 4.5.1　APS 简介

APS 是为优化和管理生产过程而设计的先进技术，它通过整合先进算法、数学模型和计算能力，帮助企业更有效地规划与执行生产计划，以满足客户需求并最大化资源利用率。APS 通过整合和分析生产相关的数据来提高生产效率和降低成本。APS 的运行原理是一个闭环的循环过程，包括计划、执行、监控和改进。通过不断的迭代和优化，APS 帮助企业实现更高效、更灵活和更可靠的生产过程。图 4-21 展示了 APS 运行循环过程的概念，其中包含如下 7 个主要功能：

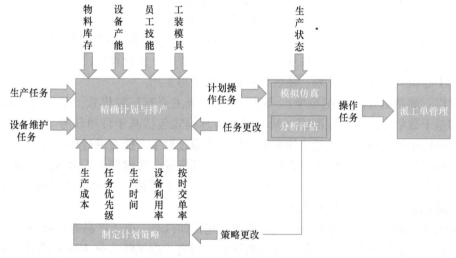

图 4-21　APS 运行循环过程

1）物料库存管理。APS 系统会对物料库存进行实时监控，确保生产所需的原材料和零部件充足且合理分配。系统可以根据历史数据和预测需求自动调整库存水平，避免过度库存和物料短缺，从而减少资金占用和缺货风险。

2）设备产能管理。APS 系统会考虑设备的可用性、性能和维护计划，以确保生产计划的可执行性。通过分析设备的使用率和维护记录，系统能够预测设备可能出现的故障并提前安排维护，减少停机时间。

3）员工技能管理。APS 系统还会考虑员工的技能和经验，将合适的人员分配到适合的岗位。通过对员工绩效的跟踪和分析，系统可以识别培训需求，提升员工的工作效率和产品质量。

4）生产状态监控。APS 系统会实时收集生产数据，包括产量、质量、设备状态等信息。这些数据将用于监控生产进度，及时发现问题并进行调整。系统还可以生成报告和仪表板，为管理层提供决策支持。

5）精确计划与排产。APS 系统会根据订单需求、物料供应、设备能力和员工技能等因素，制定详细的生产计划。系统可以优化生产顺序，减少换线时间和等待时间，提高生产线的平衡率。

6）模拟仿真。在实施生产计划之前，APS 系统可以通过模拟仿真来评估计划的效果。这可以帮助预测潜在的瓶颈和冲突，并允许计划员在不影响实际生产的情况下调整计划。

7）分析评估。APS 系统会定期对生产过程进行回顾和分析，识别改进机会。系统可以追踪关键绩效指标（KPI），如交货准时率、库存周转率和生产效率，以持续改进生产流程。

APS 的发展历程主要分为以下三个阶段：

第一阶段：萌芽期（20 世纪 40—70 年代）。20 世纪 40 年代，第二次世界大战之后，使用数学方法精确安排生产计划的概念开始出现。线性规划作为管理科学的基础，在学术界得到了广泛研究。然而，现实世界的复杂性使理论与实际应用之间存在较大差距，大型计算机的使用也未能实现有效应用。随着物资需求计划（Material Requirement Planning，MRP）的出现，生产计划管理领域发展出了两种并行的方法：MRP 法和数学解析方法。

第二阶段：发展期（20 世纪 80—90 年代）。20 世纪 80 年代中期，改进版 MRP 通过模拟技术缩短了计划运行时间，使生产计划排程的时间由 20 小时减少至几小时。虽然这些早期尝试未能考虑所有计划约束，但它们标志着新计划与排程方法的开始。以色列科学家 Eli Goldratt 发明的 OPT 对 APS 的发展贡献巨大，他提出的约束理论（Theory of Constraints，TOC）也广泛应用于离散制造业的优化排序中。1984 年，印度数学家 Karmarkar 提出的多项式时间算法在线性规划领域取得了突破，广泛应用于现代线性规划解决方案。随着新一代计算机技术的支持，APS 引擎得以创建，几乎能瞬间生成优化计划，使数学解析方法变得实用。

第三阶段：成熟期（21 世纪至今）。现代 APS 系统主要有三种模式：基于模拟仿真、基于约束理论和基于数学建模。具体而言，基于模拟仿真模式包括基于订单任务（Job based）和基于事件（Event based）的模式；基于约束理论的模式通过对生产能力进行精确建模，基于所有约束条件，可对同步化物流的任何资源进行定义，如瓶颈资源、关键资源、次瓶颈资源。对瓶颈资源采取双向计划，对非关键资源采用倒排计划；基于数学建模的方法包括神经网络、基因运算、线性规划、进化运算、渐进迭代和人工智能。

APS 系统通常能够适应多种类型的制造环境，包括如汽车、电子产品等离散制造，化工、制药等流线制造以及结合离散和流线制造特点的混合型制造。现代制造业 APS 系统具备多种功能：

1）产能与物料共享（BOMP）。APS 系统支持产能和物料的共享，以提高生产资源和物料需求的协调性。这种共享机制有助于确保生产过程的顺利进行，并优化资源利用率。

2）自动生产排程。系统能够根据生产工时、设备资源和工作日历在有限产能条件下自动调整生产进度。此外，APS 还具备处理插单和生产异常的能力，能够自动生成生产计划，考虑产能限制、订单优先级以及生产进度等因素。

3）物料需求对接。APS 系统与物料需求计划紧密对接，以确保符合准时生产（Just-In-Time，JIT）要求。系统安排生产上线时间，并计算所需材料的进料日期。如果材料未能按时到货，系统会进行反馈并根据进料日期调整生产排程。

4）设备加班管理。系统允许为每台设备设定加班时间，并在出货日期的基础上自动调整需要加班的设备资源。如果订单交期延迟或设备使用率不足，系统将自动优化产能配置，以缩短交期并满足生产需求。

5）生产异常处理。在处理生产异常（如缺料、设备故障或订单变更）时，APS 系统能够迅速自动重新排程，以保证生产过程的连续性和稳定性。

6）生产计划与生产回报系统集成。生产部门依据系统生成的计划进行生产，并定期更新生产状态。系统通过甘特图展示生产进度，并在固定时间内更新和重新排程。此外，APS 系统还配合现场环境，提供条形码扫描器、盘点机等工具，以提高数据输入的准确性。

7）绩效与差异分析。通过分析生产回报数据，APS 系统能够提供不良率、停机时间、效率和工时等方面的绩效和差异分析。这些分析有助于发现生产过程中的问题并改进生产流程，从而提升生产效率并降低生产成本。

现代制造业 APS 系统的特点包括：生成最优生产计划，基于订单需求、库存水平、资源可用性等因素；作业排程，将生产计划转化为具体作业排程，确定每个作业的起止时间与资源分配；资源优化，通过优化设备、人力、原材料等资源的利用，提高生产效率并降低成本；动态调整，根据生产现场的实际情况（如订单变更、设备故障等）进行调整和优化；实时可视化，提供生产进度和资源利用情况的实时可视化，便于管理层和生产人员了解生产状态；综合约束管理，考虑设备容量、工艺流程、供应链需求等多种约束条件，确保生产计划的可执行性和有效性。

生产系统的 APS 系统的主要模块包括：高级计划，制定整体生产计划；高级排产，具体安排生产作业；高级模拟分析器，通过仿真技术分析生产计划的可行性；动态 CTP/ATP（可承诺产能/可用产能），根据实时数据调整生产和交付计划。模块通过动态图的直观展示，能清晰地追踪生产流程。

APS 系统通过有效利用技术支持和数据驱动的方法，提高了生产的灵活性、响应速度和整体竞争力。APS 系统旨在针对当前的生产状况（包括订单、产能和工艺路线等），通过计算和仿真生成最合理的排产计划，并允许人机交互，选择各种排序规则。

APS 系统的必要性在于其在大规模复杂生产制造领域中的应用。在 APS 可用之前，除了由专业调度员创建的自建电子表格外，通常没有决策支持。然而在实际生产中，常常面临插单和突发机器故障的情况，这会打乱原有的计划。为应对这种不确定性，需要依靠准确的预测来调整生产安排；同时，人员调度也必须迅速响应，以确保各环节的顺利进行。APS 系统通过统筹资源分配，保障生产的连续性和高效性。

APS 通过预测即将发生或需要发生的事件，估算每个事件所需的时间，并明确这些事件的前提条件及其相互关系。SCM 在 APS 中具有核心重要性，因为制造企业需在预期时间内以合理成本交付产品或服务。最初，APS 系统主要用于企业内部的计划和优化，但随着其发展，逐步扩展至涵盖供应商、分销商和配送点的全供应链管理。不同的软件供应商采用多种优化算法来满足各自的需求。早期的 APS 系统依赖约束理论和队列理论来解决瓶颈和工序顺序问题，然而随着商业模式的演变，制造商对迅速响应客户需求的重视逐渐增强。

APS 系统作为供应链管理和生产计划的先进技术，结合了计划、排程和优化技术。其目标包括均衡生产过程中的各种资源，制定不同生产瓶颈阶段的最优生产排程计划以及实现快速排程并对需求变化做出迅速响应。APS 系统有效地满足了资源约束，并提升了生产的灵活性和效率。APS 的四个基本约束包括设备、工装、人员和物料。

供应链的 APS 主要由以下五个重要模块组成（见图 4-22）：

1）需求计划。通过深入分析市场趋势和客户需求数据，精确预测未来一段时间内的产品或服务需求量，为后续供应链活动提供方向和依据。这是实现供应链高效运作的基础步骤。

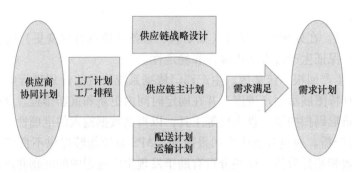

图 4-22 供应链 APS 图

2）分销计划。综合考虑库存分布、销售渠道、运输成本和客户地理位置等因素，制定科学合理的产品分销策略和计划，以确保产品准确、及时、高效地送达客户。

3）生产计划和排程。旨在优化生产资源配置，提高生产效率，确保按时、按质、按量地完成生产任务，为供应链的顺畅运行提供坚实保障。

4）运输计划。负责协调产品在供应链各环节中的运输活动，包括选择合适的运输方式、路线、工具及时间，同时考虑运输成本、时效和安全，以实现运输过程的高效性、经济性和可靠性。

5）供应链分析。对供应链系统及企业内部运营状况进行全面分析和评估。通过收集、整理和分析供应链各环节的数据，监测和评价供应链的绩效、成本、效率和风险，为企业决策提供数据支持，助力优化供应链策略，提升整体竞争力。

供应链 APS 系统通过收集、整理和分析供应链各环节的数据和信息，对供应链的绩效、成本、效率、风险等方面进行监测和评价，为企业的决策提供数据支持和决策依据，助力企业不断优化供应链策略，提升供应链的整体竞争力。

### 4.5.2 APS 主要分析工具

APS 系统中，算法扮演着核心角色，是实现高效、准确和优化计划与排程的分析工具。APS 算法通过对复杂生产或业务流程进行建模和分析，综合考虑各种约束条件和目标，从而生成可行且优化的计划方案。APS 算法的演进可以分为以下五代：

**1. 第一代：基于约束理论的有限产能算法**

第一代算法主要基于约束理论，旨在评估和优化生产能力。有限产能算法通过分析生产过程中的要素，如安全库存、采购提前期、生产提前期以及生产过程数据，来识别和解决生产中的约束条件。这种方法确保了生产计划的可行性和有效性，使企业能够自动生成主生产计划和详细的生产作业计划，从而提升生产过程的优化和效率。

**2. 第二代：基于规则和线性规划的算法**

1）优先级规则算法。此类算法依赖于预先设定的优先级规则进行决策。这种方法在生产和调度管理中广泛应用，通过规则的设定简化决策过程。

2）线性规划算法。线性规划是一种数学优化技术，用于解决线性约束条件下的优化问题。它涉及定义一个线性目标函数和一组线性约束条件，旨在找到使目标函数最大化或最小化的决策变量值。在生产和运营管理中，线性规划用于优化资源分配、生产计划和供应链管理等问题。

3）启发式规则算法。启发式规则算法依赖于经验或直觉构建简单规则集，以解决复杂问题。这些算法不像传统优化算法那样严格寻求全局最优解，而是通过经验性的规则快速找到较好的解决方案，常用于组合优化问题、调度问题和资源分配等领域。

4）专家系统。专家系统是一种早期人工智能技术，通过模仿人类专家的知识和推理能力来解决特定领域的问题。它结合知识表示、推理机制和用户界面技术，用于故障诊断、质量控制和生产调度等方面。

**3. 第三代：人工智能算法**

智能算法基于人工智能技术来解决复杂问题。这些算法通常模仿自然界的进化、优化或学习过程，以寻找最优解或近似最优解，经典算法有以下四种：

1）遗传算法。模拟自然选择和遗传机制，通过基因的交叉、突变和选择过程来优化问题的解决方案。它广泛应用于优化问题、机器学习和人工智能领域。

2）模拟退火算法。源于固体退火过程的模拟，是一种全局优化算法。通过接受较差解的概率来跳出局部最优解，旨在找到全局最优解。该算法在组合优化、物理系统建模和电子设计等领域应用广泛。

3）神经网络算法。一种模仿人脑神经元网络结构和工作方式的数学模型。通过学习和调整连接权重，神经网络进行模式识别、分类、预测和决策，广泛应用于图像识别、自然语言处理和控制系统等领域。

4）禁忌搜索法。一种启发式搜索算法，用于解决组合优化问题。它通过维护禁忌表来避免重复访问已搜索的解空间，从而寻找最优解或接近最优解。该方法适用于旅行商问题、生产调度等优化问题的求解。

**4. 第四代：智能算法融合与动态调整**

1）智能算法进行静态排程。在静态排程中，智能算法（如遗传算法、模拟退火算法等）用于优化任务分配，以达到如最小化完成时间、最大化资源利用率等优化目标。这种方法在任务和资源已知的情况下进行优化。

2）人工智能动态调整算法。动态调整算法涉及在排程过程中根据实时情况进行调整和优化。方法可能包括强化学习、深度强化学习等动态决策方法，以适应环境变化或优化目标的变更。

3）多 Agent 代理协商进行动态调整。多 Agent 系统指多个智能代理通过相互通信和协作共同解决问题。在动态环境中，这些代理可以协商和调整任务分配及资源分配，以实现优化目标。

**5. 第五代：深度运筹算法**

前述的 APS 排产算法只适用于同构的简单网络，而智能制造系统作为一个异构层析复杂网络需要新的算法才能满足当前小批量、多品种的个性化需求，深度运筹算法就应运而生。它将质量流、资金流、信息流和物流作为节点的异构张量，通过运筹学建立不同模块的社团化和层次化复杂网络的边结构。借助图深度学习技术，能够对这一复杂网络予以建模与分析，从而在智能制造中优化生产计划、调度工作和资源分配等任务。比如，对于高难度的插单问题，将设备产能动态图中设备已满的产能（或异构张量权重不高）去掉得到的差图就可以实现快速插单（见图 4-23）。

生产计划排程没有统一的全局最优规则，也不一定算法越复杂结果越好。在实际应用中，制造工厂的 APS 系统往往会得到次优解，这些解在满足交期的前提下，旨在平衡工厂所有设备的负荷、最小化库存或降低成本。通过综合运用不同的优化方法，工厂能够在提高生产效率的同时，优化资源的配置和管理。

下面通过对四种简单算法进行计算可以验证这一点，虽然这些算法的计算复杂性各异，但并非算法越复杂，排程效果就越佳。企业要完成的任务是 ABCDE 五个作业，其所需要天数和交货期见表 4-2。要做比较计算的四种算法（计算的复杂性依次递增）是：①最短工期排程；②最早交货期排程；③最短距离排程；④最小 CR（Critical Ratio，关键比）值排程。比较这四种算法的

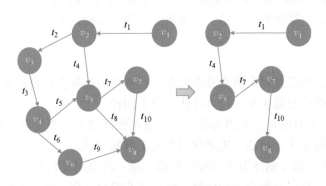

图4-23 动态差实现快速插单

排程结果，按照作业逾期天数为评价标准。

表4-2 订单要求

| 作业 | 需要天数 | 交货期 |
|---|---|---|
| A | 5 | 6 |
| B | 10 | 20 |
| C | 4 | 5 |
| D | 8 | 22 |
| E | 6 | 8 |

1）最短工期的排程。最短工期算法的基本思想是优先安排加工时间最短的任务，见表4-3。这种方法主要适用于任务的加工时间易于确定且变化不大的场合，其目标是通过快速完成一些任务来提高设备和工人的使用率。最短工期算法能够迅速释放设备和人力资源，为新的生产任务腾出空间，从而提升生产线的整体流动性和灵活性。这对于多品种、小批量的生产模式尤为适用。该方法的缺点在于可能忽视了一些紧急程度高但加工时间较长的任务，导致这些任务被长时间推迟，从而影响整体交货期。

表4-3 最短工期的排程

| 作业 | 需要天数 | 完成天数 | 交货期 | 逾期天数 |
|---|---|---|---|---|
| C | 4 | 4 | 5 | 0 |
| A | 5 | 9 | 6 | 3 |
| E | 6 | 15 | 8 | 7 |
| D | 8 | 23 | 22 | 1 |
| B | 10 | 33 | 20 | 13 |
| 合计 | | | | 24 |

2）最早交货期排程。最早交货期算法是根据订单的交货期进行排序，优先处理交货期最早的任务，见表4-4。这种方法旨在确保最紧迫的客户订单能够优先得到处理。这种算法的主要优势在于能够有效控制逾期交货的风险，最大程度地满足客户的要求，提升客户满意度，特别是在按订单生产的企业中，这种方法尤为重要。然而，最早交货期算法可能导致部分加工时间长的任务长时间等待，从而降低设备的利用率和生产效率。

表 4-4　最早交货期排程

| 作业 | 需要天数 | 完成天数 | 交货期 | 逾期天数 |
|---|---|---|---|---|
| C | 4 | 4 | 5 | 0 |
| A | 5 | 9 | 6 | 3 |
| E | 6 | 15 | 8 | 7 |
| B | 10 | 25 | 20 | 5 |
| D | 8 | 33 | 22 | 11 |
| 合计 | | | | 26 |

3）最短距离排程。这种算法按工期和交货期之间的距离综合考虑任务的加工时间和交货期，优先处理两者时间差最小的任务，见表 4-5。这种方法试图平衡加工效率和按时交货之间的关系。按照工期和交货期之间的距离算法可以在一定程度上避免最短工期算法和最早交货期算法的极端情况，通过更加均衡的方式来优化生产计划。实施这种算法需要准确掌握每个任务的加工时间和交货期，对信息管理的要求较高，算法本身复杂度也较大。

表 4-5　工期和交货期之间的最短距离排程

| 作业 | 需要天数 | 完成天数 | 交货期 | 交货期和工期之差 | 逾期天数 |
|---|---|---|---|---|---|
| A | 5 | 5 | 6 | 1 | 0 |
| C | 4 | 9 | 5 | 1 | 4 |
| E | 6 | 15 | 8 | 2 | 7 |
| B | 10 | 25 | 20 | 10 | 5 |
| D | 8 | 33 | 22 | 14 | 11 |
| 合计 | | | | | 27 |

4）最小 CR 值排程。CR 值是一种常用的优先级判定方法。其计算公式为：（交货期 – 当前日期）÷工期，见表 4-6。数值越小表示任务的紧急程度越高，需要优先处理。CR 值算法能够动态地反映任务的紧急情况，使得生产排程更加灵活和实时。它综合考虑了剩余时间和所需加工时间，使任务的优先级判定更加合理。

表 4-6　最小 CR 值排程

| 作业 | 需要天数 | 完成天数 | 交货期 | CR 值 | 逾期天数 |
|---|---|---|---|---|---|
| A | 5 | 5 | 6 | 1. 2 | 0 |
| C | 4 | 9 | 5 | 1. 25 | 4 |
| E | 6 | 15 | 8 | 1. 33 | 7 |
| B | 10 | 25 | 20 | 2 | 5 |
| D | 8 | 33 | 22 | 2. 75 | 11 |
| 合计 | | | | | 27 |

在这四种算法中，最短工期法最为简单，它只根据作业的工期长短进行排程，而不考虑交货期。尽管如此，在某些例子中，它的总逾期天数可能是最少的。这表明计算最简单的算法并不总是效果最差。企业可以根据自身的计算能力，选择最适合的算法进行生产计划排程。

APS 工艺流程排程运算主要包括如图 4-24 所示的以下几个步骤。首先是承诺阶段，需要合理考虑物料和能力，以承诺当前能够实现的事项；接着进入高级计划阶段，预测客户未来的需求，制定满足这些需求的计划，并考虑如何在生产中断时保持正常运作，同时调整计划以确保承诺目标的实现，明确计划变更对每个订单的影响；然后是确认生产订单，确定近期需要下达的订单；接下来是排程阶段，优化加工顺序以实现数量和日期的承诺，并判断是否需要批量加工；最后是精益执行，分析今天需要完成的订单、资源使用情况，并在生产线上运用动态看板进行执行。

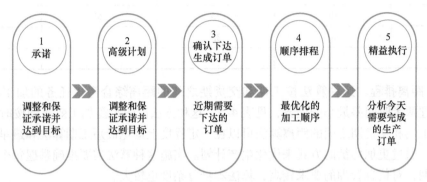

图 4-24　APS 工艺流程排程的主要步骤

APS 工艺流程排程运算不仅仅是简单的任务分配和时间安排，它涉及对整个生产过程的深入分析和精确规划。通过需要考虑各种资源和约束条件，如订单需求、资源可用性、工艺路线、生产能力等，实现最优的生产排程。工艺流程排产运算是 APS 系统中的核心功能之一，它通过高级算法和逻辑来优化生产过程（见图 4-25）。

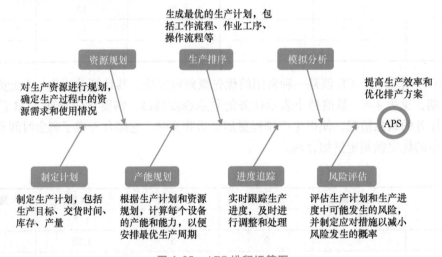

图 4-25　APS 排程运算图

### 4.5.3　APS 与智能制造的关系

APS 的发展受益于三个关键因素：速度性能、集成性和可视化图形。在速度性能方面，APS 应用了针对多核处理器的并行计算方法，能够显著提升数据处理能力，使得复杂的生产计划和排程运算能够在更短的时间内完成，从而提高系统的整体效率。在集成性方面，异构系统的集成方式已经从点对点转变为更高效的平台集成总线方式。这种集成方式能够更好地协调不同系统之间的数据交换和资源共享，提升了系统的互操作性和灵活性，使得 APS 能够更加有效地适应复杂多变的生产环境。在可视化方面，三维图形模拟仿真技术可以提供更加直观和全面的生产过程展示，使得用户能够更容易理解和分析生产计划，及时发现并解决潜在的问题，提升生产管理的精度和效率。

APS 的未来发展面临诸多挑战（见图 4-26），针对智能制造系统呈现出复杂网络化形态，丰富和发展针对 APS 的深度运筹新一代算法，将能够更加智能化和高效地进行生产计划与排程，最终实现生产效率的提升、资源利用的优化以及产品质量的改进，为企业带来更大的竞争优势。主要体现在两个方面：

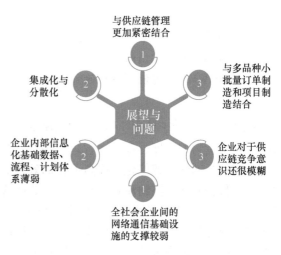

图 4-26　展望与问题

1）制造要素张量异构化。在 APS 的深度运筹学中，智能制造系统可以被视作一个复杂网络，涵盖了各类生产线、设备、物料流和信息流等多元元素及其相互关系。通过创新契合智能制造特征的深度运筹算法，建立以设备为节点、四流为超参数的异构张量，即以质量流、资金流、信息流和物流来表征智能制造系统节点的异构张量。运用这种表示方法，能够将智能制造系统里的各类关键信息以统一形式展现，从而全面把握系统的整体状态，为 APS 的优化发展奠定基础。在此过程中，深度运筹学的自编码技术可加以应用，通过正则化实现节点的自编码，使系统的表示更加紧凑和高效，为 APS 后续的决策分析提供有力支撑。这将有助于 APS 在未来更好地优化生产计划与排程，提升资源配置效率，增强供应链的灵活性与响应速度，实现智能制造系统的智能化升级与发展，为企业创造更大的价值和竞争优势。

2）设备要素权重个性化。在 APS 系统中，要素个性化发挥着至关重要的作用。以实际生产制造场景为例，假设有五台设备，尽管它们在型号规格上完全相同，但由于其在生产车间的不同位置，这些设备在生产流程中的衔接顺序和物料运输的便利性存在显著差异；设备的维保状况也存在很大差别，有的设备可能维护保养得非常到位，能够高效运行；而有些设备因维护疏漏或使用年限较长，导致生产效率降低，产品质量波动；不同操作工的技能水平、工作经验、工作习惯和操作熟练度各不相同；不同的工装配备，使得设备在加工产品的类型、精度、速度等方面展现出不同的能力。有的工装适合进行大规模、标准化的产品生产；有的工装则更擅长进行小批量、定制化的高精度产品加工。综合考虑以上因素，即使最初看起来完全相同的五台设备，也因位置、维保、操作工和工装的差异，具备不同的"产品"特长。因此，在制定生产计划与排程时，需要充分考虑这些个性化要素，深入分析每台设备的特性与优势，从而科学合理地分配和安排生产任务，实现资源的优化配置和生产效率的最大化，最终提升企业的生产效益和市场竞争力。

# 4.6　仓库管理系统（WMS）

引言

不合理的库存是企业的"肿瘤"，会占用企业大量流动资金、增大库存周转天数和影响交货期。仓库管理系统（WMS）应运而生，为企业提供了一种高效、智能且灵活的仓库管理方案。这种系统不仅能提高企业的运营效率，还为制造业带来更加高效的货物管理方案。WMS 一般由企业物流部门经营。

**学习目标**

- 掌握 WMS 中的基本概念和组成。
- 了解 WMS 中常用的分析工具及其应用。
- 理解 WMS 在智能制造中的作用。

### 4.6.1　WMS 简介

WMS 是一种用于优化仓储和物流操作的综合软件系统。它集成了仓库内部所有相关的业务流程，包括货物的入库、存储、管理、拣选、打包及出库等环节。WMS 通过技术手段实现了对仓库操作的自动化和智能化，提高了仓储效率和准确性。随着市场需求的不断变化，WMS 逐渐成为了现代企业在提高物流管理水平、降低运营成本方面不可或缺的工具（见图 4-27）。通过信息化手段，WMS 实现了物资信息的全面数字化，包括物资分类的精准化、条码化管理的普及以及物资位置存储的动态优化，构建了一个系统化、智能化的仓库管理体系。这一过程不仅提升了库存流动的透明度与可控性，还显著提高了仓储作业与物流运作的整体效率，确保了物流管理的准确性与高效性。WMS 不仅仅是一套技术工具，更是一套精心设计的政策与流程体系，旨在优化仓库或配送中心的工作流程，确保这些设施能够高效、有序地运行，并顺利达成既定目标。

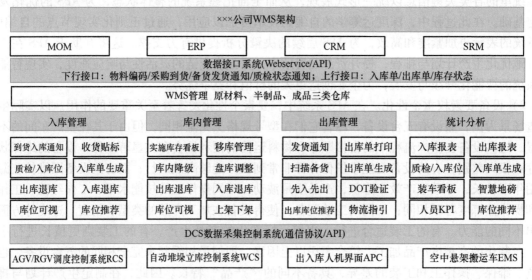

**图 4-27　WMS 架构示例图**

构建或升级 WMS 的五大驱动力彰显了其在现代企业管理中的不可或缺性。首先，实时库存管理功能为物流服务提供商及其客户提供了精准的资源与库存规划依据，确保供应链的灵活性与响应速度。其次，通过扫描技术实现的全程可视化，使产品位置、库存状态及各项操作活动一目了然，有效降低了库存处理失误的风险。再者，快速的产品交付能力在当今竞争激烈的市场环境中尤为重要，WMS 通过优化作业流程与资源配置，显著提升了交付速度与客户满意度。此外，精细的退货管理帮助企业更好地管理客户退货，提升售后服务质量与效率。最后，一个成功的 WMS 实施能够无缝集成企业各项操作，实现流程自动化与智能化，全面提升客户满意度与品牌忠诚度。

现代 WMS 不仅融合了高度定制化的功能，精准对接各行各业及特定设施的独特需求，更展现出对传统企业软件界限的超越，力求在"模块化"的框架内，为用户提供灵活多样、功能全面的解决方案。WMS 一方面聚焦于库存管理的核心职能，确保库存信息的准确无误与货物位置的精确控制，为企业的日常运营奠定坚实基础；另一方面又不仅限于数据的记录与管理，更融入了强大的分析能力，能够实时评估库存水平，深度挖掘运营效率数据，并据此提出针对性改进建议，助力企业实现精细化管理与决策优化。现代 WMS 通过无缝集成外部系统，实现数据的自由流动与共享，还融入了智能规划与自动化控制技术，通过运用机器学习等前沿技术，能够不断自我学习与优化运营策略，确保在快速变化的市场环境中保持高效与竞争力，为企业带来持续的竞争优势与价值提升。

### 1. WMS 核心功能

WMS 的核心功能涵盖了货物管理、作业管理、仓库布局优化、库存管理、数据分析与决策支持、运输管理及系统集成与扩展等方面，体现了其在仓库运营中的重要作用（见图 4-28）。

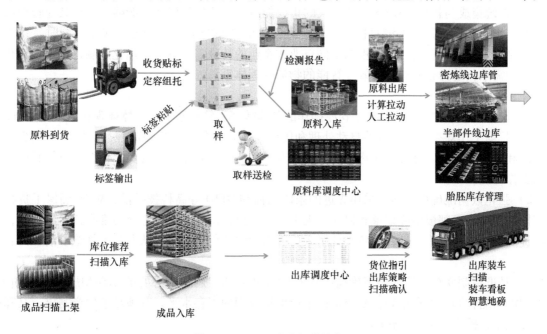

**图 4-28　WMS 仓库运营流程图**

1）货物管理。WMS 作为仓库运营的核心引擎，实现了对仓库内货物全生命周期的精细化管理。从货物入库的那一刻起，直至出库，每一步都受到系统的严密监控与管理。借助先进的条码识别与 RFID 技术，WMS 能够实时捕捉并追踪货物的每一个动态，包括位置、状态及流转信息，极大地提升了货物管理的准确性与作业效率，确保了库存数据的即时性与准确性。

2）作业管理。系统内置的智能调度引擎，能够高效规划并执行仓库内的各类作业活动，如高效搬运、精准分拣与快速打包等。依托优化算法与既定规则，系统能够自动分析作业需求，科学安排作业顺序与最优路径，有效减少等待时间与无效移动，显著提升作业效率与精确度，为仓库运营带来前所未有的流畅与高效。

3）仓库布局优化。WMS 深谙空间利用之道，根据仓库的实际尺寸、结构特点及货物存储需求，进行精细化布局规划。通过智能库位分配、货架优化配置等手段，系统能够动态调整仓库空间布局，优化物流动线与存货位置，最大化仓库空间利用率，同时加快货物存取速度，提升仓库整体运营效率与容量。

4）库存管理。在库存管理方面，WMS 展现出了强大的实时监控与精准管理能力。系统能够全面跟踪库存数量、质量及价值变化，确保库存数据的准确无误。通过精确的库存定位技术，系统能够充分利用有限的仓库空间，避免资源浪费。此外，系统还提供了丰富的报表与关键指标，助力管理者迅速掌握库存动态，优化库存策略，有效控制库存成本，减少资金占用与资源浪费。

5）数据分析与决策支持。WMS 系统不仅是数据的收集者，更是数据的分析师与决策者的得力助手。系统能够全面整合并分析仓库与物流的各类数据，生成详尽的报表与直观的分析图表，为管理者提供多维度、深层次的数据洞察。这些数据不仅有助于管理者了解仓库运营现状，更能为未来的决策与优化提供有力支持，推动仓库管理向智能化、精细化方向迈进。

6）运输管理。WMS 还集成了先进的运输管理功能，实现了对配送与运输过程的全面控制与跟踪。通过与供应商、承运商等合作伙伴的紧密协作与信息交互，系统能够优化运输路线与计划，减少运输成本与时间，提升物流服务的整体质量与效率。这种一体化的运输管理方式，确保了物流链条的顺畅运行与高效协同。

7）系统集成与扩展。WMS 具备强大的集成能力与灵活的扩展性，能够轻松与其他管理系统如 ERP、电商平台等进行无缝对接，实现信息资源的共享与业务流程的一体化。同时，系统还支持定制开发与功能扩展，能够根据不同行业或企业的特殊需求进行个性化定制，满足多样化的仓库管理需求，助力企业构建高效、智能的物流管理体系。

**2. WMS 的作用**

WMS 的优势与效益显著提升了仓库操作的整体效率和管理水平，具体体现在以下几个方面：

1）提高工作效率。系统能够自动处理和优化仓库内的各项任务和流程，从根本上减少了人为错误和重复性劳动。这种智能化转变不仅提升了整体工作效率，还为员工创造了更加轻松和高效的工作环境。

2）强化数据准确性。通过采用先进的条码扫描和 RFID 等高科技手段，WMS 确保了货物和仓库操作的每一步都被精确记录和追踪。无论是入库还是出库，每一笔交易都有详尽的记录，这大幅提高了物资的可追溯性，有效避免了人为因素导致的信息误差，从源头上杜绝了潜在的安全隐患。

3）精准控制库存。它能够精确监控库存数量和周期，避免不必要的库存积压和过期损失。通过智能预测和调整库存策略，系统帮助企业保持合理的库存水平，既满足了生产需求，又降低了库存成本，提高了资金周转率。

4）提升客户满意度。借助实时跟踪功能，系统能够随时掌握货物的精确位置和状态，为客户提供准确和及时的货物信息及配送时间预估。这种高度的透明度和响应速度，增强了客户对服务的信任与满意度，为企业赢得了良好的市场口碑。

5）优化资源配置。WMS 通过智能分析仓库空间和设备的使用情况，优化了仓储布局和作业流程，确保了资源的最大化利用。同时，系统合理安排人员分配与工作任务，提高了团队协作效率和整体运营水平，为企业创造了更大的价值。

6）保障资产安全。系统集成了先进的安全监控功能，对仓库区域和货物实施全方位、全天候的安全监控。通过智能识别和报警机制，系统能够及时发现并应对潜在的安全威胁，有效防止盗窃和损毁等事件的发生，确保了仓库资产的安全。

总的来说，WMS 通过整合各项仓库操作和管理流程，实现了业务流程的自动化和一体化。这种整合不仅简化了人工操作和协调环节，降低了管理成本，还提高了管理效率和决策速度。企业能够更加专注于核心业务的发展和创新，推动持续成长和繁荣。

### 4.6.2 WMS 主要分析工具

WMS 分析工具种类繁多且复杂，其设计目的是提高仓库运营效率、优化库存管理和支持决策制定。市场上存在多种 WMS 解决方案，每种软件或系统可能提供不同的分析工具和功能如

图 4-29 所示。常见的 WMS 分析工具主要分为以下五类。

1）数据采集与整合工具是 WMS 的基础。
条码扫描与 RFID 技术是最广泛使用的数据采集
工具。通过扫描货物的条码或 RFID 标签，WMS
能够实时、准确地记录货物的入库、出库及库存
调整等信息。这种技术几乎在所有 WMS 软件中
都有应用，确保了数据的实时性和准确性。此
外，API（应用程序接口）与系统集成也扮演了
重要角色。通过与其他系统如 ERP、CRM 等的
集成，WMS 能够实现数据的实时交换和共享，
从而成为企业整体供应链管理系统的一部分，提
供全面的数据支持。

图 4-29　WMS 主要分析工具示意图

2）数据分析与报表工具帮助管理者理解和
利用数据。一些 WMS 软件内置了商业智能
（BI）工具，这些工具可以生成各种报表和图
表，例如库存报表、销售报表和订单报表，帮助管理者直观地理解数据并发现潜在的模式和趋
势。高端 WMS 软件如 SAP EWM 和 Oracle WMS Cloud 通常提供强大的 BI 功能。更高级的 WMS
解决方案可能还会使用数据挖掘和机器学习算法，这些算法能够深入分析数据，识别仓库操作中
的复杂模式和趋势，预测库存需求、优化补货计划和提高拣货准确率等。

3）实时监控技术来跟踪仓库内的各项作业环节。这些实时数据通常通过 WMS 的图形界面
展示，使管理者能够直观地了解仓库运营状况。可视化工具如图表、地图和仪表盘将复杂的数据
转化为直观的图形和图像，帮助用户更快速地理解数据并发现潜在问题。实时数据可以通过
WMS 的图形界面进行展示，使管理者能够直观地了解仓库运营状况。

4）决策支持工具是 WMS 的核心功能之一。WMS 提供了包括订单处理时间、拣货准确率和
库存周转率等一系列关键绩效指标（KPI）的分析工具，帮助管理者评估仓库性能和用户行为。
通过监控这些指标的变化趋势，管理者可以及时发现潜在问题并采取相应的改进措施，如上架策
略、分配策略、波次策略、拣选策略、补货策略和盘点策略等，从而优化仓库操作和管理效率
（见图 4-30）。

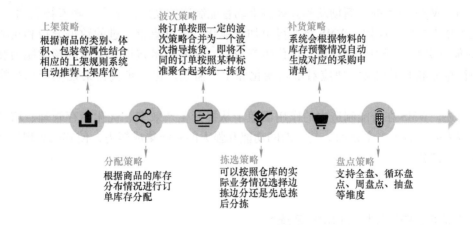

图 4-30　WMS 决策支持策略

5）库存优化与预测工具是另一个关键领域。WMS 可能包含库存优化算法，这些算法用于计算最佳库存水平和补货策略，考虑销售预测、库存成本和补货时间等因素，以帮助企业降低库存成本并提高库存周转率。此外，一些先进的 WMS 软件提供了需求预测模型，这些模型基于历史销售数据和其他相关因素预测未来的产品需求，为生产计划和采购决策提供支持。

### 4.6.3 WMS 与智能制造的关系

在当前制造技术飞速发展的背景下，WMS 在智能制造中的角色显得尤为重要。具体来说，WMS 的作用可以从以下几个方面详细阐述：

1）连接制造端与管理端的关键纽带。智能制造要求高效、精准的物料流转，WMS 通过集成和自动化管理各类仓储操作，确保生产物料能够在正确的时间和地点提供给生产线。这一系统优化了物料的接收、存储、拣选和配送过程，从而推动了整个生产流程的智能化和高效化。通过实时的数据传输和自动化控制，WMS 使得制造和管理系统能够无缝对接，保证了生产的连续性和顺畅性。

2）提升生产效率与准确性。WMS 通过引入自动化技术，显著提升了仓库作业的效率。自动化处理入库、出库、移库、盘点等任务，大幅度减少了人工操作的时间和错误率。数据驱动的决策也是 WMS 的重要优势。系统实时收集仓储数据，通过数据分析提供科学依据，使企业能够精准控制库存水平，优化生产计划，从而提高整体生产效率和准确性。

3）优化库存管理与成本控制。WMS 在优化库存管理和降低成本方面展现出强大能力。实时库存跟踪功能能够精确监控库存水平，确保企业维持合理的库存量。这不仅减少了库存积压，还降低了资金占用，并提高了资金周转率。通过系统的智能预测和库存调整功能，WMS 能够帮助企业避免过度库存和物料短缺，从而降低仓储成本和物资损耗。此外，系统通过优化仓库布局和货物存储方式，减少了货物的丢失和损耗，进一步降低了企业运营成本，提升了客户满意度和品牌形象。

4）增强供应链协同能力。WMS 在供应链协同方面发挥了重要作用。通过与其他系统如 ERP、SCM 等的集成，WMS 实现了供应链各环节的无缝对接。这种集成提高了供应链的协同能力和响应速度，确保产品能够及时准确地交付给客户。同时，WMS 通过数据共享和透明化，使得供应链中的所有参与方能够实时获取库存和订单状态信息，减少了信息不对称和沟通成本，提升了供应链的整体效率。

5）支持智能制造的未来发展。随着客户需求日益多样化和个性化，智能制造的柔性生产需求日益增加。WMS 技术的不断创新和升级将推动智能制造的发展。未来，随着物联网、大数据、人工智能等技术的广泛应用，WMS 将变得更加智能化。通过集成先进的数据分析和机器学习技术，WMS 能够更好地管理仓储资源，优化生产流程。这些技术将提升系统的预测能力和自适应能力，使得企业能够更加灵活地应对市场变化和生产需求，进一步支持柔性生产和智能制造的发展。

综上所述，WMS 在智能制造中的作用涵盖了从提升生产效率、优化库存管理、增强供应链协同到支持未来发展等多个方面。其全面的功能和强大的系统集成能力，使其成为现代智能制造不可或缺的一部分。

习　题

1. 什么是企业资源计划（ERP）系统？
2. 阐述一下 ERP 系统的模块组成。
3. 什么是客户关系管理（CRM）系统？

4. 什么是仓库管理系统（WMS）？

5. 概括一下 WMS 的核心功能。

6. 概括一下 WMS 的主要分析工具与作用。

7. 解释产品生命周期管理（PLM）的定义及其在企业中的重要性。

8. 比较产品开发过程中的各个阶段，并说明 PLM 如何在每个阶段发挥作用。

9. 解释 PLM 如何支持产品质量管理和持续改进。

10. 什么是制造执行系统（MES），它在智能制造中的基本作用是什么？

11. MES 如何通过实时数据采集和监控实现生产过程的全面管理？

12. MES 如何通过数据分析和决策支持优化生产流程，降低生产成本，提高生产效率？

13. 在智能制造环境下，MES 如何整合 ERP、SCM、CRM 等系统，提供端到端的透明度和支持决策的分析工具？

14. 结合其他章节，思考 APS 系统对于数据质量和完整性的依赖极高，如何保证数据质量？

# 第 5 章

# 设计方法——深度运筹学

智能制造系统设计方法以深度运筹学为底层逻辑，以质量流、资金流、信息流、物料流等表征智能系统节点的异构张量，建立系统的社团化、层次化复杂网络，提出具有智能制造特征的图神经网络算法来进行特征提取，寻找要素间内在联系来创新系统运行准则，从而理解智能制造系统的 MES、ERP、APS、CRM、WMS 和 PLM 等构成的异构层析复杂网络，围绕生产调度优化、物流路径规划、客户关系优化、产品研发以及网络安全等，实现对工业数据的深度挖掘，掌握以深度运筹为底层逻辑、PyTorch 为平台的智能制造系统设计方法。

## 5.1 算法

**引言**

智能制造系统复杂网络化后，如何探求系统的非线性关系特征，发现蕴含的深层次规律，算法就是提取关系的工具。算法作为解决问题策略机制的核心表述，提供了解决问题路径的精确且详尽蓝图。它不仅仅是一系列指令的简单堆砌，而是体现了对问题求解过程的系统性规划与设计。算法作为深度运筹学的灵魂，既是系统关系提取的核心组成又是数据挖掘创新的关键。从生产线上的智能控制、产品设计中的模拟仿真，到供应链管理中的预测分析，算法的身影无处不在。它们以独特的逻辑和计算方式，优化制造过程的每一个环节，推动制造业向更高层次发展。

**学习目标**

- 了解算法——智能制造系统关系提取的核心。
- 掌握常见的深度学习算法。
- 掌握算法的改进——数据挖掘创新的关键。

### 5.1.1 算法——关系提取的核心

深度学习能在智能制造领域大放异彩，其核心在于精心设计的数学逻辑与规则——算法，它们赋予了系统以"智慧"（见图 5-1）。商务部和科技部于 2020 年发布《中国禁止出口限制出口技术目录》，算法位列其中，足以显示其重要性。深度学习中的算法并非遥不可及，只要深入理解了底层原理就能掌握其精髓，进而灵活应用并自行改进算法以适用场景。我们将一起探讨这些算法的核心思想和应用场景，以便在智能制造等实际领域中更好地理解和应用它们。

**1. 线性回归（Linear Regression）算法**

回归分析作为统计学领域中的一项关键数据分析技术，其核心在于深入探究两个或更多变量之间的潜在关系。线性回归的核心是最小化误差，即数据点到拟合线的距离，就是通过计算数据点到直线之间垂直距离求和，并使其取得最小值的过程。通过最小化所有数据点与拟合线之间的垂直距离的平方和（即最小二乘法）来求解最佳拟合线。线性回归又分为两种类型，即简单线性回归（Simple Linear Regression，见图 5-2）和多变量回归（Multiple Regression）。在线性回归（Linear Regression）算法的公式 $y = mx + c$ 中，$y$ 是因变量，$x$ 是自变量，利用给定的数据集求 $m$ 和 $c$ 的值。

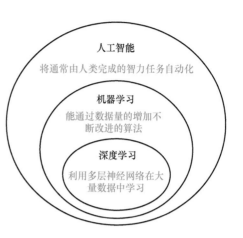

图 5-1　人工智能、机器学习、深度学习之间的关系

假设我们是一个房地产经纪人，面临着如何根据房屋的特征来预测其销售价格的挑战。首先，我们需要收集一系列房屋的数据，包括面积、卧室数量、浴室数量、房屋年龄等特征以及对应的销售价格。接着，我们选择与目标变量（房价）高度相关的特征，即面积、卧室数量、浴室数量和房屋年龄，建立线性回归算法来训练模型。这个线性方程可以表示为

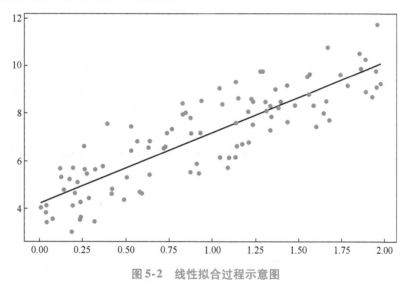

图 5-2　线性拟合过程示意图

$$房价 = \alpha + \beta_1 \times 面积 + \beta_2 \times 卧室数量 + \beta_3 \times 浴室数量 + \beta_4 \times 房屋年龄 \tag{5-1}$$

式中，$\alpha$ 为截距；$\beta_1$，$\beta_2$，$\beta_3$，$\beta_4$ 为对应特征的系数。

通过这个方程，只需将新房屋的特征值代入训练好的线性方程中，即可快速而准确地得到预测价格。

**2. 逻辑回归**（Logistic Regression）**算法**

逻辑回归算法与线性回归不同的是，逻辑回归算法中的因变量表示某种事件发生的概率，将线性回归结果转化为概率值，主要用于解决二分类问题。逻辑回归通常使用某种函数将概率值压缩到特定范围内。例如 Sigmoid 函数具有 S 形曲线特性（见图 5-3），常用于二元分类，将某事件发生的概率映射到 0 ~ 1。例如在天气预报中，逻辑回归算法通过分析历史气象数据，如温度、湿度、气压、风速等特征，来预测未来的天气状况。这些数据输入到逻辑回归模型中，模型会学习这些特征与天气状况之间的关系，并输出一个概率值，表示某种天气状况（如晴天、多云、雨天）出现的可能性。通过不断调整模型的参数，可以逐渐提高天气预报的准确性。

**3. 支持向量机**（Support Vector Machine）**算法**

支持向量机（SVM）算法的核心思想是通过在多维空间中寻找一个最优的超平面，将不同

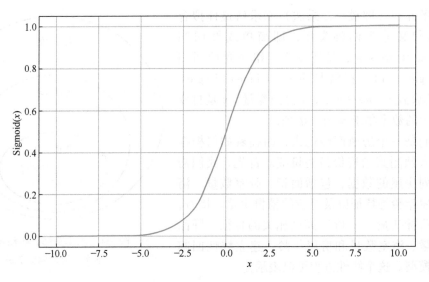

图 5-3　Sigmoid 激活函数

类别的数据点分隔开来。这个超平面可以是线性的，也可以是非线性的，取决于数据的性质。在分类过程中，SVM 依赖于一些特殊的数据点，称为支持向量（见图 5-4）。例如，CRM 在构建基于 SVM 的客户筛选系统时，首先需要对客户信息进行预处理和特征提取，通过将客户信息转化为数值向量，输入到 SVM 模型中。在经过模型训练后，SVM 会学习一个最优的超平面，将潜在客户和非目标客户在特征空间中分隔开来，实现客户的筛选。SVM 可以看作是具有 1 层隐藏层的神经网络，深度学习指具有 5 层以上隐藏层的神经网络，大模型一般在 30 层以上。层数越多，计算越复杂，但提取非线性特征的能力越强。

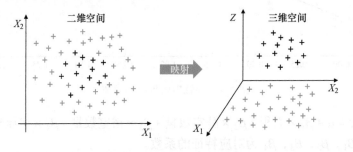

图 5-4　利用 SVM 分类数据

**4. 降维（Dimensional Reduction）算法**

与 SVM 升维相反，降维算法（见图 5-5）涉及维度的降低。在机器学习和统计学领域，降维是指有限情况下，通过减少随机变量个数，以获取一个"不相关"主变量的方法，一些数据集可能包含许多难以处理的变量。特别是多源异构数据呈指数增长的趋势下，系统中的信息将非常庞大。数据集可能包含数千个变量，其中也包含很多不相关的变量，很难确定和预测最相关的变量，此时降维算法可以帮我们化简这一难题。

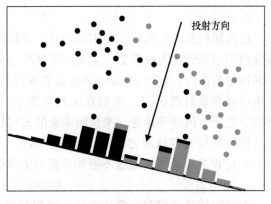

图 5-5　降维算法示意图

降维算法在对图像数据压缩中起到重要作用。在图像处理中，图像数据往往包含大量的像素点，每个像素点都具有多个颜色通道（如 RGB）和亮度值，因此形成了高维数据集。为了降低存储和计算成本，同时保留图像的主要信息，可以采用主成分分析（Principal Component Analysis，PCA）算法对图像数据进行降维处理。PCA 算法通过寻找数据中的主要方差方向，将高维图像数据投射到低维空间。在这个过程中，PCA 算法首先计算数据的协方差矩阵并找到其特征值和特征向量。然后，PCA 算法会选择最大的几个特征值对应的特征向量，这些特征向量构成了一个降维矩阵。最后，通过将原始图像数据与该降维矩阵相乘，就可以得到降维后的图像数据。通过这种方式，PCA 算法能够将原始的高维图像数据压缩为低维特征向量，同时保留图像的主要信息。这不仅减少了数据存储的空间需求，还加速了图像检索和分类的速度，被广泛应用于图像处理、数据挖掘和可视化等领域。

**5. K- 近邻（K- Nearest Neighbors）算法**

俗话说"物以类聚，人以群分"，K- 近邻（KNN）的核心思想便是如此。如果一个样本的 $K$ 个最近邻样本中大多数属于某个特定类别，那么该样本也被归类为这个类别。KNN 算法（见图 5-6）通过计算待分类对象与已知样本点之间的距离，找出距离最近的 $K$ 位邻居。然后根据这 $K$ 位邻居的类别或数值来预测待分类对象的类别或数值。KNN 算法的优点在于其简单性和直观性，它不需要对数据进行复杂的预处理，也不需要对数据的分布做出任何假设。但是 KNN 算法对 $K$ 值的选择非常敏感，不同的 $K$ 值可能会导致截然不同的分类或预测结果。因此在实际应用中，选择合适的 $K$ 值和优化算法的性能是 KNN 算法的关键。

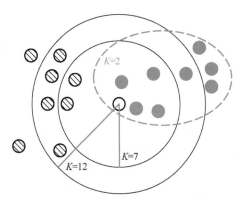

图 5-6　KNN 和 K-Means 对比

在车辆 CRM 系统中，KNN 算法被广泛应用来预测用户对新车的喜好程度。系统首先收集用户的购车记录和评分数据，这些数据构成了算法的学习基础。当新用户或老用户希望查看新车推荐时，KNN 算法会分析他们的购车历史和评分，找出与他们喜好最相似的 $K$ 位用户。这些邻居的购车喜好将作为参考，用来预测目标用户可能感兴趣的车辆。算法会查看 $K$ 位邻居对新车的评分，并取这些评分的平均值或加权平均值，作为目标用户对该车型的预测评分。基于这些预测评分，系统能够根据用户的偏好生成个性化的购车推荐列表，展示不同的新车选项，从而为每位用户提供更加精准且符合需求的购车建议。

**6. K- 平均（K- Means）算法**

K- Means 算法虽然与 KNN 算法都有 $K$，但代表着不同的含义。KNN 中的 $K$ 代表着最近邻居的数量，而 K- Means 中的 $K$ 则代表要形成的簇的数量。K- Means 算法（见图 5-7）是一种无监督学习算法，它通过将数据集划分为 $K$ 个部分，使得每个部分的数据尽可能相似，而不同部分之间的数据尽可能不同。K- Means 算法把 $n$ 个数据分配到刚才划分好的 $K$ 个部分，使每个点被分配到最近簇的中心。不断重复上述过程，直到簇中心位置不再改变。体会一下，图 5-6 中，KNN 分类"参考近邻"：$K = 7$ 空心圈属于蓝方，$K = 12$ 空心圈属于阴影；而 K- 平均分类"靠近多数"：$K = 2$，空心圈属于蓝方。

在 CRM 中，K- Means 算法发挥着重要作用。通过收集用户的购物数据，提取出与购物行为相关的特征，如浏览偏好、购买偏好等，就可以利用 K- Means 算法对用户进行聚类分析。算法会随机选择 $K$ 位用户作为初始的聚类中心，然后根据每个用户与聚类中心的距离，将用户分配到最近的簇中。通过这种方式，能够将用户划分为不同的群体，每个群体内的用户具有相似的购

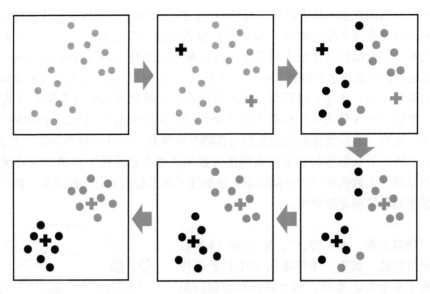

图 5-7　K-Means 分类流程图

物行为和偏好。基于这些用户群体的划分，可以为不同群体提供精准的推荐和营销策略，从而提高用户的购物体验和满意度。

**7. 决策树（Decision Tree）算法**

决策树算法的核心思想是将一个复杂的决策过程逐步分解为一系列简单的决策，从而以树形结构的方式表示出来。决策树中的节点分为根节点（入度为 0）、决策节点（入度、出度非 0）和叶子节点（出度为 0）。从根节点出发，形成决策节点（或称为内部节点）。这些决策节点就像是分叉的树枝，每个分叉都对应一个特定的特征取值。根据这个特征取值，数据集被分成几个子集，每个子集都对应一个决策节点的分支。在决策树的每个分支上，可能会遇到进一步的决策节点，这些节点会继续根据数据的其他特征进行划分。这个过程会一直进行下去，直到达到叶子节点为止。叶子节点是决策树的终点，它们表示了最终的分类或预测结果。当需要对新的数据进行分类或预测时，只需要从根节点开始，根据数据的特征取值逐步向下遍历决策树，最终就能够到达一个叶子节点，从而得到分类或预测的结果。

在确定人群中谁更喜欢使用信用卡时，通常会考虑人群的收入情况和办理信用卡的需求，如果已有稳定的收入且有一定的物质需求，那么人们将更倾向于选择办理信用卡，反之则较少。通过定义更多类别的合适属性，可以进一步扩展决策树（见图 5-8）。

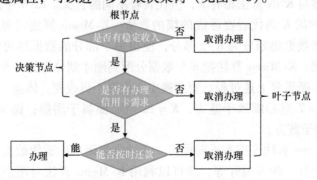

图 5-8　信用卡决策树分类示意图

### 8. 随机森林（Random Forest）算法

随机森林算法可以把它看一个决策树的集合（见图 5-9）。在随机森林中每棵决策树都代表着一个分类，可以根据每种分类进行"投票"，并根据最后的投票数量确定其最终类别。

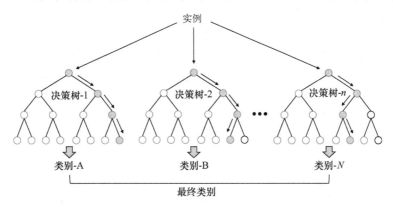

图 5-9　随机森林算法示意图

在 CRM 领域，随机森林算法展现了卓越的应用潜力。通过构建由多棵决策树集成的随机森林模型，企业能够全面分析客户的多样化数据，包括购买历史、服务使用情况、客户反馈及互动行为等。这些决策树各自独立学习并预测，最终通过多数投票或加权平均的方式，生成一个更为稳健和准确的客户画像及行为预测。这一过程不仅提高了预测的准确性，还通过特征重要性评估，揭示了影响客户关系的关键因素，如购买组合、服务互动模式及客户特征等。企业可以基于这些信息优化市场策略并定制个性化服务方案，从而增强客户黏性，提升客户满意度，推动 CRM 的智能化水平。

### 9. 朴素贝叶斯（Naive Bayes）算法

朴素贝叶斯算法是一种基于贝叶斯定理与特征条件独立假设的分类方法（见图 5-10）。它利用统计学中的概率知识，通过已知的训练数据集中的特征与类别之间的关系，来预测新数据的类别。"朴素"一词主要指的是特征条件独立假设，即假设各个特征之间相互独立，互不影响。然而这一假设在现实中往往是不成立的，因为大多数问题的特征之间都存在一定的关联性，但这种简化的假设使得朴素贝叶斯算法在实际应用中具有计算简便、效率高等优点。

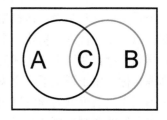

图 5-10　朴素贝叶斯算法分类方法示意图

朴素贝叶斯算法的工作原理：①根据训练数据集计算每个类别下各个特征的条件概率，即 $P$（特征|类别）。②对于新的数据，根据贝叶斯定理计算该数据属于各个类别的概率，即 $P$（类别|特征）。③选择概率最大的类别作为新数据的预测类别。由于朴素贝叶斯算法基于特征条件独立假设，它在实际应用中往往能取得较好的分类效果。

在新员工分类任务中，朴素贝叶斯算法被广泛应用。例如，有一批已知分类的员工信息数据，这些员工已经被标记为"研发""销售"或"生产"等类别。通过训练这些数据，可以构建一个朴素贝叶斯分类器。当有新员工需要分类时，将员工信息作为特征，利用朴素贝叶斯算法计算该员工属于每个已知类别的概率。由于算法假设特征之间相互独立，它会基于每个信息在各类别中出现的频率来计算这些概率。最后，选择概率最高的类别作为新员工的预测类别，从而实现新员工的初步分类。

### 10. 梯度增强（Gradient Boosting）算法

梯度增强算法是一种基于梯度提升思想的集成学习算法，它通过迭代的方式构建多个弱学习器（如决策树），并将它们组合成一个强学习器（见图 5-11）。在每次迭代中，梯度增强算法都会根据当前模型的损失函数的梯度信息来训练一个新的弱学习器，以最大程度地减小损失函数的值。算法首先初始化一个预测函数（通常是常数或平均值），然后对于每一轮迭代，都会计算损失函数在当前预测函数下的负梯度值，这些负梯度值被用作新的训练数据的标签来训练一个新的弱学习器。新的弱学习器训练完成后，会将其加入已有的模型集合中，并更新预测函数。这个过程会一直重复，直到达到预设的迭代次数或满足其他停止条件。最终梯度增强算法会输出一个由多个弱学习器加权组合而成的强学习器，其预测性能通常优于单一的弱学习器。

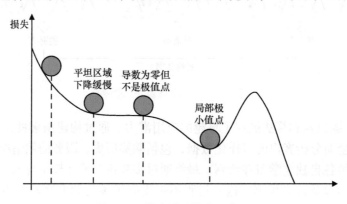

**图 5-11　梯度增强算法示意图**

梯度增强算法可以应用于信用评分领域。在这个场景中，SCM 希望根据供应商的企业信息和历史记录来预测其信用风险。假设有一个包含供应商信用数据的训练集，这些数据包括注册资金、收入、供货历史、信用记录等多个特征。首先，梯度增强算法会初始化一个基础预测模型，这个模型可能只是简单地根据所有供应商的平均信用评分进行预测。然后，算法开始迭代训练过程，每一轮迭代都会构建一个新的弱学习器（如决策树）。在每一轮迭代中，梯度增强算法会计算当前模型预测结果与实际信用评分之间的残差，即模型预测错误的部分。这些残差被用作新的训练目标，用于训练下一个决策树。决策树会学习如何根据供应商的特征来预测这些残差，从而试图纠正当前模型的预测错误。随着迭代次数的增加，梯度增强算法会逐渐构建出多个决策树，并将它们的预测结果结合起来，形成一个强学习器。这个强学习器会综合考虑所有决策树的预测结果，并给出一个更准确的信用评分预测。

### 11. 符号回归（Symbolic Regression）算法

符号回归是一种有监督的机器学习方法，用于发现某种隐藏的数学表达式或函数，以最佳地拟合给定的数据集。与传统的回归方法不同，符号回归不仅仅是找到一个多项式拟合，而是通过搜索和组合基本数学运算符、函数库（如 $\sin x$、$e^x$ 等），自动构建出一个数学表达式。符号回归从遗传算法演化而来，模拟自然选择和遗传学原理的优化搜索算法，通过模拟自然进化过程来搜索问题的最优解。因此符号回归可以不断优化数学表达式的结构，最终得到最优的表达式。相比于线性回归只能表示线性关系，符号回归可以输出更加复杂的非线性关系。此外，符号回归算法拥有更强的可解释性（即具有物理意义），人类的好奇心和学习能力使得我们在对一批数据做出预测后想要明白为什么会做出这种决策，因此在很多场景下，需要算法模型具有可解释性，使得我们能够快速地洞察数据之间的因果关系。符号回归的优点在于不依赖先验知识来为非线性系统建立符号模型，而是使用遗传算法、进化策略、粒子群优化等优化算法来进行搜索和优化。

假设有一个数据集，它记录了不同拉力下某种材料疲劳断裂的信息，想要找到一个数学表达式来描述外力与断裂速率之间的关系。可以使用符号回归算法自动寻找描述该关系的数学表达式。算法首先会随机生成一系列包含基本数学运算符和函数的数学表达式，每个表达式都代表一个可能的模型。然后，算法会使用这些数据点来评估每个表达式的准确性。接下来，符号回归算法会基于这些误差值来选择一部分表现较好的表达式进行遗传操作（如交叉和变异）。在交叉操作中，算法会随机选择两个表达式，并交换它们的一部分结构来生成新的表达式。在变异操作中，算法会随机修改表达式中的一部分来引入新的结构。经过这些操作，便得到了不同外力下材料疲劳断裂速率的公式（见图 5-12）。

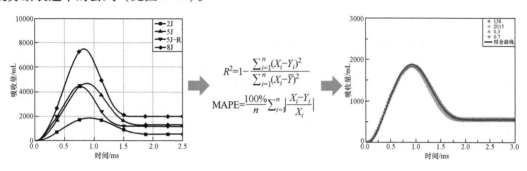

图 5-12　利用符号回归拟合的曲线方程

## 5.1.2　算法与智能制造的关系

算法是智能制造系统提取关系的工具，探求系统的非线性关系特征，发现蕴含的深层次规律。算法的持续改进与制造业的转型升级之间存在着日益紧密且不可或缺的关联，它们共同构成了现代制造业的核心驱动力。算法作为智能制造生态系统中的关键组成部分，与数据、硬件和软件等元素紧密交织，共同推动着制造业向更高水平的智能化发展。随着多源异构数据日益增多，应该创建新算法使数据质量对模型精度的影响降到最低。如果数据存在偏差或噪声或者算法设计不合理，将会导致算法性能下降甚至失效。

算法改进是智能制造系统创新的核心。智能制造系统作为一个异构层析网络，应用场景与当前典型的导航、电商和语言处理差别较大，需要与实体企业的特殊性相结合，这就涉及算法的创新与改进。比如，CRM 中客户黏性不仅仅与今天的状态相关还与今天以前的 $n$ 个状态相关；只不过，历史越久对今天的影响越弱，这就是 LSTM 算法的思想。在众多算法改进中，从 RNN（循环神经网络）到 LSTM 的过渡无疑是一个典型的成功案例（见图 5-13）。RNN 在处理时间序

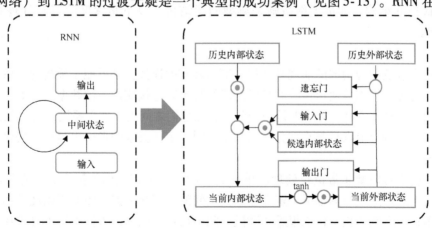

图 5-13　RNN 与 LSTM 的区别

列数据时，通过其循环结构能够捕捉序列中的时间依赖性。然而当序列很长时，RNN 会遇到梯度消失或梯度爆炸的问题，导致模型难以学习远距离的依赖关系。这种现象限制了 RNN 在处理长期依赖问题上的能力。为了克服 RNN 的这一局限性，LSTM 引入了门控机制，通过遗忘门、输入门和输出门三个关键组件来控制信息的流动与遗忘，使得 LSTM 能够更有效地处理长期依赖问题。从 RNN 到 LSTM 的重要突破，使得循环神经网络在处理时间序列数据时更加灵活和强大。这一改进不仅提高了模型的表达能力，还拓展了循环神经网络的应用范围。

## 5.2　图神经网络

### 引言

图神经网络（Graph Neural Networks，GNN）是深度运筹学的"算盘"。智能制造涉及 SCM、MES、WMS、TPM 和 TQM 等，之间关系可以表示为复杂网络化的非欧图结构数据，而图神经网络正是非欧数据的强大求解工具。图神经网络的关键是利用节点表示、图嵌入、端到端学习和图卷积解决图数据的四大难点，将"复杂网络变矩阵"，而后就可以用传统的深度学习处理了。将图神经网络应用于智能制造，可以充分利用其在处理非欧结构化数据和复杂网络关系方面的优势，从而提升系统的整体效率和智能化水平。

### 学习目标

- 了解图神经网络的概念。
- 熟悉图嵌入及端到端学习。
- 掌握谱域和空间域的图卷积。

### 5.2.1　图数据的处理难题

通过引入图神经网络，智能制造系统能够更准确地捕捉各个环节之间的复杂关系和动态变化，从而实现更精确的预测和优化。这种结合不仅提升了数据处理和分析的能力，还在生产流程和决策过程中发挥了重要作用。图神经网络的表示学习能力使其能够从图数据中提取深层次特征，助力智能制造系统预测风险并寻找创新断点，从而提高运营效率。

在大量数据和强大计算资源的推动下，深度学习的表征能力在自然语言处理、计算机视觉、计算机语音等领域取得了突破性的进展。大部分传统深度学习模型如 CNN（卷积神经网络）和 RNN，处理的数据通常限制在欧氏空间。智能制造系统的数据不像图像和文本那样具有规则的欧氏空间结构，如员工网络则是典型的图结构。以下是深度学习在处理图数据时遇到的主要问题。

#### 1. 图结构的非规则性

图数据是由节点和边构成的非规则结构，节点之间的连接关系可能是稀疏的、密集的并且没有明显规律。这种非规则性使得传统的神经网络结构难以直接应用于图数据。例如，员工网络中的工作关系图（见图 5-14）。每个人是一个节点，而他们之间的工作关系则是边。员工网络中的节点数量众多，但每个节点只与小部分节点联系，同时工作关系的形成也是动态变化的，这导致图的结构高度不规则。

传统的深度学习模型非常擅长处理简单而有序的序列数据或栅格数据，如常见的图像、音频、语音和文本等。这些数据都属于定义在欧氏空间的规则化数据。图的规则性较弱，因此其表示要复杂得多；图之间的相似性也很难在欧氏空间中衡量。因此，人们不得不寻求在非欧空间中来定义图。然而，在非欧空间中，图数据仅仅具备局部平稳性（Locally Stationary），且具有明显

图 5-14　员工网络工作关系图

的层次结构。传统计算框架处理大规模的图数据存在巨大的挑战。设计一种与深度学习兼容的数据表达方式，对于图数据的表示而言，需要探索出一套通用且支持可导的图计算模型。

## 2. 图表达无固定格式

图数据的确容易描述实体之间关系。然而，由于图中的关系并没有固定的表达方式，这就导致很多完全等价的图同构难以被发现。同构图无论是在形式上还是在外观上，看起来都迥然不同，但实际上，它们却是同构的，即二者具有等价关系（见图 2-30）。如果难以判定图的同构关系，那么分析它们的性质也就相对困难了。尤其当图的节点数比较多时，图同构的判断更是难上加难。

另外，图中的节点可能具有不同类型的特征，这些特征可能是连续的、离散的或者结构化的。而传统的神经网络更适用于处理固定长度的特征向量，而不能很好地处理节点的异质特征。例如，智能制造系统中的排产中，受位置、使用年限、维护保养、操作工等因素影响，即使同工序设备，之间还是有区别，每台设备成为一个异质表征的节点。

## 3. 图可视化难理解

在图神经网络中，图的可视化难以理解主要是因为图数据的复杂性和高维特征。图通常包含大量节点和边，结构复杂且不规则，且节点和边可能具有多样化的属性和权重。传统的可视化方法难以全面展示这些信息，导致图的整体结构和局部关系难以直观理解。并且，由于图的维数非常高，节点分布密集，即使可视化呈现出来，其复杂程度也会让人们费解不已，进而只能望"图"兴叹。

许多真实世界中的图数据非常庞大，并且通常是稀疏的，这意味着大部分节点之间并没有直接的连接。传统的神经网络模型在处理大规模稀疏图数据时可能面临计算和存储上的挑战。例如，设备系统是一个由设备（节点）和工序（超边）组成的大型图结构，并且设备之间的联系具有复杂系统的幂律特征。

## 4. 图数据不符合独立同分布

传统的机器学习所用的数据样本，通常符合独立同分布假设，不同样本之间并无关系。一朵鸢尾花不同于另一朵鸢尾花，一张猫的图片不同于另一张猫的图片。它们彼此不知道也不需要知道对方的存在。独立同分布是机器学习领域很重要的假设。这个假设意味着，如果假设训练数据和测试数据是满足独立同分布的，那么通过训练数据获得的模型（比如，拟合一个决策平面）能够在测试集上获得很好的预测效果。而基于图的机器学习，样本数据之间存在连接边的关系，也就是样本之间不是独立同分布的。因此，传统机器学习和图机器学习有显著不同。这带来的挑战就是，研究人员在传统机器学习领域积淀的经验可能无法用于图数据的处理。

### 5.2.2 图神经网络简介

#### 1. 图神经网络的本质

所谓机器学习，在形式上可近似等同于通过统计或推理的方法寻找一个有关特定输入和预期输出的功能函数 $f$。如果把输入变量（特征）空间记作 $X$，把输出变量空间记为 $Y$。那么机器学习在形式上就近似于寻找一个非线性特征函数，见式（5-2）：

$$Y \approx f(X) \tag{5-2}$$

图神经网络的学习过程实际上也在上述范畴内进行。从本质上看，它的任务是构建一个函数映射。针对特定的图数据 $X$，经过数据预处理和转换后，按照某种学习得到的规则，最终生成一个输出 $Y$（如分类信息或回归值）。图神经网络的本质，如图 5-15 所示。问题在于，如何找到这样的映射关系？于是，各类图神经网络算法应运而生。

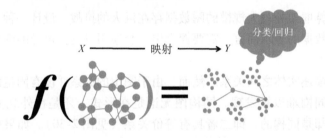

图 5-15　图神经网络的本质

图神经网络是一种将图数据处理和深度学习网络相互结合的技术。它先借助图来表达"错综复杂"的关系，当节点以某种方式局部聚合其他节点信息后，再做数据的"深加工"，可将其用于分类、回归或聚类等任务中。

在 2005 年之前，就已经出现了图神经网络，尽管当时深度学习时代尚未到来。图神经网络的主要目标是通过类似人工神经网络的方法将图及其节点（有时还包括边）映射到一个低维空间，从而学习图和节点的低维向量表示。这个目标通常称为图嵌入或图表示学习。值得注意的是，图嵌入或图表示学习并不仅仅限于图神经网络这一种方法。

早期的图神经网络采用 RNN 的方式，递归地利用节点的邻接点和边来更新状态，直到达到不动点（Fixed Point）。令人惊讶的是，回顾这些早期模型时，会发现它们与现在常用的模型已经非常接近。然而，由于当时模型本身的一些限制（例如，要求状态更新函数是一个压缩映射）以及当时算力的不足，这些模型并没有得到足够的重视。虽然原始的图神经网络具有局限性，例如计算复杂性高和容易过拟合等问题，但是其为图神经网络的发展奠定了基础，我们将从谱域（Spectral Domain）和空间域（Spatial Domain）两个视角探讨图神经网络。

#### 2. 图神经网络预测

近年来，图神经网络逐渐成为学术界的研究热点之一。图神经网络在电商搜索、协同推荐、在线广告、金融风控等领域都有诸多的落地应用。机器学习算法的核心价值，体现在对新样本的预测上，图神经网络也不例外。针对图数据，图神经网络的预测主要体现在三个层面：节点层面、边层面、图层面。

（1）节点预测 在节点层面的预测任务主要包括分类任务和回归任务。分类任务和回归任务本质一样，类似于定性和定量的区别。基于分类任务的模型就是一种定性模型，输出是离散化结果（如树之高矮）。基于回归任务的模型就是一种定量模型，可视为分类模型的输出连续化（如树高 2.32m）。从广义层面来看，基于图神经网络的分类或回归任务，多属于半监督学习。半监督学习就是基于部分"已知认知（标签化的分类信息）"减少"未知领域（通过聚类思想将未知事物归类为已知事物）"。事实上，带动图神经网络研究"风起云涌"的经典论文，就是半监督学习领域的典范之作。

在图神经网络中，需要"知己知彼"方能"百战不殆"。"知己知彼"实际上就是聚合邻居节点的信息，并和自身节点信息进行融合。对应的方法有很多，如利用图卷积神经网络（Graph Convolutional Network，GCN）来获取邻居信息，而图采样与聚合（Graph Sample and Aggregation，GraphSAGE）则通过采样来有选择地获取邻居信息。当邻居信息汇集到本地节点后，就可以利用传统的方法（如深度学习）来做节点的分类或回归（见图 5-16）。节点层面的预测有很多应用场景，如在 SRM 中预测某个用户的标签（该用户是否对价格敏感），恶意账号检测（某个用户是否为虚假账号）。

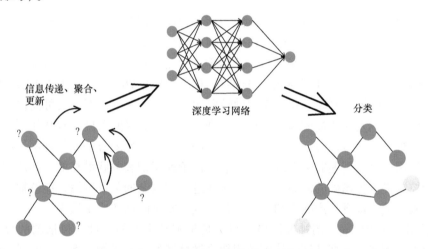

图 5-16　图神经网络中的节点预测

例如，在 CRM 中，可以考虑以下场景：假设有一个在线零售平台，其中每个节点代表一个商品，而商品之间的边表示它们之间的共同购买历史。其步骤包括：

1）数据表示：每个商品节点具有一个特征向量，可能包括商品的类别、价格范围、销售量等信息。边表示商品之间共同被同一用户购买的频率或者共现次数。

2）节点级任务：我们的目标是利用图神经网络来预测每个商品节点的受欢迎程度。这可以看作是一个节点级的回归任务，其中我们试图预测每个商品的流行程度或热度指标，如购买次数的预测。

3）图结构：图表示了商品之间的关系，即它们之间的共同购买历史。这种图结构可以用邻接矩阵来表示，其中边的权重反映了共同购买的频率。

4）图神经网络模型：可以使用类似 GCN 或图注意力网络（Graph Attention Network，GAT）的图神经网络模型来学习商品之间的复杂关系，并将这些关系信息整合到节点特征中，以改善流行度预测的准确性。这些模型能够有效地捕获商品之间的相似性和用户购买行为的模式。

5）训练与预测：将商品节点及其特征与图结构数据作为输入，训练图神经网络模型以最小化流行度预测的损失函数。一旦训练完成，模型可以用于预测新商品的流行度，以帮助平台优化 CRM 系统或 WMS 管理策略。

（2）边预测　图神经网络还能做它更本质的工作——对描述关系的"边"进行预测（见图 5-17）。在边层面，它的预测是指对边的某些性质进行预测，判断某两个节点之间是否形成边。图神经网络的"边预测"应用场景通常出现在推荐系统中。例如，在 SCM 中，如果将用户当作节点，用户之间的关注关系当作"边"，那么这里的边预测就是根据其他用户的关注情况，给当前用户推荐值得关注的用户。

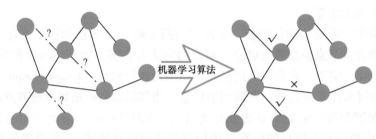

图 5-17　图神经网络中的边预测

另一个关于边预测的应用案例是产品缺陷原因。对于直观或者浅层的质量问题，可以通过 SPC 统计寻求发生的原因；但对于看似风马牛不相及的两道工序、员工和用户等，如何把缺陷和原因联系起来了，就需要借助图神经网络，这属于边预测的范畴，为工艺质量提供了更准确的选项。如 2024 年 1 月 5 日，特斯拉召回生产日期在 2014 年 8 月 26 日至 2023 年 12 月 20 日期间电动汽车，共计 1610105 辆，原因是在自动辅助转向功能开启情况下，驾驶员可能误用 2 级组合驾驶辅助功能，增加车辆发生碰撞的风险，存在安全隐患。注意时间跨度，有 9 年多，对于这样深层次问题，传统统计方法难以胜任。这种基于图神经网络的边预测方法在处理深层次的质量问题中发挥了重要作用。对于智能制造系统而言，它不仅帮助识别和关联潜在的缺陷原因，还能为工艺改进和质量控制提供更精确的洞察。这种方法通过挖掘复杂的关系网络，能够揭示潜在的生产问题和系统漏洞，从而提升生产效率和产品质量，减少安全隐患和成本损失。

（3）图预测　在图层面，图神经网络的目标是预测整个图的属性，包括图的分类、图的生成、图的匹配等。例如，根据社区连接图的规律来做社区发现（见图 2-57）。根据企业安全要素网络、结合行业事故对要素标签来预测企业存在的重大安全隐患区域或员工群体。

还有一些图上的任务并不能简单地归类到以上三类，尤其是一些图神经网络与其他任务结合的衍生任务，但它们大多也是基于图的某一层级的表示（节点或图）来展开的。

**3. 图神经网络典型场景**

图神经网络是为深度学习图结构数据、提取深层的非线性特征而诞生的，在复杂网络系统中迅猛发展，下面是典型的应用场景：

（1）社交网络分析　图神经网络在社交网络分析中有广泛应用，社交关系的描述本质是图结构，其中个体（节点）和它们之间的互动（边）构成了复杂的图模式。

1）社区发现。在社交网络中识别团体或群组是多个领域，包括 CRM 中的目标群体分析。图神经网络作为一种强大的图结构数据分析工具，能够捕捉团体内外的复杂相互作用，为更准确的聚类提供支持。特别是在社区检测方面，图神经网络显示了其广泛的应用潜力。例如，耦合深度特征生成（Coupled Deep Feature Generation，CDFG）模型利用自动编码器和图注意力网络结合，通过多层次地融合节点的属性和结构特征来进行社区检测。此模型还采用了自监督机制，进一步提高其在社区检测任务的性能。

2）推荐系统。推荐系统在 CRM 中有着广泛的应用，它们的目标是分析理解用户的行为和需求以为用户提供个性化的信息、产品或服务。用户与商品的历史交互信息构成的二分图能够准确地反映用户的兴趣和偏好以及用户与商品之间的相互关系。在这种二分图中，一类节点代表用户，另一类节点代表商品，而边则代表用户与商品之间的某种交互（如购买、点击、评价等）。在推荐系统中，图神经网络通过分析由用户的历史行为数据和各种属性信息组成的二分图来预测用户偏好，从而优化用户体验或提升业务收入。针对推荐系统的特殊需求，已经开发多种适用的图神经网络模型，均直接展示了图神经网络在处理复杂、高维和非结构化数据方面的强大能力，从而极大地提高推荐系统的准确性和效率。

（2）自然语言处理　自然语言文本具有丰富的结构特性，比如句子内部的依存关系和文档级别的主题结构。这些特性可以以图的形式进行表示，其中的节点表示文本的基本单元（如词或句子），而边则描绘这些单元之间的相互关系。在自然语言处理（Natural Language Processing，NLP）中，文本元素之间的语义和语法关系通常是非线性且复杂的。图神经网络能够捕获节点（也就是文本的基本单元）与其高阶邻居（如距离较远的文本元素）之间的复杂关系，这对于多种 NLP 任务（如语义角色标注、命名实体识别等）具有重要意义。更进一步，图神经网络支持端到端的参数学习，这意味着模型能够直接从输入（例如文本图）到输出（例如分类标签）进行优化，而无需进行繁琐的手动特征提取工程。相较于传统机器学习模型，图神经网络具有更高的表达能力，能捕捉更为复杂的关系和模式。由于其对结构化数据的高效处理能力和强大的表达力，图神经网络在自然语言处理领域具有广泛的应用潜力。

1）多跳问答。售后服务在多跳问答（Multi-hop Question Answering，MHQA）任务中，系统需要从多个文本段落中抽取和推理出答案，这通常需要多次"跳跃"来获取所需的所有信息。为了解决这个问题，层析图网络模型构建了一个层次化的图结构来表示和整合多段文本的信息。每一层的图结构都捕捉了文本中不同的语义和关系层次，从句子级到段落级，再到整个文档级。通过这种方式，模型可以有效地处理和整合多段文本中的信息，从而进行准确的推理。类似的方法可以用于处理和分析复杂的生产数据和售后服务信息。通过构建层次化的图结构，智能制造系统能够整合来自不同阶段的生产数据、设备故障记录和用户反馈信息，进行全面的分析和推理。

2）语义角色标注。语义角色标注（Semantic Role Labeling，SRL）旨在确定句子中的谓词-论元结构。简而言之，它识别句子中的动作（谓词）及其相关的实体（论元），并为每个实体分配一个语义角色（如施事者、受事者等）。在 SRL 中句子的结构通常被表示为一个图，其中词之间的关系可以通过边来表示。将句子表示为图后，可以使用图神经网络进行节点（即词汇）的嵌入，捕获它们的上下文信息。得到的嵌入可以进一步用于标注语义角色。图神经网络可以很好地处理此类结构化数据，从而捕获语句中词汇之间的复杂关系。

（3）计算机视觉　在计算机视觉领域，图神经网络具有显著的应用潜力，特别是在理解空间结构和关系方面。

1）图像分割。缺陷碳纤维复合材料的强度与破坏依然是机械强度学面临的最大挑战之一。先进复合材料设计及寿命预报主要依赖于大量的试验，不仅耗资巨大，而且周期漫长。采用 CT 重建复合材料，在不同分辨率下跨尺度提取气泡、裂纹特征过程中发现，欧氏几何难以描述的高度不规则形状可以采用图论中的树结构来刻画不同缺陷细节的异构张量特征，将缺陷骨化成树，更接近材料劣化的本质（见图 5-18）。

2）目标检测。目标检测任务整合了 CNN 和图神经网络的模型。首先运用 CNN 从图像中提取基础特征。然后，使用图神经网络来理解候选区域间的关系，并根据此关系更准确地进行对象

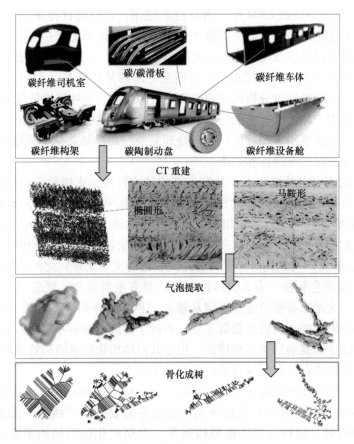

图 5-18　材料缺陷的 CT 重建、提取气泡、骨化成树

的定位和分类。这一技术已经在自动驾驶系统中得到应用，主要用于识别行人和车辆。

### 5.2.3　嵌入的端到端学习

机器只有在能够感知外界信号的基础上，才能进行学习和决策。然而，外界信号的原始形态通常无法被机器直接感知和理解，它们需要经过适当的编码才能被机器处理。因此，如何给万物合理编码，就是一门学问。嵌入（Embedding）技术的本质在于用向量表示一个对象，或者说是帮对象在数字世界找到一个好的编码表示。嵌入技术由最初的自然语言处理领域逐渐扩展到传统机器学习、搜索排序、推荐、知识图谱等领域，具体表现为图嵌入（Graph Embedding）"模仿"词嵌入（Word Embedding），实现图数据变矩阵，因此首先要明白词嵌入原理。

#### 1. 词嵌入与 Word2vec

"嵌入"技术最早起源于 2000 年。当时伦敦大学学院（University College London）的研究人员罗维斯（Roweis）与索尔（Saul）在《科学》杂志上撰文，提出了局部线性嵌入（Locally Linear Embedding，LLE）策略，它被用来从高维数据结构中学习低维表示方法（其核心工作就是降维）。那么，这个"嵌入"到底是什么意思呢？简单来说，在数学上，"嵌入"表示的是一个从高维到低维的映射 $f: X \rightarrow Y$，也就是说，它可以被简单看作一个映射函数。不过这个函数有点特殊，要满足两个条件：①单射，即每个 $Y$ 只有唯一的 $X$ 与之对应，反之亦然；②结构保存，比如，在 $X$ 所属的空间中有 $x_1 > x_2$，那么通过映射之后，在 $Y$ 所属的空间上一样有 $y_1 > y_2$。

词嵌入就是将词从高维空间映射到低维空间，同时保持映射的单射性和结构保存特性，好像是"嵌入"到另外一个空间一样。与传统的独热编码（One-hot Encoding）相比，后者仅用离散的 0 和 1 表示词语（虽然简单，但导致词空间维数太大），词嵌入（如 Word2vec）能够将词语转换为连续值，并且意义相近的词会被映射到向量空间中相近的位置。这样，就可以以定量的方式衡量词与词之间的关系，深入挖掘它们之间的联系。经过"词嵌入"操作之后，数十万维度的稀疏向量可能被映射为数百维的稠密向量。在这个稠密向量中，其每一个特征都可能有实际意义，这些特征可以是语义上的、语法上的、词性上的或者时态上的，等等。词嵌入还可以运算，使得词向量在一定程度上是可解释的，从而帮助我们更好地理解和分析词汇之间的关系。比如，假设"儒家""创始人"和"孔子"等词向量如下：

$$V(儒家) = [\,1.32, 0.54, -4.84\,]$$

$$V(创始人) = [\,3.12, -0.93, 2.82\,]$$

$$V(孔子) = [\,4.49, -0.38, -2.01\,]$$

要找出儒家的创始人，可以在"儒家"词向量上加上"创始人"词向量。

$$V(儒家) + V(创始人) = [1.32, 0.54, -4.84] + [3.12, -0.93, 2.82] = [4.44, -0.39, -2.02]$$

由于"儒家"与"创始人"的词向量之和与"孔子"的词向量相似，因此模型可以得出"儒家的创始人是孔子"的结论。

$$[\,4.44, -0.39, -2.02\,] \approx [\,4.49, -0.38, -2.01\,]$$
$$V(儒家) + V(创始人) \approx V(孔子)$$

类比特性还拥有类似于"$A - B = C - D$"这样的结构，可以让词向量中存在一些特定的运算，例如，$V(儒家) - V(孔子) = V(道家) - V(老子)$。这个减法运算的含义是，儒家的孔子跟道家的老子相当，都是创始人，这在语义上是很容易理解的（见图 5-19）。

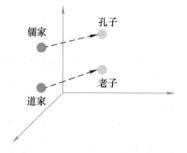

图 5-19　词向量的类比特性

Word2vec 是端到端学习的典型算法。它是一种通过神经网络从原始文本数据中直接学习单词向量表示的方法。Word2vec 主要有两种模型架构：连续词袋（Continuous Bag Of Word，CBOW）和跳元（Skip-Gram）：①给定某个中心词的上下文去预测该中心词，类似于英语考试中的完形填空，这个模型称为连续词袋；②给定一个中心词，去预测它的上下文，这个模型称为跳元。连续词袋与跳元的区别如图 5-20 所示。这里以跳元为例进行解释。

输入与输出：输入：中心词（目标词）和输出：上下文词（在一定窗口大小内的邻近词）。

假设给定一个句子："智能/制造/系统/设计"，对于目标词"制造"，窗口大小为 2，模型的输入输出对如下，输入：制造；输出：智能、系统/设计。

模型架构：跳元的核心是一个简单的神经网络，包括输入层、隐藏层和输出层。输入层：表示为一个独热编码的词向量。隐藏层：一个线性变换（权重矩阵），将独热向量映射到一个低维嵌入空间。输出层：另一个线性变换（另一个权重矩阵），输出一个预测分布，用于预测上下文词。

损失函数：跳元使用负采样（Negative Sampling）来计算损失函数。对于每个目标词-上下文

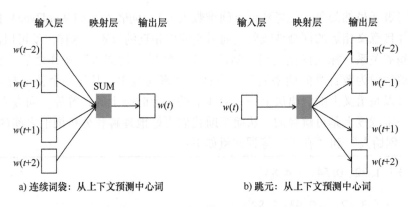

a) 连续词袋：从上下文预测中心词　　　　　　b) 跳元：从上下文预测中心词

图 5-20　连续词袋和跳元的区别

词对，模型不仅尝试最大化目标词与上下文词的相似度（正样本），还尝试最小化目标词与随机采样的非上下文词的相似度（负样本）。

端到端学习：训练过程中，Word2vec 模型直接从输入词学习嵌入表示，同时优化模型参数以最小化损失函数。整个过程是自动化的，不需要手工设计特征。模型使用反向传播算法调整权重矩阵，使得目标词的嵌入表示能够更准确地预测其上下文词。这种方法确保了词向量能够有效捕捉词汇之间的关系，从而提升了模型的预测能力。具体过程如下：

输入层：将独热编码的输入词 $x$ 通过权重矩阵 $W$ 映射到嵌入表示：

$$v_w = Wx \tag{5-3}$$

式中，$v_w$ 为目标词的词向量。

隐藏层到输出层：计算目标词的嵌入表示 $v_w$ 与上下文词的嵌入表示 $u_c$ 之间的相似度：

$$P(\text{context word}|\text{target word}) = \frac{\exp(u_c^{\mathrm{T}} \cdot v_w)}{\sum\limits_{c' \in \text{evocab}} \exp(u_{c'}^{\mathrm{T}} \cdot v_w)} \tag{5-4}$$

式中，$P(\text{context word}|\text{target word})$ 为在给定目标词的情况下生成某一上下文词的概率；$u_c$ 为上下文词 $c$ 的词嵌入向量；$u_c^{\mathrm{T}} \cdot v_w$ 为上下文词和目标词的嵌入向量的点积；$u_{c'}^{\mathrm{T}} \cdot v_w$ 反映了二者的相似度。

损失函数：使用负采样来简化计算，通过最大化目标词与上下文词对的相似度，同时最小化目标词与负样本词对的相似度：

$$L = -\log\sigma(u_c \cdot v_w) - \sum_{i=1}^{k} E_{w_i \sim P_n(w)} \left[ \log\sigma(-u_{w_i} \cdot v_w) \right] \tag{5-5}$$

式中，$\sigma$ 为 Sigmoid 函数；$k$ 为负样本的数量；$E_{w_i \sim P_n(w)}$ 为从负采样分布 $P_n(w)$ 中抽取的负样本的期望值；$u_{w_i}$ 为负样本词 $w_i$ 的词向量。

反向传播和参数更新：通过反向传播算法计算损失函数相对于权重矩阵的梯度，并更新权重矩阵以最小化损失。

**2. 端到端学习**

端到端学习（End-to-end Learning）是一种机器学习方法，系统从输入直接学习到输出，整个过程由一个单一的模型来完成。它的主要特点是无需中间处理步骤和手工特征工程，依赖于模型自动从数据中学习特征表示和任务相关的映射关系。

在图神经网络中，节点和边的特征通过一系列图卷积层生成嵌入表示。每一层图卷积通过聚合邻居节点的信息来更新节点的表示。这个过程自动从图结构和节点特征中学习到有效的表示，而不需要手工设计特征。

$$h_v^{(k)} = \text{Aggregate}\left( \left\{ h_u^{(k-1)} : u \in N(v) \right\} \right) \tag{5-6}$$

式中，$h_v^{(k)}$ 为 $v$ 节点在第 $k$ 层的表示；Aggregate 函数聚合邻居节点的信息；$h_u^{(k-1)}$ 为节点 $u$ 在第 $k-1$ 层的隐藏表示向量；$u \in N(v)$ 为节点 $u$ 在节点 $v$ 的一个邻居节点，集合 $N(v)$ 包含了所有与节点 $v$ 直接相连的邻居节点。

生成的嵌入表示用于特定任务，例如节点分类、边预测或图分类。这个过程是端到端的，即从原始图数据到任务输出之间的所有步骤都在一个模型内完成。最终的输出由一个任务相关的层（如全连接层或 softmax 层）产生：

$$\text{Output} = f(H) \tag{5-7}$$

式中，$H$ 为输入到函数 $f$ 的向量或矩阵。

端到端学习的关键是使用统一的损失函数来优化整个模型。这个损失函数直接衡量模型输出与目标之间的差异，例如，分类任务中的交叉熵损失或回归任务中的均方误差。通过反向传播算法，损失函数的梯度传递到模型的每一层，调整所有层的参数以最小化损失。

$$L = \text{Loss}(f(H), \text{Labels}) \tag{5-8}$$

式中，Loss 为损失函数；Labels 为实际的标签或目标值。

通过 Word2vec 的例子可以看到，端到端学习的特点：①直接映射，即从原始样本输入到特征的直接模型输出；②自动提取特征，模型自动学习到单词的嵌入表示，而无需手工设计特征。统一的优化目标，通过一个统一的损失函数进行优化，使用反向传播算法调整模型参数。

## 5.2.4　图数据的嵌入

图嵌入是将给定图中的每个节点（通常为高维且稀疏的向量）映射为一个低维且稠密的向量表示。这个向量能够保持原先图中的主要结构特性，其向量形式可以在向量空间中具有表示及推理的能力，以便用于下游的具体任务中。图中的节点可以从两个不同的"域"来观察：原图域和嵌入域。在原图域中，节点通过边相连；在嵌入域中，节点则被表示为连续的向量。图嵌入的目标是将每个节点从原图域映射到嵌入域。

### 1. DeepWalk

图嵌入的 DeepWalk 算法与 Word2vec 的逻辑类似。在 Word2vec 模型中，通过构建句子序列来为某个单词生成向量表示，在图领域同样有效，只要能构造出合理的序列，就可以运用类似的策略来学习向量表示。而图表示学习的核心任务就是如何构造这些合理的序列。DeepWalk 就是这种策略下的典型代表。

DeepWalk 是一种常见的面向图嵌入的表示学习方法，其独特之处在于将 Word2vec 中的思想灵活地迁移到图节点的表示学习中，利用随机游走（Random Walk）在图中进行节点采样，从而获取节点序列。我们可以将这些随机游走产生的节点序列看作是"句子"，节点则相当于"单词"，这就形成了一个图数据的语料库。有了语料库就可以使用 Word2vec 模型获取单词（节点）的嵌入表示。假设使用随机游走策略 $R$，在原图域中的节点 $u$ 和 $v$ 在随机游走路径上同时出现的可能性可以用概率 $P_R(v|u)$ 表示，在数学上，它可近似表达为在嵌入域的内积，二者的内积正比于它们的余弦相似度。图中节点之间的相似度见表 2-2。

DeepWalk 事实上就是一个两阶段的方法。第一阶段为采样阶段，它用随机游动遍历网络，根据游走获取的邻域关系感知网络的局部结构。第二阶段为训练阶段，它使用一种称为跳元的算法来学习一个映射函数。DeepWalk 流程图如图 5-21 所示。

### 2. 复杂图的图嵌入

复杂图的嵌入是智能制造系统设计的关键环节，除 2.2.4 节外，针对智能制造，作如下扩展

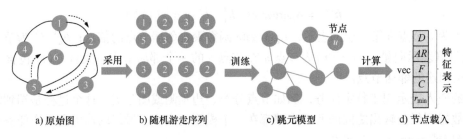

a) 原始图  b) 随机游走序列  c) 跳元模型  d) 节点载入

图 5-21　DeepWalk 流程图

补充：

（1）异质图嵌入　异质图嵌入是一种处理复杂图结构的技术，尤其适用于包含多种类型节点和边的图。它的主要目标是将这些不同类型的节点和边映射到一个统一的低维向量空间中，在这个空间中，图的结构和语义信息得以保留和表达。具体而言，异质图嵌入方法要满足以下要求：

1）保持结构信息：节点和边在嵌入空间中的表示应保留原图的结构信息，即相邻节点在嵌入空间中也应接近。

2）捕捉语义信息：不同类型的节点和边应在嵌入空间中反映其语义差异和联系。

3）适应不同任务：生成的嵌入表示应适用于各种图上的任务，如节点分类、链接预测、聚类和推荐等。

异质图嵌入方法通常包括以下两种主要方法：

1）基于元路径（Meta-Path）的嵌入。元路径是异质图中的一种路径模式，通过定义一系列特定类型的节点和边的组合，来捕捉图中的语义信息。例如，在一个社交网络中，元路径"用户-电影-用户"可以表示用户之间通过共同观看的电影而建立的联系。基于元路径的方法通过随机游走或其他策略生成节点的嵌入表示。在智能制造系统中，考虑一个元路径"材料-工艺-设备-工艺-设备"。这个元路径描述了在生产过程中，设备如何通过工艺处理不同材料，并与其他设备建立联系。具体来说，这个元路径可以用来表示以下信息：

材料：设备加工的原材料，例如，Q235A 钢板。

设备 1：某台设备，例如，电焊机。

工艺：该设备执行的特定生产工艺，例如，焊接、切削工艺。

设备 2：另一个设备，例如，数控机床。

通过"材料-工艺-设备 1-工艺-设备 2"的元路径，我们可以分析设备之间的协作关系。例如，如果焊接机和数控机床都参与了同一张钢板的加工工艺，那么它们之间的联系可能更紧密。利用这种元路径，可以帮助识别和优化设备之间的协作，改善生产效率和减少设备间的故障传递。

2）基于图注意力（GAT）机制的嵌入。GAT 可以根据不同类型的节点和边的重要性，动态调整它们对节点表示的贡献。GAT 的主要原理是通过引入注意力机制，对图中的节点进行加权特征聚合。GAT 在每个节点与其邻居节点之间计算注意力系数，这些系数表示节点间的重要性权重。然后，根据这些权重，对邻居节点的特征进行加权求和，以更新节点的特征表示。注意力机制使得 GAT 能够自适应地关注不同邻居节点的重要性，从而捕捉更为细腻和精确的图结构信息。

（2）二分图嵌入　二分图嵌入是一种专门针对 CRM 中常用的二分图结构的数据进行节点表

示学习的技术。二分图是一种特殊的图结构，节点可以分为两个不相交的子集 $V_1$ 和 $V_2$，并且图中的边只在这两个子集之间连接（见图 2-37）。其特点如下：

1）两个不相交的节点集合。二分图由两个不相交的节点集合 $V_1$ 和 $V_2$ 组成，每条边只连接一个来自 $V_1$ 的节点和一个来自 $V_2$ 的节点。例如，在推荐系统中，一个集合可以是用户集合，另一个集合可以是物品集合。

2）独特的拓扑结构。由于边仅在两个不同的节点集合之间连接，二分图的结构与普通图不同，需要专门的方法来捕捉这种结构信息。

基于图神经网络，能够处理二分图。例如，双向图卷积网络（Bipartite Graph Convolutional Network，Bi-GCN）在图卷积中引入了二分图的特性，设计了专门的消息传递机制以适应二分图的结构。

$$h_u^{(k)} = \sigma\left(\sum_{v \in N(u)} W h_v^{(k-1)}\right) \tag{5-9}$$

式中，$h_u^{(k)}$ 为节点 $u$ 在第 $k$ 层的表示；$\sigma$ 为激活函数；$v \in N(u)$ 为节点 $u$ 的邻居节点集合；$W$ 为权重矩阵，用于线性变换，将邻居节点的表示映射到当前层的维度；$h_v^{(k-1)}$ 表示节点 $v$ 在第 $k-1$ 层的表示。

（3）多维图嵌入　多维图嵌入是一种将图结构和节点属性映射到多维空间中的技术，用于捕捉复杂关系和高维特征。主要特点如下：

1）多层次关系，多维图嵌入可以表示图中多个不同层次或类型的关系。

2）高维特征表示，嵌入结果能够捕捉图中节点的高维特征和复杂关系。

3）多视角分析，适用于需要从多个视角分析图结构和节点属性的应用场景。

（4）符号图嵌入　符号图嵌入是一种针对包含正负关系的图结构的嵌入技术。符号图广泛存在于社交网络（好友和陌生人关系）、金融网络（信任和不信任关系）等领域，嵌入技术旨在同时捕捉图中节点间的正负关系。主要特点如下：

1）正负关系表示，嵌入表示能够区分节点间的正负关系。

2）平衡理论，考虑图中正负关系的平衡特性，确保嵌入结果符合图的结构特性。

3）冲突检测，有助于检测图中可能的冲突和异常关系。

具体实现方法有方法平衡理论模型、符号随机游走和符号图神经网络。

（5）超图嵌入　超图嵌入是一种将超图结构中的节点和超边映射到低维向量空间中的技术。超图是一种扩展的图结构，超边可以连接两个以上的节点，适用于表示复杂的多元关系。主要特点如下：

1）超边表示，嵌入表示能够捕捉超边中多个节点之间的关系。

2）高阶关系，适用于表示和分析高阶多元关系。

3）复杂结构捕捉，能够表示和处理复杂的图结构和交互关系。

实现方法有高阶矩阵分解，将超图结构表示为高阶矩阵，通过矩阵分解方法生成嵌入；超图神经网络，通过扩展图神经网络来设计适应超图结构的消息传递机制；超边随机游走，通过在超图中进行随机游走生成节点的嵌入表示。

（6）动态图嵌入　动态图嵌入是一种针对随时间变化的图结构进行嵌入表示的技术。动态图存在于 CRM 网络、MES 网络和通信网络中，嵌入技术旨在捕捉图随时间变化的动态特性。主要特点如下：

1）时间依赖性，嵌入表示能够捕捉图结构随时间的变化。

2）演化模式，分析和预测图结构的演化模式。

3）时间序列信息，结合时间序列信息进行节点和边的嵌入。

实现方法有时间序列模型，结合时间序列模型生成节点和边的嵌入表示；时变图神经网络，通过扩展图神经网络来处理动态图中的时间依赖性；增量式嵌入，设计增量式方法以便随着图结构的变化动态更新嵌入表示。

### 5.2.5 空域图卷积神经网络

卷积是一种有效的特征提取方式。图神经网络同样需要特征提取，这就涉及 GCN。卷积在本质上就是一种特征提取方式。由于图数据不具备欧氏空间的性质，导致传统的基于欧氏空间的 CNN 不能直接作用在图数据上。于是，研究人员通过不断尝试，成功将卷积的理念应用在图数据的处理上，提出了 GCN。图卷积网络的主要原理是将传统卷积操作扩展到图结构上，通过邻接矩阵和节点特征矩阵进行信息传递和聚合。

#### 1. GCN 概述

初代图神经网络的核心特征在于利用 RNN，通过节点邻域的递归更新状态直至达到不动点，并将"浓缩版"节点特征作为输入，再利用普通神经网络完成特定预测任务。早期模型基于巴拿赫不动点理论，试图通过信息传播使整个图收敛。这种收敛并非总是有益的，可能导致相邻节点的状态"过度光滑"。换言之，同一连通分量内的节点可能会趋向于同一值，导致节点逐渐失去独特性，其特征信息逐渐模糊。这种单一化会显著降低图的表征能力。因此，图神经网络若要取得进展，必须在理论上有所突破。

与此同时，深度学习领域长期由 CNN、RNN 等经典结构主导，在图像、语音、文本处理等方面取得了显著成就。然而，人们开始思考，既然 CNN、RNN 如此成功，是否能将这些理念迁移到图数据处理中？然而，无论是 CNN 还是 RNN，都无法直接应用于图数据的处理。CNN 擅长处理欧氏空间中规整的张量数据，如图 5-22a 所示，如图像或视频中的像素点，这些数据以有序矩阵的形式存在。但当数据结构从此规整转变为图这样的非欧结构时，如图 5-22b 所示，传统深度学习模型显得力不从心。

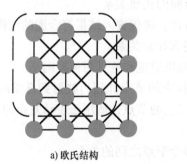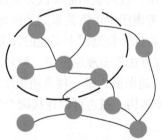

a) 欧氏结构　　　　　　　　　　b) 非欧结构

图 5-22　欧氏结构与非欧结构

为什么传统卷积不能直接应用于图数据？要理解这个问题，首先需要理解适用于传统 CNN 的图像（欧氏结构）与图（非欧结构）之间的区别。如果将图像中的每个像素点视作一个节点，那么图像可以视为非常密集的图，其中每个卷积核的大小和节点邻居的数量是固定的。对于这种非欧结构，图的拓扑关系复杂多变（如邻居节点数量不确定、节点顺序不确定等），因此图不再具备图像那样相对固定的空间局部性。这意味着传统的卷积核无法直接用于提取图的特征。在基于巴拿赫不动点理论的基础版图神经网络受挫之后，图神经网络的发展走了另一条不同源但"殊途同归"的道路。为了应对空间域的不规则性，阿姆斯特丹大学的 Kipf 和 Welling 对切比雪夫网络进行了简化，仅使用了切比雪夫多项式的一阶近似来构建卷积核，并优化了一些数学符号，从而提出了现在广泛使用的 GCN。

**2. GCN 与 CNN**

从上面的分析可知，GCN 和传统的深度学习有着"千丝万缕"的联系，它同样具备深度学习的三种性质。

1）端到端训练。在汇集足够的邻域信息后，人们不需要再去定义任何"显式"规则，让模型自己融合特征信息和结构信息，直到达到预期结果即可。

2）非线性变换。GCN 在本质上就是在"拟合"一个复杂函数，为了增强函数的拟合能力，需要添加激活函数来提供非线性表达能力。

3）层级结构。GCN 同样需要提取数据中的特征来为分类或聚类任务服务，在特征提取上，也类似于 CNN，逐层抽取特征，一层比一层更抽象、更高级。CNN 的核心特征包括局部连接、分层次表达。局部连接说的是，卷积计算只在与卷积核大小对应的区域进行。从单个节点来看，CNN 的离散卷积在本质上就是一种加权求和，可以表达为

$$\text{con}(v_i) = \sum_{v_j \in [-3,3]} w_j x_{i+j} \tag{5-10}$$

式中，$\text{con}(v_i)$ 为卷积操作的输出；$w_j$ 为卷积核的权重；$x_{i+j}$ 为输入数据 $x$ 在 $i+j$ 的值。

假设卷积核大小为 $3 \times 3$，那么式（5-10）所表达的含义就是：计算中心像素 $3 \times 3$ 栅格内的加权求和。这里的加权系数就是卷积核的权值矩阵 $\boldsymbol{W}$。它需要通过数据学习得到。在 CNN 的卷积过程中，抽取的特征（作为下一层的输入）只依赖于方方正正（如 $3 \times 3$）的邻居节点，如图 5-23a 所示。

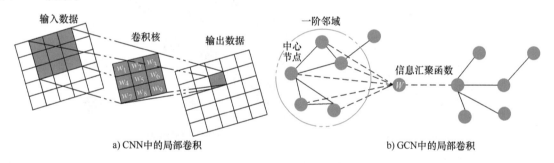

a) CNN 中的局部卷积　　　　　　　　　　　　　　b) GCN 中的局部卷积

图 5-23　CNN 与 GCN 中的局部卷积

对比而言，GCN 的卷积也可以表达对邻居节点信息的加权聚合，可表达为

$$\text{con}(v_i) = \sum_{v_j \in N(v_i)} w_j x_j \tag{5-11}$$

式中，$w_j$ 为邻居节点相关联的权重；$x_j$ 为邻居节点的特征值或表示向量。其含义在于抽取特征的范围局限于它的邻居节点。这种卷积方式称为空域卷积（Spatial Convolution，SC），如图 5-23b 所示。

从设计理念上看，GCN 和 CNN 的卷积思想有相似之处，都集中在聚合邻居节点的信息上。它们的主要区别在于，CNN 的邻居节点分布在当前节点周围的正方形或矩形区域内，而 GCN 的邻居节点则通过图中的边进行联系，数量不固定。此外，CNN 的卷积核可以包含多达 9 组或 25 组权值参数（分别对应 $3 \times 3$ 或 $5 \times 5$ 尺寸的卷积核），使得其在特征提取和拟合能力上表现更为出色。而在 GCN 中，卷积核的设计通常简化为单一组权值，以适应不同的图数据拓扑结构。这一差异在图 5-23 中可以直观地看到。

如果说局部连接就是"聚焦当下"，那么层析表达就是"逐步向前，展望未来"。每多一层

卷积计算，都是把更高级也更抽象的特征提交给下一层处理，下一层的任务与未来真正要实施的任务（如分类预测等）更靠近。反过来看，靠后层的每个节点都融合了前一层的局部区域特征，有"以一当十"之效，实际上就是感受野放大了，看得更全面了。随着层次的递进，感受野不断扩大，模型的"大局观"也逐渐增强，预测任务自然也就更靠谱。

在 CNN 中，对于一个 $3 \times 3$ 的卷积核，中心的感受野从第一层的 $3 \times 3$，过渡到下一层就变成了 $9 \times 9$，以此类推不断扩展。与此类似，在 GCN 中，当前的中心节点可以从一阶邻域的节点中获取信息，而一阶邻域也有自己的一阶邻域（对中心节点来说，就属于二阶邻域），它们也可以采用相同的策略获取邻域信息，以此类推，犹如石子（中心节点）投入池塘泛起的层层涟漪，中心节点的感受野也会随着卷积层的增大而扩大。CNN 与 GCN 的感受野对比如图 5-24 所示，说明 CNN 和 GCN 都有共通的特点，即其自身的特征更新和卷积运算是紧密耦合的，每一次卷积运算的实施，都使得当前节点获取的特征更加抽象（或者说更加浓缩），这对提高模型的泛化能力是有帮助的。

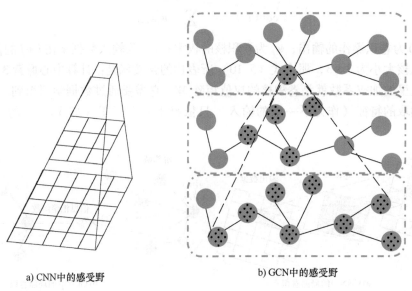

a) CNN中的感受野　　　　　　b) GCN中的感受野

图 5-24　CNN 与 GCN 的感受野对比

### 3. GraphSAGE——归纳式图表示学习

如果从空域视角来审视 GCN，它无非就是一个信息聚合器，通过聚合邻居节点的信息来辅助系统做出更好的决策。这个思路启发人们重新设计各式各样的信息聚合器，从而大大加强了图神经网络在各种图数据和应用场景下的适应性，其中 GraphSAGE 便是佼佼者。

（1）归纳式学习与直推式学习　在机器学习中常有两种模式，它们分别是归纳式学习（Inductive Learning，IL）和直推式学习（Transductive Learning，TL）。GCN 的算法也常涉及这两个概念，下面给予简要介绍。

归纳式学习，从已有数据（训练集）中归纳出模式与规律，然后将这些模式或规律应用于新数据（测试集）上。训练集与测试集之间是相斥的，即测试集中的任何信息都是没有在训练集中出现过的，模型本身具备一定的通用性和泛化能力。设训练集 $D = \{X_{\text{train}}, y_{\text{train}}\}$，其中 $X_{\text{train}}$ 为训练集的特征矩阵，$y_{\text{train}}$ 为训练集样本对应的标签；测试集为 $\{X_{\text{text}}\}$，其中 $X_{\text{text}}$ 为测试集的特征矩阵，测试集样本没有标签。如果 $X_{\text{text}}$ 没有出现在训练集中，而仅仅利用 $\{X_{\text{train}}, y_{\text{train}}\}$ 中发现的规律去预测 $X_{\text{text}}$，称为归纳式学习。归纳式学习是基于"开放世界"的假设。它认为，利用训练样本的规律可以泛化未知的新样本，因此对新样本可以快速预测，而无须额外的训练过程。传统的监督学习算法都可归属于归纳式学习。

半监督学习是监督学习与无监督学习相结合的一种学习方法，它主要考虑如何对少量的标注样本和大量的未标注样本进行训练从而解决分类问题。设训练集 $D = \{X_{\text{train}}, y_{\text{train}}, X_{\text{un}}\}$，训练时，无标签数据 $X_{\text{un}}$ 也参与训练，通过训练模型习得数据特性，模型根据数据特性为 $X_{\text{un}}$ 打标签（分类），并在测试集 $X_{\text{text}}$ 中进行测试，称为半监督学习。

相比而言，直推式学习是基于"封闭世界"的假设，即假设模型不具备对未知数据的泛化能力，所以，如果想要模型具有预测能力，所有数据（包括训练集和测试集）必须"全员上阵"参与训练。设训练集 $D = \{X_{\text{train}}, y_{\text{train}}, X_{\text{un}}\}$，训练时，无标签数据 $X_{\text{un}}$ 亦参与训练。由于在训练时模型已熟悉 $X_{\text{un}}$，因此在预测 $X_{\text{un}}$ 的标签时，会利用它的特征信息，称为直推式学习。"直推式学习"的"直推"是指从特定数据中来（训练），到特定数据中去（预测）。模型训练和模型预测都是同一批特定数据。在训练时，无标签数据 $X_{\text{un}}$ 起到为模型"贡献"自己的数据特征的作用。基于半监督学习的标签传播算法（Semi-Supervised Graph-Based Label Propagation Algorithm，SSL-LPA）就属于直推式学习。直推式学习的应用如图 5-25 所示，除了已知标签数据（A、B、C和 D），无标签数据的特征信息（数据间的相似性）同样可以帮助我们对标签进行预测。

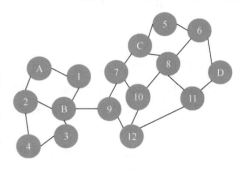

图 5-25 直推式学习的应用

GraphSAGE 是一种归纳式学习框架，专注于图数据的采样和信息聚合。这一方法扩展了传统的 GCN，并特别适用于归纳式学习任务，使得模型能够推广到未知的节点。GraphSAGE 对 GCN 有两个方面的改进：①取代 GCN 的全图加载模式，通过采样策略获取部分邻居节点的信息，从而将训练模式改造为以节点为中心的小批量的训练，这使得大规模图数据的分布式训练成为可能；②不是对每个节点都训练并生成单独的嵌入表示，而是在更高层面训练一组聚合函数，这些函数学习如何从一个节点的邻域聚合特征信息。GraphSAGE 算法的运行（见图 5-26）可以分为如下三个步骤：

1）对图中每个节点的邻居节点进行采样。

2）根据聚合函数汇聚邻居节点信息。

3）从聚合函数中推理出图中各节点的嵌入表示，以供下游任务（如神经网络的分类等）使用。

在图 5-26a 中先学习采样过程。假如有一张这样的图，需要对最中心的节点进行更新，先从它的邻居中选择 S1 个（图中选择 5 个）节点，假如 $k = 2$，那么对第 2 层再进行采样，也就是对刚才选择的 S1 个邻居再选择它们的邻居。在图 5-26b 中，就可以看到对于聚合的操作，也就是说先拿邻居的邻居来更新邻居的信息，再用更新后的邻居的信息来更新目标节点（也就是中间的黑色点）的信息。图 5-26c 中，如果要预测一个未知节点的信息，只需要用它的邻居们来进行预测就可以了。

我们再梳理一下这个思路：如果想知道小明是一个什么性格的人，去找几个与他关系好的小伙伴观察一下，然后为了进一步确认，再去选择他的小伙伴们的其他小伙伴，再观察一下。也就是说，通过小明的小伙伴们的小伙伴，来判断小明的小伙伴们是哪一类人，然后再根据他的小伙伴们，我就可以粗略地得知，小明是哪一类性格的人了。

（2）邻居节点采样 在普通 GCN 模型中，如果要生成节点的嵌入表示，则需要聚合邻居节

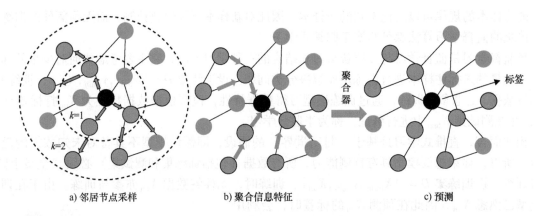

图 5-26　GraphSAGE 算法运行步骤

点的特征信息，这时可以设置一个超参数 $k$ 来控制邻域访问的深度。$k$ 代表着每个节点能够访问的最远的跳数（Hops），也可以视为当前节点的势力圈层，因为每增加一层，可以聚合更远一层的邻居节点信息。每次迭代，节点从它们的局部邻居节点聚合信息，并且随着这个过程，节点会从越来越远的地方获得信息。

如果是小规模的图数据，模型通常是能够胜任的，但对于大规模的图数据而言，随着 $k$ 值的增大，子图的节点随着层数的增加而呈现指数级增长，这将导致信息聚合的代价变得非常高昂。此外，在复杂网络中，节点的度数往往呈幂律分布。一些节点的度（连接其他节点的个数）会非常大，这样的节点被称为超级节点，超级节点比较难以处理，比如说由于度数太大难以加载内存或图形处理单元（Graphics Processing Unit，GPU）。在这种情况下，遍历子图的时间开销、模型的训练成本、存储代价都可能存在"难以承受之痛"。为缓解上述问题，GraphSAGE 虽然延续采用了 $k$ 阶"势力"圈层的操作，但使用了采样技术来控制子图的节点个数。具体做法是：设每个节点在第 $k$ 层的采样数为 $S_k$，即每个节点在该层采样的邻居节点个数不超过 $S_k$，那么对于任意中心节点，所涉及的邻居节点采样复杂度如下式所示：

$$O(\prod_{k=1}^{k} S_k) \tag{5-12}$$

式中，$S_k$ 为第 $k$ 步或者第 $k$ 个维度上的输入规模。增加 $k$ 值可能会导致在节点之间引入不必要的信息共享，从而让所有节点的嵌入表示趋于相同，所以 $k$ 值不宜设置得太大。GraphSAGE 的提出者建议 $k = 2$，这样算法便能达到最高性能。

（3）聚合函数的选择　在定义了邻居节点采样流程之后，现在我们需要聚合邻居节点信息，即设计必要的聚合（Aggregator）算子。通过聚合操作，得到图中各节点的嵌入表示以供下游任务使用。

GraphSAGE 采用邻域采样技术为处理大规模数据提供了可行的方法，从而显著减少时间和空间的复杂度。此外，通过引入不同的聚合函数，如均值、池化等，它能够更加灵活地处理节点的邻域信息。GraphSAGE 的核心原理是通过对每个节点的局部邻域进行采样和特征聚合，生成节点的嵌入表示。与传统的图卷积网络不同，GraphSAGE 不需要处理整个图的邻接矩阵，而是通过随机采样固定数量的邻居节点，递归地进行特征聚合。这个过程包括两步：首先，对每个节点的邻居节点进行采样；其次，利用聚合函数（如平均、LSTM、池化）将采样的邻居节点的特征聚合起来，再与自身节点特征进行组合，生成新的节点表示。这种方法不仅提高了计算效率，还能处理大规模动态图。

GraphSAGE 提出了几种聚合函数，它们需要满足如下性质：

1）聚合操作不能受限于邻居节点的数量。不管邻居节点数量如何变换，聚合操作后的输出向量维度必须保持一致。

2）聚合操作对节点的排列不敏感。对于一维的语言序列，二维的图像，除了数据本身的信息，它们在时域和空域也是有含义的。但图数据是无序的数据结构，因此对于聚合操作而言，它应该无感于图节点的顺序，即无论节点的排列如何，它们的输出结果都是一致的。

3）由于训练的需要，聚合操作必须是可导的。

具备了上述条件，聚合算子就能对任意输入的节点做到自适应。以下为 GraphSAGE 常用几种聚合算子：

1）均值/加和（Mean/Sum）算子。均值或加和算子是最为朴素的聚合算子。由于在图中节点的邻居节点是天然无序的，所以希望构造出的聚合算子是对称的（改变输入的顺序，输出结果不变），以均值为例，其形式化表达为

$$h_v^k = \sigma(W \cdot \text{Mean}(\{h_v^{k-1}\} \cup \{h_u^{k-1}, \forall u \in N(v)\})) \tag{5-13}$$

式中，$\sigma$ 为激活函数；$W$ 为归一化的权值矩阵；$\cup$ 为拼接操作。均值算子将中心节点和邻居节点的第 $k-1$ 层向量拼接起来，然后对向量的每个维度进行求均值的操作，最后将得到的结果用 $\sigma$ 做一次非线性变换。

2）LSTM 模型算子。相比简单的均值算子，LSTM 模型算子具有更强的表达能力。然而值得注意的是，由于 LSTM 模型本身是不对称的（也就是说，它对输入序列是敏感的，不同的序列会有不同的结果），因此 GraphSAGE 在使用时需要对节点的邻居节点进行随机排列，从而将有序序列"无序化"。

3）池化（Pooling）算子。池化算子也是从 CNN 中借鉴来的聚合算子。常见的池化操作有最大池化、最小池化等。以最大池化为例，它要完成的任务就是取邻居节点的最大值，其形式表示如下：

$$\text{AGG}_k^{\text{pool}} = \max(\{\sigma(W_{\text{pool}} \cdot h_{u_i}^k + b)\}, \forall u_i \in N(v)) \tag{5-14}$$

式中，$\text{AGG}_k^{\text{pool}}$ 为第 $k$ 层的池化聚合操作结果；$W_{\text{pool}}$ 为与池化操作相关的权重矩阵；$h_{u_i}^k$ 为邻居节点 $u_i$ 在第 $k$ 层的隐藏特征表示；$u_i \in N(v)$ 为节点 $u_i$ 是节点 $v$ 的一个邻居；$b$ 表示偏置向量。池化算子先对中心节点的邻居节点嵌入表示向量进行一次非线性变换（激活函数为 $\sigma$），之后进行一次最大化操作，将得到的结果与中心节点的嵌入表示向量拼接，最后再经过一次非线性变换得到中心节点的第 $k$ 层嵌入表示向量。

## 5.2.6 谱域图卷积神经网络

通过改进邻接矩阵或邻域采样函数，就可以完成对图中节点在空域的信息聚合。为了继续深挖图拓扑结构所表征的内涵，就需要谱图理论（Spectral Graph Theory, SGT）来做支撑。在谱域内实施图卷积，进而提取特征（或称信号过滤），主要利用的是图傅里叶变换，它在图数据处理中有着广泛的应用。其主要原理是通过图拉普拉斯矩阵的特征值分解，将图的结构信息转换到频域，以实现卷积操作。非欧的图结构上没法卷积，将结合了节、结构、边的图信号通过傅里叶变换从空域变到谱域。图傅里叶变换的优点是能结合节点、结构和边的信息，并且此信息形式可以被变化到谱域。图傅里叶变换先用拉普拉斯矩阵融合结构和边信息，而通过谱分解将信息转换到谱域，而节点可以投影到谱域空间，从而完成了三者的结合。

### 1. 傅里叶变换

傅里叶变换本质上就是一种线性积分变换，主要用于信号在时域和频域之间的转换，如

图 5-27 所示。解构信号仅仅是傅里叶变换的手段，它的目的在于，把解构后的信号放置于另外一个世界——频域进行展示，这就提供了一个重新审视信号的视角。

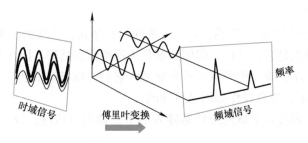

图 5-27　傅里叶变换示意图

### 2. 傅里叶变换与图

（1）图信号　图信号是一种描述 $V \to \mathbf{R}$ 的映射。$V$ 表示图 $G$ 的节点信息（可理解为节点的特征信息），$\mathbf{R}$ 表示某个实数。给定一组节点 $V$，可以把它们的信号值排列成向量的形式：

$$f = [f_1, f_2, \cdots, f_n]^{\mathrm{T}} \in \mathbf{R}^n \tag{5-15}$$

式中，$f_i$ 为节点 $v_i$ 的信号强度。为了增强感性认识，在图 5-28 所示的图信号示意图中将图信号可视化，以竖线的长度表示信号的强度。在该图中，每个图信号只有一个通道，而实际的图节点往往拥有成百上千的属性值，也就是说，图信号远远不止一个通道。在研究图信号的性质时，除了要考虑信号本身的强度，还要考虑图的拓扑结构。同样的信号强度，不同的拓扑结构，图可以表现出迥然不同的性质。

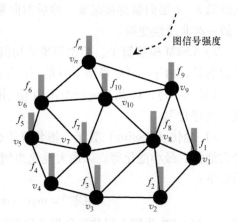

图 5-28　图信号示意图

拉普拉斯矩阵是研究图信号的强有力工具。对于一个无向图 $G = (V, E)$，其中 $V$ 是节点集合，$E$ 是边集合，拉普拉斯矩阵 $L$ 表示为

$$L = D - A \tag{5-16}$$

通过定义和图 5-29，我们可以看出拉普拉斯矩阵 $L$ 是度矩阵 $D$ 和邻接矩阵 $A$ 之间的差异，起到卷积的作用。拉普拉斯矩阵具有一些重要的性质和特点。首先，拉普拉斯矩阵是一个半正定矩阵，即所有特征值都大于或等于 0。这个性质使得拉普拉斯矩阵在图分析和优化问题中具有广泛的应用。其次，拉普拉斯矩阵的零特征值的个数等于图的连通分量的个数。这个性质可以用来判断图的连通性和分割问题。此外，拉普拉斯矩阵还可以通过特征值和特征向量的分析来研究图的谱性质和图的划分问题。

在图分析中，拉普拉斯矩阵有许多重要的应用。首先，拉普拉斯矩阵可以用于图的聚类和社区检测。通过对拉普拉斯矩阵进行特征值分解，可以得到图的特征向量，从而实现图的划分和聚类。其次，拉普拉斯矩阵可以用于图的嵌入和降维。通过对拉普拉斯矩阵进行奇异值分解或特征值分解，可以将图映射到一个低维空间中，从而实现图的可视化和分析。此外，拉普拉斯矩阵还可以用于图的传播和扩散问题，例如信息传播、病毒传播等。通过对拉普拉斯矩阵进行矩阵指数运算，可以模拟和预测图中节点之间的传播过程。

拉普拉斯矩阵在图算法中发挥着重要的作用。例如，拉普拉斯矩阵可以用于图的最小割和最大流问题的求解。通过对拉普拉斯矩阵进行特征值分解，可以得到图的最小割和最大流的近似

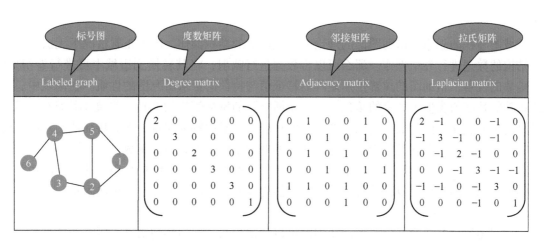

图 5-29　拉普拉斯矩阵图谱

解。此外，拉普拉斯矩阵还可以用于图的图论和图优化问题的求解，例如最短路径、最小生成树等。

拉普拉斯矩阵在图神经网络中的应用主要得益于其能够捕捉图的结构特征、描述图信号的平滑性和频谱特性以及其在定义图卷积操作中的重要作用。这些特性使得拉普拉斯矩阵成为图神经网络中不可或缺的工具。

（2）图傅里叶变换简介　图信号的"谱"（Spectral）在图傅里叶变换中有着重要的基础作用。虽然"谱"听起来很复杂，但对于我们来说，理解它仅仅意味着将信号/音频图像/图形分解为简单元素（比如小波、小图形）的组合（如前文提及的还原论）。为了使这种分解具备一些良好的品质，这些简单的元素通常是彼此正交的，即它们相互间线性无关，因此得以形成一组基。

但是，当我们讨论图和 GCN 时，"谱"意味着图拉普拉斯矩阵 $L$ 的特征分解。在前面，一直强调使用拉普拉斯矩阵来处理图信号，其实是有深层次原因的。首先，拉普拉斯矩阵是实对称矩阵，因此它是半正定的。半正定矩阵有很多有用的性质，如矩阵所有特征值 $\lambda \geqslant 0$；在理论上可以确保它能被分解为 $N$ 个正交的基向量，即可构造一个完整的坐标系。

空域和谱域的转换定理：

$$F[f_1(t) * f_2(t)] = F_1(w) \cdot F_2(w) \tag{5-17}$$

式中，$f(t)$ 为空域上的信号；$F(w)$ 为频域上的信号；$F$ 为傅里叶变换；$*$ 表示卷积；$\cdot$ 表示乘积。等式左边是两个空域中的信号先进行卷积操作，将结果进行傅里叶变换，而等式的右边是两个频域上的信号直接进行乘积操作。如此卷积的目的是将空域信号转换到频域，相乘后再转换回空域。经典的傅里叶变换为

$$x(t) = \frac{1}{n} \sum_{w=0}^{n-1} e^{i\frac{2\pi}{n}tw} X(w) \tag{5-18}$$

式中，$1/n$ 为对求和结果进行归一化的因子；$e^{i\frac{2\pi}{n}tw}$ 为复指数函数，是傅里叶变换的核函数；$t$ 为时域中的离散时间点；$w$ 为频域中的离散频率索引。

基于谱图理论，可以转换成图傅里叶变换：

$$x(i) = \sum_{t=1}^{n} \hat{x}(\gamma_l) \mu_l(i) \tag{5-19}$$

式中，$\hat{x}(\gamma_l)$ 为在某个特定参数 $\gamma_l$ 处的估计或变换结果；$\mu_l(i)$ 为与 $\hat{x}(\gamma_l)$ 相关的权重函数或基

函数。

谱域图卷积的思想是借助图谱的理论来实现图上的卷积操作。因为正常情况下无法在空域上对图结构的数据进行卷积操作，那么可以将数据进行映射，将其转换到谱域中再进行卷积操作。转变函数的视角，借助图的拉普拉斯矩阵的特征值与特征向量来研究图的性质。在谱域中，拉普拉斯矩阵的特征值类似于频率的角色。拉普拉斯矩阵的特征值均为非负，且最小特征值为 0，这与经典傅里叶变换中的常数项类似。低特征值对应于平滑的特征向量，而高特征值则对应于变化较大的特征向量，这分别类似于傅里叶变换中的低频基函数和高频基函数。

谱域图卷积存在的问题是它并不适用于有向图，而且图卷积的结构是固定的，增删边和节点都会导致训练好的模型失效，并且导致其泛化能力较差，应用起来存在一定的困难。

**3. 谱域视角下的图卷积**

定义好图傅里叶变换之后，下面我们就可以把视角从空域切换到谱域去研究图信号了。

（1）图卷积理论　在传统的信号处理中，两个函数卷积的傅里叶变换就是这两个函数傅里叶变换的乘积，即一个域中的卷积对应另一个域中的乘积，如时域中的卷积对应频域中的乘积。同样的定理也可以应用于图信号。

在图 $G$ 上给定一组信号 $f$ 和卷积核 $g$，函数卷积的傅里叶变换等价为函数傅里叶变换的乘积，即

$$F\{f * g\} = F\{f\} \odot F\{g\} = \hat{f} \odot \hat{g} \tag{5-20}$$

式中，"$*$" 为卷积运算；$F$ 为傅里叶变换；$\hat{f}$ 为信号 $f$ 的傅里叶变换，记作 $F\{f\}$；$\hat{g}$ 是卷积核 $g$ 的傅里叶变换，记作 $F\{g\}$；$\odot$ 表示哈达玛乘积（按位乘法）。

如果从谱域还原出空域的信号，利用傅里叶变换逆变换即可：

$$f * g = F^{-1}\{F\{f\} \odot F\{g\}\} \tag{5-21}$$

式中，$F^{-1}\{\cdot\}$ 为傅里叶变换逆变换。上面的傅里叶变换和傅里叶变换逆变换是图卷积的基础。

（2）谱域图卷积　在介绍完卷积定理之后，下面详细推导谱域图卷积的过程。这个过程涉及拉普拉斯算子和它的特征分解。

如果在谱域视角下实施卷积操作，针对式（5-21）展开来说，它由如下三个步骤完成。

1）图傅里叶变换：将空域图信号 $x \in \mathbf{R}^N$ 映射到谱域空间，变成谱域信号 $\hat{x}$：

$$F(x) = \hat{x} = U^T x \tag{5-22}$$

式中，$\hat{x}$ 为变换后的结果；$U$ 为用于对输入 $x$ 线性变换的矩阵。

2）信号过滤：在谱域定义一个可参数化的卷积核 $g_\theta$，它对谱域中的信号进行必要的变换，于是可以得到过滤后的优化信号 $\hat{y}_d$：

$$\hat{y}_d = g_\theta \hat{x} = g_\theta U^T x \tag{5-23}$$

式中，$g_\theta$ 为一个关于拉普拉斯矩阵 $L$ 特征值的函数，该函数用对角矩阵形式表达可以记作：

$$g_\theta = \mathrm{diag}(\theta) = \begin{bmatrix} \theta_1 & & & \\ & \theta_2 & & \\ & & \ddots & \\ & & & \theta_n \end{bmatrix} \tag{5-24}$$

3）信号还原：通过图傅里叶逆变换，将过滤后的谱域图信号重新映射回空域，得到"去伪存真"的图信号 $x_d$：

$$x_d = F^{-1}(\hat{y}_d) = U\hat{y}_d = Ug_\theta U^T x \tag{5-25}$$

于是，结合上述流程，我们获得了一个看起来并不复杂的图卷积形式：

$$g * x = Ug_\theta U^\mathrm{T} x = U \begin{bmatrix} \theta_1 & & & \\ & \theta_2 & & \\ & & \ddots & \\ & & & \theta_n \end{bmatrix} U^\mathrm{T} x \tag{5-26}$$

通常，把除原始信号 $x$ 之外的加工处理统称为"滤波"。图卷积实际上就是如式（5-26）所示的形式，将这部分滤波操作整体记作：

$$\boldsymbol{\Theta} = Ug_\theta U^\mathrm{T} \tag{5-27}$$

至于滤波操作后面的图信号 $x$，一般并不显示表达出来。

### 5.2.7　图神经网络与智能制造的关系

图深度学习在智能制造中之所以成为深度运筹学的求解工具，主要是因为它能够处理和分析智能制造系统中的复杂、不规则数据。智能制造系统里的数据不像图片或文本那样规规矩矩，它们更像是一张错综复杂的关系网：每个节点的邻居都不一样，节点之间无序排列，还有明显的层次结构和局部规律。传统的方法在处理这些非欧空间的数据时显得力不从心，而图深度学习恰好可以解决这些问题。

在智能制造中，图神经网络可以将这些复杂关系转化成有用的信息。通过节点预测，可以了解设备的状态、预测产品的质量，甚至识别出系统中的异常点。边预测能发现供应链中的薄弱环节，找出隐藏的管理断点。而图预测则能看清整个系统的全貌，比如识别出哪个车间有问题。

在智能制造中，图数据的应用涉及多个关键领域和具体应用场景，这些场景通常以复杂的网络结构来描述各种生产流程、供应链关系和设备互联。以下是图数据在智能制造中的详细应用：

#### 1. SCM 网络优化

智能制造的 SCM 通常涉及多个供应商、制造商和分销商之间复杂的关系网。这些关系可以通过图数据来建模，其中，节点可以看作一个实体，每个节点代表一个实体，如供应商、制造商、分销商或物流中心。边表示节点之间的关联关系，如物流路径、供应链合作关系、订单流动路径等。

利用图神经网络，可以实现：路径优化，通过分析供应链网络的拓扑结构和边权重（如运输成本、时间等），优化货物运输路径，降低运输成本和时间；需求预测，基于历史数据和供应链拓扑，预测未来需求变化趋势，帮助供应链管理者做出更准确的采购和库存管理决策；风险管理，识别潜在的供应链风险，如瓶颈、故障点或异常节点，并提前采取措施以减少供应链中断的风险。

#### 2. MES 生产线优化与智能调度

在智能制造中，生产线通常由多个设备和工序组成，这些可以形成复杂的图结构。图神经网络在此处的应用包括：设备状态监控，将每个设备的传感器数据作为节点特征，构建设备健康状态的图模型，实时监控设备的运行情况；工序优化，通过分析工序之间的依赖关系（边），优化生产流程和工序安排，提高生产效率和产品质量；故障预测与维护，通过图神经网络分析设备之间的关联性，预测设备可能发生的故障，并实施预防性维护措施，减少生产中断时间。

#### 3. TQM 控制与智能监控

在智能制造中，产品质量控制是至关重要的一环，而图神经网络可以帮助实现以下目标：异常检测，利用图神经网络监控生产过程中的各个节点（如传感器数据、工序记录等），实时检测和识别异常状态，及时调整生产过程；质量预测，基于历史数据和产品质量信息，预测产品质量趋势，提前发现可能存在的质量问题并进行预防性调整。

4. 智能工厂布局与设施管理

智能工厂的布局设计和设施管理也可以通过图数据进行优化：工厂布局优化，将设备、人员和物料流动等视为图的节点和边，通过分析各个节点之间的关联性和距离，优化工厂布局，提高生产效率和安全性；能源管理，建模能源使用和传输网络，通过优化能源流动路径和能效评估，实现能源消耗的最小化。

5. 环境监测与可持续生产

智能制造越来越关注环境可持续性和资源利用效率，图数据在环境监测和可持续生产中的应用包括：环境监测网络，构建环境监测传感器数据的网络结构，实时监测和分析环境污染、能耗等情况，支持环境保护和可持续发展战略的制定；资源回收与利用，通过分析资源流动的图结构，优化资源回收路径和再利用策略，减少废物和资源浪费。

图神经网络在智能制造中的应用不仅仅局限于上述几个领域，随着技术的进步和应用场景的不断拓展，其在智能制造中的作用将会变得越来越重要。

## 5.3 深度运筹学

### 引言

在智能制造的浪潮下，数据已经成为制造业的核心资源。然而，许多企业在实际生产过程中，大量的数据仅仅"躺"在机房中，缺乏有效的工具去寻找问题点。造成这一困境的主要原因之一是数据处理和分析技术的不足。尽管目前拥有各种数据处理工具和软件，但在实际应用中，尤其是在制造业这样复杂的环境下，现有的工具往往难以应对海量的、多维度的数据。这就好比我们虽然拥有了一个大网，但在大海里捞针仍然是一项极具挑战的任务。

为了实现智能制造系统的高效运行和全局优化，我们统一并整合这些不同学科底层逻辑的方法，将深度学习的数据驱动能力与运筹学的优化决策能力相结合，为智能制造系统提供了一种全新的底层逻辑框架。如果说有限元是产品分析的利器，复杂网络就是智能制造系统的有限元网格，深度运筹就是智能制造系统的 CT 检测。

### 学习目标

- 了解深度运筹学的概念——复杂网络＋运筹学＋图深度学习。
- 掌握深度运筹学的作用——智能制造系统的 CT 检测。
- 熟悉深度运筹学实例应用——创新系统运行准则。
- 了解深度运筹学与智能制造系统的关系——智能制造系统的底层逻辑。

### 5.3.1 深度运筹的概念

智能制造系统融合了机械工程、电子工程、计算机科学、运筹学和经济管理等多个学科领域的知识与技术，每个学科都有其独特的底层逻辑和理论体系。然而，为了实现智能制造系统的高效运行和全局优化，需要统一并整合这些不同学科底层逻辑的方法。

智能制造已成为制造业转型升级的重要方向和关键动力。然而，智能制造的应用和推广会带来海量数据，如何充分利用这些数据成为了解决数据爆炸带来的信息过载和创新焦虑问题的关键。如果把数据比作节点，那么制造系统有成千上万的节点，如何"智能"找到关键路径？为此，我们提出了深度运筹学：以运筹学为底层逻辑，复杂网络建立系统模型，通过图深度学习寻找智能制造系统的"满意解"，从而创新系统运行准则。通过深度运筹的创新，可以解决智能制造企业在硬件红利后面临的数据爆炸带来的创新断点重大需求，从而为实现国家战略目标提供支持，以智能制造为主攻方向，推动产业技术变革和优化升级，推动制造业产业模式和企业形态的根本性转变。

深度运筹学具体分为三部分：①节点的四流表示，以质量流、资金流、信息流、物料流等表征智能制造系统节点的异构张量，并通过正则化实现节点的自编码；②系统的异构层析复杂网络，基于运筹学，建立系统的不同模块进行社团化和层析化复杂网络的边结构；③图深度学习量化决策提高运行效率，创新具有智能制造特征的图神经网络算法，进行特征提取，寻找要素间内在联系。

智能制造系统向着复杂网络化的方向发展。通过4个关键步骤来构建深度运筹学模型（见图5-30），利用深度学习的强大数据挖掘与分析能力，对海量数据进行深入处理，从而提取出有价值的信息。数据挖掘与分析能力使得模型能够从大量的数据中识别出潜在的模式和趋势，这些信息对于理解系统的动态行为至关重要。而运筹学的优化方法则提供了一套科学的决策框架，它能够帮助决策者在多种可能的方案中选择最优解，以达到资源的最优配置和效率的最大化。通过复杂网络、深度学习与运筹学的结合，智能制造系统不仅能够更加精准地预测和响应市场需求，还能够在生产过程中实现节能减排，提高整体的经济效益，在保证产品质量的同时，大幅度提升生产效率，降低生产成本，最终实现可持续发展的目标。流程计算可分如下四步：

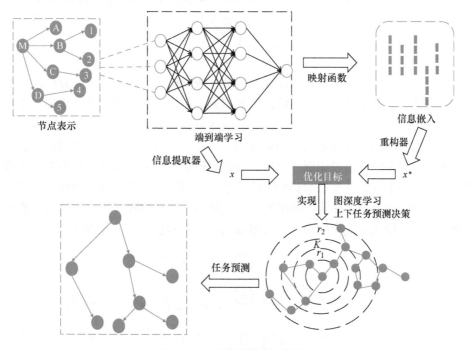

图 5-30　深度运筹学流程图

1）节点表示为

$$h_j^{(k+1)} = \alpha\left(b_j^{(k)} + \sum_{i=1}^{N(k)} W_{j,i}^{(k)} h_i^{(k)}\right) \tag{5-28}$$

式中，$W_{j,i}^{(k)}$ 为 $h_i^{(k)}$ 和 $h_i^{(k+1)}$ 之间的连接的权重；$b_j^{(k)}$ 用于计算 $h_i^{(k+1)}$ 的偏置项。

2）信息提取，将每个维度 $d$ 的共现关系提取为 $T_d$，公式如下：

$$I = \bigcup_{d=1}^{D} T_d \tag{5-29}$$

3）图嵌入，重构器计算如下：

$$P = A + \kappa \cdot S_\alpha \tag{5-30}$$

式中，$P$ 为图嵌入矩阵；$A$ 为原始图的邻接矩阵；$\kappa$ 为调整系数，用来控制对原始图陷入的调整强度；$S_\alpha$ 为相关矩阵，用于表示图嵌入之间的关系。在嵌入域中被重构为 $W_{con}W_{cen}$：

$$L(W_{con}, W_{cen}) = \|P - W_{con}W_{cen}\|_F^2 \tag{5-31}$$

式中，$L(W_{con}, W_{cen})$ 为损失函数；$W_{con}$ 和 $W_{cen}$ 为两映射函数的参数。

4）任务预测，图嵌入之后，就可以采用一般深度学习方法提取关系特征了。

通过对网络中的各个节点进行精确的表示和编码，实现端到端的学习过程。在这个过程中，模型会自动地从数据中学习到特征的嵌入表示，这种表示能够捕捉到数据的内在结构。通过这种方式，模型能够对数据进行深入的分析和理解，从而在各种任务中，如分类、聚类或预测等，都能够取得更好的性能和效果。端到端的学习方法简化了传统机器学习流程中的多个步骤，减少了人为设计特征的需要，使得整个学习过程更加高效和自动化。通过不断地迭代和优化，模型能够在嵌入空间中更好地表示数据，从而在各种复杂的应用场景中展现出强大的泛化能力和适应性。

### 5.3.2 深度运筹的作用

深度运筹是一种融合大数据、人工智能等前沿技术的科研方法论。它通过深度挖掘和分析海量数据集，揭示了事物间的内在规律和相互联系。在智能制造领域，深度运筹的应用范围广泛，包括设备故障诊断、生产流程优化、供应链管理等全系统环节。这些应用助力研究人员更深刻地洞察智能制造系统的运作机制和性能限制。通过建立基于深度运筹的科研体系，研究者能够更加有序地进行研究活动，从而提升研发的效率和成果质量。

#### 1. 量化主观决策

图深度学习与复杂网络的结合，深度运筹学就是智能制造系统的有限元分析。当前的深度学习处于快速、直觉、无意识阶段，未来将过渡到慢速、逻辑、有意识阶段。感知智能逐步向基于认知的逻辑推理方向演进，图是一种颇有潜力的表达方式。利用图神经网络能够有效地处理非结构化数据，并且能够捕捉复杂数据之间的关联和交互，能够更全面、更深入地揭示数据的潜在信息，进而应用于图像识别、语音识别、自然语言处理等领域。复杂网络构建不完善可能导致网络的稳定性不佳，性能下降，甚至影响到网络的功能与可靠性。为解决这一问题，图深度学习与复杂网络相结合，将主观决策量化为客观准则。通过网络分析和建模，可以更好地识别潜在的问题点，采取合适的调整措施来优化网络，提高整体的鲁棒性和稳定性（见图 5-31）。

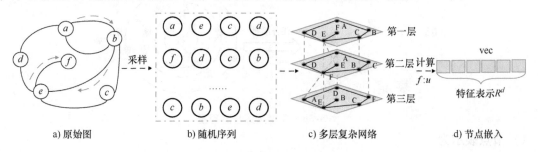

a) 原始图　　　　b) 随机序列　　　　c) 多层复杂网络　　　　d) 节点嵌入

图 5-31　图深度学习与复杂网络相结合

对于智能制造系统中数据的收集、处理，各智能制造企业处于野蛮生长阶段，导致了底层逻辑不统一，对关系研究带来困扰。目前缺乏将智能制造各要素网络化、异构数据正则化的系统理论体系。复杂网络是一种高度复杂的系统，由众多相互关联的节点和边构成，具有非线性、自组织和动态演化的特性。在智能制造中，复杂网络用来描述制造过程中的各种关系和交互作用，从而更好地理解和优化整个制造系统。

**2. 优化运营效率**

智能制造与运筹学的结合。深度学习中先预测再用预测结果做决策，本质上只是把输入的数据用机器学习模型预处理了一下，决策过程还是一个运筹学问题。比如强化学习其实就是动态规划的近似解，它给很多理论上可以建模而实际上完全不可解的马尔可夫决策过程提供了近似解。

运筹学旨在通过建立数学模型和运用优化算法，解决实际生产、运输、库存管理、项目规划等领域中的问题。其核心是优化，以最小化或最大化优化问题的目标函数，找到决策变量的满意解。应用运筹学处理问题时，一是从全局的观点出发，二是通过建立模型对于需要求解的问题给出最合理的决策。随着决策变量数量的增加，问题的复杂度呈指数级增长，这使得解决方案变得难以找到或计算成本过高。深度学习模型，特别是那些设计用来处理大数据的网络架构，如GNN和自注意力模型，能有效降维并提取关键信息，从而使问题变得更易管理和解决。运筹学问题涉及复杂的约束条件，这些条件可能与决策变量间存在复杂的非线性关系。深度学习模型通过学习这些关系的内在模式，可以更准确地预测和调整这些约束条件对决策过程的影响，从而优化整体操作。

**3. 挖掘创新断点**

深度运筹作为数据挖掘的先进手段，正逐步改变对原始数据的处理方式。原始数据，无论是结构化还是非结构化，通常都蕴藏着大量的信息和价值，但这些信息往往以杂乱无章的形式存在。深度运筹技术通过一系列精细化的处理步骤，如实体识别、关系抽取和属性分类，帮助提取出深层非线性特征。

知识融合是这一过程中的关键环节，它确保从不同来源提取的信息能够相互关联和验证。通过实体对齐和属性对齐，构建一个更加完整和准确的知识体系。然而，要实现真正的数据挖掘创新，需要将这些数据正则化为可以被机器学习和分析算法轻松处理的形式。正则化不仅意味着数据的标准化和规范化，更体现在数据的表达上。通过定义清晰的数据模型、指定合适的表示方法以及构建通用的本体，可以将数据转化为一种更加结构化、语义丰富且易于理解的形式。这种正则化的数据表达为后续的数据分析和应用奠定了坚实的基础，推动了数据挖掘技术的不断创新和发展。

深度运筹学作为其核心技术之一，能够处理大量复杂网络中的数据，包括用户行为、交通流量、电力负荷等各种信息。这些数据源广泛而丰富，正如CT扫描可以通过不同的断面图像揭示人体内部的结构一样，深度运筹通过对这些数据的深度分析和学习，揭示智能制造系统内部各个环节的运行状态、特征和规律。深度运筹可以从海量异构数据中提取特征、发现模式，从而准确预测系统的动态变化和潜在影响，为制造系统的决策提供准确而可靠的依据。就像CT扫描需要借助数学模型和计算算法来重建图像一样，深度运筹利用运筹学的方法，对智能制造系统进行建模和优化，实现对系统资源的最优配置和规划。例如，在生产调度中，运筹学的方法可以帮助优化生产流程、降低生产成本；在供应链管理中，可以通过优化配送路线和库存策略来提高物流效率。这些优化决策的实施，如CT扫描通过优化图像重建算法来提高图像质量一样，可以使智能制造系统的运行更加高效、精准。

综合来看，深度运筹作为智能制造系统的数据CT，其重要性不言而喻。通过深度学习技术，能够对复杂网络中的大量数据进行全面而精准的分析，从而揭示系统内部的结构、特征和规律，挖掘创新点；同时，运筹学的方法为深度运筹提供了实现优化决策的理论和工具支持，使智能制造系统能够更加高效、灵活地运行。因此，深度运筹不仅是智能制造系统的数据CT，更是智能制造领域实现高质量、高效率生产的关键技术之一。

#### 4. 完善新工科体系

智能制造作为新工科领域的重要组成部分，其科研体系的构建对于推动该领域的发展至关重要。然而，目前智能制造新工科建设在科研体系方面仍面临着缺乏自成体系、复杂度高等挑战。为了解决这些问题，深度运筹作为智能制造系统的底层逻辑，有望成为新工科建设的核心科研体系。深度运筹是一种基于大数据、人工智能等先进技术的科研方法，它通过对海量数据进行深度挖掘和分析，揭示事物之间的内在规律和联系。在智能制造领域，深度运筹可以应用于设备故障诊断、生产过程优化、供应链管理等多个方面，帮助研究人员更加深入地理解智能制造系统的运行机制和性能瓶颈。通过构建基于深度运筹的科研体系，智能制造新工科建设将能够更加系统地开展研究工作，提高科研效率和质量。同时，深度运筹的应用也将有助于推动智能制造技术的创新和发展，为制造业的转型升级提供有力支持。

### 5.3.3 深度运筹的应用

深度运筹学是由运筹学、复杂网络、图深度学习与智能制造深度融合的一门学科。在"基于运筹学，将智能制造系统复杂网络化，利用图深度学习建立深度运筹体系"的技术路线下，加强复杂网络挖掘算法的基础研究，将深度学习的数据驱动能力与运筹学的优化决策能力相结合，为智能制造系统提供了一种全新的底层逻辑框架。深度运筹学的核心价值，体现在其对已知样本的整理、未知样本的预测上，这些预测主要体现在三个层面：点预测、边预测和图预测。

#### 1. 点预测

复杂系统，诸如通信系统、生态系统及社交系统等，广泛存在于日常的生活中，这些系统均可视作复杂网络。在此类网络中，个体被抽象化为节点，而个体间的相互关系则被定义为节点间的连接。在节点层次上，预测任务主要聚焦于分类与回归两大领域。具体而言，当邻近节点的信息被整合至某一特定节点时，可借助深度学习技术，对该节点进行分类或回归分析。这一过程实质上是基于部分"已知认知"来缩减"未知领域"的边界。

例如，在智能制造系统中，深度运筹学的点预测可以对订单情况做出年度预测（设备、人员）、季度预测（工装、模具）、月度预测（原材料采购）（见图 5-32）。设备、人员、工装、模具、原材料都可以看作是构成生产的节点，由于订单和库存的影响，每个节点信息都会发生变化。建立复杂网络，以运筹学为底层逻辑，使用图深度学习的方法对节点信息进行预测，可以很好地帮助企业优化资源配置、提升生产计划效率和减少成本的浪费。

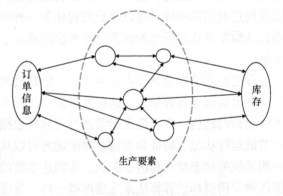

图 5-32　多因素下节点变化预测

深度运筹学对节点的预测，可以很好地对节点间相似度进行准确刻画，通过深度学习在预测精度和计算复杂度两个方面实现了有效的平衡，从而增强对不同网络链路的预测能力，利用运筹学进行数学建模和优化算法，很好地降低了计算复杂度，实现对复杂网络资源的最优配置和规划。这种点预测方法可以应用于生产计划、供应链管理、物流优化、金融预测等多个领域，为决策者提供更可靠的数据支持和预测依据。

#### 2. 边预测

边预测常应用于预测在复杂网络上还没有形成链路的连接点之间形成边的可能性。节点间的连边揭示了个人或社会实体间的关系。这些关系随着时间的流逝而演变，可能会引起连边数量的增减以及节点的新增或移除。这种动态性赋予了社会网络高度的复杂性和可变性。在预测边的特性时，采用深度运筹学的方法来预测某些边的属性，即判断两个节点之间是否有可能建立连接（见图5-33）。

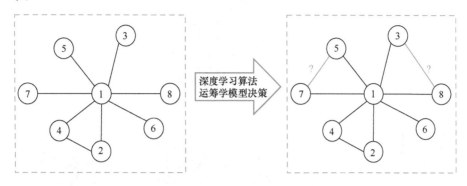

图 5-33　边预测

智能制造系统中不同部门的工序是有关系的，例如仓库管理的不当可能导致订单滞留或者错发，从而影响销售量。如果仓库人员没有按时发货，客户可能会取消订单或寻找其他供应商。深度运筹学方法可以帮助优化仓库的存储布局和出货流程，以确保及时的订单处理和发货，从而最大限度地减少销售因存货问题而损失的可能性。

分析复杂网络中的关系动态，可以提供数据驱动的预测和决策支持，对于优化网络资源分配、改善 CRM 推荐系统、增强客户黏性的预测能力等都具有重要意义。

3. 图预测

图预测是指预测整个图的属性，通过深度学习对数据进行深入挖掘和分析，并结合运筹学的优化方法进行智能决策与规划，可以显著提升复杂网络的运行效率和资源利用效率。深度运筹学利用知识图谱中已抽取的结构信息来丰富知识表示，进一步挖掘知识图谱向量表示和逻辑规则的潜力（见图5-34）。不仅有助于对未知类别进行分类，还能利用逻辑规则实现知识的有效增强。提前洞察网络中的潜在问题和机会，为网络规划和决策提供更优化的方案，从而有效应对复杂网络环境下的挑战，提高整体运行效率和服务水平。

复杂网络为企业提供了创新的平台和机会，通过深度运筹学深入挖掘网络的内在规律和动态行为，企业可以发现新的商业模式、产品设计和制造方法，从而在激烈的市场竞争中获得优势。例如，口香糖销量下降，利用图预测可以找出导致这一现象的原因是智能手机的出现（见图5-35）。

图（网络）的独特之处在于其能够将不同要素、数据点相互联系起来，形成一个更为全面、综合的图景。通过深度挖掘制造系统中的数据，智能制造能够发现隐藏在其中的问题和瓶颈，从而为优化生产流程、提高产品质量和降低成本提供有力支持。智能制造企业也能够探索隐藏在数据背后的深刻规律，揭示工业领域中微妙的关联和趋势，为制定创新准则提供更为有力的支持。

深度运筹学的模型不仅学习对节点、边、图的预测，还会学习如何做出决策，并通过与环境的交互来改善这些决策。这对于那些需要连续决策和优化的场景尤为有价值，例如自动化控制系统和高频交易系统。这种学科的交叉特性使得它可以广泛应用于各种行业和领域。在能源领域，它可以优化电网的能源分配和需求响应；在制造业中，它可以用于优化生产线的自动化和资源利用效率。

## 5.3.4　深度运筹与智能制造的关系

在传统的制造模式下，企业往往只关注产品设计本身，而忽视了产品与制造系统之间的控制和管理。深度运筹学成为智能制造系统设计的底层逻辑，更加注重挖掘制造系统中所蕴含的规律

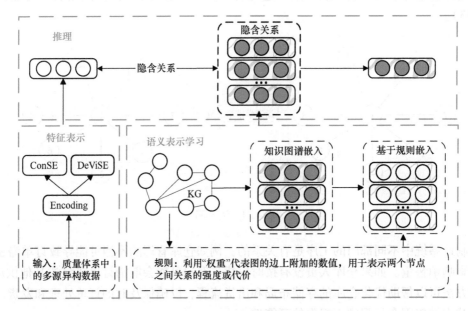

图 5-34 利用知识图谱"内插"揭示图隐含关系

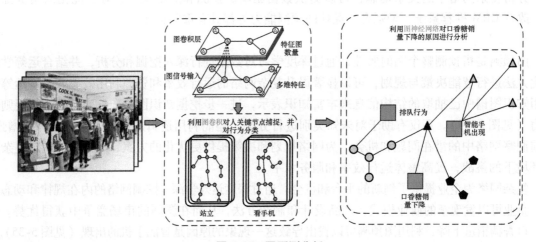

图 5-35 图预测分析

和内在联系。通过深入挖掘制造系统中的数据，能够发现隐藏在其中的问题和瓶颈，从而为优化生产流程、提高产品质量和降低成本提供有力支持，未来会成为智能制造的新质生产力，致力于成为智能制造领域的产业大脑。深度运筹学为企业提供了创新的平台和机会。通过深入挖掘网络的内在规律和动态行为，企业可以发现新的商业模式、产品设计和制造方法，从而在激烈的市场竞争中获得优势（见图 5-36）。

深度运筹学结合了深度学习的高级数据分析能力和运筹学的决策优化技术，为智能制造提供了一种强大的工具，以提高生产效率、降低运营成本，并提升整体的决策质量。这种技术的应用覆盖了智能制造中的各个关键环节，从生产调度到库存管理，再到设备维护。其能力在于利用算法和数据为制造业带来革命性的效率提升和成本优化，同时提升企业的竞争力和市场适应性。

随着智能制造的浪潮不断推进，企业排程作为生产流程中的核心环节，正面临着前所未有的挑战与机遇。在这个背景下，深度运筹学的引入，为企业排程带来了全新的视角和解决方案。

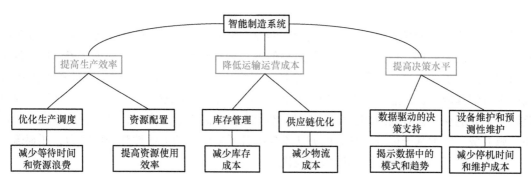

图 5-36　深度运筹学在智能制造中的作用

### 1. 排程问题

深度运筹学，融合了深度学习的强大计算能力和运筹学的优化决策理论，为复杂的企业排程问题提供了高效的求解手段。传统的企业排程方法往往受限于线性规划、启发式算法等技术的局限性，难以应对日益复杂的生产环境和多变的市场需求。而深度运筹学的出现，打破了这一僵局。通过深度学习模型，深度运筹学能够自动提取生产数据中的关键特征，学习并模拟生产流程中的复杂关系。同时，结合运筹学的优化算法，它能够在满足各种生产约束条件的前提下，快速生成最优的排程方案。这种方案不仅考虑了生产效率和成本，还兼顾了产品质量、交货期、设备利用率等多个方面。

深度运筹学的应用，使得企业排程更加智能化、灵活和高效。它能够帮助企业实时响应市场变化，快速调整生产计划，降低库存和生产成本，提高客户满意度。深度运筹学可以利用算法模型对生产过程中的各种变量（如机器可用性、工人班次、原材料供应等）进行实时分析和预测，实现动态调整和优化。通过模拟不同的生产情景，企业能够预见潜在的问题并制定应对策略，从而在实际生产中避免效率低下和资源浪费（见图 5-37）。

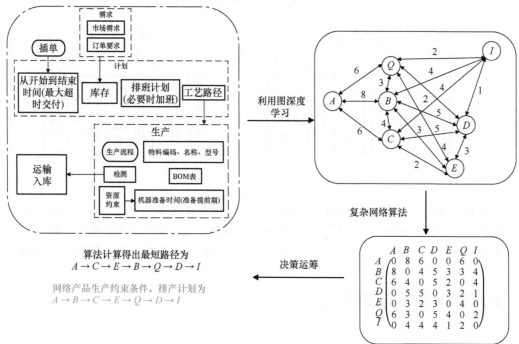

图 5-37　深度运筹学在排程中的应用

**2. 插单问题**

插单是流线型企业最头疼的问题，因为它涉及大量复杂的参数。企业通常依赖 Excel 调整和普通的优化方法来处理，但这种方式往往效率低下，且操作繁琐。然而，深度运筹学中的网络流理论为解决这一难题提供了一种高效的新途径。网络流理论可以通过创建生产插单的差图（即从满产设备到其他设备的边移除）来重新排产，这种方法极大地简化了整个插单过程。通过优化差图，企业能够快速有效地调整生产计划，确保在保持高效率的同时，最大程度地减少生产中断和资源浪费。这种基于运筹学理论的方法不仅提升了生产线的灵活性和响应能力，还显著改善了企业的生产效率和运营成本控制能力（见图 5-38）。

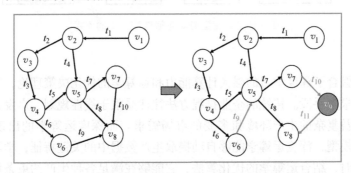

图 5-38　插单问题下的节点和边的增添和移除

在生产计划和库存管理中，使用深度学习进行需求预测可以极大地减少过度库存和缺货的情况，从而优化库存水平和降低成本。模型可以分析历史数据中的复杂模式，预测未来的变化趋势，提供高度准确的需求预测（见图 5-39）。

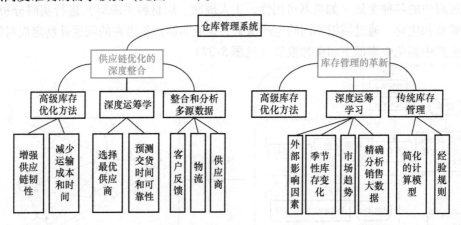

图 5-39　制造业中的库存优化

在智能制造领域，深度运筹学将高级数据分析与决策优化技术结合，为生产调度、库存管理和设备维护等关键环节提供强大支持。这种方法不仅革新了制造业的效率和成本控制，还增强了企业的竞争力和市场适应性，展示了在智能制造系统中网络化技术与深度运筹相结合的精细化管理能力，为未来工业发展开辟了新的方向。

# 5.4　PyTorch 深度运筹平台

## 引言

智能制造系统复杂网络化和建立算法后，需要一个实现的深度学习平台。Python 作为一种功能强大且易于学习的编程语言，已成为开发工程师的首选工具。而 PyTorch 作为基于 Python 的深度学习框架，进一步扩展了 Python 在智能制造领域的应用范围。Python 的简洁语法和丰富的库使其成为数据科学家和工程师的理想选择。而 PyTorch 的强大之处在于其提供了灵活的深度学习模型构建和训练工具，使得研究人员能够高效地实现复杂的神经网络结构，并进行大规模数据的分析和预测。

**学习目标**

- 了解 Python 和 PyTorch 的基本概念。
- 掌握 PyTorch 平台的深度运筹学。

### 5.4.1　Python 与 PyTorch

PyTorch 是一个基于 Python 的深度学习框架，其简洁的应用程序接口（Application Programming Interface，API）设计和动态计算图功能使得模型开发和调试变得容易（见图 5-40）。Python 的灵活性和 PyTorch 的高效性相结合，为研究人员和开发者提供了一个强大的工具，用于探索和实现最新的深度学习算法。

图 5-40　不同程序员编写代码的难易程度

Python 最大的优点在于代码结构简单，它的语法接近于自然语言，简单明了易于上手。如图 5-41 所示，可以看到同样是打印"Hello World"，在 C 语言中需要用到四行才能实现，而在 Python 中仅仅需要一行即可以实现。Python 作为一种强大且易学的编程语言，在智能制造领域具有广泛的应用前景。掌握 Python 的基本知识和语法，是开启智能制造大门的重要一步，为后续更深入了解智能制造打下基础。

图 5-41　打印同样的字符串
Python 与 C 语言代码
复杂度的对比

### 5.4.2　PyTorch 的安装与环境配置

**1. 安装 Python**

安装 PyTorch 首先需要安装 Python，进入其官网 https：//www. python. org/，选择合适的版本进行下载即可。

**2. 安装 Anaconda**

在安装好 Python 后，需要继续安装其使用的基础环境，由于 Python 官方开发环境配置比较繁琐，可以选择集成多方开源类包的 Anaconda 作为 Python 的基础环境。Anaconda 是一个开源的 Python 发行版本，其包括 Conda、Python 等 180 个科学包及其依赖项。换句话来说，如果把函数比作为工具，那么 package 就是工具包。其下载地址为 https：//anaconda. com/download/。

单击下载后我们可以看到网页推荐的两个版本,注意需要和之前下载的 Python 版本相对应。如果有特定需求安装其他版本,可以进入网页的历史版本网站,其地址为 https://repo.anaconda.com。此外,每一个 Anaconda 版本对应的有两个压缩包,分为 32 位和 64 位,读者需要根据自己计算机的系统选择合适的安装包进行下载。

下面进行 Anaconda 的安装,下载后只需要根据提示进行安装即可,这里需要注意的是要记住安装路径,如图 5-42 所示,我们在后期配置环境的时候会用到。

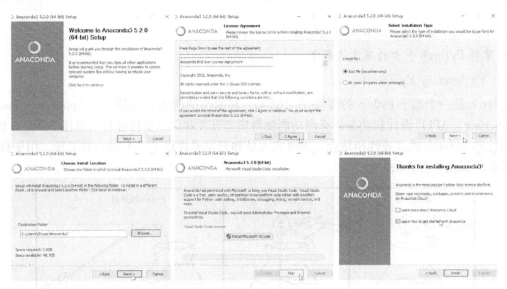

图 5-42 Anaconda 安装过程示意图

当安装完 Anaconda 后,在计算机的开始界面可以看到 Anaconda 文件夹,该文件夹下有 Anaconda 的命令提示符,我们可以打开该软件检验是否安装成功。

可以看到在代码的前面有 (base),这是默认的环境,也表示已经安装成功(见图 5-43)。在正确地安装 PyTorch 之前,我们需要学会怎么管理环境。那么什么是环境呢?通俗来讲,虚拟环境就是一个"容器",在这个容器中,我们可以只存放需要的工具,各个容器之间的工具互不干扰。在今后的工作中,我们经常会遇到不同的项目、不同的代码,所需要的环境也是不一样的。如图 5-44 所示,我们可以理解为初始环境中的工具包版本是 0.4,在利用 YOLO 进行目标检测时会用到版本为 1.0 的工具包。如果把这两个工具包全部混到一起会非常杂乱。因此,一个萝卜一个坑,根据项目建立适用的虚拟环境才是正确的选择。

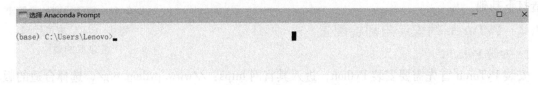

图 5-43 验证 Anaconda 是否安装成功

我们可以根据下面两行代码利用 Conda 创建和激活环境,Conda 是一个环境管理的工具,是 Anaconda 默认的 Python 包和环境管理工具,所以安装了 Anaconda 完整版,就默认安装了 Conda。Conda 作为软件包管理器,可以帮助我们查找和安装软件包。如果需要一个能够使用不同版本 Python 的软件包,无需切换到其他环境管理器,

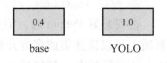

图 5-44 不同虚拟环境之间的关系

仅需几行代码，便可以设置一个完全独立的环境来运行不同版本的 Python。

conda create - n YOLO python = 3. 6

conda activate YOLO

### 3. 安装 PyTorch

下面为大家展示如何正式安装 PyTorch，首先进入 PyTorch 的官网 https：//PyTorch. org/，这里推荐选择版本为 1.1 以上的稳定版，因为 1.1 版本以后，PyTorch 加入了 TensorBoard。TensorBoard 是一个功能强大的可视化工具，可以清晰地展示神经网络的结构图，观察张量指标如损失函数和准确度的动态变化以及分析张量的分布情况。

深度学习与计算机的算力密不可分，工欲善其事，必先利其器，显卡就是进行深度学习的重要硬件。GPU 具有强大的并行计算能力、高带宽和大容量显存，能够大幅提升深度学习的训练速度和效率。虽然没有 GPU 仍然可以进行深度学习的训练，但速度会降低很多，下面将介绍如何利用 GPU 对深度学习进行加速。

首先，我们需要确定显卡的型号，并通过 https：//www. nvidia. cn/查询该显卡是否支持 CUDA。在确定了我们的显卡可以用来深度学习后，需要打开命令提示符，输入下列代码查看显卡的驱动版本，这里需要注意 CUDA 9. 2 版本仅支持 Driver Version 为 396. 26 以上的版本。

nvidia- smi

确定了计算机显卡所支持的 CUDA 版本后，我们在 PyTorch 官网选择适合的版本，安装方式推荐使用 Conda，Run this Command 中的代码即为下载链接。安装 PyTorch 需要首先激活所需要的环境，就如前文所说的一样，将工具打包统一管理。首先打开 Anaconda 的命令提示符，激活虚拟环境后将下载链接粘贴进去，按回车键进行下载即可。等待进度条完成后，继续在当前窗口输入 pip list 来查看该工具包中的内容。如图 5-45 所示，当我们在下列工具中找到 torch 时，说明已经安装成功，可以看到这里安装的 torch 版本为 1. 3. 0。

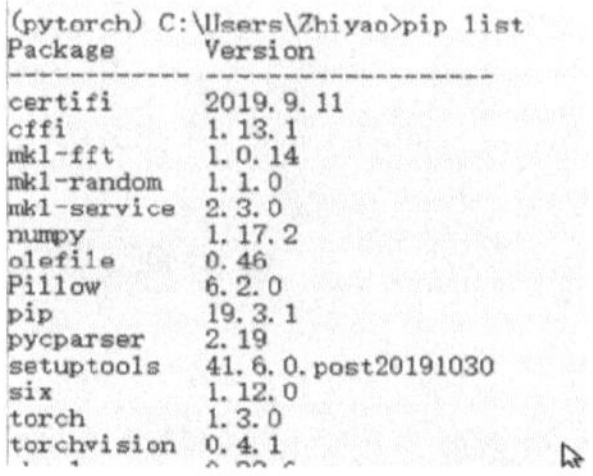

图 5-45　所安装的工具
包名称及版本

### 4. 安装 PyCharm 并配置环境

在安装好 Python 以及 PyTorch 后，我们选用安装编译器 PyCharm。PyCharm 带有一整套可以帮助用户在使用 Python 语言开发时提高其效率的工具，比如调试、语法高亮、Project 管理、代码跳转、智能提示、自动完成、单元测试、版本控制等。安装 PyCharm 是搭建深度学习平台的最后一步。安装完成后，便可以领略深度学习的奥妙，并进一步探索智能制造的核心。

首先进入 PyCharm 的官网 https：//www. jetbrains. com/PyCharm/，在下载的时候可以看到它分为 PyCharm Professional Edition 和 PyCharm Community Edition 两个版本，即社区版和专业版。其实对于前期的学习，社区版已经完全够用了，并且社区版是完全免费的。

我们选用合适的安装包进行下载，之后只需等待系统自行安装。安装完成时，我们将 Create Associations 这一项勾选，它的含义是我们是否利用 PyCharm 打开所有 . py 文件。PyCharm 安装好后，我们将其打开后选择不导入设置，后面可以自行配置环境。之后选择创建新的项目。因为已经安装过环境了，因此在这里我们选择已存在的环境，如图 5-46 所示，在弹出的对话框中选择之前安装 Anaconda 的地址，并选择 python. exe 结尾的文件。

配置好环境后，检测 PyCharm 是否成功导入了 CUDA 的环境，单击图 5-47 的 Python Console（控制台），在控制台输入下列代码，如果返回为 True，则说明已经配置成功。至此，深度学习平台的搭建已全部完成。

```
import torch
torch. cuda. is_available ( )
```

图 5-46　环境配置的详细步骤

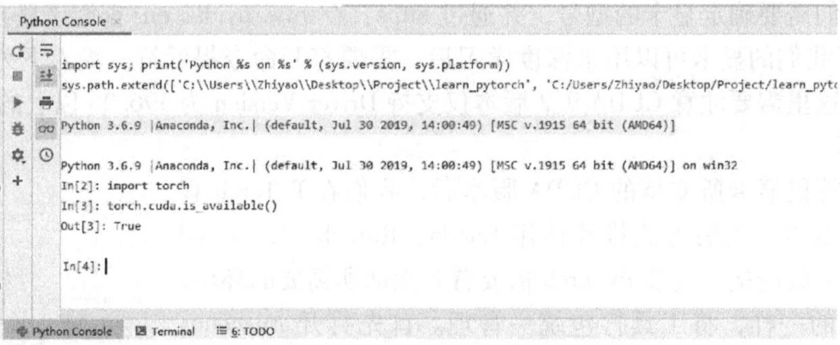

图 5-47　在 PyCharm 中验证环境是否安装成功

## 5.4.3　PyTorch 平台上算法创新实例

智能养殖借助先进的技术手段对养殖过程进行精细化管理，以提升生产效率和动物福利。特别是针对羊只的养殖，及时准确地检测羊只行为显得尤为重要。这不仅能帮助我们评估羊只的健康状况和生活环境质量，还是研究其社交行为的重要途径。接下来，将展示如何通过 PyTorch 这一深度学习框架应用 YOLOv5（You Only Look Once version 5 单次检测版本 5）算法，以实现对羊只行为的精准检测。这不仅体现了智能制造理念在农业领域的实际应用，也展现了技术与产业深度融合的巨大潜力。

**1. 制作训练所需要的数据集**

我们需要收集羊只不同行为的图像，如站立、躺卧、行走、进食等。在收集大量图片后，如图 5-48 所示，将图片随机进行变亮、旋转、反转等操作以增强数据集的多样性，提高模型的鲁棒性。

在制作完数据集后，使用标注工具（如 Labeling）对数据集进行标注，生成包含羊只行为类别的标签文件。在标注时，需要注意四条原则：①被遮盖的物体应全部标出，而不是只标露出的部分；②大小物体都要标注；③标注框大小应与被标注对象贴合；④无法分辨的部分不进行标注。将标注后的文件分为训练集、验证集、测试集三部分，比例通常为 7:2:1，为后续的模型训练做准备（见图 5-49）。

**2. 模型训练**

制作完数据集后，需要找到相应的模型进行训练。在软件开发中，"不要重复造轮子"（Don't Reinvent the Wheel）是一个非常重要的原则，因为使用现有经过验证和优化的库、框架和

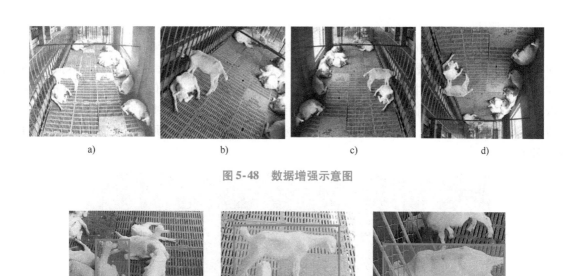

图 5-48 数据增强示意图

图 5-49 不同行为标注示意图

解决方案可以节省时间、提高质量、增强可维护性，并避免重复他人的工作。而 GitHub 就是一个常用的平台，里面含有大量的源代码供我们使用（见图 5-50）。

图 5-50 模型主要训练文件部分代码及根目录文件显示界面

在 GitHub 中找到 YOLOv5 的源代码，下载后解压可以看到 datasets 文件夹和 yolov5 整体结构文件。其中 datasets 是存放数据集的文件夹，yolov5 文件夹下则包含着模型运行所需的所有文件，其中主要的文件包含 train.py、val.py 和 detect.py 程序，分别控制训练、验证和检测的程序。通过修改 train.py 文件中的相关超参数，如数据集地址、训练周期、优化器的选择来提升模型的性能。

### 3. 模型评估

模型训练后可以在 yolov5 文件夹下的 runs 文件夹中找到本次运行的数据，其中主要包括训练的权重文件、类别标签数量、损失函数、mAP 以及超参数设置记录。我们将训练好的权重文件放在 detect. py 中，可以检测模型的预测性能。此外，通过分析损失值下降的速度和 mAP 值来分析模型也是分析模型性能的重要方法。模型训练后，根据评估结果对模型进行优化，如调整网络结构、增加数据增强等。提高模型的各种指标，是智能制造的一项重要任务（见图 5-51 和图 5-52）。

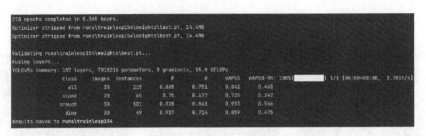

图 5-51　运行结果界面展示

图 5-52　羊只行为检测效果图

### 4. 模型创新及算法优化

虽然对动物行为识别的模型和方法有很多，但精度高的模型计算复杂，使用成本高，缺少对模型训练和识别共同评估的准则。为解决此问题，可以结合以往的评价指标提出效能值的概念，并建立效能公式来衡量模型的检测效率。

$$E = \frac{\text{mAP}}{\alpha (F + T) + (1 - \alpha) S} \qquad (5\text{-}32)$$

式中，$E$ 为能效值；$F = \text{GFLOPs}/100$ 是模型复杂度影响系数；$T = \text{time}/24$ 是时间影响系数；$S = \text{FPS}/100$ 是帧率影响系数；$\alpha$ 是平衡计算成本和检测速度的权重系数，通过改变 $\alpha$ 的值可以选择能效值中计算成本和检测速度的比重。

通过增加模型中网络的层数或引入注意力模块虽然可以提高模型的检测精度，但却会增加模型的复杂度。优化学习率可以避免模型复杂度发生变化，但在调用训练速度较快的 SGD 优化器时容易陷入局部最优解的情况。为解决上述问题我们可以改进学习率衰减策略，将其命名为变周期衰减余弦退火算法，公式如下：

$$\mathrm{Lr} = \frac{1}{2^n}\left[\left(\mathrm{Lr}_0 - \mathrm{Lr}_f\right)\cos\frac{2^{n-1}\pi}{T}x + \left(\mathrm{Lr}_0 - \mathrm{Lr}_f\right)\right] \tag{5-33}$$

式中，$\mathrm{Lr}_0$ 为初始学习率；$\mathrm{Lr}_f$ 为最终学习率；$n$ 为衰减周期的次数；$T$ 为第一个衰减周期的训练轮数。其中学习率衰减曲线如图 5-53 所示。

实验结果表明，改进后算法的损失值在第二、第三衰减周期结束时分别比上一周期的损失值低 6.1% 和 5.2%。将改进后的学习率与 YOLOv5s 和 YOLOv5m 结合后，AP 值分别提升了 1.7% 和 1.6%。通过对比不同模型不同学习率下的效能值，改进后的算法在 YOLOv5s 和 YOLOv5m 两个模型中分别提升了 3.4% 和 0.8%，为智慧畜牧业和低能耗人工智能的发展提供新思路和方法。

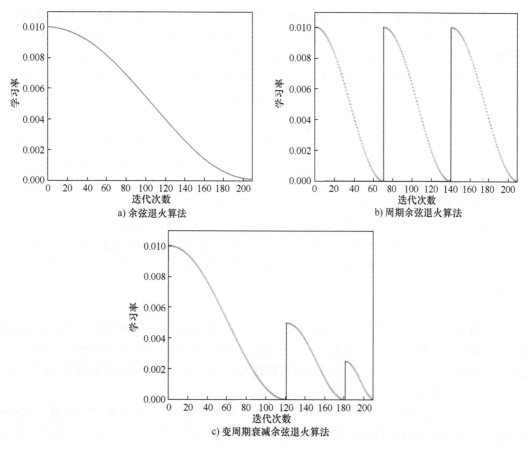

图 5-53　不同学习率损失函数随迭代次数的曲线

### 5.4.4　PyTorch 与智能制造的关系

#### 1. 数据处理与分析

在智能制造领域，数据处理与分析是至关重要的一环。智能制造技术不仅要求设备具有高度的自动化和智能化，还需要对生产过程中产生的大量数据进行有效的处理和分析，以便为生产决策提供科学依据。PyTorch 作为一个功能强大的深度学习平台，正逐渐成为智能制造领域中数据处理与分析的重要工具。

在生产过程中产生的原始数据往往包含各种噪声和异常值，这些数据需要经过清洗和预处理才能用于后续的分析和建模。PyTorch 提供了丰富的数据预处理功能，可以帮助我们轻松地对数据进行缺失值填充、异常值检测和处理、数据平滑等操作。通过这些预处理步骤，可以获得更加干净准确的数据集，为后续的数据分析和模型训练奠定坚实基础。但原始数据往往以非结构化或半结构化的形式存在，如传感器数据、图像数据等。因此为了将这些数据转化为模型可理解的格式，需要进行数据转换和特征工程。PyTorch 提供了灵活的数据加载和转换接口，可以方便地将原始数据转换为张量格式，并通过自定义的转换函数提取出对模型训练有益的特征。

不同传感器或设备采集的数据往往具有不同的量纲和取值范围。为了消除这些差异对模型训练的影响，PyTorch 提供了多种归一化和标准化的方法，如 Min-Max 归一化、Z-Score 标准化等，可以结合实际情况选择合适的方法进行处理。这些处理方法可以使数据更加符合模型的输入要求，提高模型的训练速度和稳定性。

### 2. 模型构建与优化

PyTorch 的灵活性和易用性使其在构建深度学习模型方面具有显著优势。在智能制造中，可以利用 PyTorch 构建各种复杂的神经网络模型，如 CNN 用于图像处理，RNN 用于处理序列数据以及 GAN 用于生成新的数据样本等。例如，在生产线上，可以使用 CNN 来识别产品的质量问题，通过训练模型来检测产品的缺陷或异常。RNN 则可以用于预测设备的维护需求，通过分析历史数据来预测设备何时可能出现故障，从而实现预防性维护。

模型的训练是深度学习应用中必不可少的环节。PyTorch 提供了丰富的优化算法，如随机梯度下降法（Stochastic Gradient Descent，SGD）等，以及多种学习率调整策略，使得模型训练更加高效和准确。在模型评估方面，PyTorch 提供了多种评估指标和可视化工具，帮助我们全面了解模型的性能。在模型训练完成后，需要对模型进行评估，以确定其在实际应用中的性能。一旦模型通过评估并达到预期的性能标准，就可以将其部署到智能制造系统中。

PyTorch 模型可以轻松地与各种硬件和软件平台集成，从而实现自动化控制和优化生产流程的目标。例如，在自动化生产线上，可以将训练好的模型部署到边缘计算设备上，实现对生产过程的实时监控和优化。当模型检测到潜在的问题或故障时，它可以自动调整生产参数或触发警报，以确保生产的顺利进行。

### 3. 高效的计算能力

在智能制造中，数据处理是至关重要的环节。PyTorch 的高效计算能力使得它能够迅速处理大量的生产数据。无论是清洗、转换还是分析数据，PyTorch 都能以极快的速度完成任务，为后续的模型训练和决策提供支持。这种快速的数据处理能力，对于需要实时监测和快速响应的智能制造系统来说尤为关键。

深度学习模型的训练通常需要大量的计算资源，PyTorch 的高效计算能力可以显著加速模型训练的过程。通过优化算法和并行计算技术，PyTorch 能够充分利用硬件资源，当使用 GPU 时可以使训练速度达到顶峰。在 PyTorch 中，张量是核心的数据结构。当张量被分配到 GPU 上时，所有涉及该张量的操作都会在 GPU 上执行，从而利用 GPU 的并行计算能力。而这也意味着可以更快地获得训练好的模型，从而更快地将其应用于生产实践中。

## 习 题

1. 解释什么是算法，并给出一个简单的算法例子。
2. 讨论算法在智能制造中的重要性，并列举几个应用场景。
3. 分类算法在智能制造中有哪些应用？举例说明。
4. 预测算法在智能制造领域的未来发展方向和趋势。
5. 简述 Python 在智能制造中的主要应用价值。
6. 描述 PyTorch 在智能制造中的一个具体应用案例，并解释其工作原理。
7. 深度学习在图数据上的任务主要分为哪几类？分别简述。

8. 谱分析如何用于评估和比较节点在网络中的重要性？

9. 谱图方法如何用于图的降维和表征学习？

10. 空域图卷积神经网络在处理图结构数据时与传统的图卷积网络相比有何不同？

11. 空域卷积操作如何帮助提取具有代表性和区分度的节点特征？

12. 解释什么是深度运筹学，并给出一个简单的使用案例。

# 第6章

# 设计过程——8D 报告

## 引言

各类项目设计步骤大同小异，相较于一般软件设计过程，团队八大步骤问题解决（Eight Disciplines Problem Solving，8D），即 8D 报告是一种系统化的问题解决方法，更适合智能制造系统。8D 报告常用于制造业的质量管理，是全球质量管理和问题解决的标准工具。8D 报告的目的是识别出重复出现的问题并对问题实施纠正和消除，从而有助于提升产品和工艺。在本章学习中，我们将以 8D 报告为例讲解项目设计过程。

## 学习目标

- 掌握 8D 报告的 8 个流程步骤。
- 熟悉 8D 报告中的分析工具。
- 掌握 8D 报告每个步骤的完成要点。
- 掌握软件设计步骤。

## 6.1　8D 报告中的基本步骤和工具

8D 报告的起源于 PDCA 循环，由福特汽车公司在 20 世纪 80 年代开发和引入。福特在当时面临着激烈的市场竞争和质量管理的挑战，需要一种系统化的方法来解决制造过程中的复杂问题。8D 报告因此应运而生，成为解决产品和过程问题的标准化工具。例如，国际汽车工作组（International Automotive Task Force，IATF）发布的 IATF 16949 标准中，就包含了对问题解决过程的要求，鼓励采用 8D 报告。其他行业如航空航天、医疗设备等，也纷纷制定了相关标准，推广 8D 报告的应用。企业利用智能制造系统可以更快、更准确地识别问题的根本原因并预测和预防潜在问题，从而进一步提升 8D 报告的效率和效果。

8D 报告包括如下 1 个准备步骤和 8 个工作步骤，主要目的是识别问题的根本原因、实施有效的纠正措施、防止问题再次发生、提高整体质量和效率。

D0 征兆紧急反应措施（Preparation and Emergency Response Actions）

D1 小组成立（Team Formation）

D2 问题说明（Problem Description）

D3 临时措施的实施验证（Interim Containment Actions）

D4 确定并检验根本原因（Root Cause Analysis）

D5 选择和验证永久纠正措施（Verify Corrective Actions）

D6 实施永久纠正措施（Define and Implement Corrective Actions）

D7 预防再次发生（Preventive Actions）

D8 团队和个人认可（Team and individual recognition）

8D 报告是一整套前后衔接的连贯流程，发生问题后，从发现问题出发开始解决问题，直到解决问题并小组认可。其中 D0～D2 可以看作"是什么（what）"的阶段，D3～D5 可以看作"为什么（why）"的阶段，D6～D8 可以看作是"怎么做（how）"的阶段。下面详细介绍每一步骤的目的，主要活动和注意要点。

### 6.1.1　D0 征兆紧急反应措施

这一步骤的核心目的是评估问题的性质，以确定是否适合采用 8D 报告来处理。如果问题规模较小，或者其性质不适合 8D 报告（如价格、经费等问题），那么在 D0 步骤中，需着重于问题出现时的紧急应对措施。关键在于准确判断问题的类型、规模及影响范围。与 D3 步骤不同，D0 是针对问题突发时的即时反应，而 D3 则是针对产品或服务本身问题所采取的临时解决方案。

D0 主要工作内容包括：

1）确认问题信息。即在收到客户投诉信息时，质量部门应确认以下信息以展开后续调查工作：

① 确认产品编号、品名和客户名称，确保后续工作正确展开，避免分析错误产品或与错误客户交流等情况。

② 确认联系人电话、地址和产品缺陷描述，以便实时与客户反馈交流，快速找到问题所在并解决，为客户提供良好体验。

③ 确认不合格品数量及追溯信息，确保不合格品正确回收，防止误回收合格品或漏回收不合格品，提高处理效率，减少成本，并提升客户体验。

④ 确认发货单编号，以便调查是否按客户采购需求发货，防止因人为失误导致的发错产品等情况，全面保障客户权益。

⑤ 索取产品型号等信息，防止赔多赔少等现象的发生，维护品牌形象，减少公司经济损失。

2）与客户沟通。应按以下标准进行交流，弥补客户的不良体验：

① 告知客户跨部门小组及联系方式，确保客户知道投诉已被专门处理，有效防止负面体验加剧。

② 礼貌且耐心地与客户交流，确认已得到的信息，确保投诉正确记录，以便处理小组快速有效地展开后续处理工作。

③ 确定调查问题所需的其他信息，一次性向客户询问清楚，防止多次打扰客户。

④ 告知客户应急措施的进展，让客户清楚投诉的处理进度和结果，挽回品牌形象。

⑤ 告知客户应急措施及纠正措施的预期完成时间，让客户有处理预期，做好准备，增强主动性。

⑥ 适当满足客户的其他合理要求，如了解问题进展和预期交货等，展现良好的客户服务。

⑦ 记录所有与客户之间的回复，便于处理小组了解客户需求，更好地解决问题。

⑧ 质量人员应遵循三现主义原则（现场、现物、现实），对于可视化的不良情况，应尽量拍摄照片或获取样品以进行确认，并尽可能详细地收集不良发生场所的相关情况。

在这一步骤中，可以使用趋势图、排列图、佩恩特图和紧急反应措施等工具评估是否需要启动 8D 过程。在必要时应采取紧急反应行动保护顾客并开始 8D 过程。8D 过程区分了症状和问题，适用标准主要针对症状而非问题。

### 6.1.2　D1 小组成立

这一步骤的目的是组建一支跨职能团队，以便利用多样化的技能和观点来解决问题。需要指定团队负责人，选择有相关经验和知识的团队成员，确保合理的时间分配和相应的权限。同时，各小组成员应具备解决问题和实施纠正措施所需的技术能力，明确每个成员的角色和职责并确保团队成员有足够的时间和资源来参与问题解决。

该步骤的关键要点为成员资格，看成员是否具备相应的产品、工艺的知识储备，然后再确定目标、分工、程序等（见表6-1）。可使用工具有团队宪章、行动计划、甘特图等。

表6-1　成立团队分工表

| 团队成员 | 职位（职责） | 各阶段分工 | | | | |
|---|---|---|---|---|---|---|
| | | 临时对策 | 原因分析 | 树立对策 | 改善实施 | 标准化 |
| | | | | | | |

## 6.1.3　D2 问题说明

这一步骤的目的是清晰、准确地描述问题，以便所有相关人员都能理解问题的性质和严重程度。D2 步骤的核心任务是编写详尽的问题陈述。这一过程涉及明确记录何时、何地以及如何首次发现问题，并使用量化的术语详细阐述与该问题相关的内外部顾客的具体抱怨，包括问题的具体表现、发生地点、时间、影响程度及发生频率等。至关重要的是要全面收集并整理所有与问题相关的数据，以便清晰地阐述问题的全貌。在问题说明阶段，应提炼并总结出对描述问题尤为关键的数据点，这些数据不仅能帮助我们更深入地理解问题，还能为后续的分析提供有力支持。随后，通过审核现有数据，识别出问题的核心所在并界定问题的具体范围。为了进一步细化分析，还需将复杂问题拆解为多个独立的子问题，每个子问题都更为具体且易于处理，从而为后续的解决步骤奠定坚实基础。还需要评估问题对客户和组织的影响，必要时使用图表或照片帮助说明问题。该步骤可使用的工具有质量风险评定、FMEA 分析、5W1H、折线图、直方图、排列图（见表6-2）。

表6-2　D2 问题描述示例

| 顾客 | | 图片 |
|---|---|---|
| 时间 | | |
| 地点 | | |
| 事件 | | |
| 影响 | | |

在处理客户反馈的不良样件时，具体流程包括：首先要求处理小组核实样件的生产日期，以排除因超出正常使用寿命而造成的缺陷可能性。随后，对样件的外观状况进行初步评估，并通过拍照方式记录下原始状态作为证据。紧接着，依据标准生产流程，尝试复现样件上的缺陷，并在过程中拍摄照片或视频，以便详细记录和分析缺陷情况。完成复现尝试后，根据已确认的生产日期，追溯并查阅当时的首次合格率（First Time Through，FTT）数据，以评估相同或类似缺陷是否在该时间段内已有所体现。接下来，基于生产日期，细致审查涉及的人员、设备、材料、工艺方法及环境等生产要素是否存在变更点，确保当前分析条件与当时生产环境的一致性，并据此进行必要的调整。若经过上述步骤后，发现不良样件的缺陷无法在生产过程中复现，即未发现问题（No Trouble Found，NTF），则需遵循特定的不再现操作流程进行后续处理，以确保问题得到妥善解决并记录归档。

## 6.1.4　D3 临时措施的实施验证

这一步骤的目的是在找到根本原因之前，采取措施控制问题的影响，防止问题进一步扩散。

也就是确保在永久纠正措施实施前，将内外部顾客与问题隔离。D3 步骤的措施包括：确定临时遏制措施；立即实施这些措施，以减少对客户和生产的影响；验证这些措施是否有效，并确保问题不再扩大并记录实施和验证的结果。常见的措施是先给客户进行补偿，再检查订单中是否有出问题的产品，防止再生事端，做到将客户与问题分离。

此步骤的核心在于对紧急响应措施进行全面评估，旨在识别并选定最优的"临时遏制措施"。这一过程中，需通过审慎的决策制定，确保所选措施的有效性与可行性并随即付诸实施，同时做好详尽的记录以备后续参考。实施后，利用设计实验（Design of Experiments，DOE）、百万分率分析（Parts Per Million，PPM）、控制图等多种验证手段，对临时遏制措施的效果进行严格验证，以确保其达到预期目标。这一过程可灵活运用多种工具，包括 FMEA 以识别潜在风险、DOE 优化措施设计、PPM 评估改善效果、SPC 监控过程稳定性以及检查表和记录表等工具来系统化地收集和分析数据。此外，还可借鉴 PDCA 循环的理念，不断优化和完善临时遏制措施的实施与验证流程（见表6-3）。

表 6-3  临时对策示例表

| | | 可疑品数量 | 处理措施 | 责任人 | 完成日期 | 实际完成日期 | 结果效果 |
|---|---|---|---|---|---|---|---|
| 供应商端 | | | | | | | |
| 组织内部 | 原材料 | | | | | | |
| | 在工品 | | | | | | |
| | 成品仓 | | | | | | |
| 在途品 | | | | | | | |
| 顾客端 | | | | | | | |

在具体操作流程上，我们首先要迅速确定并实施有效的遏制措施，旨在最大限度地减轻客户的损失，并将问题的影响范围与所有内外部客户相隔离。实施后，需立即验证这些遏制措施的有效性，确保其能够切实控制问题扩散，为后续立即纠正措施（Immediate Corrective Action，ICA）的顺利执行奠定坚实基础。ICA 旨在迅速保护顾客免受问题症状的直接影响，确保顾客利益不受损害。接下来，针对问题症状进行深入处理时，务必在执行任何处理操作前验证其有效性，以确保每一步操作都能精准对症。同时，在处理过程中，需持续监控问题状态，确保对处理效果有清晰明了的掌握，并及时记录形成文档，以备后续分析与改进之用。关于 ICA 的执行，我们承诺在收到问题反馈后的×个工作日内迅速确定并执行，以确保问题得到及时应对。围堵范围将全面覆盖客户处的库存、在途产品以及厂内库存品，并根据实际情况采取退货、返工、报废等相应处理措施，以彻底消除问题隐患。

## 6.1.5  D4 确定并检验根本原因

D4 这一步骤的主要目的是使用系统化的方法识别问题的根本原因，确保问题得到彻底解决（见图6-1）。这一步骤的活动包括：进行根本原因分析（例如鱼骨图、5W1H）；收集和分析数据，以支持根本原因的假设；验证根本原因，确保分析结果与问题表现一致；确定并记录每个潜在根本原因的证据。

在 D4 阶段，核心任务是深入评估潜在原因列表中的每一个因素，通过逻辑推理与实证验证来判定这些原因是否能有效排除问题根源。随后，基于评估结果，制定详尽的控制计划以预防问题再次发生。在此过程中，统计工具发挥着关键作用，它们帮助我们系统地罗列出所有可能的问题起因，构建出一个全面而清晰的潜在原因框架。

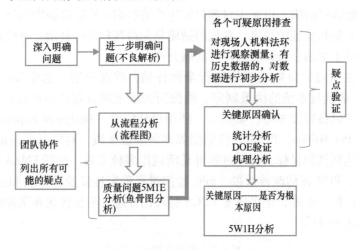

图6-1　D4 根本原因分析步骤图

为了精准定位根本原因，D4 阶段会借鉴 D2 阶段问题说明中提到的所有导致偏差的事件、环境或条件，运用隔离测试法逐一排查。这种方法通过将各因素独立考察，观察其对问题发生与否的影响，从而逐步缩小范围，直至找到问题的真正源头。可使用的工具包括 FMEA、PPM、DOE、鱼骨图、5W1H、头脑风暴和关联图等。

需要注意事项包括：

1）列举可能原因时要全面。在列举可能原因时，应从多个维度进行考量，包括技术、管理、资源、环境和人为因素等。这样可以确保不遗漏任何潜在的影响因素。必要时，可以借助 5W1H 方法、流程图（见图 6-2）和鱼骨图（见图 6-3）等工具和技术，系统地分析和识别潜在的根本原因。鼓励团队成员积极参与讨论，利用集体的智慧和经验全面列举可能原因。

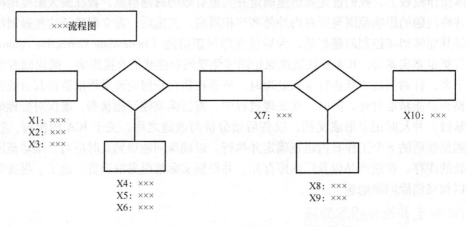

图6-2　D4 根本原因分析及验证的详细流程图

2）原因和结果要有论证。对于每一个列出的原因，都需要有清晰的逻辑链条来连接原因和结果，确保因果关系明确且合理。应使用事实、数据、案例或逻辑推理来支持论点，确保论证过程具有说服力。例如，通过数据分析验证某个原因是否真正导致了问题发生。也可以采用排除法逐一验证可能原因，通过测试或实验排除那些不可能或影响较小的因素，从而逐步逼近根本原因。

3) 找到根本原因，而非表面原因。在找到可能原因后，需要继续深入挖掘，以确定是否存在更深层次的根本原因。这可能需要反复询问"为什么"，并使用适当的工具和技术进行深入分析。在分析过程中，要避免片面性，不是停留在表面现象上，而是努力揭示问题的本质和根源。一旦确定根本原因，需要对其进行验证，以确保其准确性和可靠性。验证过程可以通过实验、测试或实际操作进行。

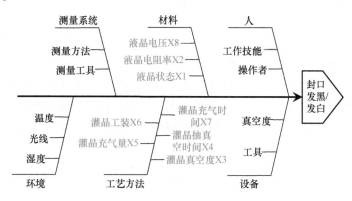

图 6-3　D4 根本原因分析及验证的鱼骨图

## 6.1.6　D5 选择和验证永久纠正措施

D5 的目的是选择能彻底解决问题的永久纠正措施，并验证其有效性。这一步的方法是通过头脑风暴得到可能的纠正措施，评估每个措施的可行性和有效性并选择最佳的永久纠正措施，在小范围内测试这些措施，验证其能否解决问题，并最终记录测试结果和验证过程。

此步骤的核心聚焦于生产前的方案测试与评审环节，旨在确保所选的纠正措施能够有效解决客户问题，同时避免对生产流程中的其他环节造成不利影响。此阶段的关键任务包括：首先，对团队成员的资格进行再次审视，确保每位成员都具备相应的专业能力；其次，通过综合考量，制定明智的决策，从多个备选方案中挑选出最优的纠正措施；再者，重新评估先前实施的临时措施，如有必要，及时调整策略，确保措施的持续有效性；尤为重要的是，切勿忽视验证环节，必须通过充分的验证来确认所选措施的确切效果；最后，在获得充分确认后，果断执行永久性的纠正措施，并同步实施控制计划，以确保问题得到根本解决并防止其再次发生。这一步可用的工具为 FMEA、DOE、因果图、稳健设计、检查表、记录表。

D5 的注意要点如下：

1) 改善措施落实以后，是否会带来新的问题。在实施任何改善措施之前，深入评估其潜在的副作用和连锁反应是至关重要的。这要求我们不仅要关注改善措施直接带来的正面效果，还要预见并评估其可能引发的新问题。

2) 改善内容现场执行的困难性及漏洞。改善内容的现场执行往往面临诸多挑战和漏洞，这些都需要在计划阶段就被充分考虑和预防。为了克服这些困难并填补漏洞，应制定详细的执行计划，明确责任分工、时间节点、资源需求和监管要求，同时加强内部沟通和培训，确保执行人员充分理解并准确执行改善内容。

3) 针对新措施来制定改进计划。是为了确保新措施的有效实施和持续改进而制定的，其中增加或改变的控制措施是重要组成部分。这些控制措施可能包括：风险管理、过程监控、持续改进、培训与支持和审核与验证等。通过定量化的试验方法对不同的纠正措施进行筛选，以科学严谨的态度评估其效果。同时，结合风险评估的结果，在必要时制定并启动应急措施，以应对可能出现的风险与挑战。

#### 6.1.7 D6 实施永久纠正措施

D6 步骤主要目的是彻底实施选定的永久纠正措施，确保问题不再发生。即制定一个实施永久措施的计划，确保根本原因得到有效消除。此步骤涉及确定过程控制方法并纳入文件，以确保措施的长期效果。关键要点包括重新审查小组成员，执行永久性纠正措施，废除临时措施，通过可测量性验证故障已被排除，并更新控制计划和工艺文件。可用工具包括 FMEA、SPC 和 PPAP 等。D6 的主要工作可分为以下两步：

1）永久措施确定。在这一阶段，需要巩固 D5 中制定的纠正措施，确保其长期稳定地解决问题。要完成以下任务：完成并修正 D5 计划，确保 D5 阶段制定的计划得到完整执行，并对执行过程中出现的任何偏差进行修正；具体化未完全细化的措施，对 D5 中未具体化的措施进行详细化，以确保其可操作性和有效性；提供效果证据，收集并提供措施实施后的效果证据，如效果评估、数据对比、客户反馈等，以确认措施确实解决了问题。示例见表 6-4。

表 6-4　永久措施确定示例

| 原因 | 改善前控制方法 | 改善后控制方法 | 责任人 | 实际完成日期 | 完成证据 |
|---|---|---|---|---|---|
| 根本原因 1 | | | | | |
| 根本原因 2 | | | | | |

这一步骤的关键点包括两个方面：首先，措施必须针对问题的根本原因且要具体。在制定改进措施时，确保措施直接解决问题的根本原因至关重要。这不仅有助于从根本上解决问题，还能有效防止类似问题再次发生。具体措施应明确指出对哪个具体原因采取何种行动。其次，措施执行时需要附上相关的完成证据。为了确保改进措施的有效执行，并便于后续跟踪和验证，必须提供相关的完成证据。这些证据不仅记录了措施的实施情况，也用于评估措施的效果。常见的证据包括签到表扫描件、设备变更前后的图片、设计图纸的修改记录、文件的修订记录以及程序的更新记录（见图 6-4）。

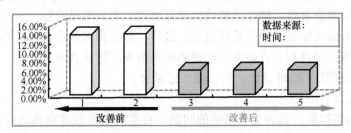

图 6-4　改善前后效果对比图

2）效果确认。这一步骤需要提供验证永久改善措施效果的证据，比如记录和提供措施执行的相关证据，如设计图纸修改、设备变更前后的图片、签到表扫描件等，以便于后续跟踪和验证。还需更新控制计划和工艺文件：根据实施情况，更新控制计划和工艺文件，以反映新的工作标准和过程控制方法。建议图中的数据点按日期来显示走势，数据点少可用柱状图。关键点一是在实施改善措施后，必须对比改善前后的状况，特别是通过具体的数量和比例来量化变化。这种对比不仅有助于直观了解改善措施的效果，还能为后续的决策和改进提供有力的数据支持。关键点二是在收集改善结果的数据时，要明确数据来源的可靠性和准确性。这确保了所收集的数据真实反映了改善措施的效果，为后续的决策和改进方案提供坚实的数据基础。

## 6.1.8　D7 预防再发生

D7 步骤旨在通过优化流程、程序及系统架构，从根本上预防问题及其同类问题的复发。此步骤的核心在于对现有管理体系、操作平台、工作习惯、设计蓝图及操作规范进行全面审视与调整，以确保问题根源被彻底消除，构建更加稳固的防错机制。该步骤的关键要点为选择一系列预防措施，这些措施应直接针对问题根源，具备高度的针对性和有效性；随后，通过实际测试或模拟验证这些措施的实际效果，确保其能够如预期般防止问题再现。可用的工具有 FMEA、流程图等。

D7 预防再发生主要需要考虑的问题如下：

1）修改管理制度。审查并修改现有的管理制度，以确保它们能够支持并促进问题的预防。可能需要调整管理政策、流程控制、责任分配等方面，以确保问题根源得到有效管理。

2）优化作业方法。根据问题的根本原因，更新或优化作业方法，以消除可能导致问题的因素。这可能包括改变操作顺序、使用新的工具或设备、调整工作节奏等。

3）修订作业程序。制定或修改详细的作业程序，明确每一步的操作步骤、要求和注意事项。确保作业程序易于理解、遵循，并能有效预防类似问题的再次发生。

4）更新设计规范。如果问题与设计有关，那么需要修改设计规范，以确保未来的产品或服务能够避免类似问题。这可能包括更改材料规格、调整设计参数、增加安全裕量等。

5）提供修改证据。在实施上述修改后，必须提供充分的证据来证明这些修改是有效的，并且已经按照计划执行。证据可以包括修改前后的对比数据、测试报告、员工反馈、客户反馈等。这些证据不仅用于内部审核和验证，还可以作为向相关方（如客户、供应商、监管机构）证明改进成效的依据。

## 6.1.9　D8 团队和个人认可

这一步骤主要工作就是表彰团队和个人在问题解决过程中的贡献，提升士气和动力。通过认可各小组成员的努力，对工作进行总结并祝贺。另外浏览小组工作心得，了解小组解决问题的方法，对做出贡献的人给予应得的奖励。

D8 主要工作分为两步：第一步是 8D 关闭，小组确认和签名。自 8D 要求发出之日起，发起方需携手 8D 小组成员，紧密协作，对后续实施的 8D 流程的有效性及其执行成果进行持续、深入的验证。确保相关问题导致的缺陷率得到显著且稳定的改善，呈现出清晰的下降趋势。随后由质量管理或项目管理的专门人员进行复核与确认。若在此过程中发现改善效果未达预期或问题仍有反复迹象，则需重新对问题的根源进行深入分析，并针对性地调整或增强纠正预防措施，直至问题得到彻底解决。第二步是财务节余，财务节余指的是通过实施改善措施后，预计在未来一段时间内（如一年）能够为公司带来的成本节约或额外收益。这通常包括减少浪费、提高生产效率、降低不良品率等方面所带来的直接和间接经济效益。因此该步骤需要考虑的问题有：

1）不良品降低的成本计算。当改善措施成功降低了不良品率时，应详细计算由此带来的成本节约。这包括减少的原材料浪费、降低的再加工成本、减少的废品处理费用以及因减少退货和索赔而节省的费用等。

2）产能提高的利润计算。如果改善措施提高了产能，应评估这一变化对公司利润的影响。这包括增加的销售额、更高的生产效率和可能的价格优势（如由于规模效应而降低成本）所带来的额外利润。同时，也要考虑是否需要额外投资以支持增加的产能。

3）考虑投入的增加。在计算财务结余时，务必不要忽视因实施改善措施而可能增加的投入成本。这些成本可能包括设备升级、员工培训、流程改进所需的软件或硬件购置等。只有在考虑了所有相关成本后，才能准确评估改善措施的实际经济效益。

4）数据来源的权威性。为了确保财务结余计算的准确性和可靠性，应尽可能从可靠的数据源中获取数据。这通常意味着从公司的数据库、财务报表或经过审计的财务记录中提取数据。对于无法直接获取的数据（如某些预测或估计值），应确保这些数据由权威部门或具有专业知识的团队进行估算，并附上充分的解释和依据。

8D 报告通过这八个步骤，系统地解决问题，确保问题得到彻底解决并防止其再次发生。每一步都至关重要，它们共同构成了一个全面、结构化和协作性的问题解决方法。重点是根本原因分析、长期解决方案和持续改进，最终提升了质量、效率和客户满意度。8D 报告成为一种在各个行业中，特别是在制造和工程领域中广泛使用的系统性问题解决方法。它的重要性体现在以下几个方面：

1）结构化问题解决。8D 报告提供了一个结构化的框架，指导团队完成每一步问题解决过程。这确保了没有关键方面被忽略，并且解决方案能有效地解决根本原因。

2）根本原因分析。8D 报告的主要关注点是识别和验证问题的根本原因。通过这样做，可以防止问题的再次发生，从而在长期内节省时间、资源和成本。

3）强调团队合作。8D 报告强调团队合作和跨职能协作。通过让来自不同部门的成员参与，确保在解决问题时利用多样的观点和专业知识，从而得到更全面的解决方案。

4）兼顾临时遏制和永久纠正措施。8D 报告区分了立即的遏制措施（用于控制问题的影响）和永久的纠正措施（用于消除根本原因）。这种双重方法确保了短期和长期的解决方案。

5）防止再发生。8D 报告包括实施变更以防止问题再次发生的步骤。这种前瞻性的方法提高了整体的运营效率和质量。

6）文档和沟通。8D 报告提供了问题解决过程、采取的措施和取得的结果的详细文档。这些文档有助于在组织内部以及与外部利益相关者（如客户或供应商）之间更好地沟通。

7）持续改进。8D 报告通过鼓励团队从每次问题解决中学习，促进了持续改进的文化。学到的经验和预防措施有助于不断提高质量和性能。

8）客户满意度。通过有效地解决问题，8D 报告有助于维护和提高客户满意度。它表明了对质量的承诺和对客户关切的响应。

9）责任和职责。8D 过程为团队成员分配了具体的角色和责任，确保了每项行动的问责制。这种角色的明确性有助于高效地执行问题解决过程。

10）认可和激励。认可团队在解决问题中所做的努力和贡献，能够提升士气和动力。这突出团队合作的重要性，并认可每个成员的价值。

### 6.1.10　8D 报告分析示例

图 6-5 所示为典型的 8D 报告示例。这里举一个客户投诉产品短装的例子。"产品缺件"通常指的是在生产或交付过程中，产品的实际数量少于订单或预期的数量。这种情况可能由多种原因引起，如生产错误、库存管理问题、包装错误或运输损失等。下面介绍用 8D 报告方法解决产品缺件问题的过程。

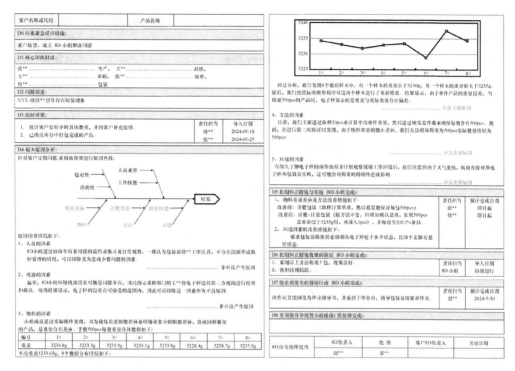

图 6-5　典型的 8D 报告示例

# 6.2　软件设计步骤

软件开发不仅是一个技术性领域，它涉及多个关键步骤才能实现项目的成功发布。本节将从以下五个角度详细阐述企业在软件开发中所需的所有步骤：调研、蓝图、实施、上线优化和持续改进（见图 6-6 和表 6-5）。通过这些角度，本节旨在帮助读者对软件开发流程有一个清晰的认知。

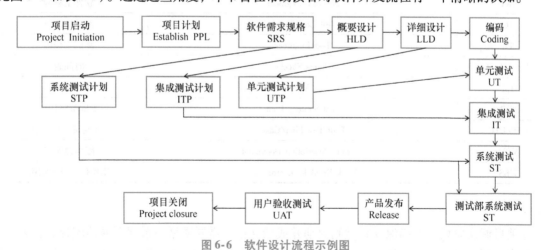

图 6-6　软件设计流程示例图

表 6-5　角色/文档缩略语清单

| 缩略语 | 英文全称 | 中文名称 |
|---|---|---|
| AR | Allocated Requirements | 分配需求 |
| CMO | Configuration Management Officer | 配置管理员 |

（续）

| 缩略语 | 英文全称 | 中文名称 |
|---|---|---|
| CMP | Configuration Management Plan | 配置管理计划 |
| COO | Chief Operation Officer | 首席运营官 |
| CPM | Chief Project Manager | 项目总监 |
| HLD | High Level Design | 概要设计 |
| ITP/ITC | Integrate Test Plan/Case | 集成测试计划/用例 |
| LLD | Low Level Design | 详细设计 |
| MC | Measurement Coordinator | 度量协调员 |
| MTS | Metrical Sheet | 度量表 |
| PM | Project Manager | 项目经理 |
| PPL | Project Plan | 项目计划 |
| PTF | Process Tailoring Form | 过程裁剪表 |
| QA | Quality Assurance | 质量保证 |
| QAM | Quality Assurance Manager | 质量保证经理 |
| QAP | Quality Assurance Plan | 质量保证计划 |
| RMP | Risk Management Plan | 风险管理计划 |
| RTM | Requirement Traceability Matrix | 需求跟踪矩阵 |
| SE | System Engineer | 系统工程师 |
| SEPG | Software Engineering Process Group | 软件工程过程组 |
| SOW | Statement of Work | 工作任务书 |
| SRS | Software Requirement Specification | 软件需求规格说明书 |
| STP/STC | System Test Plan/Case | 系统测试计划/用例 |
| SWE | Software Engineer | 软件工程师 |
| TC | Test Coordinator | 测试协调员 |
| TE | Test Engineer | 测试工程师 |
| Time Sheet | Time Sheet | 时间表 |
| TM | Test Manager | 测试经理 |
| TSP | Test Strategy Plan | 测试策略计划 |
| UTP/UTC | Unit Test Plan/Case | 单元测试计划/用例 |
| VDD | Version Description Document | 版本说明书 |
| WBS | Work Breakdown Structure | 工作任务分解结构 |

### 6.2.1 调研

在项目调研阶段，为确保项目顺利启动并成功立项，需要遵循一系列严谨的流程。首先，首席运营官（Chief Operation Officer，COO）依据分配需求（Allocated Requirements，AR）或详细的工作任务书（Statement of Work，SOW）正式下达项目任务。接着，项目总监（Chief Project Manager，CPM）牵头组建专业团队，进行全面的可行性分析。这包括精确估算工作量、设计和提案技术方案以及对技术方案建议书、SOW、AR 等关键文档进行严格评审和记录。

在完成审核和潜在竞标环节后，如果项目获得批准，COO 与 CPM 将共同签署 SOW，标志着项目正式进入立项阶段。随后，CPM 提交立项申请，项目经理（Project Manager，PM）编制项目立项报告，质保人员（Quality Assurance，QA）生成项目唯一识别码（ID）列表。最后，软件工程过程组（Software Engineering Process Group，SEPG）将对项目 ID 进行审批确认。

在 COO 批准立项申请后，CPM 将召集项目经理（PM）、质保人员（QA）、系统工程师（System Engineer，SE）、软件工程师（Software Engineer，SWE）及测试经理（Test Manager，TM）等相关人员召开项目启动会议，并正式下发 SOW。会议结束后，QA 部门负责编制并发布项目通知单，该通知单需依次获得 COO、质量保证经理（Quality Assurance Manager，QAM）和 TM 的签字确认。

随着项目准备工作的推进，PM 将申请设立项目专用文件夹以集中管理项目资料。同时，QA 部门将提交配置库创建申请表，SE 负责构建需求跟踪矩阵（Requirement Traceability Matrix，RTM）以确保需求与实现之间的可追溯性。在配置管理员（Configuration Management Officer，CMO）和度量协调员（Measurement Coordinator，MC）的协作下，完成项目配置库的创建工作，为后续项目实施奠定坚实的基础。该过程如图 6-7 所示。

### 6.2.2　蓝图

在蓝图阶段，项目推进集中于三大核心步骤：明确项目计划；明确软件需求规格；实施项目的概要设计与详细设计。具体流程如下：

1）明确项目计划。在此阶段，项目经理（PM）与质量保证（QA）、系统工程师（SE）、技术项目经理（TPM）紧密合作，对项目所需资源进行全面而细致的评估。基于评估结果，测试工程师（Test Engineer，TE）和度量协调员（Measurement Coordinator，MC）负责编制 Pert Sizing 或 Wideband Delphi 软件成本及规模估计表，该表经过首席运营官（COO）审批后，项目团队着手制定详细的项目计划。此过程涵盖 PM、SE 和软件工程师（SWE）共同制定项目计划（Project Plan，PPL）、风险管理计划（Risk Management Plan，RMP）、测试策略计划（Test Strategy Plan，TSP）和过程裁剪表（Process Tailoring Form，PTF），而 QA 则负责编制工作任务分解结构（Work Breakdown Structure，WBS）和时间表（Time Sheet）。待项目总监（CPM）签发 PTF 且软件工程过程组（SEPG）审核通过后，测试经理（TM）生成 PTF 检查表，QA 与 SE 联合编制质量保证计划（Quality Assurance Plan，QAP），而配置管理员（Configuration Management Officer，CMO）与 MC 则共同制定配置管理计划（Configuration Management Plan，CMP）。初步计划完成后，PM 组织召开评审会议，记录评审纪要并生成检查表，以确保计划的周密性和准确性。评审通过后，召开项目开工会，PM 主导生成开工检查单，经 CPM 批准后，MC 发布配置状态，PM 组织里程碑会议，记录并报告阶段成果，该阶段步骤如图 6-8 所示。

2）明确软件需求规格。在这一阶段，SWE 与 TPM 携手撰写软件需求规格说明书（Software Requirement Specification，SRS），随后 CPM 组织对其进行评审并生成 SRS 检查单。经 PM 批准后，项目团队对计划进行重新评估并更新，变更请求经理（CRM）确认更新内容后，TPM 与 TE 分别制定软件测试计划（System Test Plan，STP）与软件测试用例（System Test Case，STC）。PM 再次组织对 STP 与 STC 的评审，TM 批准 STP 后，CMO 建立 SRS/STP 基线。在整个过程中，PM 负责监控需求的变化，如有变更需求，需提交变更申请并组织评审，获准后由 SWE 更新 SRS。同时，MC 与质量保证经理（QAM）实时更新配置状态与库，该阶段步骤如图 6-9 所示。

3）实施项目的概要设计与详细设计。在这一阶段，PM 需要持续跟踪需求变化，SE 负责主导完成概要设计，SWE 则负责撰写设计说明书，而资料人员则负责编制相关大纲。PM 组织对概要设计的评审，获批后 PM 与 SWE 分别制定集成测试计划（Integrate Test Plan，ITP）与集成测试用例（Integrate Test Case，ITC），再经过评审，由配置管理员（CMO）建立阶段基线（HTD/ITP），标志着

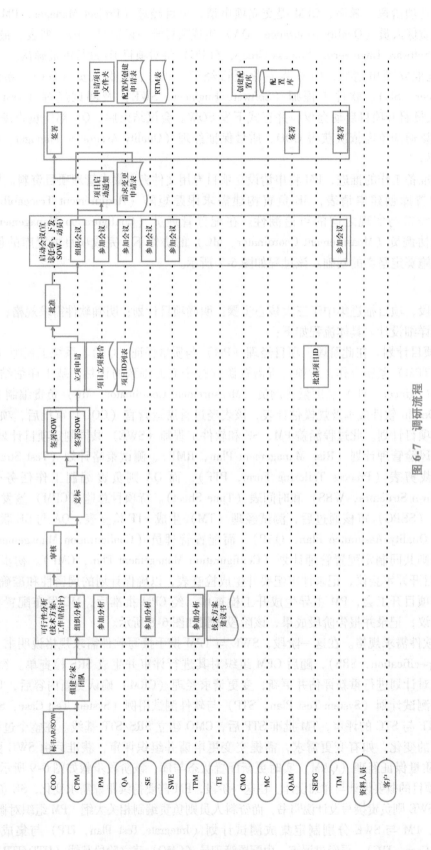

图 6-7　调研流程

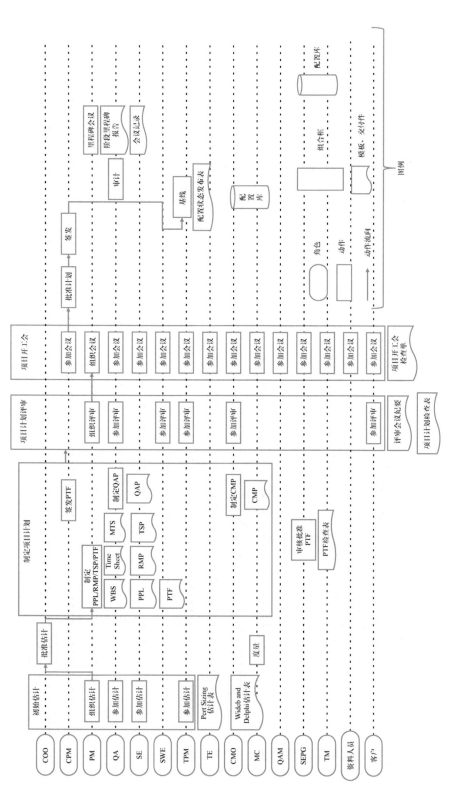

图 6-8　项目计划流程

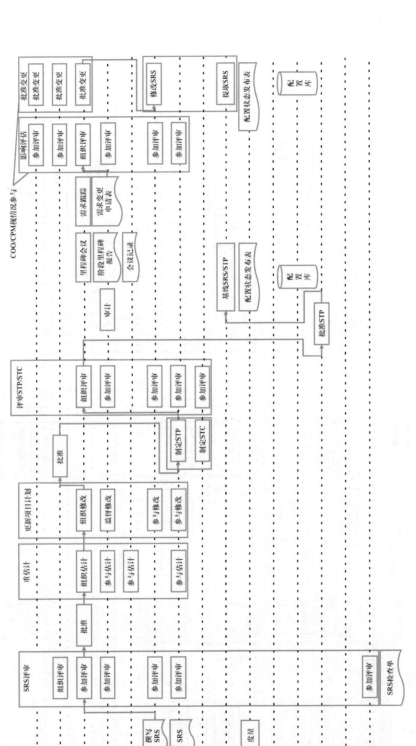

图 6-9　规格说明书流程

概要设计的完成。随后，基于概要设计进一步细化为详细设计，PM 组织对详细设计（Low Level Design，LLD）的评审并批准后，制定单元测试计划（Unit Test Plan，UTP），SWE 则制定单元测试用例（Unit Test Case，UTC），再次经过评审并由 CMO 建立 LLD/UTP 基线。最后，PM 主持里程碑会议，总结阶段成果并记录。该阶段步骤如图 6-10 所示。

## 6.2.3　实施

在实施阶段，项目活动集中在两大核心步骤：编写代码和测试。具体流程如下：

编写代码：在此阶段步骤如图 6-11 所示，SWE 承担起开发代码的重任，同时，资料人员负责编制与之相关的支持文档，以确保代码的完整性和可理解性。代码开发完毕后，将接受同行评审的检验。项目经理（PM）负责组织代码走读会议，汇集多方意见与建议。根据评审结果，SWE 对代码进行细致的修改与优化。随后，配置管理员（CMO）着手建立代码基线，这一举措旨在确保代码版本的一致性和可追溯性，为项目的后续推进奠定坚实基础。在资料评审会议顺利完成后，PM 将组织召开里程碑会议，全面总结阶段成果，并精心编制里程碑报告与会议记录，以供项目团队及相关利益方审阅。

测试：测试阶段由 PM 统筹安排，展现其卓越的协调与管理能力。SWE 则肩负起测试准备和执行的重任，他们根据测试计划，对代码进行全面的测试，以确保其质量和稳定性。根据测试结果，SWE 将对代码进行必要的修正，并通过回归测试来验证修改的有效性，这一环节对于提升代码质量至关重要。测试工作圆满完成后，PM 将编制详尽的集成测试报告，而 CMO 则据此建立版本基线，为项目的版本管理提供有力支撑。

随后，TPM 着手准备系统测试的相关事宜，他们制定测试策略、安排测试资源，并确保测试环境的稳定与可靠。在 TPM 的精心筹备下，测试经理（TM）负责组织测试活动，他们协调测试团队的工作，确保测试计划的顺利执行。而测试工程师（TE）则负责实施系统测试，他们对代码进行全面的检验，以发现潜在的问题和缺陷。

测试结束后，基于测试结果，项目团队将再次进行代码修改和回归测试，以确保代码的质量与稳定性。随后，生成系统测试报告，详细记录测试过程、结果及发现的问题。CMO 则根据测试报告确立新的版本基线，为项目的后续推进提供有力保障。最后，PM 将组织召开里程碑会议，回顾测试阶段的成果与挑战，并编制相应的里程碑报告与会议记录，以供项目团队及相关利益方审阅与参考，该阶段步骤如图 6-12 所示。

## 6.2.4　上线优化

在上线优化阶段，PM 发挥着引领作用，指导团队有条不紊地进行产品打包工作。这一环节完成后，CMO 随即确立产品包基线，这一举措对于确保版本的稳定性和一致性具有至关重要的作用。随后，产品包会经历 QA 团队的全面审计，而 MC 则会对产品进行详细的度量，以严格确认产品的完整性和符合性，确保产品达到既定的标准和要求。

在此过程中，质量保证经理（QAM）和软件工程过程组（SEPG）会提供详尽的版本说明书（Version Description Document，VDD）和用户手册，这些文档将为产品的发布和使用提供必要的指导和支持。

完成这些周密的准备工作后，PM 将肩负起将产品包正式发布至客户端的重任。客户随后会执行验收测试，并编制验收报告，以验证产品功能是否完全符合需求和标准。最终，PM 将组织召开里程碑会议，全面回顾上线优化阶段的成果和经验，并精心编制阶段里程碑报告及会议记录。这一环节不仅是对当前阶段工作的总结，更为后续的持续改进和优化奠定了坚实的基础，这一阶段步骤如图 6-13 所示。

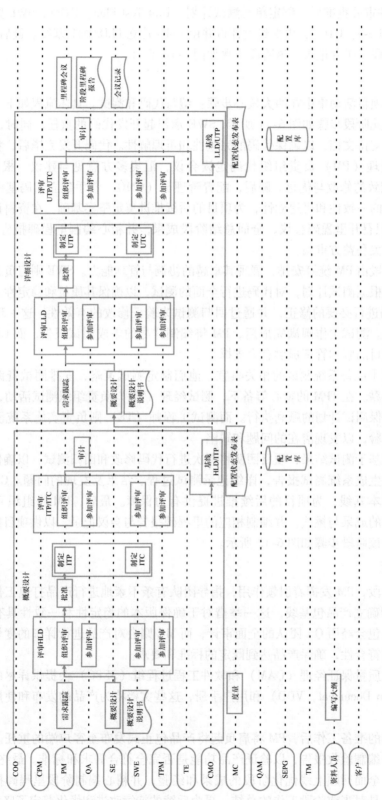

图 6-10 概要设计与详细设计流程

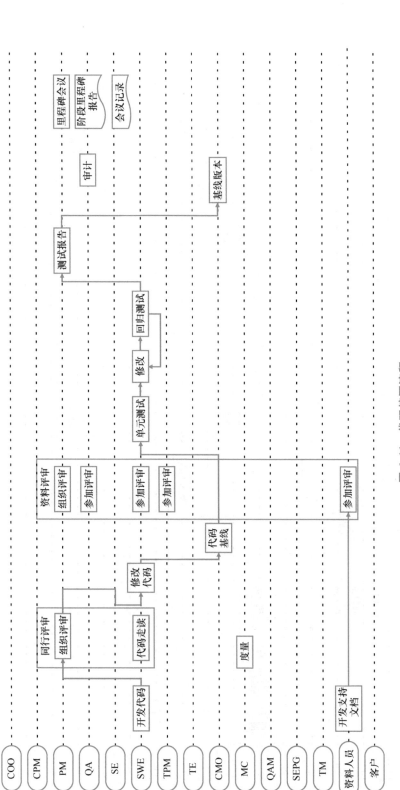

图 6-11　代码编写流程

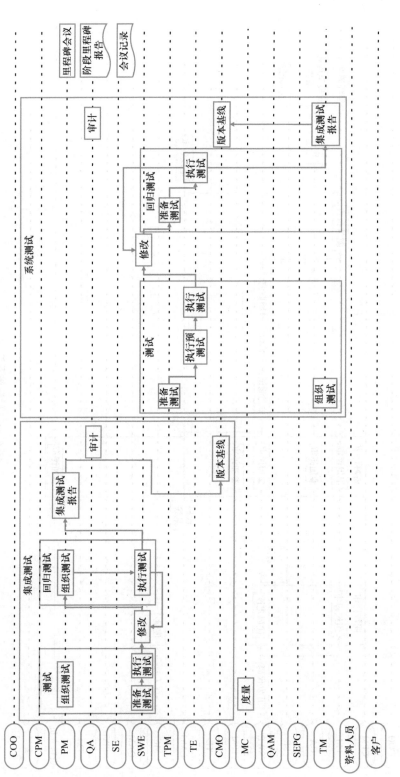

图 6-12　测试流程

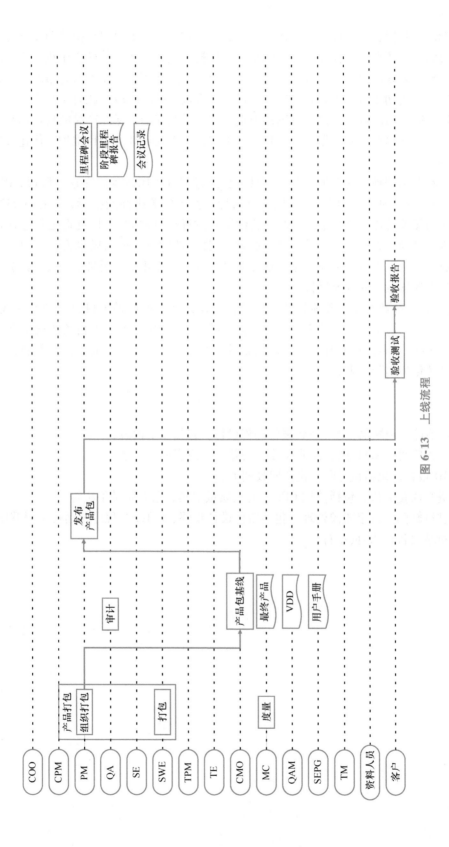

图 6-13 上线流程

## 6.2.5　持续改进

在持续改进阶段，首要任务是组建一个专业的验收组织，该组织承担着确立详尽验收标准与流程的重要职责。依据这些标准，验收组织将开展初步验收工作，其核心聚焦于集成测试成果的验证与系统性能表现的评估。针对初步验收过程中发现的问题，将立即启动整改程序，确保问题得到及时解决。当初步验收顺利完成后，项目将进入最终验收阶段，此时产品将被正式部署至生产运行环境，同时实施持续监控，以迅速识别并解决潜在问题，保障产品的稳定运行。最终验收流程结束后，需详尽撰写验收报告，并将其妥善归档，以为后续的项目维护、优化及类似项目提供宝贵的参考依据。

当产品状态达到预设的理想水平，项目将自然过渡到关闭流程。在这一阶段，PM 将深入分析度量表（Metrical Sheet，MTS），提炼项目执行过程中的关键性能指标，并据此编制项目总结报告，全面回顾项目历程与成果。同时，软件工程过程组（SEPG）将负责更新过程资料库，将项目中的宝贵经验与教训予以记录；TM 则需提交详尽的度量数据与风险报告，为组织的风险管理与决策提供支持；资料人员则专注于整理项目资料，提炼并总结项目中的成功经验与待改进之处，形成具有指导意义的专项报告。

在这之后，PM 将组织召开项目关闭会议，会议旨在全面回顾项目自启动至完成的全过程，明确项目所取得的成果与存在的不足之处。会议结束后，PM 将编制项目关闭通知单，并提交至CPM 审批及 COO 签署。待所有审批流程完成后，项目将正式宣告完成，标志着项目团队成功地将项目愿景转化为实际成果。

# 习　　题

做一份零件外观缺陷整改的 8D 报告课程设计，包括以下内容：

（1）一份零件的 CAD 图，注明尺寸、公差，并说明加工工艺；

（2）8D 报告，包括鱼骨图、投资回收期等；

（3）进行质量分析，包括使用 CPK、五大质量工具、七大质量手法等；

（4）进行缺陷的数字图像处理，包括软件设计步骤、PyTorch 程序及运行结果截图；

（5）总结报告在 25 页左右。

# 参 考 文 献

[1] 杨光先，陈占山．不得已：附二种［M］．安徽：黄山书社，2014.

[2] 李文林．数学史概论［M］．4版．北京：高等教育出版社，2021.

[3] CHAUDHURY K, ASHOK A, NARUMANCHI S, et al. Math and architectures of deep learning［M］. New York：Manning Publications, 2022.

[4] 吴宾，娄铮铮，叶阳东．一种面向多源异构数据的协同过滤推荐算法［J］．计算机研究与发展，2019，56（5）：1034-1047.

[5] GREENACRE M, GROENEN P J F, HASTIE T, et al. Principal component analysis［J］. Nature Reviews Methods Primers, 2022, 2（1）：100.

[6] ZHANG S, LI J. KNN classification with one- step computation［J］. IEEE Transactions on Knowledge and Data Engineering, 2021, 35（3）：2711-2723.

[7] KELLEHER J D. Deep learning［M］. Cambridge：MIT press, 2019.

[8] 刘建林．工程力学中的张量分析［M］．北京：科学出版社，2018.

[9] 郭景峰，陈晓，张春英．复杂网络建模理论与应用［M］．北京：科学出版社，2020.

[10] 张驰，郭媛，黎明．人工神经网络模型发展及应用综述［J］．计算机工程与应用，2021，57（11）：57-69.

[11] BRAND L. Vector and tensor analysis［M］. New York：Courier Dover Publications, 2020.

[12] 袁立宁，李欣，王晓冬，等．图嵌入模型综述［J］．计算机科学与探索，2022，16（1）：59-87.

[13] 吴博，梁循，张树森，等．图神经网络前沿进展与应用［J］．计算机学报，2022，45（1）：35-68.

[14] 苟亚玲，毕慧敏，张继福．异质信息网络高阶层次化嵌入学习与推荐预测［J］．软件学报，2022，34（11）：5230-5248.

[15] KAZEMI S M, GOEL R, JAIN K, et al. Representation learning for dynamic graphs：A survey［J］. Journal of Machine Learning Research, 2020, 21（70）：1-73.

[16] 刘峰，杨成意，於欣澄，等．面向去中心化双重差分隐私的谱图卷积神经网络［J］．信息网络安全，2022，22（2）：39-46.

[17] 周济．智能制造："中国制造2025"的主攻方向［J］．中国机械工程，2015，26（17）：2273-2284.

[18] 张敏．PyTorch深度学习实战：从新手小白到数据科学家［M］．北京：电子工业出版社，2020.

[19] GODOY D V. deep learning with PyTorch step- by- step：A beginner's guide［M］. Cambridge：Cambridge University Press, 2023.

[20] SALEH H. The Deep Learning with PyTorch Workshop［M］. Birmingham：Packt Publishing, 2020.

[21] 孙博，俞敏，张冲．融合节点信息和社区信息的复杂网络链路预测［J］．计算机与数字工程，2024，52（6）：1821-1829.

[22] 刘澍．随机过程［M］．武汉：华中科技大学出版社，2023.

[23] 方志耕，陶良彦，陆志沣，等．复杂体系过程的随机网络理论与应用［M］．北京：科学出版社，2023.

[24] 田波平，李朝艳，吴玉东．应用随机过程［M］．2版．哈尔滨：哈尔滨工业大学出版社，2022.

[25] 周清，张丽华．概率论与随机过程［M］．北京：北京邮电大学出版社，2023.

[26] 经有国，霍云鹏，刘震，等．泊松损耗过程下共享租赁商品（R，Q）库存模型研究［J］．系统科学学报，2022，30（2）：127-131.

[27] KNEUSEL R T. Math for deep learning- what you need to know to understand neural networks［M］. San Francisco：No Starch Press, 2021.

[28] 闫胜良，马继东，田静．基于隐马尔可夫模型的火灾风险评估研究［J］．森林工程，2024，40（2）：151-158.

[29] 钟新成，刘昶，赵秀梅．基于马尔可夫优化的高效用项集挖掘算法［J］．计算机应用，2023，43（12）：3764-3771.

［30］LU Y，LIN J. The Markov gap in the presence of islands ［J］. Journal of High Energy Physics，2023，2023（3）：1-46.

［31］席尔瓦，赵亮. 基于复杂网络的机器学习方法 ［M］. 李泽荃，杨塱，陈欣，译. 北京：机械工业出版社，2018.

［32］张绪冰，谢雨飞. 隐马尔可夫模型的道路拥堵时间预测 ［J］. 计算机工程与应用，2022，58（16）：312-318.

［33］田澳楠，郑志，潘晓兰，等. 基于贝叶斯估计的核电厂安全壳内压概率安全评估 ［J］. 原子能科学技术，2024，58（4）：836-847.

［34］尼达姆. 可视化微分几何和形式：一部五幕数学正剧 ［M］. 刘伟安，译. 北京：人民邮电出版社，2024.

［35］覃智威，刘钊，陆允敏，等. 基于广义卷积神经网络的阿尔茨海默病多模态磁共振图像分类方法研究 ［J］. 生物医学工程学杂志，2023，40（2）：217-225.

［36］LIANG P P，ZADEH A，MORENCY L P. Foundations & trends in multimodal machine learning：Principles，challenges，and open questions ［J］. ACM Computing Surveys，2024，56（10）：1-42.

［37］周志华. 机器学习 ［M］. 北京：清华大学出版社，2016.

［38］邱锡鹏. 神经网络与深度学习 ［M］. 北京：机械工业出版社，2020.

［39］MUDULI K，KOMMULA V P，YADAV D K，et al. Intelligent manufacturing management systems：Operational applications of evolutionary digital technologies in mechanical and industrial engineering ［M］. Boca Raton：CRC Press，2023.

［40］PLAAT A. Deep reinforcement learning ［M］. Singapore：Springer，2022.

［41］KAMINSKI B，PRAŁAT P，THEBERGE F. Mining complex networks ［M］. Boca Raton：Chapman and Hall/CRC，2022.

［42］刘忠雨，李彦霖，周洋. 深入浅出图神经网络：GNN 原理解析 ［M］. 北京：机械工业出版社，2020.

［43］WANG J，FADER M T H，MARSHALL J A. Learning‐based model predictive control for improved mobile robot path following using Gaussian processes and feedback linearization ［J］. Journal of Field Robotics，2023，40（5）：1014-1033.

［44］张玉宏，杨铁军. 从深度学习到图神经网络 ［M］. 北京：电子工业出版社，2023.

［45］BAHARI M S，HARUN A，ZAINAL ABIDIN Z，et al. Intelligent manufacturing and mechatronics：Proceedings of SympoSIMM 2020 ［M］. Singapore：Springer，2021.

［46］房祥忠. 卡方分布与卡方检验 ［J］. 中国统计，2022（5）：29-31.

［47］RAMSEY D. The momentum theorem：How to create unstoppable momentum in all areas of your life ［M］. Franklin：Ramsey Press，2022.

［48］KOVACHKI N B，STUART A M. Continuous time analysis of momentum methods ［J］. Journal of Machine Learning Research，2021，22（17）：1-40.

［49］FILIP S，JAVEED A，TREFETHEN L N. Smooth random functions，random ODEs，and Gaussian processes ［J］. SIAM Review，2019，61（1）：185-205.

［50］CORBETT J，CROCKER M，LOCKE B，et al. Optimizing snow plow routes for the city of Bozeman ［J］. Report，Montana State University，Bozeman，MT，2020.

［51］李金营. 物流系统规划与设计 ［M］. 北京：北京理工大学出版社，2023.

［52］HILLIER F S，LIEBERMAN G J. Introduction to operations research ［M］. New York：McGraw-Hill，2015.

［53］LATORA V，NICOSIA V，RUSSO G. Complex networks：Principles，methods and applications ［M］. Cambridge：Cambridge University Press，2017.

［54］DOROGOVTSEV S N，MENDES J F F. The nature of complex networks ［M］. Oxford：Oxford University Press，2022.

［55］ÖCHSNER A. Computational statics and dynamics：An introduction based on the finite element method ［M］. Singapore：Springer，2020.

［56］ MA Y, TANG J. Deep learning on graphs［M］. Cambridge：Cambridge University Press, 2021.

［57］ VADIM Z. Modern applications of graph theory［M］. Oxford：Oxford University Press, 2021.

［58］ KAMINSKI B, PRALAT P, FRANCOIS Theberge. Mining complex networks［M］. Boca Raton：CRC Press, 2021.

［59］ LOZOVANU D, PICKL S W. Markov decision processes and stochastic positional games：Optimal control on complex networks［M］. Berlin：Springer, 2024.

［60］ 赵先主. 随机运筹学［M］. 北京：北京理工大学出版社, 2023.

［61］ 陈秉正. 运筹学：本科版［M］.5 版. 北京：清华大学出版社, 2022.

［62］ 丁璐, 赵兰迎, 李立, 等. 基于物联网的地震救援装备物资应急物流技术系统研究［J］. 灾害学, 2020, 35（2）：200-205.

［63］ 方洋旺. 随机最优控制及优化理论［M］. 北京：科学出版社, 2021.

［64］ YOUSEFI M, YOUSEFI M. Human resource allocation in an emergency department：A metamodel-based simulation optimization［J］. Kybernetes, 2020, 49（3）：779-796.

［65］ HILLAR C J, LIM L H. Most tensor problems are NP-hard［J］. Journal of the ACM（JACM）, 2013, 60（6）：1-39.

［66］ 翟丽, 张雪莹, 张闲, 等. 基于势场法的无人车局部动态避障路径规划算法［J］. 北京理工大学学报, 2022, 42（7）：696-705.

［67］ 李松, 麻壮壮, 张蕴霖, 等. 基于安全强化学习的多智能体覆盖路径规划［J］. 兵工学报, 2023, 44（S2）：101-113.

［68］ 王月涛, 田昭源, 薛滨夏, 等. 城市建成环境绿色交通系统优化方法研究综述［J］. 上海城市规划, 2023（6）：11-17.

［69］ WEERASINGHE B A, PERERA H N, BAI X. Optimizing container terminal operations：a systematic review of operations research applications［J］. Maritime Economics & Logistics, 2024, 26（2）：307-341.

［70］ 李保勇, 马德青, 戴更新. 基于质量识别与成员利他的农产品供应链动态策略研究［J］. 工业工程与管理, 2020, 25（4）：95-104.

［71］ 郭慧婷, 李晓宇. 供应商/客户关系型交易与会计信息可比性研究［J］. 会计之友, 2022（5）：91-98.

［72］ WIECKOWSKI J, KIZIELEWICZ B, SHEKHOVTSOV A, et al. How do the criteria affect sustainable supplier evaluation? -A case study using multi-criteria decision analysis methods in a fuzzy environment［J］. Journal of Engineering Management and Systems Engineering, 2023, 2（1）：37-52.

［73］ 金江, 袁继峰, 葛文璇. 理论力学［M］.2 版. 南京：东南大学出版社, 2019.

［74］ 蔡新, 张旭明, 郭兴文. 结构静力学［M］.3 版. 南京：河海大学出版社, 2021.

［75］ 黄民水. 结构动力学及其在损伤识别中的应用［M］. 武汉：华中科技大学出版社, 2019.

［76］ 冯力, 杨伟杰, 马凯, 等. AlCoCrCuFeNi_x 高熵合金涂层组织与性能［J］. 中国有色金属学报, 2023, 33（2）：490-503.

［77］ 杨红娟. 摩擦磨损与耐磨材料［M］. 重庆：重庆大学出版社, 2023.

［78］ 张晓敏. 弹性力学［M］. 北京：科学出版社, 2020.

［79］ 盛冬发, 李明宝, 朱德滨. 弹塑性力学［M］. 北京：科学出版社, 2021.

［80］ 李胜婷, 庞维强, 南风强, 等. 不同因素对固体推进剂流变性能影响研究进展［J］. Chinese Journal of Explosives & Propellants, 2024, 47（2）：114-130.

［81］ 姜翠香, 徐旺, 何理, 等. 断裂力学及其工程应用［M］. 武汉：华中科技大学出版社, 2023.

［82］ 曹建凡, 白树林, 秦文贞, 等. 碳纤维增强热塑性复合材料的制备与性能研究进展［J］. 复合材料学报, 2023, 40（3）：1229-1247.

［83］ 赵天, 李营, 张超, 等. 高性能航空复合材料结构的关键力学问题研究进展［J］. 航空学报, 2022, 43（6）：63-105.

［84］ 刘保东. 工程振动与稳定基础［M］.5 版. 北京：清华大学出版社, 2023.

［85］龙天渝，童思陈．流体力学［M］．2 版．重庆：重庆大学电子音像出版社，2018．

［86］吴晶，过增元．工程热力学［M］．北京：高等教育出版社，2021．

［87］何浩祥，郑家成，廖李灿，等．基于裂缝分形特征的钢混梁疲劳损伤精细评估［J］．振动测试与诊断，2022，42（3）：503-510；617．

［88］邓向武，孙国玺，梁松，等．基于同步提取变换的旋转机械振动信号时频分析［J］．机床与液压，2022，50（7）：181-186．

［89］王孚懋，韩宝坤．机械振动与噪声分析基础［M］．2 版．北京：国防工业出版社，2019．

［90］丁玉哲．新型传感器技术在机械振动分析与控制中的应用［J］．造纸装备及材料，2023，52（9）：92-94．

［91］陈业绍，熊端锋．振动噪声测试与控制技术［M］．北京：机械工业出版社，2021．

［92］贾亚萍，钱露露，章焕章，等．弧齿锥齿轮系统行波共振特性分析与验证［J］．机械传动，2024，48（7）：121-127．

［93］冯爱军．中国城市轨道交通2021年数据统计与发展分析［J］．隧道建设，2022，42（2）：336-341．

［94］SVRZIĆ S，DJURKOVIĆ M，VUKIĆEVIĆ A，et al. Sound classification and power consumption to sound intensity relation as a tool for wood machining monitoring［J］．European Journal of Wood and Wood Products，2024：1-10．

［95］BIES D A，HANSEN C H，HOWARD C Q．Engineering noise control［M］．Boca Raton：CRC press，2017．

［96］覃学标，黄冬梅，宋巍，等．基于目标检测及边缘支持的鱼类图像分割方法［J］．农业机械学报，2023，54（1）：280-286．

［97］冈萨雷斯．数字图像处理：第4版［M］．阮秋琦，阮宇智，译．北京：电子工业出版社，2020．

［98］GONZALEZ R C．Digital image processing［M］．New York：Pearson，2018．

［99］王蓉，马春光，武朋．基于联邦学习和卷积神经网络的入侵检测方法［J］．信息网络安全，2020（4）：47-54．

［100］HOYLE D．ISO 9000 quality systems handbook［M］．Abingdon：Routledge，2006．

［101］方勇，郑银霞．全面质量管理在科研管理中的应用与发展［J］．科学学与科学技术管理，2014，35（2）：28-38．

［102］何志鹏，朱志远．国家安全法体系的边界［J］．山东大学学报（哲学社会科学版），2023（6）：118-128．

［103］田水承，杨鹏飞，唐凯，等．煤矿高概率险兆事件界定及其研究意义［J］．西安科技大学学报，2020，40（4）：566-571．

［104］何坤荣．印度"博帕尔惨案"的警示［J］．国际化工信息，2005（2）：25-26．

［105］许增光，线美婷，熊伟，等．基于集对分析模型的岩溶区浅埋穿河隧道突涌水危险性评价［J］．应用力学学报，2023，40（1）：135-145．

［106］罗紫薇，胡希军，汤佳，等．基于熵值-TOPSIS模型的湖南省水资源安全空间评价及障碍因子诊断［J］．水资源与水工程学报，2022，33（6）：35-45．

［107］RAMEZANIFAR E，GHOLAMIZADEH K，MOHAMMADFAM I，et al. Risk assessment of methanol storage tank fire accident using hybrid FTA-SPA［J］．PLoS one，2023，18（3）：e0282657．

［108］PENG C，XIA F，NASERIPARSA M，et al. Knowledge graphs：Opportunities and challenges［J］．Artificial Intelligence Review，2023，56（11）：13071-13102．

［109］温素彬，朱夏，李慧．价值链成本管理的解读与应用案例：价值链成本管理在PZ公司的应用［J］．会计之友，2023（2）：147-152．

［110］刘知远，韩旭，孙茂松．知识图谱与深度学习［M］．北京：清华大学出版社，2020．

［111］ZHANG J Y．BIM-based fine cost management of the whole process［C］//IOP Conference Series：Earth and Environmental Science. IOP Publishing，2019，267（4）：042009．

［112］许馨月，刘启亮．数字化转型背景下战略成本管理研究［J］．财会通讯，2023（14）：129-134．

［113］张云涛．工业工程导论：方法与案例［M］．西安：西安电子科技大学出版社，2019．

［114］陈友玲．工业工程案例精选［M］．北京：机械工业出版社，2020．

［115］易树平，郭伏．基础工业工程［M］．3 版．北京：机械工业出版社，2022．

［116］张文文，景维民. 数字经济监管与企业数字化转型：基于收益和成本的权衡分析［J］. 数量经济技术经济研究，2024，41（1）：5-24.

［117］杨洁，王梦翔，陈媛媛等. "大智移云"时代医药企业成本管理优化［J］. 财会月刊，2019（23）：15-22.

［118］ROZTOCKI N. Activity-based management for electronic commerce：A structured implementation procedure［J］. Journal of Theoretical and Applied Electronic Commerce Research，2010，5（1）：1-10.

［119］谢勇. 浅析面向智能制造的工业工程和精益管理［J］. 中国设备工程，2024（13）：66-68.

［120］齐二石，霍艳芳，刘洪伟. 面向智能制造的工业工程和精益管理［J］. 中国机械工程，2022，33（21）：2521-2530.

［121］杨来冬. 工业工程方法在机械生产流程优化中的应用及效果分析［J］. 中国机械，2024（10）：100-103.

［122］熊先青，岳心怡. 面向智能制造的家居企业 ERP/MES 集成管理技术［J］. 木材科学与技术，2022，36（4）：25-31.

［123］刘钊. ERP 系统在水电工程项目前期管理中的应用［J］. 人民长江，2023，54（S2）：243-246.

［124］陆振宇，徐秀卉，徐蓉，等. ERP + CSV 在制药企业中的实施应用［J］. 中国医药工业杂志，2019，50（12）：1498-1508.

［125］刘秉兴. ERP 系统在石油企业财务管理中的应用［J］. 财会通讯，2013（26）：80-82.

［126］陈敏仪. 客户关系管理（CRM）中的客户信息分析［J］. 经济研究导刊，2024（3）：144-146.

［127］李宛，陈良华，迟颖颖. 供应商/客户集中度与企业绿色创新［J］. 软科学，2023，37（3）：97-102，126.

［128］张博. 推动我国物流产业高质量发展的问题与路径探讨［J］. 商业经济研究，2020，（10）：103-105.

［129］雷莉. 互联网时代企业市场营销策略研究：评《"互联网 +"战略下中国市场营销发展研究》［J］. 当代财经，2022（4）：2，149.

［130］孙志平，郭志飞. MES 应用与实践［M］. 北京：北京理工大学出版社，2021.

［131］MANTRAVADI S，SRAI J S，MØLLER C. Application of MES/MOM for Industry 4.0 supply chains：A cross-case analysis［J］. Computers in Industry，2023，148：103907.

［132］ZWOLIŃSKA B，TUBIS A A，CHAMIER-GLISZCZYŃSKI N，et al. Personalization of the MES system to the needs of highly variable production［J］. Sensors，2020，20（22）：6484.

［133］WU K，XU J，ZHENG M. Industry 4.0：review and proposal for implementing a smart factory［J］. The International Journal of Advanced Manufacturing Technology，2024，133：1331-1347.

［134］HOU J，CHEN G，HUANG J，et al. Large-scale vehicle platooning：Advances and challenges in scheduling and planning techniques［J］. Engineering，2023，28：26-48.

［135］LEE M，MOON K，LEE K，et al. A critical review of planning and scheduling in steel-making and continuous casting in the steel industry［J］. Journal of the Operational Research Society，2024，75（8）：1421-1455.

［136］LIU J L，WANG L C，CHU P C. Development of a cloud-based advanced planning and scheduling system for automotive parts manufacturing industry［J］. Procedia Manufacturing，2019，38：1532-1539.

［137］吴亚丽，何淑婷，杨延西，等. 基于时延 Petri 网与 BSO 的铝挤压线排产调度优化［J］. 系统仿真学报，2023，35（1）：178-189.

［138］吴雁，王彦瑞，张杰人，等. 基于 MES 的离散型制造业的高级计划排产的应用研究［J］. 制造技术与机床，2018，（8）：38-42.

［139］BHALLA S，ALFNES E，HVOLBY H H，et al. Sales and operations planning for delivery date setting in engineer-to-order manufacturing：A research synthesis and framework［J］. International Journal of Production Research，2023，61（21）：7302-7332.

［140］仲秋雁，闵庆飞，吴力文. 中国企业 ERP 实施关键成功因素的实证研究［J］. 中国软科学，2004（2）：73-78.

［141］王宜深. 基于智能 WMS 的无人值守仓储系统研发与应用［J］. 产业创新研究，2024（6）：91-93.

[142] 何泽奇，韩芳，曾辉. 人工智能 [M]. 北京：航空工业出版社，2021.

[143] 刘泽京，邬楠，黄抚群，等. 基于知识图谱与协同过滤混合策略的在线编程评测系统题目推荐模型 [J]. 计算机科学，2023，50（2）：106-114.

[144] 马耀，汤继良. 图深度学习 [M]. 北京：电子工业出版社，2021.

[145] 马腾飞. 图神经网络基础与前言 [M]. 北京：电子工业出版社，2021.

[146] GROSS J L, YELLEN J, ZHANG P. Handbook of graph theory [M]. 2nd ed. New York：Chapman and Hall/CRC, 2013.

[147] YADAV S K. Advanced graph theory [M]. New York：Springer, 2023.

[148] 李雯静，刘鑫. 基于深度学习的井下人员不安全行为识别与预警系统研究 [J]. 金属矿山，2023（3）：177-184.

[149] KERMI A, MAHMOUDI I, KHADIR M T. Deep convolutional neural networks using U-Net for automatic brain tumor segmentation in multimodal MRI volumes [C]. International Workshop on Brain Lesion, 2019.

[150] LIU M, ZHANG J, ADELI E, et al. Landmark-based deep multi-instance learning for brain disease diagnosis [J]. Medical Image Analysis, 2018, 43：157-168.

[151] SASTRE J, ZAMAN F, DUGGAN N, et al. A deep learning knowledge graph approach to drug labelling [C]. IEEE International Conference on Bioinformatics and Biomedicine（BIBM）IEEE, 2020：2513-2521.

[152] 杨波，崔泽昊，彭程，等. 基于卷积神经网络的闪蒸汽压缩机故障诊断方法 [J]. 船海工程，2023，52（2）：87-91.

[153] 李明军. TensorFlow 深度学习实战大全 [M]. 北京：北京大学出版社，2019.

[154] 沈伟. 8D 问题解决方法在企业质量改进中的应用 [J]. 工程机械，2015，46（2）：56-61，8.

[155] 朱先任. 鱼骨图分析法在水利工程项目成本控制中的应用 [J]. 人民黄河，2022，44（S1）：88-89.

# 缩略语表

| 3C | China Compulsory Certification | 中国强制性产品认证 |
|---|---|---|
| 8D | Eight Disciplines Problem Solving | 八大步骤问题解决 |
| ABC | Activity-Based Costing | 作业成本法 |
| ACC | Average Clustering Coefficient | 平均聚类系数 |
| AND | Average Neighbor Degree | 平均邻居度 |
| APQP | Advanced Product Quality Planning | 产品质量先期策划 |
| APL | Average Path Length | 平均路径长度 |
| APS | Advanced Planning and Scheduling | 高级计划与排程 |
| API | Application Programming Interface | 应用程序接口 |
| AR | Allocation Request | 分配需求 |
| BC | Betweenness Centrality | 介数中心性 |
| BFS | Breadth-First Search | 广度优先搜索 |
| BI | Business Intelligence | 商业智能 |
| Bi-GCN | Bipartite Graph Convolutional Network | 双向图卷积网络 |
| BOM | Bill of Materials | 物料清单 |
| CAE | Computer-Aided Engineering | 计算机辅助工程 |
| CAM | Computer-Aided Manufacturing | 计算机辅助制造 |
| CASE | Computer-Aided Software Engineering | 计算机辅助软件工程 |
| CBOW | Continuous Bag of Words | 连续词袋模型 |
| CC | Closeness Centrality | 接近中心性 |
| CDD | Cost-Driven Design | 成本驱动设计 |
| CDFG | Coupled Deep Feature Generation | 耦合深度特征生成模型 |
| CNN | Convolutional Neural Network | 卷积神经网络 |

| CP | Control Plan | 控制计划 |
|---|---|---|
| CPK | Capability Process Index | 过程能力指数 |
| CPS | Cyber Physical Systems | 信息物理系统 |
| CRM | Customer Relationship Management | 客户关系管理 |
| CR | Critical Ratio | 关键比 |
| CT | Computed Tomography | 计算机断层扫描 |
| DC | Degree Centrality | 度中心性 |
| DFS | Depth-First Search | 深度优先搜索 |
| DNN | Deep Neural Network | 深度神经网络 |
| DOE | Design of Experiments | 设计实验 |
| EC | Eigenvector Centrality | 特征向量中心性 |
| ERP | Enterprise Resource Planning | 企业资源计划 |
| FFT | First Time Yield | 首次合格率 |
| FMEA | Failure Mode and Effects Analysis | 故障模式与影响分析 |
| FTA | Fault Tree Analysis | 故障树分析 |
| GAT | Graph Attention Network | 图注意力网络 |
| GCN | Graph Convolutional Network | 图卷积神经网络 |
| GNN | Graph Neural Network | 图神经网络 |
| GP | Gaussian Process | 高斯过程 |
| GPR | Gaussian Process Regression | 高斯过程回归 |
| GPU | Graphics Processing Unit | 图形处理单元 |
| GraphSAGE | Graph Sample and Aggregation | 图采样与聚合 |
| IATF | International Automotive Task Force | 国际汽车工作组 |
| ICA | Immediate Corrective Action | 立即纠正措施 |
| IE | Industrial Engineering | 工业工程 |
| IM | Intelligent Manufacturing | 智能制造 |
| IL | Inductive Learning | 归纳式学习 |
| ISO | International Organization for Standardization | 国际标准化组织 |
| ITP | Integration Test Plan | 集成测试计划 |
| JSP | Job Shop Scheduling Problem | 车间调度问题 |

| JIT | Just-In-Time | 准时生产 |
| KNN | K-Nearest Neighbors | K-近邻 |
| LIMS | Laboratory Information Management System | 实验室信息管理系统 |
| LINE | Large-scale Information Network Embedding | 大规模信息网络嵌入 |
| LLD | Low-Level Design | 详细设计 |
| LP | Lean Production | 精益生产 |
| LSL | Lower Specification Limit | 下规格限 |
| LSTM | Long Short-Term Memory | 长短期记忆网络 |
| MC | Measurement Coordinator | 度量协调员 |
| MCMC | Markov chain Monte Carlo | 马尔可夫链蒙特卡洛 |
| MCS | Monte Carlo Simulation | 蒙特卡洛模拟 |
| MDP | Markov Decision Process | 马尔可夫决策过程 |
| MES | Manufacturing Execution System | 制造执行系统 |
| MRP | Material Requirements Planning | 物资需求计划 |
| MHQA | Multi-hop Question Answering | 多跳问题回答 |
| MSA | Measurement System Analysis | 测量系统分析 |
| NMS | Non-Maximum Suppression | 非极大值抑制 |
| NMI | Normalized Mutual Information | 标准化互信息 |
| NTF | No Trouble Found | 未发现问题 |
| NLP | Natural Language Processing | 自然语言处理 |
| OHSAS | Occupational Health and Safety Assessment Series | 职业健康安全管理体系 |
| OPT | Optimized Production Technology | 优化生产技术 |
| OLAP | Online Analytical Processing | 联机分析处理 |
| OR | Operations Research | 运筹学 |
| PCA | Principal Component Analysis | 主成分分析 |
| PDCA | Plan, Do, Check, Act | 计划、执行、检查、行动 |
| PGM | Probabilistic Graphical Model | 概率图模型 |
| PLM | Product Lifecycle Management | 产品生命周期管理 |
| PLC | Programmable Logic Controller | 可编程逻辑控制器 |
| PPM | Parts Per Million | 百万分率分析 |

| PPAP | Production Part Approval Process | 生产零件批准程序 |
|---|---|---|
| PRA | Probabilistic Risk Assessment | 概率风险评价 |
| QS | Quality System | 质量体系 |
| RFID | Radio-Frequency Identification | 射频识别 |
| RL | Reinforcement Learning | 强化学习 |
| RNN | Recurrent Neural Network | 循环神经网络 |
| RTM | Requirements Traceability Matrix | 需求跟踪矩阵 |
| SDEs | Stochastic Differential Equations | 随机微分方程 |
| SC | Spatial Convolution | 空域卷积 |
| SCADA | Supervisory Control and Data Acquisition | 数据采集与监视控制系统 |
| SCM | Supply Chain Management | 供应链管理 |
| SKU | Stock Keeping Unit | 库存单位 |
| SOW | Statement of Work | 工作任务书 |
| SAS | Statistical Analysis System | 统计分析系统 |
| SGD | Stochastic Gradient Descent | 随机梯度下降 |
| SGT | Spectral Graph Theory | 图谱理论 |
| SPA | Set Pair Analysis | 集对分析 |
| SPSS | Statistical Package for the Social Sciences | 社会科学统计软件包 |
| SPC | Statistical Process Control | 统计过程控制 |
| SRS | Software Requirements Specification | 软件需求规格说明书 |
| SSL-LP | Semi-Supervised Learning with Label Propagation | 半监督学习的标签传播算法 |
| SRL | Semantic Role Labeling | 语义角色标注 |
| SRM | Supplier Relationship Management | 供应商关系管理 |
| SVM | Support Vector Machine | 支持向量机 |
| SWOT | Strengths, Weaknesses, Opportunities, Threats | 优势、劣势、机会、威胁 |
| TM | Test Manager | 测试经理 |
| TL | Transductive Learning | 直推式学习 |
| TOC | Theory of Constraints | 约束理论 |
| TQM | Total Quality Management | 全面质量管理 |
| TPM | Total Productive Maintenance | 设备管理 |

| USL | Upper Specification Limit | 上规格限 |
| WBS | Work Breakdown Structure | 工作任务分解结构 |
| WMS | Warehouse Management System | 仓储管理系统 |
| XML | Extensible Markup Language | 可扩展标记语言 |
| YOLOv5 | You Only Look Once version 5 | 单次检测版本 5 |